高等学校计算机类“互联网+”规划教材

多媒体技术应用

主　编　阮新新　刘杰成
副主编　周　婷　杨　璠

本书资源操作说明

北京邮电大学出版社
·北京·

内 容 简 介

本书以"基础概念、实用技术、先进应用"为宗旨，共分 7 章，介绍了多媒体技术的基础知识、媒体特点及构成要素、压缩编码技术和网络多媒体技术，以及多媒体项目的开发流程、设计原则。本书以创作基于 HTML5 Canvas 的"个人简历"多媒体应用项目出发，分解项目内容，分别运用 Photoshop CC 2019 图像处理软件、Animate CC 2019动画制作软件和 Premiere Pro CC 2019 数字视频编辑软件完成项目素材的制作，最后结合多媒体项目的开发策略，在 Animate CC 2019 中完成真实可行的"个人简历"项目并发布于手机移动端。

通过本书的学习，配合相应的案例练习，使读者能够掌握开发多媒体应用项目的方法并具备开发 HTML5 项目的能力。

本书适合作为高等院校"多媒体技术应用"课程的教材，也可供从事多媒体开发，特别是 HTML5 项目开发的技术人员学习和参考。

图书在版编目(CIP)数据

多媒体技术应用 / 阮新新，刘杰成主编. -- 北京：北京邮电大学出版社，2021.1(2021.12 重印)
ISBN 978-7-5635-6305-0

Ⅰ. ①多… Ⅱ. ①阮… ②刘… Ⅲ. ①多媒体技术—高等学校—教材 Ⅳ. ①TP37

中国版本图书馆 CIP 数据核字(2021)第 005472 号

策划编辑：韩 霞 **责任编辑：**韩 霞 **封面设计：**北方兄弟

出版发行：北京邮电大学出版社
社 址：北京市海淀区西土城路 10 号(100876)
电话传真：010-82333010 62282185(发行部) 010-82333009 62283578(传真)
网 址：3.buptpress.com
电子信箱：buptpress3@163.com
经 销：各地新华书店
印 刷：河北华商印刷有限公司
开 本：787 mm×1 092 mm 1/16
印 张：17
字 数：435 千字
版 次：2021 年 1 月第 1 版
印 次：2021 年 12 月第 2 次印刷

ISBN 978-7-5635-6305-0 定价：46.00 元

前　　言

近几年，多媒体技术应用日益大众化，在家庭娱乐、网站建设、网络课件、远程教育、电子出版、电子商务等领域都得到了广泛应用。

多媒体应用项目的开发需要综合多媒体的基本理论、艺术创新和创作实践于一体，是计算机应用技术、艺术设计和管理工程的有机融合。多媒体技术的这个特点要求开发人员在开发过程中应具备较广的知识面、艺术设计能力、软件开发方法和综合应用能力。本书的学习目标不仅是掌握基本概念和基本知识，掌握软件的操作使用，更重要的是理解和实践多媒体项目的创作思路和开发方法。

为了灵活、广泛、高效地进行展示和传播多媒体资讯，多媒体应用平台先从专用展示系统转向 PC 客户端，而后又转向浏览器端。近年随着移动互联网的普及，多媒体项目更多地以移动端 HTML5 的形式进行开发或将原项目迁移至移动端。本书按照多媒体开发流程，利用多媒体相关的理论知识，规划和设计基于 HTML5 Canvas 的“个人简历”多媒体应用项目，分别运用 Photoshop CC 2019 图像处理软件、Animate CC 2019 动画制作软件和 Premiere Pro CC 2019 数字视频编辑软件完成项目素材的制作，最后在 Animate CC 2019 中集成所有的要素，完成并发布“个人简历”项目。

本书并非独立介绍媒体制作软件，而是围绕着“个人简历”HTML5 项目，通过精心设计、制作 HTML5 项目中的素材，承上启下地串联各制作软件，完整地介绍各制作软件的常用工具和技能。

总而言之，通过完成本书的“个人简历”HTML5 项目就可以较好地掌握应用于 HTML5 Canvas 的多媒体项目开发的理论知识、项目开发方法、项目规划、项目模块设计、用户界面设计、相关制作软件的运用、交互设计的实现、项目要素的有机整合，直至完成并发布项目。

本书共有 7 个章节的学习内容。第 1 章介绍多媒体技术的基本概念和知识，主要包括媒体的概念，视觉媒体和听觉媒体的特性、分类及性质，媒体数据的压缩技术。第 2 章至第 4 章结合“个人简历”移动端的 HTML5 项目实例，介绍应用 Photoshop CC 图像处理软件、Aniamte CC 动画制作软件和 Premiere Pro CC 数字视频编辑软件完成项目的素材制作。第 5 章主要介绍了移动端的视频点播、直播所采用的流媒体技术，还介绍了创建 HTML5 Canvas 应用项目的相关技术。第 6 章介绍了多媒体应用项目的开发流程、设计原则和实施策略。第 7 章介绍了综合前面章节所述相关知识，运用 Animate CC 创作一个完整的“个人简历”多媒体应用项目，并成功发布于移动端。

本书由阮新新、刘杰成担任主编，周婷、杨播担任副主编。参加编写的人员还有陆苗、陈玉洁、汪丽雅。具体编写分工如下：第1章由杨播编写，第2章由刘杰成编写，第5章由周婷编写，其余章节由阮新新编写。在本书编写过程中，陆苗、陈玉洁、汪丽雅参与了资料收集整理、文稿和视频教程校对、项目测试等工作，在此表示衷心的感谢。

在本书编写过程中，编者参考了有关书籍和资料，在此向这些文献的作者表示衷心感谢。

由于水平有限，本书难免存在不当和谬误之处，敬请各位专家和读者批评指正。

编　者

2020年9月

目　　录

第1章　媒体及媒体数据压缩 …… 1

1.1　媒体种类及性质 …… 1
1.2　视觉媒体 …… 2
1.2.1　概述 …… 2
1.2.2　视觉媒体的特性与感知规律 …… 3
1.2.3　色彩模型 …… 4
1.2.4　视觉生理和视觉心理规律 …… 6
1.2.5　位图图像 …… 7
1.2.6　矢量图形 …… 13
1.2.7　动态图像 …… 15
1.3　文本媒体 …… 19
1.4　听觉媒体 …… 19
1.4.1　概述 …… 19
1.4.2　波形声音 …… 22
1.4.3　MIDI 音乐 …… 25
1.4.4　语音 …… 27
1.5　触觉类媒体 …… 28
1.6　媒体数据压缩 …… 29
1.6.1　必要性和可能性 …… 29
1.6.2　压缩编码的评价与分类 …… 30
1.6.3　静止图像的压缩技术 …… 31
1.6.4　运动图像的压缩技术 …… 32
思考与练习 …… 37

第2章　Photoshop CC 图像编辑 …… 39

2.1　Photoshop CC 概述 …… 39
2.2　Photoshop CC 新特性 …… 40
2.3　Photoshop CC 的常用概念 …… 41
2.4　Photoshop CC 工作环境 …… 43

2.5 图层的操作 …… 48
2.5.1 新建图层和图层组 …… 48
2.5.2 将背景转换为图层 …… 49
2.5.3 复制和删除图层 …… 50
2.5.4 链接图层 …… 50
2.5.5 调整图层顺序 …… 50
2.5.6 设置不透明度 …… 51
2.5.7 显示或隐藏图层 …… 51
2.5.8 锁定图层 …… 51
2.5.9 设置色彩混合模式 …… 51
2.6 图层样式 …… 53
2.6.1 投影样式 …… 53
2.6.2 斜面和浮雕 …… 54
2.6.3 外发光样式 …… 55
2.7 创建选区 …… 56
2.7.1 创建选区工具 …… 57
2.7.2 选区操作 …… 59
2.7.3 应用蒙版 …… 61
2.8 制作页面图像 …… 62
2.8.1 创建新文档 …… 63
2.8.2 准备图像 …… 63
2.8.3 修饰图像 …… 65
2.8.4 天空背景合成 …… 67
2.8.5 人物图像合成 …… 69
2.8.6 制作广告语 …… 76
2.8.7 导出图像 …… 77
2.9 制作页面背景 …… 78
2.9.1 制作水底效果 …… 78
2.9.2 创建水面波光 …… 79
2.9.3 制作入射光线 …… 80
2.9.4 制作气泡效果 …… 82
2.9.5 导出图像 …… 83
思考与练习 …… 84

第 3 章 Animate CC 动画制作 …… 85

3.1 Animate CC 概述 …… 85

3.1.1 Animate CC 的特点 …… 85
3.1.2 Animate CC 的新功能 …… 86
3.2 Animate CC 工作环境 …… 87
3.2.1 工具面板 …… 87
3.2.2 时间轴 …… 89
3.2.3 舞台 …… 91
3.2.4 常用面板 …… 92
3.3 常用绘图工具的使用 …… 95
3.3.1 对象选择 …… 95
3.3.2 文字工具 …… 96
3.3.3 画线工具 …… 96
3.3.4 基本图形工具 …… 98
3.3.5 钢笔工具 …… 98
3.3.6 制作“卡片”图形 …… 99
3.3.7 画笔工具 …… 101
3.3.8 墨水瓶工具 …… 102
3.3.9 颜料桶工具 …… 102
3.4 Animate CC 动画制作 …… 103
3.4.1 创建和编辑元件 …… 104
3.4.2 复制和编辑元件 …… 105
3.4.3 制作逐帧动画 …… 108
3.4.4 制作补间形状动画 …… 110
3.4.5 制作传统补间动画 …… 113
3.4.6 制作遮罩动画 …… 118
3.5 输出动画 …… 120
3.5.1 动画输出 …… 120
3.5.2 动画发布 …… 120
思考与练习 …… 121

第 4 章 Premiere Pro CC 数字视频编辑 …… 123

4.1 Premiere Pro CC 简介 …… 123
4.2 Premiere Pro CC 常用术语 …… 125
4.3 影片项目介绍 …… 126
4.4 影片制作的前期工作 …… 127
4.4.1 策划剧本 …… 127
4.4.2 准备素材 …… 128

4.4.3 Premiere 工作环境 …… 129
4.5 素材处理 …… 132
4.5.1 导入素材 …… 132
4.5.2 粗剪素材 …… 133
4.5.3 管理素材 …… 135
4.6 剪辑片断 …… 137
4.6.1 创建序列 …… 137
4.6.2 精剪片断 …… 138
4.6.3 整理片断 …… 142
4.7 制作视频效果 …… 143
4.7.1 镜头切换效果 …… 143
4.7.2 透明效果 …… 145
4.7.3 视频特效 …… 149
4.8 制作音频效果 …… 153
4.8.1 添加和编辑音效 …… 153
4.8.2 设置音量 …… 157
4.8.3 背景音乐 …… 158
4.9 制作影片标题 …… 160
4.9.1 制作片头标题 …… 160
4.9.2 制作片尾标题 …… 164
4.10 导出影片 …… 166
思考与练习 …… 167

第 5 章 网络多媒体技术 …… 169

5.1 流媒体技术 …… 170
5.1.1 流媒体技术原理 …… 170
5.1.2 流媒体系统构成 …… 172
5.1.3 流媒体相关技术 …… 176
5.2 HTML5 Canvas 技术 …… 177
5.2.1 HTML 简介 …… 177
5.2.2 HTML5 基础 …… 180
5.2.3 JavaScript 介绍 …… 182
5.2.4 Canvas 基础 …… 188
5.2.5 CreateJS 概述 …… 191
思考与练习 …… 194

第 6 章　多媒体项目的开发流程 …… 196

6.1　需求分析 …… 197
6.2　组成项目制作机构 …… 198
6.2.1　管理机构 …… 198
6.2.2　生产机构 …… 199
6.3　项目结构设计 …… 201
6.4　脚本编写 …… 203
6.4.1　文字脚本 …… 204
6.4.2　制作脚本 …… 204
6.5　界面设计 …… 206
6.5.1　媒体最佳组合原则 …… 206
6.5.2　UI 交互设计 …… 207
6.5.3　UI 艺术设计 …… 208
6.5.4　UI 设计要点 …… 211
6.6　素材的采集及制作 …… 214
6.6.1　文本素材 …… 214
6.6.2　图形素材 …… 215
6.6.3　静止图像素材 …… 215
6.6.4　动画素材 …… 216
6.6.5　声音素材 …… 216
6.6.6　视频素材 …… 217
6.6.7　素材网站 …… 217
6.6.8　素材管理 …… 218
6.7　项目制作 …… 219
6.8　项目测试 …… 219
6.8.1　测试基本过程 …… 219
6.8.2　测试主要步骤 …… 220
6.8.3　测试原则 …… 220
6.9　交付 …… 220
思考与练习 …… 221

第 7 章　制作 HTML5 多媒体项目 …… 222

7.1　制作流程 …… 223
7.1.1　需求分析 …… 223
7.1.2　框架结构 …… 223

7.1.3 脚本设计 …… 224
7.2 项目制作准备 …… 226
7.2.1 准备素材 …… 226
7.2.2 选择分辨率 …… 228
7.2.3 安装测试环境 …… 229
7.3 制作 HTML5 项目 …… 234
7.3.1 制作简历页面 …… 235
7.3.2 创建交互功能 …… 246
7.4 发布 HTML5 Canvas …… 255
7.4.1 输出的文件 …… 256
7.4.2 发布设置 …… 256
7.4.3 优化动画设置 …… 257
7.5 测试和发布项目 …… 257
7.5.1 本地测试 …… 257
7.5.2 移动端测试 …… 259
7.5.3 发布项目 …… 260
思考与练习 …… 260

参考文献 …… 262

第1章　媒体及媒体数据压缩

媒体是表示、存储和传输信息的载体，多媒体不仅是各种媒体的组合，还是各种媒体之间建立的逻辑连接，更是一种综合集成、数字化、交互性紧密融合的信息载体。综合集成是指将独立的媒体技术与计算机技术融合为一体；数字化是指多媒体系统可以高质量、高效率地实现音像信息的采集和处理；交互性是指人机可以对话，即利用多媒体系统自由地选择、利用和处理各种媒体信息。

多媒体技术的开发和应用涉及媒体的采样量化、编码压缩、编辑修改、存储传输和重建显示等，因此与计算机硬件、计算机软件、计算机网络、人工智能、电子出版等密切相关，涉及的产业包括电子工业、计算机工业、广播电视、互联网、出版业和通信业等。

多媒体技术在各行各业都有广泛应用，常应用于企业宣传、商务推广、电子商务、产品操控、教育培训、娱乐游戏、点播直播、展会导览等领域。

本章主要的学习内容包括：

- 理解和熟悉媒体的类型和特点。
- 理解色彩模型、视觉规律。
- 理解和掌握视觉媒体的分类、特性、处理方法及主要的文件格式。
- 理解和掌握听觉媒体的分类、特性及处理方法。
- 了解媒体数据压缩的分类及其特点。

1.1　媒体种类及性质

多媒体系统中包含多种媒体元素，如文字、图形、图像、音频等。可根据不同的标准对媒体进行分类，从计算机的角度，把媒体分为感知媒体、描述媒体、表示媒体、存储媒体、传输媒体和信息交换媒体。

(1) 感知媒体

人们借助于感知媒体来接收环境的信息，在计算机环境中，人们主要通过视觉和听觉器官来感知外界世界。属于视觉媒体的有文字、图像和视频等，属于听觉媒体的有音乐、噪声和语音等。

(2) 描述媒体

描述媒体是指在计算机中使用不同的格式来描述媒体信息或对媒体内容进行编码。例如，

① 正文字符用 ASCII 或 EBCDIC 编码。

② 图形可根据 CEPT 或 CAPTAIN 视频标准编码，图形标准 GKS、PHIGS 和 CGM 也可

用来对图形信息进行编码。

③ 音频流可用简单的 PCM 脉冲编码表示，每个样本可用 16 位进行线性量化。

④ 图像可用传真标准或 JPEG 格式进行编码。

⑤ 组合的音频、视频序列可用不同的 TV 标准格式（如 PAL、NTSC 或 SECAM）进行编码，在计算机中存储时可以用 MPEG 格式进行编码。

（3）表示媒体

表示媒体是用于通信中电信号和感知媒体之间转换的媒体。表示媒体有两种：一种是面向输入的表示媒体，如键盘、摄像机、光笔、话筒；另一种是面向输出的表示媒体，如显示器、打印机等。

（4）存储媒体

存储媒体是指保存媒体数据的介质，如缩微胶片、磁盘、CD-ROM 等。

（5）传输媒体

传输媒体是指传送连续媒体数据的信息载体，它与存储媒体含义不同，是指媒体可以在网络（同轴电缆、光纤）上进行传输。

（6）信息交换媒体

信息交换媒体是指用于信息存储和传输的媒体，它包括信息传输和信息存储两个方面的含义，如电子邮件系统。

1.2 视觉媒体

1.2.1 概述

中国有句俗话“百闻不如一见”，很形象地说明了视觉是人类最丰富的信息来源。从图像、图形、文字到可观察到的种种现象、形体动作，无不是通过视觉传递的。有些信息本来不属于视觉范畴，但为了形象化，又往往把它转变为视觉形式，如声音的波形、温度曲线、虚拟图像等。

凡是通过视觉传递信息的媒体，都属于视觉媒体，包括以下几类。

（1）位图图像

位图是一种对视觉信号进行直接量化的媒体形式，反映了信号的原始形式。根据量化的图像深度不同，又分二值、灰度、彩色图像三大类。

（2）矢量图形

矢量图形是对图像进行抽象化的结果，反映了图像中实体最重要的特征。抽象化（矢量化）过程可以由计算机自动进行，也可以由人工完成。

（3）动态图像

动态图像是若干连续的静态图像或图形在时间轴上不断变化的结果。若单帧图像是真实图像，则为动态影像视频；若单帧图像是由计算机生成的真实感图像，则为三维真实感动画；若在连续过程中变化的是图形，则是二维或三维动画。

（4）符号

符号是人类对信息进行抽象的结果。符号可以表示数值、事物或事件，也可以表示语音。

文本是具有上下文相关特性的符号流。

(5) 其他

有许多其他类型的信息,也需要转化为视觉形式,如音乐转化为乐谱,哑语通过动作传达表达者的意思等。

1.2.2 视觉媒体的特性与感知规律

人眼所看到的客观世界,通常称为景象。客观物体所发出的光线或物体受光源照射后所反射、透射的光,在人的视网膜上成像,是一种自然的生理功能,它使人能借助视觉媒体去认识世界。

1. 可见光谱与光学度量

近代科学的发展,特别是光电转换技术的进步,使人类能够以各种方法来记录、处理、传输客观景象,例如,通过照片、图片、绘画、文稿、X 光胶片等获取和处理人眼可见的图像信息。另外,还可以利用非可见光和其他手段将不可见图像成像,或利用适当装置将其变为人眼可视图像,如红外成像、超声成像、微波成像等,科学技术使人的视觉能力逐步增强和延伸。

从物理上讲,光线是电磁波的一种能量辐射形式。电磁波主要参数有传播方向、能量、波长(频率)等。电磁波的频率很宽,根据波长不同,具有不同的性质,包括无线电波、红外线、可见光、紫外线、X 射线、γ 射线等。可见光仅是电磁波谱中很窄的一段,其波长为 380~780 nm。波长不同呈现不同的颜色,从紫、蓝、青、绿、黄到橙、红,连续变化,如图 1-1 所示。

光度学使用一些参数描述光的特性如下。

- 光强:单位立体角内发出的光通量。
- 光通量:按人眼所能感觉到的辐射功率,可以用光电管测量。
- 照度:光通量与被照表面积之比,可用照度计测量。
- 亮度:单位面积上的发光强度,表示发光面的明亮程度。亮度是发光面的指定方向的发光强度与在垂直于该方向切平面上投影之比。

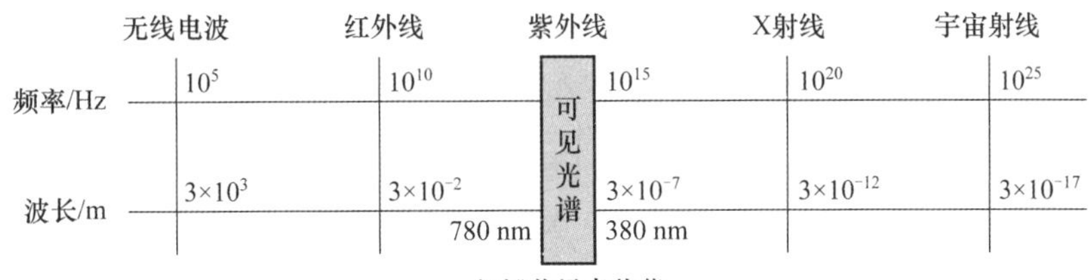

图 1-1 电磁波谱

2. 彩色视觉与色度学原理

人眼的视觉感受不仅仅是物体各点发光的强弱不同而看到物体形象,而且对不同波长的光作出相应地反映,具有色觉特性。人眼所感受到的颜色不只是几种谱色,而是种类繁多的多彩世界。

描述彩色光基本特性常用以下三个概念。

- 色调(hue):表明光谱波长,决定颜色的基本特征。
- 饱和度(saturation):颜色的浓淡程度,反映彩色中掺入白光的数量。彩色纯度越高,饱和度越高，色彩越鲜明。

- 亮度(brightness)：光的明暗程度，反映彩色光所含能量。

不同波长的单色光会引起不同的彩色感觉，但同样的彩色感觉也可能来源于不同的光谱成分的组合，光谱分布与彩色感觉之间的关系是多对一的关系。这表明，彩色的重现过程并不需要客观景物反射光的光谱成分，而重要的是人眼获得原景物相同的彩色感觉，这种研究人的颜色视觉规律、颜色测量理论与技术的科学就是色度学。

实验证明，大自然中几乎所有颜色均可以由三种基色按不同的比例混合而得到，这就是三基色原理，三基色原理是色度学最基本的原理。三基色原理包括以下内容。

① 选择三种相互独立的颜色(不能以其中两种混合而产生第三种)作为基色，将这三基色按不同比例进行组合，可获得自然界各种彩色感觉。如彩电技术中红、绿、蓝三色，印刷染色技术中黄、品红、青三基色。

② 任意两种非基色相混，也可以得到一种“新色”，“新色”也等于两色各自分解为三基色各分量的混合。

③ 三基色的能量决定彩色光的亮度，混合色亮度是各基色亮度之和。

④ 三基色的比例决定混合色的色调。

利用三基色原理，将彩色分解、混合和重现，最终实现视觉上的各种不同彩色，是彩色图像显示和表达的基本方法。

实际使用的混色方法有以下两种。

- 相减混色：白光中减去不需要的彩色，例如，在印染、颜料中多使用此法。
- 相加混色：各基色混合。其中又分为时间混色法(三基色轮流投到同一屏幕)、空间混色法(三色同时投射产生合成光，见图 1-2)和生理混色(两眼分别观看不同颜色的同一景象)三种。

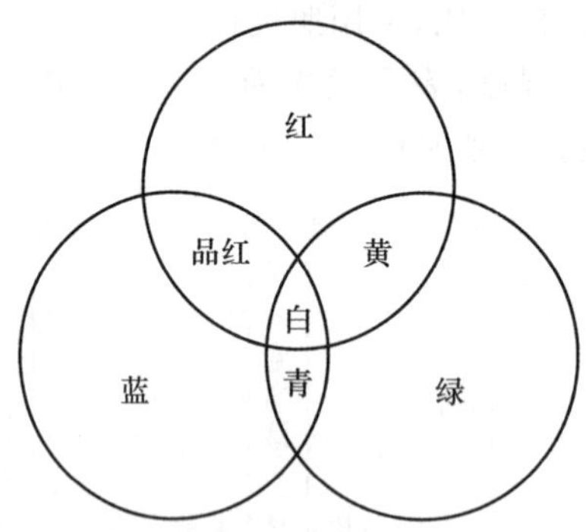

图 1-2　RGB 三基色的相加混色

1.2.3　色彩模型

色彩模型用于描述在数字图像中看到和用到的各种颜色，每种色彩模型(如 RGB、HSB 或 CMYK)分别表示用于描述颜色及对颜色进行分类的不同方法。

由于每台设备有着自己独有的色彩空间，因此它们只能重现本设备的色域(色彩范围)。如果将图像从某台设备移至另一台设备，由于每台设备会按照自己的色彩空间解释 RGB 或 HSB 值，因此图像颜色可能会发生变化。例如，通过桌面打印机打印出的颜色不可能与显示器上看到的颜色完全一致，打印机或印刷机的油墨颜色使用 CMYK 色彩空间，而显示器使用 RGB 色彩空间，色域(色彩范围)各不相同。油墨的某些颜色无法在显示器上显示，而显示器上显示的某些颜色则无法用油墨在纸张上印刷出来，需要采用合适的算法进行颜色替换，如 Photoshop 会对无法打印的颜色提出警告，并建议颜色替换。

1. RGB 色彩模型

CIE(国家照明委员会)规定 RGB 基色系统的三基色选择方法如表 1-1 所示。

表 1-1 RGB 三基色系统

基色	波长/nm	符号
红	700.0	[R]
绿	546.1	[G]
蓝	435.8	[B]

由于人眼对于相同亮度单位的单色光的主观亮度感觉不同，所以，用相同亮度的三基色混色时，人的主观感觉是绿光最亮；红光次之，亮度约占绿光的一半；蓝光最弱，亮度约占红光的 1/3。当白光亮度值用 Y 来表示时，它和红、绿、蓝三色值的关系为

$$Y=0.299\,R+0.587\,G+0.114\,B$$

在多媒体计算机技术中，用得最多的是 RGB 色彩模型，因为计算机彩色监视器的输入需要 RGB 三个彩色分量，通过三个分量的不同比例，可在显示屏幕上合成所需要的任意颜色，所以不管多媒体系统中采用什么形式的色彩模型，最后的输出一定要转换成 RGB 色彩模型。

色彩空间是另一种形式的色彩模型，它有特定的色域，例如，RGB 色彩模型中存在多个色彩空间：Adobe RGB(Adobe 公司开发的标准)、sRGB(Microsoft 公司开发的标准)和 Apple RGB(苹果公司开发的标准)等。虽然这些色彩空间使用相同的三个分量(R、G 和 B)定义颜色，但它们通过不同的方式表示 RGB 三种颜色，使得它们具有不同的色域，相应的 Gamma(灰度系数)值也不同。在出版行业和专业摄影行业使用 Adobe RGB 标准居多；普通的显示器、投影机、打印机及 Web 图像处理使用 sRGB 标准；老式的苹果显示器使用 Apple RGB 标准。

2. CMYK 色彩模型

CMYK 色彩模型应用于印刷业，印刷业通过青(cyan)、品红(magenta)、黄(yellow)三原色油墨的不同网点面积率的叠印来表现丰富多彩的颜色。但在实际中，由于油墨的纯度等问题得不到纯正的黑色，因此引入 K(black)，CMYK 也称作印刷色彩模式。

CMYK 色彩模型是与设备、印刷过程相关的，工艺方法、油墨的特性、纸张特性的不同等会有不同的印刷结果。

RGB 色彩模型和 CMYK 色彩模型在表现颜色的范围上不完全一样，RGB 的色域较大而 CMYK 则较小，有些屏幕显示的颜色不能打印或印刷出来，因此就要进行色域压缩。另外，RGB 和 CMYK 两个色彩模型都是与设备相关的，需要通过一个与设备无关的色彩模型来进行转换，如 Lab 色彩模型。

3. Lab 色彩模型

Lab 色彩模型是由 CIE 制定的一种色彩模式，Lab 数值可以描述人类能够看到的所有颜色，其色域比 RGB 还要大。

Lab 色彩模型是用数字化的方法来描述人的视觉感应，是一种与设备无关的颜色系统。Lab 色彩模型中的 L 表示像素的亮度，取值范围是[0,100]，表示从纯黑到纯白；a 表示从红色到绿色

的范围，取值范围是[127，－128]；b 表示从黄色到蓝色的范围，取值范围是[127，－128]。

4. HSI 色彩模型

在 HSI 色彩模型中，人们常用 H、S、I 三个参数描述颜色的特性，其中 H 表示色调(hue)，S 表示颜色的饱和度(saturation)，I 表示亮度(intensity)，也常用 HSB(Photoshop 的表示法)或 HSL 表示。

就人眼的彩色视觉特性而言，用色调、饱和度、亮度来描述彩色是比较合适的，HSI 色彩模型可对应于画家配色的方法，也称画家模式。

HSI 色彩模型为多媒体计算机和计算机视觉的彩色图像实时处理提供了有效的方法。

1.2.4 视觉生理和视觉心理规律

运用视觉生理和心理过程的一些实验规律，在彩色电视实用化和图像工程应用上有许多成功的实践，这些规律也被大量地应用于视频信息数字化、压缩编码等处理中。

1. 视觉调节力

通过改变晶体的折射率，人眼可以调节视距。依靠视细胞和瞳孔的调节，眼睛能够适应非常宽的亮度范围，所能感受的亮度范围为 1 000：1。有六种肌肉控制眼球运动，使眼睛能自发的(反射性的)或非自发的运动，拓宽视野或观察视觉媒体细节，具有更好的临场感受和恰当的扫描方式。

2. 视觉暂留性

眼睛的另一个重要特性是视觉暂留性，即光像一旦在视网膜上形成，视觉将会对这个光像的感觉维持一个有限的时间。中等亮度的光刺激，视觉暂留时间大约为 0.05～0.2 s。视觉暂留性是近代电影与电视的基础，因为运动的视频图像都是运用快速更换静态图像，形成图像内容的连续运动感觉。计算机视频编辑、动画设计也利用了视觉暂留性，并可以精确安排视觉暂留时间。

3. 视觉锐度

眼睛分辨景物细节的能力叫作视力，又叫作视觉锐度。视力有一极限值，若以人眼对被观察物体相邻最近两点的最小视角 θ 表示，视力定义为 $1/\theta$。

视力与下述因素有关：人的视网膜上光敏细胞间物理距离决定人眼分辨率的极限。亮度和对比度过低，视力下降；亮度过高，视力不会增加，甚至因眩目而降低。人眼对彩色的分辨率低于对亮度的分辨率，对不同彩色构成的彩图细节的分辨率也不同，橙、青色分辨率高。

4. 注视点

经研究表明，人在观察视觉类媒体时视觉注视点主要集中在图像黑白交界的部分，尤其是拐角处，如果是闭合图形，注视点往往向内侧移动。此外，注视点容易集中在时隐时现、运动变化的部分或是图像中特别不规则的地方，也就是说，图像变化剧烈的高频部分较易被注意。

5. 适应性

人类的眼睛可以适应明暗条件的变化。

- 亮适应：由暗到亮时，几秒钟就能分辨出景物的明暗和颜色，2～3 min 内即可达到稳定水平。
- 暗适应：由亮到暗时，几分钟才能分辨景物，约十几甚至几十分钟稳定。

颜色变化的眼适应力较差，如强光刺激后，本来看到的黄色物体，却感觉是绿色的，出现彩色失真。

对视觉适应性的度量，需要对物理学层面的彩色刺激值定量光谱分布度量与心理学的彩色感觉非定量化特性进行组合分析。

6. 基尔希曼法则

基尔希曼法则是所谓的"对比效果一定法则"，是人们经常要灵活运用以达到期望视觉效果的法则，可分为"同时对比"和"相继对比"。前者利用刺激的光亮度和色调受背景影响而产生不同的感觉；后者是在两个刺激相继出现的情况下，后刺激感觉要受到前刺激感觉的影响。基尔希曼法则也可以认为是视觉暂留性和视觉适应性的反映。在界面设计、图像处理中常用的视觉法则如下。

① 亮度相同时，背景色调高的对比度大。

② 亮度对比度小时，颜色对比度大。

③ 目标比背景小时，颜色对比度大。

④ 颜色对比在两个空间域发生时，间隔大的对比效果小。

1.2.5 位图图像

1. 位图的概念

学习位图应该首先知道什么是图像。所谓图(Picture)，是指用描绘或摄影等方法得到的外在景物的相似物；而所谓像(Image)，是指直接或间接(如拍摄)得到的人或物的视觉印象。一般地讲，凡是能为人类视觉系统所感知的信息形式或人们心目中的有形想象，统称为图像。所以，图片、影像、一页书等都是图像。事实上，无论是图形，还是文字、影像视频等，最终都是以图像的形式出现的，但由于计算机中对它们的表示、处理、显示方法不同，一般又把它们看作不同的媒体形式。

位图(Bitmap)是图像中最基本的一种形式，位图图像是指在空间和亮度上已经离散化了的图像。可以把一幅位图图像看作一个矩阵，矩阵中的任意一个元素对应图像中的一个点，而相应的值对应于该点的灰度(或颜色)等级，这就是计算机量化图像的结果，这个数字矩阵的元素称为像素，存放在显示缓冲区中，与显示器上的显示点一一对应，故称为位图影视图像，简称位图。

图 1-3　一个 32×32 的二值位图图像

当位图图像中的灰度值仅为两个等级时，称为二值图像（见图 1-3），否则称为灰度或彩色图像。很显然，灰度（颜色）等级越多，图像就越逼真。

2. 位图的技术参数

（1）分辨率

分辨率会影响图像的质量，有三种形式，分别称为屏幕分辨率、图像分辨率和像素分辨率，在处理位图图像时要理解这三者之间的区别。

① 屏幕分辨率是指某一特定显示方式下，计算机屏幕上最大的显示区域，以水平和垂直的像素表示。例如，640×480 像素，是指计算机整个屏幕水平方向有 640 个像素，垂直方向有 480 个像素。

② 图像分辨率是指数字化图像的大小，以水平和垂直的像素表示。当图像大小（原始图）一定时，它代表了图像数字化的精度。

图像分辨率与屏幕分辨率截然不同，例如，在 640×480 像素的屏幕上，可以显示 320×240 像素的图像，此时图像在水平和垂直方向各占半个屏幕。如果图像的尺寸大于屏幕分辨率，则只能显示一部分图像。

③ 像素分辨率是指一个像素的长和宽之比，不同的像素长宽比将导致图像变形，因此在这种情况下必须进行比例调整。

屏幕分辨率可由操作系统加以设置，选择合适的分辨率模式和同时显示的颜色数。图像分辨率可在图像编辑软件（如 Photoshop）中调整，降低图像分辨率（放大图像）可能会导致边界出现阶梯效应（锯齿）。

另外，在数字化图像时，经常会用到另一个概念：扫描分辨率，它是指对图像数字化时的空间离散精度，用 DPI（Dots Per Inch）表示，表示每单位长度（英寸）数字化多少个点，它直接决定了图像采集的精度。

（2）图像的颜色数

图像的颜色数即图像深度，是指一幅位图图像中最多能使用的颜色数，对于黑白图像而言，就是灰度的等级数。

图像量化时，颜色数由计算机位（bit）来表示。若每个像素只有一个颜色位，则只能区分 0/1 两种情况，分别代表亮或暗，这就是二值图像；若每个像素 8 位颜色，则彩色图像的颜色数是 256（2^8）种或黑白图像的灰度级是 256 级；若每个像素 24 位，则有 16 777 216（2^{24}）种颜色，覆盖了人眼所能分辨的所有颜色，该图像称为真彩色图像。

真彩色图像与伪彩色图像的像素数值的含义是不同的，这与调色板的概念有关。

（3）调色板

在视频显示中，颜色是由 R，G，B 三种颜色分量组合来定义的，每个分量用数字化 8 bit 表示。根据上述关于图像深度的描述，可以知道，这个组合可以表示自然界中所有的颜色。在生产一幅位图图像时，对图像中不同的色调进行采样，随之也就产生了包含在此幅图像中各颜色的颜色表，即一组（R，G，B）组合值，称为调色板（Color-plate），位图中每种颜色值就来源于调色板。

只有当图像是伪彩色，即图像深度小于 24 bit 时，才需要调色板。对真彩色图像，每像素量化数据量为 24 bit，直接保存每像素的（R，G，B）三个颜色分量即可。当图像的图像深度小于 24 bit 时，通过采样图像的不同颜色，形成调色板，像素的颜色用调色板中的相应颜色代替。如果图像中的颜色在调色板中不存在时，就用相近的颜色代替。这样，保存每个像素的量化数据不再是(R,G,B)分量的值,而是调色板相应颜色的序号(对调色板的索引)。显示图像时,由该颜色号找到它的(R,G,B)组成送到显示缓存。

一幅图像是否带调色板或使用系统(操作系统显示用)调色板,在图像格式的说明部分会有标识。

(4) 位图图像的数据量

位图图像的数据量与图像的大小即图像分辨率及图像深度有关。设图像水平方向分辨率为 w,垂直分辨率为 h,图像深度为 c 位,则该图数据量 B 为

$$B=(h\times w\times c)/8(\text{Byte})$$

例如,256 色(图像深度为 8 位),分辨率 640×480,则:

$$B=(640\times 480\times 8)/8=307\ 200(\text{Byte})$$

3. 图像的采集、存储、处理和输出

位图图像是由特殊的数字化设备,将光信号量化为数值,并按一定的格式组织而得到的,这些数字化设备常用的有扫描仪、图像采集卡、数码相机等。扫描仪对已有的照片、图片等进行扫描,将图像数字化为一组数据存储;图像采集卡可以对录像带、电视上的信号进行“视频捕捉(Capture)”,对其中选定的帧进行捕获并数字化;数码相机是一种与计算机配套使用的数码影像设备,它采用互补金属氧化物半导体(Complementary Metal Oxide Semiconductor, CMOS)作为光电转换器件,将被摄景物以数字信号方式直接记录在存储介质(存储器、存储卡)中,可以很方便地在计算机中进行处理。

图像存储时由两部分组成:图像说明部分和图像数据部分。图像说明部分将描述图像的格式、深度、高度、宽度、调色板、压缩方法等,图像数据部分则是描述图像每一个像素颜色的值。各种数据所存放的位置由文件格式规范所描述,规范不同,格式也不同。例如,SUN 工作站所采用的光栅文件格式是由一个固定长度的文件头和紧跟其后的像素值序列组成;而应用比较广泛的 TIF 图像文件格式则是由标签所表示的数据块组合,各数据块的位置由线性表和链表来描述,它可以表示任意深度的图像,标签的个数可为 2^{16} 个。由于多媒体历史的原因,现在已有了相当多的图像文件存储格式,最常见的位图图像格式有 BMP、TIF、GIF、JPG、PNG 等。

原始采集的图像一般还不能直接使用,要先经过图像预处理。多媒体系统不是一个简单的输入、输出装置,它的魅力所在是加工并交互,所以,图像处理一直是人们乐于研究的技术,对图像的处理不仅要根据实际的需要选择处理的方法,还要考虑图像的实际效果和算法的优化,以缩短处理时间。图像的主要处理过程包括以下几个方面。

(1) 图像数据的压缩

由于图像的数据量很大,一般都要经过压缩后才进行存储和传输。对图像压缩可以选择不同的压缩算法,压缩过程可能会对图像质量产生一定的影响。如采用无损压缩,压缩比不会太高,而采用有损压缩,则可能会对图像质量产生影响,这就要根据应用的要求权衡选取一个合适的折中办法。同时,压缩也会对实时性产生影响,具有一定的延迟。在应用时应充分考虑压缩与解压缩带来的时间延迟问题。事实上,现在许多图像系统中的压缩和解压缩由硬件完成,这样会大大缩短由压缩和解压缩带来的延迟。

(2) 图像优化

原始采集的图像可能效果不太好,不是很清晰,甚至由于外界噪声影响产生杂色、杂斑等。图像的优化就是要根据图像的类型分别进行图像增强、噪声过滤、畸变校正、亮度调整、色度调

整等,使图像满足表现的需要。但获得一幅好的图像,不能完全依赖于图像的优化,更重要的是原始图像的效果,图像的优化,只能算是一种补救的措施。

(3) 图像的编辑

将图像转化为最终的可供表现用的图像,图像的编辑过程不可少。图像编辑包括图像剪裁、旋转、缩放、修改、组合叠加等。通过图像编辑,可以将原始图像中不足的地方去掉或修补,也可以将几幅图像综合成一幅,还可以把文字、图形等添加入图像中,成为图像中的一个组成部分。

(4) 图像的格式转换

格式转换存在于不同应用之间、不同软件之间和网络上不同用户机器之间。不同的来源导致图像格式的不同,有时需要进行转换,但转换不应对图像质量有很大的影响。

(5) 图像分析

图像分析是从图像中抽取可用于高层场景分析的描述信息。就图像本身而言,知道一个点的位置和颜色,对于形状、方向、位置、距离、是否损坏等识别几乎没有什么帮助。因此,图像分析必须包含亮度和颜色的计算(或数学变换)、场景中 3D 数据部分或全部恢复、不连续处的定位(这些不连续处可能与场景中物体相对应)及图像中均匀区域的特征描述。图像分析在许多领域有重要应用,如航拍照片分析、空间探测传回的慢速扫描、电视图像分析、工业机器人的视觉传感器所获得的电视图像分析、X 光片和计算机 X 射线轴向分层造影扫描(CAT)的数据分析、基于内容的压缩编码算法和图像识别等。

总之,图像的处理是一个十分复杂的问题,也是一个很专业化的研究领域。值得庆幸的是,现在已经有了许多十分优秀的面向个人计算机的图像处理软件(如 Photoshop、Paintbrush等),并且已经得到了广泛的应用。

(6) 图像输出

图像输出有多种方法,最常见的是在显示器上显示、通过打印机形成硬拷贝或者输出到存储设备上。

4. 位图图像文件格式

(1) BMP 格式

BMP(Bitmap-File)图像文件是 Windows 采用的图像文件格式,在 Windows 环境下运行的所有图像处理软件都支持 BMP 图像文件格式。

Windows 3.0 以前的 BMP 位图文件格式与显示设备有关,因此把这种 BMP 图像文件格式称为设备相关位图(Device-dependent Bitmap,DDB)文件格式。Windows 3.0 以后的 BMP 图像文件与显示设备无关,因此把这种 BMP 图像文件格式称为设备无关位图(Device-independent bitmap,DIB)文件格式,目的是让 Windows 能够在任何类型的显示设备上显示所存储的图像。Windows 软件推荐使用该格式,通常它不支持压缩,数据量大,在多媒体项目中使用,一般需再转换为其他格式。

BMP 位图文件默认的文件扩展名是 BMP 或者 bmp。

(2) TIFF 格式

TIFF(Tag Image File Format)图像文件是由 Aldus(1994 年被 Adobe 收购)和 Microsoft 公司为桌面出版系统研制开发的一种较为通用的图像文件格式。TIFF 格式灵活易变,它又定义了四类不同的格式,即 TIFF-B 适用于二值图像;TIFF-G 适用于黑白灰度图像;TIFF-P 适用于带调色板的彩色图像;TIFF-R 适用于 RGB 真彩图像。

TIFF 支持多种编码方法，其中包括 RGB 无压缩、RLE 压缩及 JPEG 压缩等。

TIFF 是现存图像文件格式中最复杂的一种，它具有扩展性、方便性、可改性。

由于该格式支持 256 色、24 位真彩色、32 位色、48 位色等多种色彩位，同时支持 RGB、CMYK 等多种色彩模式，支持多平台，一个 TIFF 文件中可以保存多幅图像，因此在桌面出版行业得到广泛的运用。

TIFF 图像文件由三个数据结构组成，分别为文件头、一个或多个称为图像文件目录(IFD)的包含标记指针的目录以及数据本身。

TIFF 图像文件中的第一个数据结构称为图像文件头(IFH)，这个结构是一个 TIFF 文件中唯一的、有固定位置的部分；IFD 是一个字节长度可变的信息块，Tag 标记是 TIFF 文件的核心部分，在图像文件目录中定义了要用的所有图像参数，目录中的每一条目就包含图像的一个参数。

(3) TGA 格式

TGA(Tagged Graphics)格式由美国 TrueVision 公司(1999 年被品尼高公司收购)于 1984 年定义，用来存储彩色图像。由于 TGA 文件格式清晰、容易使用、编制读/写图像文件也较容易，所以得到了极为广泛的应用。TGA 格式已成为数字化图像以及运用光线跟踪算法所产生的高质量图像的常用格式，在多媒体领域有很大影响，是计算机生成图像向电视转换的一种首选格式。

TGA 格式支持数据压缩，使用无损压缩算法。

TGA 图像格式最大的特点是可以建立 alpha 通道，可以作出不规则形状的图形、图像文件，例如，可以在 3DS MAX 三维制作软件、Premiere 视频编辑软件中导出系列 TGA 格式的文件，再利用 Photoshop 等图像编辑软件做进一步处理，反向操作也很常用。

(4) GIF 格式

GIF(Graphics Interchange Format)是 CompuServe 公司 1987 年开发的，当时的 GIF 文件格式版本号是 GIF87a，1989 年进行了扩充，扩充后的版本号定义为 GIF89a。采用 LZW 无损压缩算法，支持多幅图像在一个文件中。定义了允许用户为图像设置背景的透明(Transparency)属性。

此外，GIF 文件格式可在一个文件中存放多幅彩色图形、图像，如果在 GIF 文件中存放有多幅图，它们可以像演示幻灯片那样显示或者像动画那样演示，所以也称为 GIF 动图。由于它只能支持 256 种颜色，所以图像数据较小，是多媒体网页中的重要图像格式。

(5) PNG 格式

PNG(Portable Network Graphic)为便携式网络图像，是 1990 年开发的图像文件存储格式，其目的是试图替代 GIF 和 TIFF 文件格式，同时增加一些 GIF 文件格式所不具备的特性。PNG 用来存储灰度图像时，灰度图像的深度可多到 16 bit，存储彩色图像时，RGB 色彩深度可多到 48 bit，并且还可存储 16 位 alpha 通道数据，实现多层次的透明效果。

PNG 使用从 LZ77 派生的无损数据压缩算法。

PNG 文件格式保留了 GIF 文件格式的下列特性。

① 用彩色查找表或者调色板可支持 256 种颜色的彩色图像。

② 流式读/写性能(Stream Ability)，图像文件格式允许连续读出和写入图像数据，这个特性适合在通信过程中生成和显示图像。

③ 逐次逼近显示(Progressive Display)，这个特性可使在通信链路上传输图像文件的同

时就在终端上显示图像，把整个轮廓显示出来之后逐步显示图像的细节，也就是先用低分辨率显示图像，然后逐步提高它的分辨率。

④ 透明性(Transparency)，这个特性可使图像中某些部分不显示出来，用来创建一些有特色的图像。

⑤ 辅助信息(Ancillary Information)，这个特性可用来在图像文件中存储一些文本注释信息。

⑥ 独立于计算机软硬件环境。

⑦ 使用无损压缩。

PNG 文件格式中增加下列 GIF 文件格式所没有的特性。

① 每个像素可设为 48 bit 的真彩色图像。

② 每个像素可设为 16 bit 的灰度图像。

③ 可为灰度图和真彩色图添加 alpha 通道。

④ 使用 CRC(Cyclic Redundancy Code)检测损害的文件。

⑤ 加快图像显示的逐次逼近显示方式。

⑥ 标准的读/写工具包。

Adobe 公司的系列软件产品(Animate、Photoshop、Premiere、After Effect 等)普遍支持 PNG 格式的图像，现代浏览器全面支持 PNG 图像文件格式，但旧版本的网页浏览器(如 IE6)对 PNG 支持不好。

(6) JPEG 格式

JPEG(Joint Photographic Experts Group)是“联合图像专家组”的缩写，文件后缀名为“.jpg”或“.jpeg”，是常用的图像文件格式之一。JPEG 是一种有损压缩格式，能够将图像压缩在很小的储存空间，图像中重复或不重要的资料会被丢失，因此容易造成图像数据的损伤，尤其是使用过高的压缩比例，将使最终解压缩后恢复的图像质量明显降低。如果追求高品质图像，不宜采用过高压缩比例。但是 JPEG 压缩技术十分先进，它用有损压缩方式去除冗余的图像数据，在获得极高压缩率的同时能展现十分丰富、生动的图像。JPEG 是一种很灵活的格式，具有调节图像质量的功能，允许用不同的压缩比例对文件进行压缩，支持多种压缩级别，压缩比通常在 10∶1 到 40∶1 之间，压缩比越大，品质就越低，压缩比越小，品质就越好。JPEG 格式压缩的主要是高频信息，对色彩的信息保留较好，适合应用于互联网，可减少图像的传输时间，可以支持 24 bit 真彩色，也普遍应用于需要连续色调的图像，如照片。

JPEG 格式是目前网络上最流行的图像格式，是可以把文件压缩到最小的格式，在 Photoshop 软件中以 JPEG 格式储存时，提供 13 级压缩级别，以 0～12 级表示。其中 0 级压缩比最高，图像品质最差。即使采用细节几乎无损的 12 级质量保存时，压缩比也可达 5∶1，一般而言，采用第 8 级压缩为存储空间与图像质量兼得的最佳比例，是 BMP 图像文件的 1/25 左右。

JPEG 2000 作为 JPEG 的升级版，其压缩率比 JPEG 高约 30%，同时支持有损和无损压缩。JPEG 2000 格式有一个极其重要的特征是它能实现渐进传输，即先传输图像的轮廓，然后逐步传输数据，不断提高图像质量，让图像从朦胧到清晰显示。此外，JPEG 2000 还支持所谓的“感兴趣区域”特性，可以任意指定影像上感兴趣区域的压缩质量，还可以选择指定的部分先解压缩。

JPEG 2000 和 JPEG 相比优势明显，且向下兼容，因此可取代传统的 JPEG 格式。JPEG 2000 既可应用于传统的 JPEG 市场，如扫描仪、数码相机等，又可应用于新兴领域，如网路传输、无线通信等。

Photoshop 还提供了"JPEG 立体(.jps)"的存储格式——JPEG Stereo，即 JPS。它是一种 3d 图像格式。JPS 文件格式其实就是 JPEG 文件格式，只是它同时存储了左眼看到的图(在右边)及右眼看到的图(在左边)。

1.2.6 矢量图形

1. 图形概述

图形(Graphics)是一种抽象化的图像，是对图像依据某个标准进行分析而产生的结果。它不直接描述数据的每一点，而是描述产生这些点的过程和方法，因此称为矢量图形，更一般地称为图形。

矢量图形是通过一组指令来描述的，这些指令描述一幅图中所包含的直线、圆、弧线、矩形的大小和形状，也可以用更为复杂的形式表示图像中曲面、光照、材质等效果。

在计算机上显示一幅图像时，首先要解释这些指令，然后将它们转变成屏幕上显示的形状和颜色。由于大多数情况下不用对图像上的每一点进行量化保存，所以需要的存储量很少，但这是以屏幕显示的计算时间为代价的。如图 1-4 所示就是一个图形的例子，图中的每一条线、面等都可以用图形命令来生成。

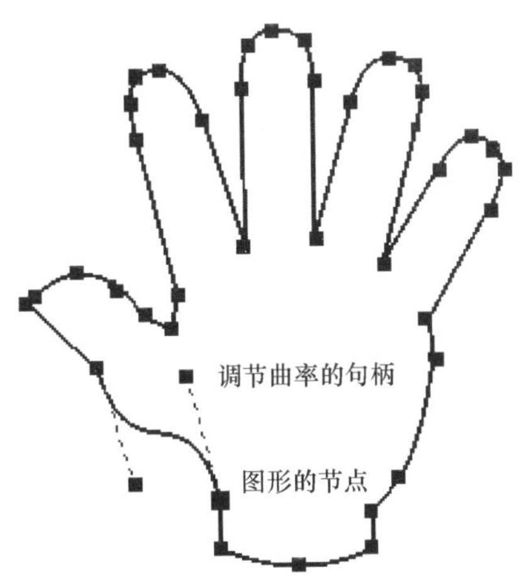

图 1-4 一个矢量图形

2. 图形的特性

图形是对图像进行抽象的结果，这种抽象过程可以由人工完成(如采用数字化仪输入)，也可以由计算机完成。计算机自动将图像转变为图形的过程称为图像分析，目前对电路图、工程图等的图像分析已有较好的办法，对更复杂的自然图像的分析与理解工作仍在研究中。对图像进行抽象，必须依据某种原则，根据某种知识来进行。例如，是提取出单线条、轮廓、特殊的图元，还是提取出字符、颜色块或是曲面等都需要一定的原则。抽象的结果便是用图形指令取代了原始图像，去掉了不相关的信息，也就是在格式上做了一次变换。

图形的矢量化使得有可能对图中的各个部分分别进行控制，因为所有的图形部分都可以用数学的方法加以描述，从而使计算机可以对其进行任意的变换：放大、缩小、旋转、变形、扭曲、移位、叠加等，仍保持图形特性，而不会破坏图形的画面。这一点对于位图图像来说就十分困难。图形变换的灵活性，使其在处理上获得了更大的自由度。

3. 图形的分类与表示

在图形学上，一般将图形分为二维图形、三维图形两大类，每一类再根据实际需要划分为更细的子类。

图形如果仅是平面的，就是二维图形，二维图形使用得相当广泛，工程建筑图、电子线路图、军用等高线地图等都是二维图形。二维图形的变换都是在二维空间中进行的，组成图形的基本单位为图元。图元是图形中具有一定意义的较为独立的信息单位，如一条曲线、一个矩形、一个圆、一个填充的封闭区域、一个地图符号或电路符号、一个字符串等都是图元。若干图元的集合可以构成一个图段，使集合内的各图元有一定的联系，便于编辑或处理。图元在数据结构中将明确指出其类型、处理参数及方法，例如，

Circle, x, y, R——圆，圆心在(x, y)，R 为半径

Rect, x1, y1, x2, y2——矩形，左上角为(x_1, y_1)，右下角为(x_2, y_2)

Line, x1, y1, x2, y2——线，始点、终点的坐标分别为(x_1, y_1)，(x_2, y_2)

……

实际上，图元可能还要描述线型、颜色、层次等一系列参数。

三维图形要实现的是三维空间的图形显示与变换。例如，在三维地图、计算机辅助设计、仿真系统(包括虚拟现实)中，需要广泛应用三维图形。可以说，现在已经进入了一个三维显示的时代，但是要在二维显示器上产生三维图形乃至具有真实感的图形，就必须要解决第三维(深度)显示、被遮挡部分的消隐、光照的变化、颜色和阴影显示、材质和纹理显示等一系列问题。最简单的形式就是只在三维空间对线条和简单曲面进行变换显示，比较容易处理，数学上已有成熟的理论与方法，技术上也容易实现。如果对其再增加光照效果、质感等，使其尽量逼近真实图形效果，就称为真实感图形的生成，现在虽然已经有了很大进展，但仍在深入研究发展之中。物体可视化、过程造型和成像技术、整体光照效果等都是目前热门的研究课题。很显然，三维图形及其真实感图形的生成，需要计算机分配更多的处理时间和存储空间。

4. 图形的输入、输出与存储

图形的输入有多种形式，可以使用扫描仪先得到图像，再用图形分析软件分析出所需图形，但这种方法目前除了像电路图、建筑图等二维图像已有较成熟的软件进行处理外，其他的图像大多还做不到。

最常用的图形输入办法有两种，一种是数字化仪输入，另一种是通过鼠标输入。

常常通过数字化仪输入已有的标准的图。将图铺在数字化仪平板上，选好原点，便可以输入了。输入时，数字化仪上的十字游标根据原图定出位置，并给出图元类型、各种属性，图形数据就被送入到计算机中去了。由于十字游标在人的操纵下可以沿着原图上的任何线条行走，很容易输入像地图、海图等一系列不规则的二维图形。

对于规则的图形数据，如电路图、工程图、三维图形等，在适当的软件支持下，通过鼠标便可直接在计算机屏幕上生成。先用鼠标在屏幕上定位，指定图元和各种属性，便可在屏幕上绘制出各种二维、三维图形，对三维图形可再通过着色、光照效果处理等操作生成真实感图像。这种方式也可以输入地图、海图一类二维图形，但先要把原图按位图方式输入作为底图，再在底图上进行绘制，只记录下图形数据，从而得到相应的图形。

图形的输出可以用绘图机按矢量方式绘制，也可以转化为位图形式在打印机上输出而得

到硬拷贝,而显示器输出最常用。由于图形输出需要计算,所以为了加快图形显示,常常要采用专用图形处理器件。

图形的存储采用的格式亦有许多种,常见的有 AI、DXF、PIF、SLD、DRW 等。Adobe 系列软件常用 AI(Adobe Illustrator)格式,AI 也是一种分层文件,每个对象都是独立的,它们具有各自的属性,如大小、形状、轮廓、颜色、位置等。

图形文件一般都便于修改,都可以在任何尺寸按最高分辨率输出图像。

5. 图形与图像的关系

从上面可以看出,图形与图像是两个不同的概念,应注意加以区别。

① 图形是矢量的概念,它的基本元素是图元,也就是图形指令;图像是位图的概念,它的基本元素是像素。图像显得要更逼真些,而图形则更抽象些,仅有线、点、面等元素而已。

② 图形的显示过程是依照图元的顺序进行的,而图像的显示过程是按照位图中所安排的像素顺序进行的,如从上至下或从下至上,与图像内容无关。

③ 图形可以进行变换且无失真,而图像变换则会发生失真。如当图像放大时,斜线边界会产生阶梯效应,因为它只是简单地将元素进行了重复。

④ 图形能以图元为单位单独进行属性修改、编辑等操作,而图像则不行,因为在图像中并没有关于图像内容的独立单位,只能对像素或图像块进行处理。

⑤ 图形实际上是对图像的抽象,在处理与存储时均按图形的特定格式进行,一旦显示在屏幕上,它就与图像无异了。

总之,图形和图像各有优势,用途也各不相同,不能互相取代。

1.2.7 动态图像

由于人眼的视觉暂留作用,在亮度信号消失后,亮度感觉仍可以保持 1/20～1/10 s 的时间。人眼视觉的一个特性就是观察运动的分辨率有限,与人耳能听连续的声波不一样,一系列离散的独立画面在视觉惰性的作用下看起来就可能像连续的一样,这些独立的画面称为帧(Frame)。动态图像就是根据视觉惰性这个特性产生的。

产生视觉真实要求:图像的复现速度必须足以保证帧与帧之间的动作过渡很平滑。另外,从物理意义上看,任何动态图像都是由多幅连续的图像序列组成的。沿着时间轴,每一幅图像保持一个 Δt 时间,在人眼感觉不到的速度(一般为每秒 25～30 幅)下按顺序更换另一幅图像,连续不断,就形成了运动图像的感觉,如图 1-5 所示为连续的图像序列。

图 1-5 运动图像的帧序列

动态图像可划分为视频和动画两大类,或者是它们混合的方式。

动态图像有以下特点。

① 动态图像具有时间连续性,故非常适合表示“过程”,易于交代事件的“始末”,具有更加丰富的信息内涵,具有更强、更生动、更自然的表现力。在实际应用中有比静态图像更广泛的范围,也更易于被人们接受。由于图像序列的出现要满足帧速的要求,所以属于时基媒体

类型。

② 由于动态图像的时间连续性，所以数据量更大，必须采用合适的压缩算法才能使之在计算机中使用。

③ 动态图像的帧与帧之间具有很强的相关性。据研究，相邻帧之间有10%以下的像素有亮度变换，1%以下的像素有色度变换。相关性是动态图像连续动作形成的基础，也是进行压缩处理或进行其他处理的基本条件，也正是由于这个相关性，使得动态图像对错误的敏感性较低。

④ 动态图像对实时性要求高，必须在规定的时间内完成更换画面播放的过程。当计算机处理时，处理速度、显示速度和数据读取速度都要求达到实时性的要求。

1. 视频

数字视频图像是多媒体的一个重要媒体，它是在彩电技术上发展起来的，电视是推动动态视频发展的最重要力量。世界上不同的地区建立了不同的视频格式，传统（模拟）电视系统的标准有 NTSC、SECAM 和 PAL 制式，不过现在正逐渐被 ATSC DTV 数字电视标准所取代。

(1) NTSC

美国所指定的美国国家电视标准委员会（National Television Standards Committee，NTSC）标准是历史最久也是应用得最广泛的一个电视标准。NTSC 的画面应用范围为 30 Hz，每幅画面有 525 线，画面宽高比为 4∶3，分辨率为 720×480，图像信号带宽为 6 MHz。

(2) SECAM

顺序传送彩色与存储制（Séquentiel couleurà mémoire［法文］，SECAM）标准主要在法国、苏联及东欧国家采用，世界上约有 65 个地区和国家使用这种制式。

画面运动频率为 25 Hz，每幅画面有 625 线，画面宽高比为 4∶3，分辨率为 720×576，图像信号带宽为 8 MHz。

(3) PAL

逐行倒相（Phase Alteration Lin，PAL）主要应用于英国、欧洲、澳大利亚、南非、南美洲和中国。画面运动频率 25 Hz，每幅画面有 625 线，画面宽高比为 4∶3，分辨率为 720×576，图像信号带宽为 5.6 MHz。

(4) ATSC DTV

联邦通信委员会（FCC）在 20 世纪 80 年代开始提出高清晰度数字电视（HDTV）的提案，开始是高级数字电视（ATV）提案，然后在 1996 年宣布最终定为数字电视（DTV）标准。DTV 是通过数字技术进行压缩、编码、传输、存储，实时发送、广播，以供观众接收/播放的视听系统。也就是说，这是一个从节目采集、制作到节目传输以及到用户终端接收全过程实现数字化的系统。

现在，高级电视系统委员会（Advanced Television System Committee，ATSC）已将广播界公布的 1 920×1 080 的隔行制式以及计算机界提议的 1 280×720 的逐行扫描系统同时包含在 HDTV 标准中。HDTV 有三种显示格式，分别是 720 P（1 280×720，逐行，高清），1 080 i（1 920×1 080，隔行，高清，我国采用的模式），1 080 P（1 920×1 080，逐行，全高清）。由于运用了数字技术，HDTV 信号抗噪能力也大大加强，在声音系统上支持杜比 5.1 声道传送，诸多的优点使得 HDTV 成为家庭影院的主力。

在多媒体系统中运用模拟视频，必须首先将组成动态图像序列的每一帧图像转换为数字格式，然后才能进行计算机处理或网络传输。一般情况下，数字化即对图像进行 M 行×N 列的灰度或彩色采样。由于灰度值可以是连续范围上的任一值，因此还必须进行量化，量化就是将整个灰度域分为 K 个等份，灰度值只在这些等份点上取值。为了保证量化后图像的质量，灰度量化等级要大于 100 个级别。

2. 动画

计算机动画是用计算机生成一系列可供实时演播的连续画面，它把人们的视觉引向一些客观不存在的或做不到的东西，并从中得到享受。

动画就是让物体活动起来，它包括了所有视觉效果上的改变，视觉效果多种多样。它可以是物体位置（运动状态）、形状、颜色、透明度、结构及纹理的变化，以及光照、镜头位置方向及焦距的改变。

动画形式是多媒体系统的一个重要组成部分，尽管传统的（非计算机）动画已自成体系而且对计算机动画有着非常大的影响，但反过来看，传统动画制作的许多阶段又非常适合计算机参与。计算机在动画的制作过程中起着重要的作用，表现在画面创建、着色、录制、特技剪辑、后期制作等各个环节。

1）动画的制作过程

（1）输入过程

在用到计算机之前，先要将人工绘制的图案数字化，因为描述运动物体的特征位置的关键帧必须由人工绘制完成。这一过程可以使用光学扫描、数据板输入或一开始就使用画图软件，输入过程中还要对图像进行去噪处理。

（2）合成阶段

合成阶段使用图像合成技术加入图像的前景和背景，可以使用三维编辑技术生成三维立体形体、编辑这个对象、赋予材质或指定光源、将对象着色、生成最终使用的每一帧，如 3DS MAX 的三维放样和三维编辑。

（3）中间画面的生成

计算机动画生成的方法有三种：关键帧方法、算法生成和基于物理的动画生成。

关键帧的方法是通过关键帧之间插入一系列中间位置的中间帧合成的，这个过程就是插帧，插帧在计算机动画中是通过插值来完成的，如图 1-6 所示。

计算机动画生成中，动画物体的运动是基于算法控制和描述的，给定时刻物体的参数按给定的物理定律改变，可以以解析形式定义或使用复杂的微分方程定义，通过求解得到某一时刻画面的物体位置参数。如一个场景的运动学描述：“$t=0$ 时方块在起点，然后沿方向(1,1,5)做匀速运动”。

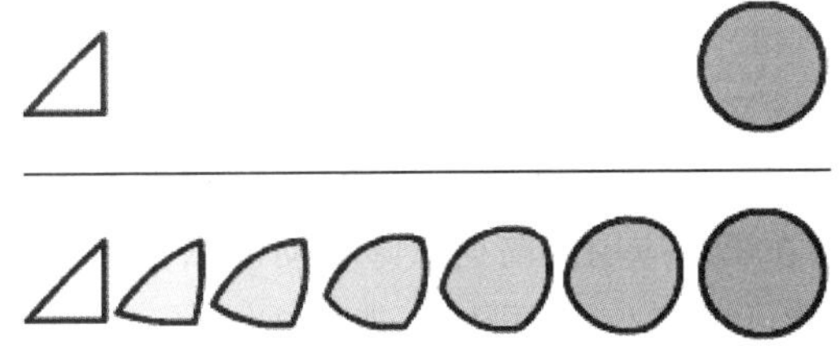

图 1-6　关键帧之间的线性插值

2）动画语言

用户和动画制作系统的交互方式是评价动画系统的重要因素之一，这种交互方式的抽象层次和自然语言化程度主要依赖于动画描述模型的影响。描述动画有多种语言,而且新的语言还在不断产生中,不同的动画语言导致了动画文件的格式不同。它们大致分为以下两类。

(1) 线性表描述法

动画中的每个事件都由起止帧号及相应的动作来描述,动作一般都带有参数。如下列语句。

42, 53, B, Rotate,"PALM", x, 30

这条语句的意思是从 42 帧到 53 帧将名为"PALM"的物体绕轴 x 旋转 30°,每一帧旋转量由表 B 决定。这种方法一般不适合定义物体,动画里的物体常常通过高级语言定义并同线性表描述有序地结合在一起,在描述人体行走、舞蹈等动画中常使用这类语言。

(2) 通用语言

另一种描述动画的方法是在高级语言中嵌入动画功能,将变量作为参数传给生成动画的子程序,如 MIT 开发的 ASAS 就是这样一种语言,它建立在 LISP 的基础上,它的图元包括矢量、颜色、多边形、实体、组、视点、子环节及光照。ASAS 也包括各种各样的几何变换。

下面的一段 ASAS 程序描述了这样一个动画片段:名为 my-cube 的物体自转,同时移动镜头,每一帧的生成都要使用这段程序进行计算。

```
(grasp my-cube)              ;设置方块为当前物体
(cw 0.05)                    ;顺时针旋转一个 0.05 度
(grasp camera)               ;设置镜头为当前物体
(right panning-speed)        ;镜头向右移
```

3) 动态图像的技术参数

(1) 帧速

动画和视频都是利用快速变换帧的内容而达到运动的效果,帧速是指每秒所显示的静止帧的格数,单位为 fps(Frames Per Second)。如果是摄像机拍摄的画面而不是合成出来的视频画面,只有达到 25 fps 以上的帧速才能获得平滑的运动效果。如果电影拍摄帧速为 24 fps,看起来就会有些抖动,特别是一个大物体快速移向观众时,就像摇镜头中的场景一样,现代 Showscan 技术可以以每秒 60 帧的速度制作并放映 70 毫米胶片,使运动更为平滑。

有时为了减少数据量,就减慢了帧速,例如,当帧速大于 15 fps 时,画面就可以连续起来了,也可以达到满意程度,但效果略差。如早期的 Adobe Flash 制作的动画帧速多为 12 fps,Adobe Animate 制作的动画默认帧速为 24 fps,动画效果就流畅很多。

(2) 数据量

如果不经过压缩,图像的数据量应是帧速乘以每帧图像的数据量。假设构成动态图像的每一幅图像分辨率为 640×480,真彩色,则每帧数据量为 0.92 MB,如果帧速为 30 fps,则该动态图像的数据量将达到 27.6 MB/s,如果是 1 080 P 全高清视频,数据量则达到 186.6 MB/s,但经过压缩后数据量将减少几十倍甚至更多。尽管如此,数据量太大使得计算机、网络、显示等跟不上速度,此时就只有在满足应用的前提下降低动态图像的质量以降低数据量。减小视频数据量,除降低帧速外,也可以缩小画面尺寸,如仅 1/4 屏、120×160 分辨率的 QCIF 标准视频,压缩后数据可以小到 128 Kbps,在会议电视中就得到了普遍应用。

(3) 图像质量

图像质量除原始数据质量外,还与视频数据的压缩算法有关。一般来说,压缩比较小时对图像质量不会有太大的影响,而超过一定倍数后,将会明显看出质量下降。所以,数据量与图像质量是一对矛盾，需要适当的折中。

数字化后动态图像质量的评价一般使用 MOS 主观印象打分法。

1.3 文本媒体

文本媒体是用得最多的一种符号形式，是人类创造出来用于记述信息的工具。其主要特性有以下几点。

① 文本是流结构形式，由具有上下文关系的字符串组成。它与字符的结构样式有关，而不与形式有关。例如，一段文本的内容，不会因为转变了字体而转变了含义。它的流结构线性特征，在某种意义上可以看作与视频的线性帧类似，只是文本的“帧”(一段文本)可以停留任意长的时间。

② 对文本的控制不影响媒体信息本来的表达。如改变一篇文章的排版形式，不应该改变文章本身的含义。控制也可以看作一种符号，只是对它的解释不同。

③ 文本显示的改变只是属性的改变，并不影响文本本身的含义，如红色字符串变为黄色字符串，除非想通过这种属性的变化说明某种特殊的信息含义。

④ 对文本的处理遵从文本内部的结构，如断词、接尾、分段、章节安排等。

⑤ 文本媒体输入的最简单方法就是键盘键入代码，也可以对图像进行扫描，经 OCR(光学符号识别)分析后转换为字符。另一种方法是利用媒体转换的输入方法，即语音输入，属于语言识别的范畴。

文本媒体的输出方式包括屏幕显示和打印输出。

1.4 听觉媒体

1.4.1 概述

多媒体技术的特点是交互式地综合处理声、文、图信息。在多媒体系统中，话音和音乐是不可缺少的，缺少音频的视频是缺少吸引力的，即使是静态图像配以动听的背景音乐和解说，也将变得更加丰富多彩。

传统计算机与人交互是通过键盘和显示器，人们通过键盘或鼠标输入，通过视觉接收信息，然而听觉也是一个重要的信息通道，声音是人们最熟悉的传递信息的方式。音频用来传递消息、意向、情感，音频携带的信息量大、精细、准确，为计算机增加音频通道，使人机交互像人与人交流那样自然友好，这是人类美好的愿望。从第一台计算机诞生以来，专家们就为之付出了巨大的努力，设计师为计算机安上了“嘴巴”(扬声器)，让计算机奏乐、讲话，还为计算机装上了“耳朵”(麦克风)，让计算机听懂、理解人的讲话。最早进入千家万户的多媒体计算机(MPC)就是增加了音频的普通计算机。1990 年，世界上几家较大的多媒体计算机厂商成立了多媒体市场协会，进行多媒体标准的制定和管理。1991 年，该协会依据当时的 PC 机水平和多媒体处理能力,制定了多媒体计算机的基本标准(MPCⅠ),MPC 标准规定了 PC 机多媒体扩展的基本要求、多媒体 PC 的基本框架。MPCⅠ规定多媒体 PC 的最低配置是一台普通 PC 机,增加一块音频卡及一个 CD-ROM 驱动器,可见音频在多媒体系统中的重要地位。

1. 听觉媒体的种类

凡是通过声音形式以听觉传递信息的媒体,都属于听觉媒体,它的范围比视觉媒体要小一些,按声音在计算机中表示的格式和处理的方法不同,主要分为以下几类。

(1) 波形声音

声音是由物体的振动产生的,有振动频率和振动幅度两个要素,用时间的函数表现为一个连续波形。计算机并不能直接使用连续的波形来表示声音,它是每隔固定的时间对波形的幅值进行采样,用得到的一系列数组量来表示声音,波形声音就是对自然界声音进行数字化采样并量化得到的结果。事实上,波形声音已经包含了所有的声音形式,任何一种声音都可以按波形声音加以处理,但在多媒体计算机中,有些声音有附加的规律和特性,可以用更简单的方法存储、处理和表现,所以才细分出其他种类声音。

(2) 语音

因为人的说话声不仅是一种波形,而且还具有内在的语言、语音学内涵,可以经由特殊方法提取表现(如语音识别),所以把它作为一种特别的听觉媒体。

(3) 音乐

音乐中包括乐音和噪音。乐音和噪声的区别主要在于它们是否具有周期性。观察它们的时域波形,乐音的波形随时间作周期性变化,噪声则不然。观察它们的频域谱值,乐音包括确定的基频谱和这个基频整数倍的谐波谱,而噪声无固定基频,也无规律可言。

在多媒体计算机中,音乐专指一类可以用符号表示、用合成方法发音的电子音乐——MIDI 音乐。

(4) 真实感声音

由计算机生成的、具有空间特性的三维真实感声音,这种声音听起来虽然类似自然界声音,但存储、处理和发声的方法与波形声音完全不同。对真实感声音模拟的研究,比起三维真实感图形的研究还显得很不成熟,但计算机合成语音的技术一直是研究的热点。

按音频信号所覆盖的带宽,声音可以划分为以下几类质量不同的类别:数字电话、AM 调幅广播、FM 调频广播及激光唱片四种,如图 1-7 所示。

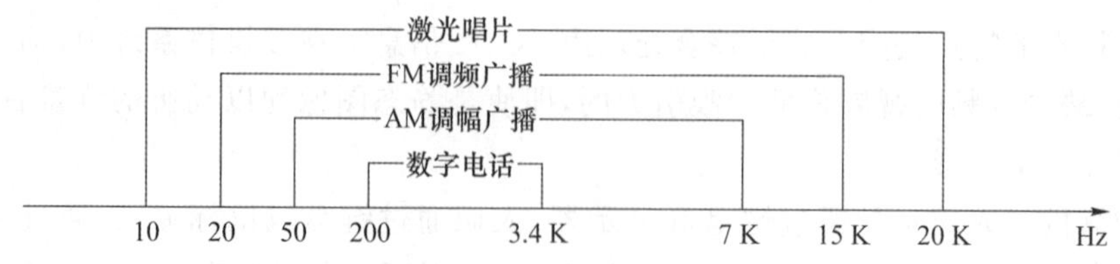

图 1-7 数字音响等级和信号带宽

2. 听觉媒体的性质

1) 声音三要素

(1) 音调

音调是指声音的高低,又称音高,由声音的频率决定。频率高则声音高,频率低则声音低沉。对于平均律(一种普遍使用的音律),各音的对应频率如表 1-2 所示。

表 1-2 音阶与频率的对应关系表

音阶	C	D	E	F	G	A	B
简谱	1	2	3	4	5	6	7
频率/Hz	261	293	330	349	392	440	494

一般人的听觉范围为 16.4 Hz～16 kHz,年轻人可听到 20 kHz 的声音,老年则降到 10 kHz。音高的测量以 40 dB 声强的纯音为基准。实验证明,音高与频率之间的变化并非线性关系,除了频率之外,音高还与声音的响度及波形有关。不管原来频率多少,只要两个 40 dB 的纯音频率都增加 1 个倍频程(1 倍),人耳感受到的音高变化则相同。在音乐声学中,音高的连续变化称为滑音,1 个倍频程相当于乐音提高了一个八度音阶。根据人耳对音高的实际感受,人的语音频率范围可放宽到 80 Hz～12 kHz,乐音频率较宽,效果音频率则更宽。

(2) 音强

音强又称为响度,取决于声音的幅度(声压强度),振幅大,则音强大,可听声音的强度范围是 0～120 dB(声压级)。人耳对声音响度的感觉,除与声音振幅有关,还与频率有关,处于不同频率处的同一声压强度,人的声强感觉不同。另外,人耳只有对大于一定声压的声音有听觉,闻阈是指人能听到的最低声压级,1 kHz 纯音的闻阈约为 4 dB,10 kHz 约为 15 dB。当声压级增大到一定强度时,人耳会感到不适或疼痛,这个阈值称为痛阈,使人耳感到疼痛时的声压级约达到 140 dB 左右。

通常认为,对于 1 kHz 纯音,0～20 dB 为宁静声,30～40 dB 为微弱声,50～70 dB 为正常声,80～100 dB 为响音声,110～130 dB 为极响声。而对于 1 kHz 以外的可听声,在同一级等响度曲线上有无数个等效的声压-频率值。例如,200 Hz 的 30 dB 的声音和 1 kHz 的 10 dB 的声音在人耳听起来具有相同的响度,这就是所谓的“等响”。小于 0 dB 闻阈和大于 140 dB 痛阈时为不可听声,即使是人耳最敏感频率范围的声音,人耳也觉察不到。人耳对不同频率的声音闻阈和痛阈不一样,灵敏度也不一样。人耳的痛阈受频率的影响不大,而闻阈随频率变化相当剧烈。人耳对 3～5 kHz 声音最敏感,幅度很小的声音信号都能被人耳听到,而在低频区(如小于 800 Hz)和高频区(如大于 5 kHz)人耳对声音的灵敏度要低得多。音强级较小时,高、低频声音灵敏度降低较明显,而低频段声音比高频段声音灵敏度降低更加剧烈,一般应特别重视加强低频音量。通常 200 Hz～3 kHz 语音声压级以 60～70 dB 为宜,频率范围较宽的音乐声压以 80～90 dB 最佳。

(3) 音色

具有固定音高和相同谐波的乐音,有时给人的感觉仍有很大差异。例如,人们能够分辨具有相同音高的钢琴和小提琴的声音,这正是因为它们的音色不同。声音波形的基频所产生的听得最清楚的音称为基音,各次谐波的微小振动所产生的声音称为泛音,单一频率的音称为纯音,具有谐波的音称为复音。每个基音都有固有的频率和不同响度的泛音,借此可以区别其他具有相同响度和音调的声音。音色是由混入基音的泛音频谱决定的,各阶谐波的比例不同,随时间衰减的程度不同,音色就不同。“小号”的声音之所以具有极强的穿透力和明亮感,只因“小号”声音中高次谐波非常丰富。

2) 声音的空间特性

声音的传播是以声波形式进行的,人耳能判别出声音到达左、右两耳相对时差、强度差,从而判别出声音的来源方向和远近,称为双耳定位。

3）掩蔽效应

当两个响度不同的声音作用于人耳时，响度较高的频率成分会影响较低频率成分的感受，这种现象称为人耳的掩蔽效应。从频率的角度看，低频成分容易掩蔽高频成分，而且掩蔽效应使被掩蔽频率成分的闻阈上升。

一个纯音可能被另一频率的纯音掩蔽，当掩蔽声出现时，被掩蔽声就听不到了。

4）人类听觉的时延效应

当几个内容相同声音信号相继来到听者处，听者不一定能分辨出延迟到来的声音。当延迟在 30～50 ms 时，才感到延迟声的存在，当延迟大于 50 ms 时才能分开。时延效应对于室内声学、立体声技术等方面应用很广。

3. 听觉媒体的质量评价

多媒体系统进行音频的数字化处理和压缩传输时，可能会引起音频质量的降低，有时需要定义多媒体应用的音频质量以分配合理的资源，这些都需要评价数字音频的质量。对音频的评价方法分为客观评定和主观评定：客观评定是通过测量某些特性来评价音频的质量，如测量信噪比、平均分段信噪比等，其计算较为简单，但与人对音频的感知不完全一致；主观评定就是得到广泛使用的主观意见打分法。

常用的音频质量评价方法有以下几种。

① MOS 主观意见打分法。使用的质量参考标准为 CD 唱片音质、调频广播、调幅广播和话音等。

② SNR 信噪比。假设语音抽样序列是离散时间随机过程的一个样本序列，这样就可以用统计观点来分析语音信号。

③ 汉语清晰度诊断押韵字测试（DRT）法。对于语音来说，其质量是指可懂度、清晰度和自然度，目前已有“汉语清晰度诊断押韵字测试法”国家标准（GB/T 13504—92）。

1.4.2 波形声音

1. 波形声音的采样与量化

音频是一种典型的连续时间信号。话筒把声音的机械振动转换为电信号，模拟音频技术中以模拟电压的幅度表示声音的强弱，这种模拟信号的特点是一个在时间轴上的连续平滑的波形。在计算机内所有的信息均以数字表示，对这样一个在时间上连续的信号，需要每隔固定的时间对波形的幅值进行采样，用得到的一系列数字化量来表示声音。在某一个特定的时刻对音频信号的测量叫作采样，如图 1-8 所示。

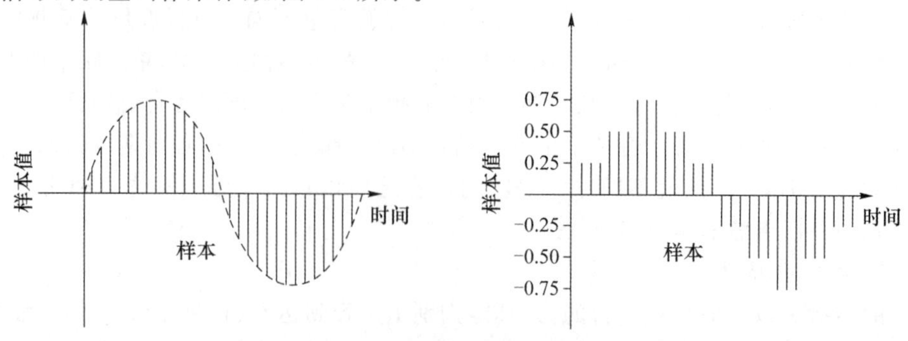

图 1-8　波形声音的采样与量化

每秒中采样的次数称为采样频率,单位为 Hz。根据 Nyguist 采样定律,要从采样中完全恢复原始信号波形,采样频率必须至少是信号中最高频率的两倍,所以 CD 标准的采样频率至少是人耳所能听到的频率上限 20 kHz 的两倍。实际使用的 CD 标准的采样频率为 44.1 kHz,这样,人耳能够听到的声音频率成分均可以恢复。由于不同质量的声音其频率覆盖的范围不同,在实际应用中,可以根据声音的类型和质量要求,选择相应的采样频率,如语音的频率范围是 3.4 kHz 以下,使用 7 kHz 采样即可。

在数字音频中,把表示声音强弱的模拟电压用数字表示,如 0.5 V 电压用 20 表示,2 V 电压用 80 表示等。模拟电压的幅度,即使在某电平范围内,仍然可以有无穷多个,如 1.2 V,1.21 V,1.215 V,……。而用数字来表示音频幅度时,只能把无穷多个电压幅度用有限个数字来表示,把某一幅度范围内的电压用一个数字表示,这称为量化。

计算机内的基本数制是二进制,为此还要把声音数据写成计算机数据格式,这称为编码。

模拟电压幅度、量化、编码的关系如表 1-3 所示。

表 1-3　模拟电压幅度、量化、编码的关系

电压范围/V	量化(十进制数)	编码(二进制数)
0.5～0.7	3	011
0.3～0.5	2	010
0.1～0.3	1	001
−0.1～0.1	0	000
−0.3～−0.1	−1	111
−0.5～−0.3	−2	110
−0.7～−0.5	−3	101
−0.9～−0.7	−4	100

采样的精度取决于采样值用多少位来表示,如使用 3 bit 表示,则可以有 8(2^3)个数据来表示−0.9～0.7 范围内的电压幅度,即把这个范围分为 8 个小区间,如果使用 8 bit 量化,则可以分成 256(2^8)个小区间,精度显然提高了。

2. 波形声音的有关参数

(1) 采样频率 F

常用的标准采样频率有 8 kHz、11.025 kHz、22.05 kHz、44.1 kHz、48 kHz、96 kHz、192 kHz 等,分别应用于不同的声音质量场合。例如,8 kHz 为数字电话所用采样频率,对于人们通话已经足够;11.025 kHz 获得的声音称为电话音质,基本上能让人们分辨出通话对方的声音,达到调幅广播的声音品质;22.05 kHz 为无线电广播所用采样频率,广播音质;44.1 kHz 为音频 CD,也常用于 MPEG-1 音频(VCD、SVCD、MP3)采样频率;48 kHz 为 mini DV、数字电视、DVD、DAT、电影和专业音频所用的数字声音采样频率;96 kHz 或 192 kHz 为 DVD 音频、蓝光光盘音轨所用的采样频率。

(2) 位参数 b

每个声音采样点的采样精度就是声音的量化位数,用 b 表示。输出数字化声音的信噪比 SNR 与位数 b 有关。

(3) 声道数

声道数是指声音通道的个数,用于表明记录的数据是只产生一个波形(单声道)还是产生两个波形(立体声双声道),立体声听起来要比单声道的声音丰满且有一定空间感,但需要两倍的存储空间。

(4) 数据量

无论声音质量如何,波形声音的数据量都非常大,如果不经过压缩,声音的数据量可由下式推算:

$$数据量=F\times b\times 声道数/8\ B/s$$

例如,单声道、8 位采样位数、采样频率为 22.05 kHz,其数据量为

$$数据流量=22\ 050\times 8\times 1/8\ B/s=22.05\ KB/s$$

3. 波形声音的采集、处理和输出

计算机必须有相应的输入和输出设备才能进行声音信号的处理,话筒、音箱(或内置扬声器)是分别与数字化接口的 ADC(模数转换电路)、DAC(数模转换电路)相连的音频输入、输出设备。波形声音的获取是通过声音数字化接口进行的,输入的声音经过数字化后进入计算机中,在需要时,再将其恢复成原始波形输出。

对于声音的处理主要集中在压缩、编辑和效果处理上。压缩常在硬件或低层软件中完成,以降低数据量;对声音的编辑常常是进行分段、组合、首尾处理等,以求单一的声音片段能以干净、准确的形式出现;音频效果的处理也常常放在编辑操作中,常用的处理有回声、倒序、音色效果以及淡入淡出效果等,常用的音频编辑软件有 GoldWave、Sonar、Sound Forge、Adobe Audition 等。Adobe Premiere 视频编辑软件也有较强的音频编辑处理能力,基本能够满足多媒体产品中的视频音频混合编辑的需求。

另一类处理是声音转换。一般情况下,用户更关心录入声音的效果,所以常常在录入时用高频率采样,在存储时则通过计算机进行变换后转为较低频率的声音数据文件,这样做的效果比直接用低频率采样要好。目前,波形声音的存储格式不统一,在各种不同的文件格式(如 MP、WAV、OGG、FLAC 等)间相互转换,也是常见的处理操作。

4. 波形声音的文件格式

(1) CD-I 光盘的格式

CD-I 事实上是音频数据的一个光盘存储标准,其数据格式是从 CD-DA 和 CD-ROM 光盘格式演变而来的,对理解数字音频的存储十分有益。

CD-I 有四种标准音质和一种非实时语音音质标准格式。

① CD-DA 高保真(HiFi)声音,采用 PCM(脉冲编码调制)编码,44.1 kHz 采样频率,16 bit/样本,立体声。

② A 级音质,相当于 Laser Vision 音质,37.8 kHz 采样频率,8 bit/样本,立体声。

③ B 级音质,相当于调频广播音质,ADPCM(自适应差分脉冲编码调制,一种压缩方法)编码,37.8 kHz 采样频率,4 bit/样本,立体声。

④ C 级音质,相当于调幅广播音质,ADPCM 编码,18.9 kHz 采样频率,4 bit/样本,立体声。

(2) 数字音频文件格式

同图像格式一样,数字音频的存储也没有统一,存在许多不同的格式,一些常用的音频文件格式如表 1-4 所示。

表 1-4 常用的音频文件格式

文件扩展名	说　明
PCM	脉冲编码调制的数据序列，由 1，0 等符号构成的数字信号，而未经过任何编码和压缩处理。动态范围宽，可得到音质相当好的音响效果
WAV	Microsoft 公司的波形音频文件格式，保存 Windows 平台的音频信息资源，支持多种无损压缩算法，支持多种音频位数、采样频率和声道
MP3	利用人耳对高频声音信号不敏感的特性，对高频加大压缩比，对低频信号使用小压缩比，将声音用 1∶10甚至 1∶12 的压缩率压缩
WMA	Microsoft 公司推出的音频格式，WMA 在压缩比和音质方面都超过了 MP3。WMA 的压缩率一般都可以达到 1∶18 左右。WMA 音频内容提供商可以通过 DRM 方案加入防复制保护
OGG	类似于 MP3 等的音乐格式，但 OGG 是完全免费、开放和没有专利限制的。OGG 文件的设计格式非常先进，创建的 OGG 文件可以在未来的任何播放器上播放
AIFF	Apple 计算机的波形音频文件格式，属于 QuickTime 技术的一部分。支持许多压缩技术
FLAC	FLAC 不同于其他有损压缩编码如 MP3、OGG，FLAC 不会破坏任何原有的音频资讯，可以还原音乐光盘音质
APE	流行的数字音乐无损压缩格式，APE 压缩率约为 55%，比 FLAC 高

1.4.3 MIDI 音乐

波形声音也可以表示音乐，但并没有将它看成音乐。由于音乐是完全可以用符号来表示的，所以音乐可看作是符号化的听觉媒体，有许多音乐符号化的形式，其中最著名的就是 MIDI(Musical Instrument Digital Interface)。

1. MIDI 概述

MIDI 是乐器数字接口，是数字音乐的一个国际标准。任何电子乐器，只要有处理 MIDI 消息的微处理器，并有合适的硬件接口，都可以成为一个 MIDI 设备。

MIDI 音乐实际上是一组 MIDI 消息，是乐谱的数字描述，乐谱完全由音符序列、定时以及被称为合成音色的乐器定义组成。当一组 MIDI 消息通过音乐合成器芯片演奏时，合成器就会读取和解释消息并产生音乐。很显然，MIDI 给出了另外一种得到音乐声音的方法，但关键是作为媒体应能记录这些音乐符号，相应的设备能够产生和解释这些符号。

定义和产生音乐的 MIDI 消息和数据存放在 MIDI 文件中，每个标准 MIDI 文件最多可存放 16 个音乐通道的信息。音序器捕获 MIDI 消息并将其存入文件中，而合成器依据 MIDI 消息将声音按所要求的音色、音调等合成出来。

MIDI 基本术语如表 1-5 所示。

表 1-5 MIDI 基本术语

术　语	解　释
MIDI 文件	记录 MIDI 信息的标准文件格式。MIDI 文件中包含音符、定时和多达 16 个通道的乐器定义。文件中含有每个音符的信息，包括键、通道号、持续时间、音量和力度
通道 Channels	MIDI 规范可为 16 个通道提供数据，每个通道都对应于一个逻辑合成器，Microsoft 用通道 1～10 作为扩充合成器，通道 13～16 作为基本合成器

续 表

术　语	解　释
音序器 Sequencer	为 MIDI 作曲而设计的计算机程序或电子设备。可用它来记录、播放和编辑 MIDI 文件。多数音序器可输入、输出 MIDI 文件
合成器 Synthesizer	一种使用数字信号处理器(DSP)或其他生成音乐和声音的电子设备。DSP 可生成并修改波形,然后通过一个声音生成器和扬声器输出。合成器发声的质量和声音范围取决于下列因素:合成器芯片可同时演奏独立波形(乐器)的个数、合成器电路中的存储空间;合成方法(FM 合成或波表合成)
乐器 Instrument	合成器可产生的一种特定的声音。不同的合成器,乐器的音色号和声音质量也不同。例如,多数合成器可演奏钢琴的声音,但与真实的钢琴声是有差异的,不同合成器使用的音色号也不同
复音 Polyphony	一个合成器每次可支持的最多音符个数。例如,具有六音符复音的四种乐器合成器,可同时演奏分布于四种不同声音的六个音符,这四种不同的声音可能产生四个钢琴和弦音符、一个长笛和一个小提琴音符
音色 Timbre	音色就是音质,是由形成该音色频率的组合决定的。在非正式用法中,它是指某特定的乐器相关联的声音,如低音提琴、钢琴或小提琴的声音均有各自的音色
音轨 Track	一种把 MIDI 数据分成单独组与并行组的文件概念,通常用通道来分割。0 号格式的 MIDI 文件将这些音轨合成一个音轨,1 号格式的 MIDI 文件保留不同的音轨
通道映射 Channel Mapping	通道映射将 MIDI 通道号从发送设备转换成接收设备相应的通道。例如,编排在 15 号设备上的鼓可映射到鼓机的 6 号通道上,鼓机只用 6 号通道接收消息

2. MIDI 音乐的合成

音乐合成器有许多不同的类型和芯片集,目前应用于多媒体计算机的音频卡中主要有两种合成技术:调频(FM)合成和波表合成(Wavetable)。1976 年发明的 FM 合成技术,其音乐已经很逼真,推动了电子乐的蓬勃发展。1984 年又开发出另一种更具真实感的音乐合成技术——波表合成。

(1) FM 合成

FM 合成利用频率调制产生各种乐器的音色,音乐合成器的先驱罗伯特·穆格(Robert Moog)采用了模拟电子器件生成了复杂的乐音。

20 世纪 80 年代初,美国斯坦福大学的一名研究生叫约翰·乔宁(John Chowning),他发明了一种产生电子乐音的新方法,这种方法称为数字式频率调制合成法(Digital Frequency Modulation Synthesis),简称 FM 合成器。他把几种乐音的波形用数学公式来表达,并且用数字计算机而不是用模拟电子器件把它们组合起来,通过数模转换器(DAC)来产生乐音。斯坦福大学得到了发明专利,并且把专利权授给了 Yamaha 公司,该公司把这种技术做在集成电路芯片里,成了世界市场上的热门产品。

在 FM 合成法中,各种不同乐音的产生是通过组合各种波形参数、采用各种不同算法来实现的,不同 FM 合成器所选用的波形也不同。

(2) 波表合成

使用 FM 合成法产生各种逼真的音乐是相当困难的,有些乐音几乎不能产生。因此,很自然地转向乐音样本合成即波表合成法。这种方法就是把真实乐器发出的声音以数字波形的形式记录下来,每种乐器对应一种波形或多种波形(为了保持自然的声音,一种乐器的某一音调的采样只能用于一段区域的音调。为了覆盖整个乐器的音调,需要采用几种不同的采样。当然也可以使用变调技术，以达到从一种乐器的某一给定音调的采样数据变换成此乐器的其他音调），形成一个波形表（一般需要 1 MB 以上的数据），存储于 ROM 中。合成音乐时以查表方式获取乐器波形，数据经合成后通过 D/A 转换器和扬声器输出。

相对于 FM 合成，波表合成具有以下优点。

① 采用的是实际乐器的采样，音乐的效果更逼真。

② 制作成本低。硬件波表是把波表存储在 ROM 中，还可以使用软件波表。

③ 复音实现起来更加容易。

（3）MIDI 音乐的特点

与波形声音相比，MIDI 数据不是声音而是命令，所以它的数据量要比波形声音少得多。半小时的立体声 16 位高品质音乐，如果使用波形文件无压缩录制，约需 300 MB 的存储空间，而同样时间的 MIDI 数据大约只需 200 KB，两者相差 1 500 倍之多。在播放较长的音乐时，MIDI 的效果就更为突出。

MIDI 的另一个特点是可以在多媒体应用中与其他的波形声音配合使用，形成伴乐的效果，而一般两个波形声音是不能同时使用的。

对 MIDI 的编辑也很灵活，在音序器的帮助下，用户可以自由地改变音调、音色等属性，直到达到自己想要的效果，而波形文件就很难做到这一点。

当然，MIDI 的声音尚不能做到在音质上与真正的乐器完全相似，在质量上还需要进一步提高，MIDI 也无法模拟出自然界中其他非乐曲类声音，但 MIDI 确实给多媒体应用增色不少。

（4）MIDI 文件格式

MIDI 是一个大家接受的电子音乐标准，其文件格式为 MID 格式，比较统一。Microsoft 也开发了一种 MIDI 文件格式——RMI 格式，它可以包括图片、标记和文本。两者间可以用程序转换。

1.4.4 语音

语音是指构成人类语音信号的各种声音。语音由一系列音素组成，一句话中包含了许多音节、音调和韵律，当发音系统产生一定的运动过程，并借助于介质点的振动而传播时，便形成了语音。人的发音器官包括肺、气管、鼻、口等，这些器官共同构成一个复杂的发音系统。

语音的物理特性中最重要的声学参数是声波的基频。一般地讲，普通成年人说话的基频范围在 60～400 Hz，普通男人声音基频约为 120 Hz，普通女人发音基频约为 200 Hz。

在语音处理中常用到的语音特性有以下两个。

① 语音信号在一定时间段内有近似周期性的行为，因此，可以把这些信号看作是 10～30 ms的半静止信号。

② 语音信号的频谱有 3～5 个频率段的共振峰，共振峰是语音频谱中频率的最大值，这些共振峰是由声带共振引起的。

语音与具体的语言有关，英语有 48 音素（分为元音和辅音），26 个字母；汉语则以字为独立的发音单位，这些字由 23 个声母、24 个韵母及 5 种音调变化组合而成，有 1 200 多种不同的发音。

机器也支持语音的生成与识别，使用计算机可以很容易地合成语音，合成的语音尽管感觉有点不自然，但很容易听懂。很多语音查询系统（如神州卡余额查询、考试成绩查询等）都使用了人工合成的声音。另一方面，即使人说话的声音很清楚，机器还是很难识别，通常使用规则匹配和基于统计数据的方法进行语音识别。当今的工作站和个人计算机能识别 25 000 个左右的单词，存在的困难主要是方言、情绪化发音及环境噪音等。

语音识别是将人发出的声音、字或短语转换成文字、符号或给出响应，如执行控制、作出回答等。语音识别的研究已有几十年的历史，带有语音功能的计算机将很快成为大众化产品。语音识别将取代键盘和鼠标成为计算机主要的输入手段，使用户界面产生一次飞跃，所以语音识别所具有的商业前景不可估量。

语音识别系统大致可以按词汇量、输入方式和发音人等进行分类。

按可识别的词汇量多少，语音识别系统可分为小、中、大词汇量三种。一般来说，能识别词汇小于 100 的，称为小词汇表语音识别；大于 100 的称为中词汇表语音识别；大于 1 000 的称为大词汇表语音识别。词汇表越大，识别越困难。

按照语音的输入方式，语音识别系统可分为孤立词、连接词和连续语音识别系统。词表中的每个条目，无论是单音节还是短语，发音时都是以条目为单位的，条目间有明显的停顿，而条目内的音节要求连续，这就是孤立词语音识别，如识别 0～9 十个数字、人名、地名、控制命令、英语单词、汉语音节或短语。对连呼词表中的几个条目，识别时进行切分，最后给出连呼词的识别结果，这种识别需要用到词与词之间的连接信息，所以称为连接词识别，如连呼数字串的识别。自然语言的特点是使用连续自然的语音，语音识别的目的是让计算机能理解自然语言，这是语言识别中最困难的课题，如听写机、翻译机、智能计算机中人机语音对话都需要连续语音识别。

按发音人可分为特定人、限定人和非限定人三种语音识别系统。对特定人语音识别的系统，使用前需由特定人对系统进行训练，具体方法是由特定人口述待识别词或指定字表，系统建立相应的特征库后，由系统识别其口述的待识别词，这样的系统只能识别训练者的声音。如果可以识别有限的几个人的语音，称为限定人系统。如果一个系统不必经过使用者训练就可以识别不同发音者的语音，则称为非限定人语音识别系统。

语音识别的最终目标是要实现大词汇量、非特定人连续语音的识别，这样的系统才有可能完全听懂并理解人类的自然语言。

1.5 触觉类媒体

人类即使不通过视觉和听觉，仍然可以接收和传递某些信息，人们的皮肤可以感觉环境的温度、湿度，也可以感觉压力，人们的身体可以感觉振动、运动、旋转等，这都是触觉在起作用，触觉也可以作为传递信息的媒体。例如，我们感到周围温度突然升高，就会判断：是否起火了？有人在背后轻轻地拍击也可传递信息："请注意！"。这一切都说明，触觉在人类的信息交流中同样起着十分重要的作用。

事实上，触觉类媒体就是环境媒体，它描述了该环境中的一切特征与参数。当人们置身于该环境时，就向自身传递了与之相关的信息，对于这些信息，人们不仅仅是被动地接收，也可以主动地探测获取。例如，去推一扇门，这门给予推门的手的反作用力，就传递了门是开或关的状态信息。当环境被确定时，也就提供了一个特定的触感信息传递的范围。例如，当置身于驾驶室中时，身体所感到的振动是车辆行走时的振动，脚踩刹车的反作用力反映了对环境中该特性的控制反应等。很显然,当在信息系统中引入了触觉媒体后,就又向自由信息交互迈进了一大步。

现在多媒体系统中已经把触觉媒体作为一种重要的媒体引入到实际系统中,特别是模拟类应用如飞机驾驶训练系统,有的甚至包括了嗅觉类的应用。这种对实际环境的模拟,实际上就是在信息交互的通道上更进了一步,使人与环境的信息交流更充分,发展到虚拟现实系统中后,这种媒体的应用形式会更加复杂,将完全脱离实物或半实物,而完全用计算机进行虚拟场景的生成,其反馈的信息由数据手套、数据衣服及头盔显示器来传递。

1.6 媒体数据压缩

1.6.1 必要性和可能性

多媒体技术是面向文本、数据、声音、动画、图形、图像及视频等多种媒体的处理技术,它使计算机具有了综合处理和管理多种媒体的能力。在多媒体系统中,为了达到令人满意的图像、视频画面质量和听觉效果,必须解决视频、音频信号数据的大容量存储和实时传输问题。

数字化了的视频和音频信号的数据量是非常惊人的,下面列举几个未经压缩的数字化信息的例子。

① 一页印在 B5(180 mm×255 mm)纸上的文件,若以中等分辨率(300 dpi)的扫描仪进行采样,其数据量约为 6.61 MB/页。一片 650 M 的 CD-ROM,只可存 98 页。

② 双声道立体声激光唱盘(CD-DA),采样频率为 44.1 kHz,采样精度 16 位/样本,其一秒钟时间内的采样数据量为 1.41 Mbit/s,一个 650 MB 的 CD-ROM 可存约 1 h 的音乐。

③ SIF(Source Input Format)数字电视图像,SIF 格式,NTSC 制、彩色、4∶4∶4 采样。

每帧数据量为 352×240×24/8=253 KB

每秒数据流量为 253×30=7.063 MB

一片 CD－ROM 节目时间为(650/7.603)/60=1.42 min

从以上列举的数据例子看出,数字化信息的数据量是何等庞大,这样大的数据量,无疑给存储器容量、通信干线的信道传输率以及计算机的速度都增加了极大的压力。在多媒体出现的 20 世纪 80 年代末,面对如此巨大的数据流,单纯用扩大存储容量、增加通信线路传输率的办法是不现实的,而数据压缩技术是个行之有效的方法,通过数据压缩手段把信息数据量压下来,以压缩形式存储和传输,既节约了存储空间,又提高了通信线路的传输效率,同时也使计算机能实时处理音频、视频信息,使播放出高质量的视频、音频节目成为可能。

另一方面,图像、声音这些媒体确实又具有很大的压缩潜力,原因是多媒体声、文、图、视频等信源数据有极强的相关性,也就是说有大量的冗余信息。数据压缩就是将庞大的数据中的冗余信息去掉(去除数据之间的相关性),保留相互独立的分量。以静态图像画面为例,图像中有一块表面颜色均匀的区域,在此区域中所有点的亮度、色彩和饱和度都是相同的,因此这部分数据就是重复的,有很大的空间冗余。再如,运动图像相邻帧之间,只有 1%以下的像素有色差变化,只要传输变化的那部分信息就足够了,其他不变化的信息可由邻帧推导出来。

利用人的感知生理、心理规律,也可以对多媒体信息进行压缩。如利用人眼对图像的亮度范围感知有限这一规律，对超出感知范围的亮度信息不作处理，从而使数据得到压缩，但重现后的图像，人眼并不会感觉到变化。又如，利用人耳对声音听觉存在的掩蔽效应，当一个声音的某个频率成分被其他成分掩蔽时，可以不予处理(不采样、不量化)，从而减少数据量。

可以根据多媒体应用的类型，在一定的质量损失范围内，按照某种方法从给定的信源中推出已简化的数据表示或近似的数据表示，这种压缩是以损失质量为代价的。如会议电视中QCIF 视频，采取 120×160 的低分辨率、10～15 fps 的帧速，以及减小每个颜色分量的量化位数等，使数据得以缩小，其效果是传输后的视频质量大大低于普通的录像质量，但在一些会议电视的应用中是满足要求的。

1.6.2 压缩编码的评价与分类

衡量一种数据压缩技术的好坏有三个指标，一是压缩比要大，即压缩前后所需信息存储量之比要大；二是实现压缩的算法要简单，压缩、解压缩速度快，尽可能做到实时解压；三是恢复效果要好，要尽可能地恢复原始数据。

多媒体数据压缩方法根据不同的策略可产生不同的分类。一是根据质量有无损失可分为有损编码和无损编码。二是按照其作用域在空间域或频率上分为空间方法、变换方法和混合方法。三是根据是否自适应分为自适应性编码和非自适应性编码，一般来说，每一个编码方法都有其相应的自适应方法。

下面介绍多媒体数据依据压缩算法进行分类的方法。

1. 脉冲编码调制

在脉冲编码调制(PCM)方法中，通常以 Nyquist 频率(两倍于输入信号频率)对进来的连续视频信号进行采样，随后对进入信号进行统一的量化。因此，PCM 仅是原始模拟信号的数字化表示。

量化程序通常有 N 级、各个采样中用具有 B 位的固定长度的二进制字表示，常用 PCM 进行像素编码所需的位数取决于图像的类型，一般来说，对于黑白电视或视频会议的图像，8 位就足够了，而医疗图像则需要 10 位以上才能得到合适的分辨率。对于彩色图像来说，R、G 和 B 每个彩色成分通常需要 8 位，因此，表示一个彩色像素共需要 24 位。

PCM 编码方法存在的不足如下。

① 它忽视了单元之间的空间和时间依附性。

② 它同等对待所有的量化振幅级。

③ 没有充分利用人类视觉的非线性特点。

2. 预测编码

预测编码是根据离散信号之间存在着一定关联性的特点，利用前面一个或多个信号预测下一个信号，然后对实际值和预测值的差(预测误差)进行编码，如果预测比较准确，误差就会很小。在采用预测编码法时，传输的不是图片色度和灰度的采样值，而是预测采样值和实际采样值之间的差别(预测误差)。如果差别或者预测误差被量化时，预测编码法称为差分脉冲编码调制(DPCM)。通常使用固定长度的编码字来编码量化的预测误差，预测值用于编码器，也用于译码器。为了在译码器上重构图像单元，相应的预测误差值可以增加到该图像单元的预测值上。

预测编码技术在视频数据的压缩上一方面利用了图片信号的统计数字，另一方面利用了人的视觉特性。总的来说，空间相邻图片单元的采样值是相关的，在视频信号中，连续的图片单元之间存在着时间相关性。

3. 变换编码

变换编码的主要思想是利用图像块内像素值之间的相关性，把图像变换到一组新的基上（正交矢量空间），使得能量集中到少数几个变换系数上，通过存储这些系数而达到压缩的目的。

在变换编码中，由于对整幅图像进行变换的计算量太大，所以一般把原始图像分成许多个矩形区域子图像独立进行变换。常用的变换有离散余弦变换（DCT）、Walsh Hadama 变换（WHT）和离散傅里叶变换（DFT）。DCT 消除相关性的效果较好而且存在快速的算法，所以被人们普遍接受，同 MPEG-1、MPEG-2 一样，MPEG-4 的图像压缩变换编码也选择了 DCT。

4. 统计编码

最常用的统计编码是 Huffman（霍夫曼）编码，它对于出现频率大的符号用较少的位数来表示，而对出现频率小的符号用较多的位数来表示，其编码效率主要取决于需要编码的符号出现的概率分布，越集中则压缩比越高。另一种较好的统计编码是算术编码，算术编码的优点是可方便地使用自适应编码，可以根据当前接收的数据不断地更改概率模型，当信息源符号概率比较接近时，一般使用算术编码，而不使用 Huffman 编码，这是由于此时 Huffman 编码效率低 5%左右。

行程编码（Run-Length Encoding）是根据信源连续出现的特征，对信源符号和连续出现的行程长度进行编码。

5. 混合编码

大多数压缩编码国际标准都使用了多项压缩技术，一般属于混合编码。

1.6.3 静止图像的压缩技术

国际标准化组织（ISO）和国际电报电话咨询委员会（CCITT）等国际组织组成了联合图像专家组（Joint Photographic Experts Group，JPEG），该专家组制定了静止图像压缩算法标准，称为 JPEG 标准，并被广泛采用。

JPEG 标准适用于压缩静止的灰度和彩色图像，具有良好的效果，但它不适用于压缩二值化图像（只有黑白两色），对二值图像可采用基于（Huffman）算法的 G3 标准。JPEG 标准可应用于彩色打印机、灰度和彩色扫描仪、传真机等。

JPEG 标准分成以下三级。

① 基本压缩系统（Baseline Compression System），这是所有与 JPEG 兼容的压缩算法的最小系统，目前普遍使用的是基本压缩系统。

② 扩展系统（Extended System），它在基本系统上增加了算术编码、渐进构造等特性。

③ 分层的渐进方法（Hierarchical Progressive Method），它通过滤波建立一个分辨率逐渐降低的图像序列，在此基础上进行编码。

JPEG 的目的是为了给出一个适用于连续色调图像的压缩方法，使之满足以下要求。

① 达到或接近当前压缩比与图形保真度的技术水平，能覆盖一个较宽的图形质量等级范围，能达到“很好”或“极好”的评估，与原始图像相比，人的视觉难以区分。

② 能适用于任何种类连续色调图像，且长宽比都不受限制，同时也不受限于景物内容、图

形复杂程度和统计特性。

③ 计算的复杂性是可控制的，其软件可在各种 CPU 上完成，算法也可用硬件实现。

为了适应不同的应用，JPEG 算法提供了四种操作方式。

1. 顺序编码

每个图像分量从左到右、从上到下扫描，一次扫描完成编码。

2. 累进编码

图形编码在多次扫描中完成。累进编码传输时间长，接收端收到的图像是多次扫描由粗糙到清晰的累进过程。

3. 分层编码

图像在多个空间分辨率进行编码。当信道传送速率慢、接收端显示器分辨率也不高的情况下，只需做低分辨率图像解码，不必进行高分辨率解码。

4. 无失真编码

无失真编码方法，保证解码后，完全精确地恢复源图像采样值，其压缩比低于有失真的编码方法。

1.6.4 运动图像的压缩技术

用于运动图像的常用压缩算法有以下几种。

① 由国际标准化组织(ISO)与国际电工委员会(IEC)联合推荐的运动图像专家小组(Motion Photographic Expert Group，MPEG)标准。

② 微软公司推出的多媒体容器格式 AVI(Audio Video Interleave)。

③ 国际电信联盟(ITU)推荐的 H.261 压缩算法。

④ 由 ITU 和 ISO 的 MPEG 的联合视频组开发的数字视频编码标准 H.264，之前他们曾联合提出 MPEG-4 数字视频压缩标准。下面分别简要介绍这些算法的性能和适用范围。

1. MPEG 算法

MPEG 算法用于信息系统中视频和音频信号的压缩，用于视频信号压缩的称 MPEG-Video，用于音频信号压缩的称 MPEG-Audio，其压缩原理是一个与特定应用对象无关的通用标准，从 CD-ROM 上的交互式系统到电信网络上的视频信号发送都可以用。

MPEG 算法除了对单幅图像进行编码外，还利用图像序列的相关特性去除帧间图像冗余，大大提高了视频图像的压缩比，在保持较高的图像视觉效果前提下，压缩比可以达到 60～100 倍左右。

MPEG 标准是一个系列，其中 MPEG-1 视频压缩技术是对分辨率为 352×240、帧速 30 fps的电视图像，传输率目标 1.5 Mb/s；MPEG-2 目标是位率高达 10 Mb/s，以及高分辨率的视频图像数字信号；MPEG-4 则是针对极低码率(小于 64 kb/s)视频压缩。

MPEG 标准有三个组成部分，即 MPEG 视频、MPEG 音频以及视频与音频的同步。MPEG 视频是 MPEG 标准的核心。为满足高压缩比和随机访问两方面的要求，MPEG 采用预测和插补两种帧间编码技术。

MPEG 视频压缩算法中包含两种基本技术，一种是基于 16×16 子块的运动补偿技术，用来减少帧序列的时域冗余；另一种是基于 DCT 的压缩，用于减少帧序列的空域冗余，在帧内压缩及帧间预测中均使用了 DCT。运动补偿算法是当前视频图像压缩技术中使用最普遍的方法之一。

1) MPEG-1 视频压缩

MPEG-1 视频压缩编码后包括三种元素,即 I 帧、P 帧和 B 帧。在 MPEG 编码的过程中,部分视频帧序列压缩成为 I 帧;部分压缩成 P 帧;还有部分压缩成 B 帧。I 帧法是帧内压缩法,也称为关键帧压缩法。I 帧法是基于 DCT 的压缩技术,这种算法与 JPEG 压缩算法类似,采用 I 帧压缩可达到 1/6 的压缩比而无明显的压缩痕迹。

在保证图像质量的前提下实现高压缩的压缩算法,仅靠帧内压缩是不能实现的,MPEG 采用了帧间和帧内相结合的压缩算法。P 帧法是一种前向预测算法,它考虑相邻帧之间的相同信息或数据,也即考虑运动的特性进行帧间压缩,P 帧法是根据本帧与相邻的前一帧(I 帧或 P 帧)的不同点来压缩本帧数据。采取 P 帧和 I 帧联合压缩的方法可达到更高的压缩且无明显的压缩痕迹。

然而,只有采用 B 帧压缩才能达到 200∶1 的高压缩,B 帧法是双向预测的帧间压缩算法。当把一帧压缩成 B 帧时,它根据相邻的前一帧、本帧以及后一帧数据的不同点来压缩本帧,也即仅记录本帧与前后帧的差值。B 帧数据只有 I 帧数据的百分之十五、P 帧数据的百分之五十以下。

MPEG 标准常采用 YUV 为 4∶2∶2 的彩色编码,压缩后亮度信号的分辨率为 352×240,两个色度信号分辨率均为 176×120,这两种不同分辨率信息的帧率都是每秒 30 帧。其编码的基本方法是在单位时间内,首先采集并压缩第一帧的图像为 I 帧,然后对于其后的各帧,在对单帧图像进行有效压缩的基础上,只存储其相对于前后帧发生变化的部分。帧间压缩的过程中也常间隔采用帧内压缩法,由于帧内(关键帧,I 帧)的压缩不基于前一帧,一般每隔 15 帧设一关键帧,这样可以减少相关前一帧压缩的误差积累。

对视频序列压缩时,MPEG 编码器首先决定压缩当前帧为 I 帧、P 帧或 B 帧,然后采用相应算法进行压缩,一个视频序列经 MPEG 全编码压缩后可能的格式为

IBBPBBPBBPBBPBBIBBPBBPBBPBBPBBI……

压缩成 B 帧或 P 帧要比压缩成 I 帧需要多得多的计算处理时间,有的编码器不具备 B 帧甚至 P 帧的压缩功能,显然其压缩效果不会很好。

2) MPEG-1 音频压缩

MPEG-1 提供三种音频压缩编码的等级,分别为Ⅰ、Ⅱ和Ⅲ级。Ⅰ级最简单,其目标是压缩后每声道位数据率为 192 Kb/s,Ⅱ级比Ⅰ级精度高一些,压缩后每声道位数据率为 128 Kb/s,Ⅲ级(MP3 音频格式)增加了不定长编码、霍夫曼编码等一些先进的算法,可获得非常低的数据率和较高的保真度,压缩后每声道的位数据率为 64 Kb/s。如果要获得每声道 64 Kb/s 的数据率,采用Ⅲ级编码比采用Ⅱ级编码的保真度好;要获得每声道 128 Kb/s 的数据率,采用Ⅲ级和Ⅱ级编码的效果类似,但Ⅲ级和Ⅱ级都比Ⅰ级的效果好。每声道 128 Kb/s 的数据率或双声道 256 Kb/s 的数据率可以提供优质的保真度,因此采用Ⅱ级压缩编码对高保真、立体声音频足够了。

3) MPEG-2

MPEG-2 的设计目标是高级工业标准的图像质量以及更高的传输率。MPEG-2 所能提供的传输率在 3～10 Mb/s 之间,分辨率可达 720×486,并能够提供广播级的视像和 CD 级的音质。MPEG-2 的音频编码可提供左边、右边、中间及两个环绕声道,以及一个加重低音声道和多达 7 个伴音声道(DVD 可以有 8 种语言配音的原因)。

MPEG-2 除了作为 DVD 的指定标准外，还可用于为广播、有线电视网、电缆网络以及卫星直播提供广播级的 HDTV 数字视频。

4) MPEG-4 压缩

MPEG-4 不仅针对一定比特率下的视频、音频编码，更加注重多媒体系统的交互性和灵活性。与 MPEG-1 和 MPEG-2 相比，MPEG-4 更适于交互音频、视频服务以及远程监控，它的设计目标使其具有更广的适应性和可扩展性。MPEG-4 传输速率在 4 800～6 400 b/s 之间，分辨率为 176×144。MPEG-4 可以利用很窄的带宽通过帧重建技术压缩和传输数据，从而能以最少的数据获得最佳的图像质量，也可以扩展到 720×480 分辨率，每秒 30 帧的电影、电视效果。因此，它将在数字电视、动态图像、互联网、实时多媒体监控、移动多媒体通信、Internet/Intranet 上的视频流与可视游戏、DVD 上的交互多媒体应用等方面大显身手。

MPEG-4 在目前来说最有吸引力的地方还在于它能在普通 CD-ROM 上基本实现 DVD 的质量。用 MPEG-4 压缩算法的高级格式流（Advanced Streaming Format，ASF）可以将 120 min 的电影压缩为 300 MB 左右的视频流；采用 MPEG-4 压缩算法的 DIVX 视频编码技术可以将 120 min 的电影压缩至 600 MB 左右，压缩率最大可达 4 000∶1。

5) AVI 数字视频

音频视频交错格式（Audio Video Interleave，AVI）是 Microsoft 公司推出的一种音频视像交织存储的数字视频文件格式，并独立于硬件设备。这种按交替方式组织音频和视像数据的方式可使得读取视频数据流时能更有效地从存储媒介得到连续的信息。构成一个 AVI 文件的主要参数包括视像参数、伴音参数和压缩参数等。

(1) 视像参数

① 视窗尺寸。

根据不同的应用要求，AVI 的视窗大小或分辨率可调整成 4∶3 的比例，也可以随意调整，如大到全屏 640×480，小到 160×120 甚至更低，窗口越大，视频文件的数据量越大。

② 帧率。

帧率也可以调整，而且与数据量成正比。不同的帧率会产生不同的画面连续效果。

(2) 伴音参数

在 AVI 文件中，视像和伴音是分别存储的，因此可以把一段视频中的视像与另一段视频中的伴音组合在一起。AVI 文件与 WAV 文件密切相关，因为 WAV 文件是 AVI 文件中伴音信号的来源，伴音的基本参数也即 WAV 文件格式的参数，除此以外，AVI 文件还包括与音频有关的其他参数。

① 视像与伴音的交织参数。

AVI 格式中每 X 帧交织存储音频信号，也即伴音和视像交替的频率 X 是可调参数，X 的最小值是一帧，即每个视频帧与音频数据交织组织，这是 CD-ROM 上使用的默认值。交织参数越小，回放 AVI 文件时读到内存中的数据流越少，回放越容易连续。因此，如果 AVI 文件的存储平台的数据传输率较大，则交错参数可设置得高一些。例如，AVI 文件存储在硬盘上，也即从硬盘上读取 AVI 文件进行播放时，可以使用大一些的交织频率，如几帧，甚至 1 s。

② 同步控制。

在 AVI 文件中，视像和伴音是同步得很好，但在回放 AVI 文件时则有可能出现视像和伴音不同步的现象。

当 AVI 文件的数据率较高，而计算机处理速度不够时，容易出现视像和伴音不同步的现象，如视频中人张嘴说话，但声音并没有发出来。

设置同步控制可保证在不同的计算机环境下播放该 AVI 文件时都能同步，此时播放程序会自动地丢掉一些中间帧以保证视频和音频的同步。

(3) 压缩参数

在采集原始模拟视频时可以用不压缩的方式，这样可以获得最优秀的图像质量，视频编辑后应根据不同的应用环境选择合适的压缩参数。

① 图像深度。

与静态图像一样，视频的图像深度决定其可以显示的颜色数。某些编码(压缩算法)使用固定的图像深度，在这种情况下该参数不可调整。较小的图像深度可以减小文件的容量，但同时也降低了图像的质量。

② 压缩质量。

选择了一种压缩算法后还可以调整压缩质量，这个参数常用百分比来表示，100%表示最佳效果压缩。同一种压缩算法下，压缩质量越低，文件容量越小，丢失信息越多。

③ 关键帧。

该参数只有在使用帧间压缩编码如帧间差值编码时才起作用。关键帧(Key Frame)是其他帧压缩时与之比较并产生差值的基准，关键帧可以不压缩，而中间帧(也称作差值帧)是根据其与关键帧的差异来压缩的。采用关键帧压缩可以使压缩比更小而回放速度更快，但在一段视频文件中访问某一帧的时间将延长。一般地，编码程序会指定一个关键帧间隔的参考值，否则将每秒设置一个关键帧。例如，如果回放的帧率为 10 fps，则关键帧间隔选项设成 10，生成的视频文件每 10 帧设一个关键帧，如果不设置关键帧，则编码器默认每一帧都是关键帧。

④ 数据率。

根据其他参数，可以计算出 AVI 文件的数据率，一般以每秒兆比特计(MB/s)。数据率是 AVI 文件的一个重要参数，如果 AVI 文件的数据率过高，而播放该 AVI 文件的软、硬件环境的数据传输率达不到该 AVI 数据率的要求，则播放该文件时要么出现不同步的现象，要么播放时会出现丢帧的现象，达不到应有的效果。因此，一般情况下，首先要根据播放环境的要求确定 AVI 的数据率，然后根据数据率再确定其他参数。

在采用某些编码器(如 Cinepak、Indeo)来压缩视频文件以适应 CD-ROM 播放平台时，可以先确定数据率参数，编码器会根据数据率的要求自动调整压缩质量以满足数据率的要求。实际设置的文件数据率应比光驱的理想数据率稍低一点，如对于单速光驱的回放平台，视频文件的数据率应限制在每秒 90～100 KB(理论上可设为 150 KB/s)；倍速光驱应限制在每秒 150～200 KB；三速光驱应设置为每秒 300 KB。

⑤ 压缩算法。

AVI 通过对视频数据的压缩可以减少其在计算机内存储和传输时的数据量，提高视频播放的质量。与 MPEG 标准不同的是，AVI 采用的压缩算法并无统一的标准，Microsoft 公司推出 AVI 文件格式和 VFW 软件时，同时也推出了一种压缩算法，由于 AVI 和 VFW 的开放性，其他的公司也相应推出了其他压缩算法，只要把该算法的驱动加到 Windows 系统中，用 VFW 就可以播放用该算法压缩的 AVI 文件。

AVI 常见压缩算法及效果如表 1-6 所示。

表 1-6　AVI 常见压缩算法及效果

压缩算法	Microsoft Video 1	Microsoft RLE	Cinepak Codec Radius	Intel IndeoVideo R3.2
压缩率	30%	15%	10%	8%
效果	可以保证指定的数据传输率，总体效果较好	当相邻帧之间有大的变化时，通过减少色彩信息降低从帧到帧的变化量，但这样可能造成图像的模糊	更小的压缩比、更好的图像质量和更快的回放速度，效果很好	压缩特性与 Cinepak 算法类似，具有很好的压缩效果
特点	VFW 默认的帧内有损压缩算法，支持 8 位和 32 位的图像深度	行程编码帧内压缩，适合于处理计算机生成的动画或合成图像，可用于 8 位图像深度	一种非对称很强的压缩算法，适用于从 CD-ROM 光盘平台上回放 24 位深度的视频文件	Indeo 系列的算法还有 Indeo Video Interactive；Indeo video 5.0 等。Indeo 采用多种帧内有损压缩算法，并根据所要求的帧率、图像尺寸、图像深度等自动选择相应的算法组合

- Microsoft Video 1：用于对模拟视频进行压缩，是有损压缩，最高仅达到 256 色，一般不使用它来编码 AVI。
- Microsoft RLE：压缩动画或者是计算机合成的图像等具有大面积色块的素材可以使用它来编码，是一种无损压缩方案。
- Cinepak Codec Radius：在高数据压缩率下，有很高的播放速度。利用这种压缩方案可以取得较低的压缩率和较快的回放速度，但是它的压缩时间相对较长。
- Intel Indeo Video R3.2：所有的 Windows 版本都能用 Indeo video 3.2 播放 AVI 编码，它的压缩率比 Cinepak 小，但需要回放的计算机要比 Cinepak 的快。

2. H.261 视频通信编码标准

电视电话/会议电视的建议标准 H.261 常称为 P×64 K 标准，其中 P 是取值为 1～30 的可变参数。当 P=1 或 2 时，支持四分之一中间格式（Quarter Common Intermediate Format，QCIF）的帧率较低的视频电话传输；当 P≥6 时，支持通用中间格式（Common Intermediate Format，CIF）的帧率较高的电视会议数据传输。

P×64 K 视频压缩算法也是一种混合编码方案，即基于 DCT 的变换编码和带有运动预测差分脉冲编码调制（IDPCM）的预测编码方法的混合。在低传输速率时（P=1 或 2，即 64 bit/s 或 128 Kbit/s），除 QCIF 外还可使用亚帧（Sub-frame）技术，即每间隔一帧（或数帧）处理一帧，压缩比可高达 50∶1 左右。

3. H.264 视频通信编码标准

H.264 标准是 MPEG-4 标准的第十部分，与之前的视频编码标准相比，在相同的带宽下能够提供更加优秀的图像质量。在同等图像质量下，H.264 技术压缩后的数据量只有 MPEG-2 的 1/4，MPEG-4 的 1/2。

H.264 标准能够在低码率情况下提供高质量的视频图像，在较低带宽上提供高质量的图像传输。H.264 具有较强的网络适应能力，即可以工作在实时通信应用（如视频会议）低延时模式下，也可以工作在没有延时的视频存储或视频流服务器中。

H.264 标准与之前的视频编码标准一样，采用 DPCM 加变换编码的混合编码模式，

H. 264标准的优势主要体现在以下四个方面。

① 将每个视频帧分离成由像素组成的块，因此视频帧的编码处理过程可以达到“块”级别。

② 采用空间冗余的方法，对视频帧的一些原始块进行空间预测、转换、优化和熵编码(可变长编码)。

③ 对连续帧的不同块采用临时存放的方法，只需对连续帧中有改变的部分进行编码，该算法采用运动预测和运动补偿来完成。

④ 采用剩余空间冗余技术，对视频帧里的残留块进行编码。例如，对于源块和相应预测块的不同，再次采用转换、优化和熵编码。

H. 264 标准普遍运用于 720 P、1 080 P 高清视频编码的各种场景，如数字电视、视频点播、视频直播、视频会议、视频监控等。

H. 264 标准的改进版是 H. 265 标准。H. 265 在保留 H. 264 技术特性的同时，进一步改善了码流、编码质量、延时和数据算法之间的关系，H. 265 标准仅需原来的一半带宽就可以播放相同质量的视频，因此计算机、手机、平板、电视包括视频监控，都能在同等视频质量的基础上节省更多带宽和容量。

目前由于专利费、视频资源、硬件设备、终端性能和浏览器等原因，H. 265 标准的应用场景还不多，特别是在移动端，很多功能受到限制，因此应用很少。未来随着 4 K、8 K 超高清视频应用成为主流，H. 265 标准将逐渐普及应用。

思考与练习

一、选择题

1. 多媒体计算机中的媒体信息是指(　　)。

① 数字、文字。

② 声音、图形。

③ 动画、视频。

④ 图像。

A. ①　　B. ②③　　C. ②③④　　D. 全部

2. 一幅分辨率为 1 024×768 像素的真彩色图像，未压缩时的数据量约为(　　)。

A. 1.5 MB　　B. 2.3 MB　　C. 3 MB　　D. 3.5 MB

3. 关于图像和图形，以下说法不正确的是(　　)。

A. 图形是用计算机绘制的画面，也称矢量图

B. 图像的最大优点是容易进行移动、缩放、旋转和扭曲等变换

C. 图像是由一些排成行列的像素组成的，通常称位图或点阵图

D. 图形文件中只记录生成图的算法和图上的某些特征点，数据量较小

4. 关于 GIF 格式文件，以下说法不正确的是(　　)。

A. 可以是动画图像　　B. 可以有透明效果

C. 可以是真彩色　　D. 可以是静态图像

5. 图像序列中的两幅相邻图像，前后两幅图像有较大的相关，这属于(　　)。

A. 空间冗余　　　　B. 时间冗余

C. 信息熵冗余　　　　D. 视觉冗余

6. 在数据压缩方法中，有损压缩具有(　　)的特点。

A. 压缩比大，不可逆　　　　B. 压缩比小，不可逆

C. 压缩比大，可逆　　　　D. 压缩比小，可逆

二、思考题

1. 常见的色彩模型有哪几种？有哪些适用领域？

2. 波形音乐和 MIDI 音乐的区别是什么？

3. 什么是预测编码？预测编码的基本思想是什么？

第 2 章 Photoshop CC 图像编辑

图像是多媒体系统中最重要的媒体之一,一般采集的图像不能直接应用于项目中,需要根据多媒体项目的创作主题进行图像调整或者二次编辑。图像编辑的内容主要包括尺寸的调整、颜色的调整、瑕疵的修整甚至对图像进行再创作。图像编辑软件(Adobe Photoshop)提供了图像编辑的全部工具。

本章主要的学习内容包括:

- 理解和掌握图像编辑的基本概念。
- 了解图像设计和制作的基本方法。
- 理解和掌握 Photoshop CC 的工作环境。
- 熟练掌握图像编辑的基本操作,即区域选择、图层使用、绘制工具的使用和图像变换操作等。
- 掌握和综合运用图像编辑的常用工具和功能,即蒙版工具、通道工具、图层样式、滤镜工具和色彩调整工具等。

本章要完成的作品包括:

- 三幅图片合成一幅主题为“奋泳向前”的 HTML5 的页面图像。
- 制作海底效果的 HTML5 的页面背景。

2.1 Photoshop CC 概述

Photoshop CC(Creative Cloud)是 Adobe 公司推出的功能强大的图像编辑软件,是目前世界上专业平面设计人员使用最为广泛的工具,在广告摄影作品处理、影像创意、桌面出版、网页图像编辑、视觉创意、后期修饰、界面设计等方面,其优越的性能和方便的使用性都使同类产品望尘莫及。

Photoshop CC 主要功能可分为图像编辑、图像合成、校色调色及特效制作等。

- 图像编辑:它是图像处理的基础,可以对图像做各种变换。例如放大、缩小、旋转、倾斜、镜像、透视等,也可进行复制、去除斑点、修补、修饰图像的残损等。
- 图像合成:它是将多幅图像通过图层操作、制作工具的综合使用以合成完整、传达明确意义的图像。Photoshop CC 提供的绘图工具能让图像与创意很好地融合。
- 校色调色:它可方便快捷地对图像的颜色进行明暗、色偏的调整和校正,可对不同颜色模式进行转换以满足不同领域(如网页设计、印刷、多媒体等方面)的应用。
- 特效制作:它主要通过滤镜、通道及制作工具综合应用来完成。包括图像的特效创意和特效字的制作。例如,油画、浮雕、石膏画、素描、变形等常见效果都可高效地完成。

2.2 Photoshop CC 新特性

2013 年,Adobe 公司推出 Photoshop CC(Creative Cloud),新增相机防抖动、Camera Raw 功能改进、图像采样质量提升、属性面板改进以及云功能等功能。之后,随着更多版本的 Photoshop 发布,其功能、性能、易用性在持续地加强和改进,其中最引人注目的是 AI 技术在图像处理工具的运用。相对于 Photoshop CS6 来说,Photoshop CC 经常用到的部分新特性如下所述。

(1) 3D 面板

重新设计的 3D 面板同图层面板类似,可以对 3D 对象进行删除、重新排序、反转顺序、分组以及插入、复制、创建对象实例等多种操作。

(2) 3D 绘画

在"实时 3D 绘画"模式下,画笔描绘效果在 3D 模型视图和纹理视图中实时更新。另外,Photoshop CC 提供了多种增强手段,在绘制 3D 模型时能够实现更精确的控制和更高的准确度。

(3) 减少相机抖动模糊

Photoshop 具有一种智能化机制,可减少由某些类型的相机运动产生的模糊,包括线性运动、弧形运动、旋转运动和 Z 字形运动。

(4) 链接的智能对象

当源图像文件发生更改时,链接的智能对象的内容也会随之更新。对于团队协同工作,链接的智能对象特别有用。

(5) 字形面板

可以在 Photoshop 中使用字形面板,将标点、上标和下标字符、货币符号、数字、特殊字符以及其他语言的字形插入文本。

(6) 模糊画廊

恢复颗粒/杂色使模糊区域看起来更加逼真。

(7) 图层样式

可以对一个图层样式应用多种效果,如描边、内阴影、颜色叠加、渐变叠加、投影等。此外,可以将部分效果的多个实例应用到一个图层样式。

(8) Adobe Stock

设计人员和企业可以借此访问几千万张品质优良、精心组织、免版税的图像、插图和矢量图形,为创意项目增光添彩,也可以从 Adobe Stock 中选择各种模板,这些模板包含资源和插图,可以在此基础上进行重建并完成项目。

(9) 画板

画板为 Web(Web User Interface,网页用户界面)或 UX(User eXperience,用户体验)设计人员提供了一个无限画布,可以在画布上布置适合不同移动设备和屏幕的设计,有效地简化设计流程。

(10) "选择并遮住"工作区

该工作区能够创建精准的选区和蒙版,使用其中的"调整边缘画笔"等工具可清晰地分离前景和背景元素,并进行更多操作。

(11) 人脸识别液化

液化滤镜现在具备高级人脸识别功能，能够自动识别眼睛、鼻子、嘴唇和其他面部特征。“人脸识别液化”能够有效地修饰肖像照片、制作漫画，并进行更多操作。

(12) 绘画对称

Photoshop 现在可以在使用画笔、铅笔或橡皮擦工具时绘制对称图形且有多种对称类型可供选择。

(13) 智能放大

智能放大可在调整图像大小时保留重要的细节和纹理，而且不会产生任何扭曲。除了肤色和头发纹理外，此功能还可保留更加清晰的边缘细节，如文本和徽标。

(14) 弯度钢笔工具

弯度钢笔工具可以在设计中创建自定义形状或定义精确的路径，无需切换钢笔工具就能创建、切换、编辑、添加或删除平滑点或角点。

(15) 画笔平滑

在使用画笔进行绘画时执行智能平滑，只需在选项栏中输入平滑的值(0～100)，值越高，画笔边缘越平滑。

(16) 选择主体

通过选择主体功能，只需单击一次，即可选择图像中最突出的主体。凭借先进的机器学习技术，选择主体功能经过学习训练后，能够识别图像上的多种对象，如人物、动物、车辆、玩具等。

(17) 使用色轮

借助色轮，可实现色谱的可视化图表，并且可以根据“协调色”的概念(如同类色和邻近色)，轻松选取合适颜色。

(18) 图框工具

使用图框工具时，只需将图像置入图框中，即可轻松地遮住图像。使用图框工具可快速创建矩形或椭圆形占位符图框。

2.3 Photoshop CC 的常用概念

在使用 Photoshop 的过程中，常常在菜单项、工具提示、使用帮助中接触到一些专有名词和概念，理解这些概念有助于快速、准确地使用 Photoshop，在第 1 章介绍过的色彩模型、文件格式等概念就不再赘述。

1. 像素

像素是指一个数字序列表示的图像中的一个最小单位。可以简单理解为图像是由一个个点组成的，这些点叫作像素。

2. 对比度

对比度是一幅图像中明暗区域最亮的白和最暗的黑之间不同亮度层级的测量。对比度对视觉效果的影响非常关键，一般来说对比度越大，图像越清晰醒目，色彩也越鲜明艳丽；对比度小，则整个画面都灰蒙蒙的。一般对比度 120∶1 就可以容易地显示生动、丰富的色彩。

提高对比度的方法有两种：①提高浅色的亮度；②让暗的颜色更黑。

3. 色轮

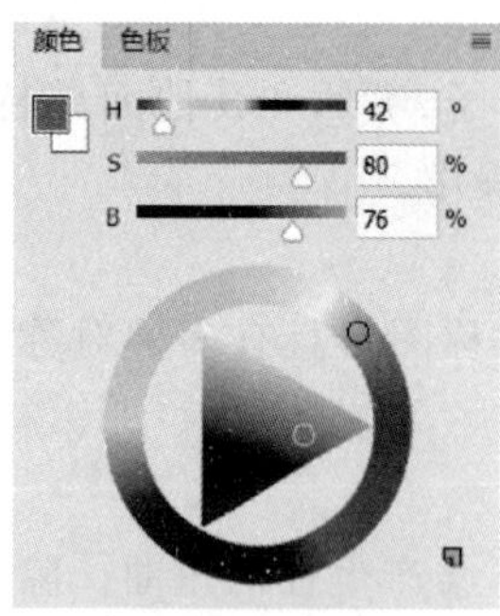

图 2-1　色轮拾色器

将可见光谱（红橙黄绿青蓝紫）采用轮盘的方式进行排列，如图 2-1 所示，由 RGB 三色合成轮盘上的其他颜色。色轮是实现色谱的可视化图表，可以很好地将色调、饱和度、亮度三者结合以表达和描述色彩。例如，画面配色时，可以根据协调色的概念（如同类色和邻近色），通过色轮拾取颜色更加直观和便捷。

360°色轮中，60°范围内的颜色叫作同类色，90°方向上的两个颜色叫作邻近色，120°方向上的两个颜色叫作对比色，180°则为互补色。如果希望画面配色协调、柔和，尽量在同类色和邻近色中选择颜色。

4. 图层

图层相当于将含有文字、图形、图像、效果等元素的玻璃片，一张张按顺序叠放在一起，组合起来形成画面的最终效果。

Photoshop 的图像处理就是通过创建不同图层来完成的，可以对图层内元素进行编辑、加工和添加各种效果，如发光、模糊、颜色调整、3D 变形、视频动画等。

5. 通道

"通道"是指以亮度值保存图像的颜色成分。RGB 模式有 R、G、B 三个亮度通道；CMYK 图像有 C、M、Y、K 四个亮度通道；灰度图只有一个亮度通道。

在 Photoshop 中编辑图像时，实际上就是编辑颜色通道的内容。

通道中，不同亮度可以表示不同的能量，白色能量最高，黑色能量最低（无能量），从黑到白共 256 级别，因此 Photoshop 的通道可以存储"选择区域"，白色区域代表全选，黑色区域代表不选，灰色部分代表不同强度的选择。

6. 蒙版

Photoshop 中有图层蒙版、矢量蒙版、剪贴蒙版三种类型蒙版，蒙版的作用原理如图 2-2 所示。

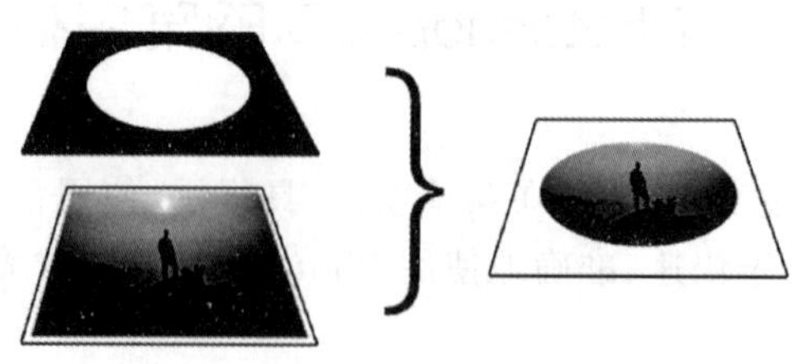

图 2-2　蒙版的作用原理

图层蒙版使用灰度图像作为蒙版，相当于将"灰度图像"覆盖在图层上，蒙版白色部分全部显示、黑色部分不显示，灰色部分半透明显示，"图层蒙版"的图像有丰富的亮度信息，从而可以产生不同透明度。

矢量蒙版使用矢量图形将图层遮住一部分，其优点是"矢量蒙版"放大或缩小不变形，缺点是形状比较单一。

剪贴蒙版是通过使用处于下方图层（作为蒙版）来限制上方图层的显示内容，达到一种剪贴画的效果。

7. 路径

路径是在 Photoshop 中使用贝赛尔曲线所构成的一段闭合或者开放的曲线段。

路径的使用方式有以下几种。

① 使用路径作为“矢量蒙版”来隐藏图层的特定区域。

② 将路径转换为选区。

③ 使用颜色填充或描边路径。

④ 将路径导出为 AI 格式的矢量文件,供其他软件调用编辑。

8. 智能对象

智能对象是个包含原始数据的图层,原始数据可以是栅格(Grid,栅格是指带有元数据的像素,如带有拍摄日期、地理位置、相机型号、拍摄参数等元数据)或矢量图形。智能对象将保留图像的源内容及所有原始特性,可以对图层执行非破坏性编辑,而不会影响其原始特性。

Photoshop 允许链接外部的智能对象,当源图像文件发生更改时,链接的智能对象的内容也会自动更新,因此 Web 设计人员可以共享源智能对象、协作编辑。

可以对智能对象执行以下操作。

① 执行非破坏性变换。可以对图层进行缩放、旋转、斜切、扭曲、透视变换或使图层变形,而不会丢失原始图像数据或降低品质,因为变换不会影响原始数据。

② 处理矢量数据(如 Illustrator 中的矢量图形),若不使用智能对象,这些数据在 Photoshop 中将栅格化成像素。

③ 非破坏性应用滤镜。可以添加多个滤镜,可以随时编辑应用于智能对象的各个滤镜。

但是,无法对智能对象图层直接执行会改变像素数据的操作(如绘画、减淡、加深或仿制等),除非先将智能对象图层转换成常规图层。

9. 滤镜

Photoshop 滤镜是运用数学公式或函数让图像产生颜色或形状上的变化、产生特殊效果的工具。滤镜主要是模拟一些自然效果,如有色玻璃、波浪涟漪、油画、运动模糊、镜头光晕、电视噪点等。

滤镜的一般使用步骤如下。

① 设计图像效果。

② 执行相应的滤镜命令。

③ 设置滤镜参数。

④ 重复执行滤镜效果。

智能滤镜是指应用于智能对象的任何滤镜,这些滤镜是非破坏性的。

智能滤镜将排列在智能对象图层的下方,可以对智能滤镜进行重新排序、重新设置参数、删除或隐藏等操作。

2.4 Photoshop CC 工作环境

运行 Photoshop CC,首先弹出的是 Photoshop 首页,如图 2-3 所示,可以打开最近编辑的文档,如图 2-3 中①所指示。单击“新建”按钮创建新文档,在弹出的“新建文档”对话框中,可以按文档的使用场景选择相应的文档类型，如照片、打印等，如图 2-3 中②所指示，不同的文档类型已经预设好参数，用户可以直接选用。

如果制作的作品应用于移动设备，则可以选择“移动设备”类型，如图 2-3 中③所指示，移动设备的类型很多，在其中选择合适分辨率的设备，如 Android 1080P(见图 2-3 中④)可以适应大部分的流行智能手机。

注册用户还可以从 Adobe Stock 直接下载模板使用，高效快捷地完成专业的项目制作，如图 2-3 中⑤所指示。

图 2-3　Photoshop 首页

进入 Photoshop 工作环境如图 2-4 所示，由菜单栏、工具选项栏、标题栏、图像编辑窗口、工具箱、状态栏、控制面板和面板窗口组成。

1. 菜单栏

菜单栏为整个工作环境下所有窗口提供菜单控制，包括文件、编辑、图像、图层、文字、选择、滤镜、3D、视图、窗口和帮助等。Photoshop 中通过两种方式执行所有命令，一是菜单，二是快捷键。

2. 工具选项栏

选择某个工具，该栏会显示工具的属性设置选择项及参数设置框，如图 2-4 中②所指示为选择箭头工具 ✥ 的选项栏，工具选项栏中可设置的项目：是否自动选择、选择模式(按组选择或按图层选择)、是否显示变换控件、选择对象的对齐方式等。

3. 标题栏

标题栏位于编辑窗口顶端，显示文件名、缩放比例，括号内显示当前所选图层名、色彩模式、通道位数等。

4. 图像编辑窗口

图像编辑窗口是 Photoshop 的主要工作区，用于显示图像文件。

如果同时打开多个图像，可通过单击图像窗口进行切换，也可按 Ctrl＋Tab 组合键进行图像窗口切换。

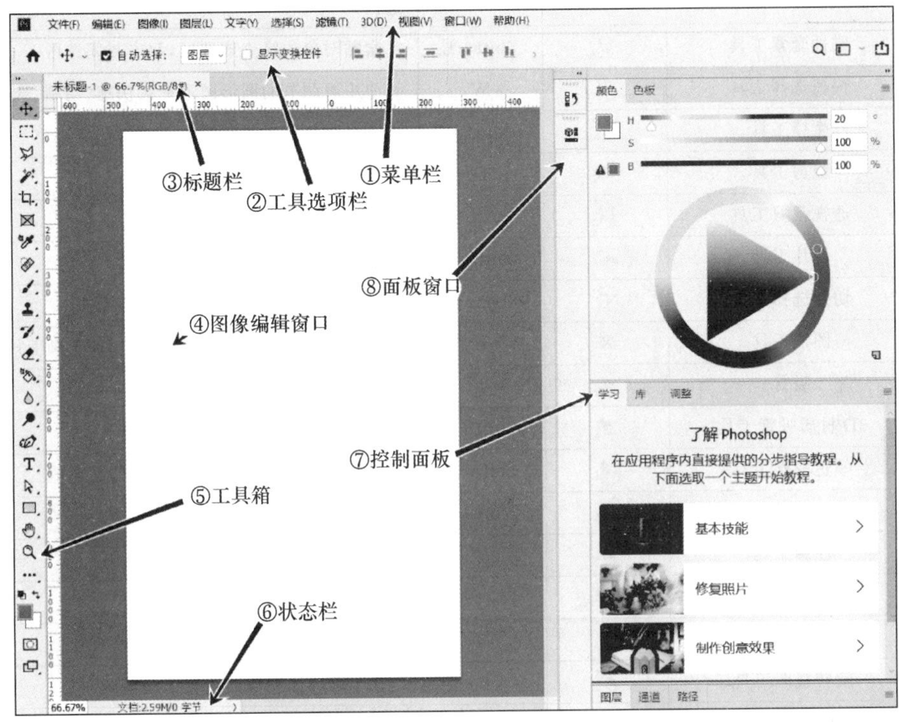

图 2-4 Photoshop 工作环境

5. 工具箱

工具箱中的工具可用来选择、绘制、编辑以及查看图像。移动光标到任一工具图标上，则会启用“富媒体工具提示”，用动画的方式显示该工具的功能及操作方法。有些工具的右下角有一个小三角形符号，这表示在工具位置上存在一个工具组，其中包括若干个相关工具。常用的 Photoshop 工具如表 2-1 所示。

表 2-1 常用的 Photoshop 工具

工具类	工具名称	图标	快捷键	作用
选择和移动	移动工具		V	移动选区中的对象、图层和参考线
	画板工具		Shift＋V	对画板进行选择、移动、复制等操作
	矩形选框工具		M	确定一个矩形的选取区域，可预先设置固定的大小、边缘羽化等。在拖动的同时按住 Shift 键可将选区设定为正方形
	椭圆选框工具		Shift＋M	确定一个椭圆的选取区域。按 Shift 键可将选区设定为正圆形
	单行选框工具		无	确定单行(一个像素高)的选取区域
	单列选框工具		无	确定单列(一个像素宽)的选取区域

续表

工具类	工具名称	图标	快捷键	作用
	自由套索工具		L	建立手绘的选择区域
	多边形套索工具		Shift+L	采用多次单击的方式建立多边形的选区，双击封闭选区
	磁性套索工具		Shift+L	紧贴对象边缘生成选区，双击封闭选区
	快速选择工具		W	使用可调节的圆形画笔笔尖快速“绘制”选区
	魔棒工具		Shift+W	选择颜色相近的区域
裁剪和切片	裁剪工具		C	裁剪图像，可旋转图像
	透视裁剪工具		Shift+C	裁剪并校正变形的图像
	切片工具		Shift+C	创建切片用于网页
	切片选择工具		Shift+C	对切片进行选择、移动、复制等操作
	图框工具		K	建立圆形或方形的图像占位符，便于画面规划设计
测量、注释和导航	吸管		I	可提取图像的色样
	3D 材质吸管工具		Shift+I	从 3D 对象加载指定的材质
	颜色取样工具		Shift+I	提取色样，最多显示十个区域的颜色值
	标尺		Shift+I	测量距离、位置和角度
	注释工具		Shift+I	为图像添加文字注释
	计数工具		Shift+I	对图像中的对象计数
	抓手工具		H	在图像窗口内移动画布
	旋转视图工具		R	在不破坏原图像的前提下旋转画布
	缩放工具		Z	可放大和缩小图像的视图
绘图	画笔		B	绘制柔软边缘的图像，可设置画笔的形状、笔触、粗细、透明度等参数
	铅笔		Shift+B	绘制清晰边缘的图像，铅笔的粗细可调
	颜色替换画笔		Shift+B	可将选定颜色替换为新颜色
	混合器画笔		Shift+B	模拟真实的绘画技术（如混合画布颜色和使用不同的绘画湿度）
	油漆桶		G	用前景色填充颜色相近或选择的区域
	颜色渐变工具		Shift+G	可创建直线形、放射形、斜角形、反射形和菱形的颜色混合效果
	3D 材质拖放工具		Shift+G	将加载的材质拖放到 3D 对象特定区域
	历史记录画笔		Y	可将“快照内容”转移绘制到当前图像中，可用于恢复图像中被修改的部分
	历史记录艺术画笔		Shift+Y	使用快照，模拟不同绘画风格进行绘画
图像修饰	污点修复画笔工具		J	可移去污点和对象，用于小范围修复
	修复画笔工具		Shift+J	可利用样本或图案修复图像中不理想的部分
	修补工具		Shift+J	可利用样本或图案修复所选图像区域中不理想的部分
	内容感知移动工具		Shift+J	将图片中多余部分物体去除，同时自动计算和修复移除部分，实现更加完美的图片合成

续 表

工具类	工具名称	图标	快捷键	作用
	红眼工具		Shift+J	可消除眼睛由于闪光灯导致的红色反光
	仿制图章工具		S	将图像上用图章擦过的部分复制到图像的其他地方
	图案图章工具		Shift+S	使用图像的一部分作为图案来绘画
	橡皮擦		E	擦除部分图像,替换成背景色或透明
	背景橡皮擦		Shift+E	可通过拖动将区域擦抹为透明区域
	魔术橡皮擦		Shift+E	单击即可将相近颜色区域擦为透明区域
	模糊工具		无	对图像中的硬边缘进行模糊处理
	锐化工具		无	锐化图像的柔和边缘
	涂抹工具		无	涂抹拖动图像的像素,产生流动效果
	减淡工具		O	让图像的局部颜色变得更加明亮,这对处理图像的高光非常有用
	加深工具		Shift+O	使图像的部分区域变暗
	海绵工具		Shift+O	可提高或减低区域的颜色饱和度
绘制矢量图形和文字	钢笔工具		P	用点击、拉伸的方式,绘制边缘平滑、精确的路径或形状
	自由钢笔		Shift+P	用于手绘任意形状的路径或形状
	弯度钢笔		Shift+P	用点击的方式,快速绘制和调整路径或形状
	添加锚点		无	添加图形上的锚点,创建更复杂的图形
	删除锚点		无	删除不需要的锚点,简化图形
	转换锚点		无	在图形锚点,进行曲线和直线的转换
	横排文字工具		T	在新图层上创建横排文字
	竖排文字工具		Shift+T	在新图层上创建竖排文字
	竖排文字蒙版		Shift+T	将输入的竖排文字转为选区
	横排文字蒙版		Shift+T	将输入的横排文字转为选区
	路径选择		A	选择整个路径或形状
	直接选择工具		Shift+A	选择和编辑图形上的锚点及其句柄
	矩形工具		U	可在常规图层或形状图层中绘制矩形,按 Shift 键绘制正方形
	圆角矩形工具		Shift+U	绘制圆角矩形,可在属性面板中设置尺寸和圆角半径
	椭圆工具		Shift+U	绘制椭圆图形,按 Shift 键绘制正圆
	多边形工具		Shift+U	绘制等边多边形,可设置星形、平滑等参数
	直线工具		Shift+U	绘制直线图形,可在选项栏中设置线型
	自定义形状		Shift+U	在工具选项栏中选择形状
辅助编辑	编辑工具栏	...	无	设置工具箱中工具的显示、分组和设置快捷键
	设置前景色背景色		无	分别单击图标设置前景色或背景色
	默认前景色和背景色		D	默认的前景色为纯黑,背景色为纯白
	交换前景色和背景色		X	前景色和背景色互换

续 表

工具类	工具名称	图标	快捷键	作用
	快速蒙版工具		Q	选区之外区域为半透明红色,可用画笔等工具创建和编辑选区
	标准屏幕模式		F	默认的工作环境显示方式
	带菜单栏的全屏模式		Shift+F	隐藏标题栏、状态栏等
	全屏模式		Shift+F	图像编辑窗口最大化,隐藏所有工具

6. 状态栏

状态栏由三部分组成:左端为缩放栏,显示当前图像窗口的显示比例,可在此窗口中输入数值后按 Enter 键来改变显示比例,或按住 Ctrl 键后左右拖动光标来改变显示比例;中间为信息栏,显示当前图像文件的大小;右端为信息选项栏,单击“展开”按钮 ,打开弹出菜单,选择任意选项,相应的信息就会在信息栏中显示。

7. 控制面板

Photoshop 共有 30 个控制面板,通过控制面板可以进行颜色选择、选区调整、编辑图层、通道处理、创建和编辑路径等操作,其中最重要的控制面板是图层面板。

可通过“窗口>显示”来显示调用控制面板。

按键盘上的 Tab 键,自动隐藏控制面板、属性栏和工具箱,再次按 Tab 键,组件重新显示。

按 Shift+Tab 组合键,工作环境中将隐藏控制面板,保留工具箱。

8. 面板窗口

用来存放不常用的控制面板,控制面板在其中只显示名称,单击后才弹出整个控制面板,这样可以有效利用工作环境的空间。

2.5 图层的操作

Photoshop 可以将整幅图的每一个部分置于不同的图层中,这些图层叠放在一起形成完整的图像,可以独立地对每一层或某些图层中的图像内容进行画图、编辑、特效处理等各种操作,而对其他图层没有影响。需要注意的是,如果需图像文件包含图层信息,以便以后编辑,则必须将图像文件保存为 Photoshop 独有的文件格式——. psd。

可以将各个图层按照一定的模式进行混合,从而得到千变万化的图像效果。

图层面板可列出图像中所有的图层,图层面板如图 2-5 所示,图层内容的缩览图显示在图层名称的左边,它随着图像被编辑而更新。使用滚动条或重新调整面板的大小可查看更多的图层。

2.5.1 新建图层和图层组

图层的新建有多种方法,新建的图层自动被设置为当前图层,但它是一个完全空白(透明)的图层,可以在上面增加新的图像及进行编辑。

图层的组织和管理可以通过图层组进行,图层组可以放入很多图层,还可以嵌套其他图层

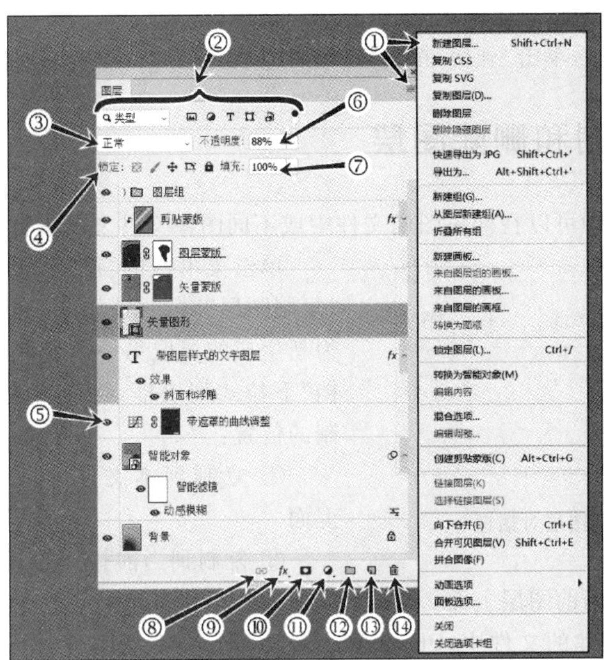

图 2-5 图层面板

组。图层组的操作和图层类似,也可以设置统一的图层样式、不透明度和蒙版。

创建新图层或图层组的方法有以下五种。

① 执行菜单栏中的“图层＞新建＞图层”或“图层＞新建＞图层组”,在弹出的“新建图层”对话框根据需要设置各个参数后,单击“确定”按钮,这时就创建了一个新的空白图层。

② 单击图层面板下端的“新建图层组”按钮 或“新建图层”按钮 ,如图 2-5 中⑫、⑬所指示,即可在当前层的上面快捷地新建一个图层组或图层。

③ 单击图层面板的“弹出选项”按钮 ,如图 2-5 中①所指示,再执行“新建图层”或“新建组”即可。

④ 按住 Alt 键并单击图层面板中的“新建图层”按钮 或“新建图层组”按钮 ,以调出“新建图层”或“新建图层组”对话框并设置图层选项。

⑤ 按住 Ctrl 键并单击图层面板中的“新建图层”按钮 或“新建图层组”按钮 ,可以在当前选中的图层下添加一个图层或图层组。

另外在执行某些操作时也会自动创建图层。例如,当进行图像粘贴、创建文字或者创建矢量图形,Photoshop 将自动为粘贴的图像和文字创建新图层。

2.5.2 将背景转换为图层

如果一幅图像不包含图层,那么该图像被看成是一个背景,在图层面板上只显示一个背景图层。

背景图层并不能进行很多普通图层一样的操作,如修改画面的透明度(图层面板上的 不透明度: 100% ,如图 2-5 中⑥所指示为灰色),如果想对背景进行这些操作,则必须先将其转换成一个普通图层,步骤如下。

① 在图层面板上双击背景图层，弹出一个对话框。

② 设置好各参数后单击“确定”按钮，这时背景就转换成一个普通图层。

2.5.3 复制和删除图层

图层的复制和移动可以在同一图像文件中或不同图像文件之间进行。

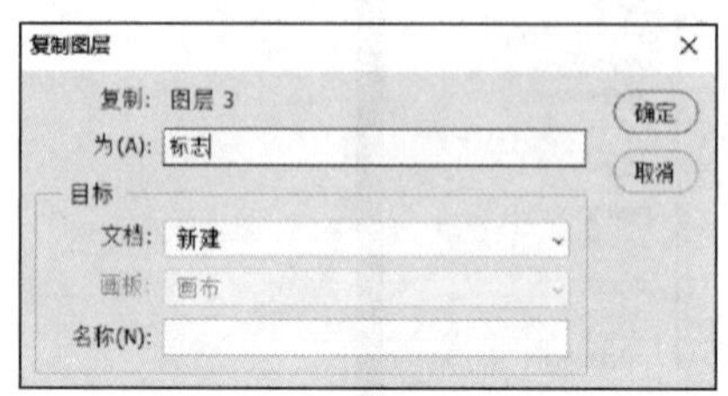

图 2-6 复制图层对话框

单击菜单栏的“图层＞复制图层”命令，弹出“复制图层”对话框，如图 2-6 所示，在“为(A)：”里为新生成的层取另一个名称，单击目标框中的“文档”下拉式列表框，将弹出选择框，决定图层被复制的位置：

① 复制到本文件中，图层被复制到当前层上面。

② 复制到当前打开的其他文件中，图层被复制到所选其他文件的当前图层上面。

③ 复制到一个新建的文件中，Photoshop 自动打开一个新文件，然后将图层复制到该文件中。

④ 复制到指定的画板中。只有启用画板模式，才有本选项。

可以在图层面板上用光标按下某个要复制的图层不放，然后拖动图标到面板下边的“新建图层”按钮上，就可以快捷地在当前层上面复制一个图层。使用拖拽图层的方式也可复制图层到其他图像文件中。

Photoshop 可以隐藏暂时不用的图层，如果确认图层不再使用，则可以删除。在图层面板上选择要删除的层作为当前层，单击菜单栏中的“图层＞删除图层”命令，或者单击面板下边的“删除图层”按钮，如图 2-5 中⑭所指示，当前层就被删除。

2.5.4 链接图层

如需使用“移动工具”对多个图层的内容同时进行移动或缩放等操作，则可按住 Ctrl 键选择多个图层，然后单击面板下方的“链接图层”按钮，如图 2-5 中⑧所指示，就将图层链接起来，图层的链接长期有效。

拖拽图层到另一个图像窗口，其链接的其他图层并不会一起被拖拽和复制。按 Ctrl 键多选图层或者放在图层组中进行拖拽操作，则可以同时复制多个图层。

2.5.5 调整图层顺序

构成整幅图像的各个图层，有一个从后到前的排列顺序。修改图层的排列顺序，特别是有互相遮盖画面的图层顺序，整幅图像的效果也会跟着改变。

修改图层排列顺序的步骤如下。

① 在图层面板上选择要改变排列顺序的图层作为当前层。

② 按住该图层不放，拖动到其他图层的下方或上方即可。也可以使用菜单栏中的“图层

＞排列”来进行操作。

2.5.6 设置不透明度

通过设置图层的不透明度，可决定其下图层的可见度。灵活利用这个特点，不仅可以创造出某些特殊效果，而且可为图像的处理带来方便，不透明度的设置有两种方式：

① 选择图层，单击图层面板上方的不透明度设置框 不透明度：88%，如图 2-5 中⑥所指示，用光标拖动滑块。

② 选择合适的透明度，或者直接输入数字，范围从 0%～100%。不透明度的数值越小，图像越透明，下面的图层越清楚。

图层面板中的填充值 填充：100%，如图 2-5 中⑦所指示，也可以设置不透明度，对于普通图层而言，该值的设置同不透明度设置的效果一样，但是对图层样式的效果不起作用。

2.5.7 显示或隐藏图层

图层面板中的可见图标 打开表示可见层，如图 2-5 中⑤所指示，否则为不可见层。

图层的显示和隐藏可用以下任一方法实现。

① 单击位于图层左边的可见图标 ，隐藏该层。再单击则显示该图层。

② 在可见图标 列中单击并往下拖动光标，可以显示或隐藏多个图层。

③ 按住 Alt 键并单击可见图标 ，只显示单击的那一层。

2.5.8 锁定图层

如果需要对图层的透明度、绘制、移动、嵌套等锁定以避免被编辑，可单击图层面板上的设置锁定项或全部锁定 锁定：。

该选项对背景图层无效，当刚打开一幅图时，这里的命令是不可用的，通过双击背景图层的缩览图，将背景图层转换为普通层后才可以使用。

2.5.9 设置色彩混合模式

色彩混合模式的下拉菜单如图 2-5 中③所指示，它有多种模式用于图层合成。这个下拉菜单在使用画笔、铅笔、印章工具、油漆桶、渐变工具、历史记录画笔、模糊锐化工具等绘制工具时都会出现，也就是说可以将色彩混合模式应用于这些绘画工具。

- 正常：使用工具绘图、图层混合的基本模式。该模式直接用上层像素替代下层像素，即直接覆盖。
- 溶解：该模式将以一种颗粒状方式溶解当前图层的部分像素，其溶解程度与图层面板中的不透明度有关，不透明度值越低溶解程度越高，不透明度值越高溶解程度越低。

图层溶解模式可与图层遮罩配合运用，可以将图层局部融入下一个图层中，形成两图层局部融合在一起的效果。

- 正片叠底:它是设计者在绘图与合成时最常用的模式。其效果是:将当前图层与底层的图像当作两张透明的幻灯片,将它们叠加在一起,灯光从其后部透射并从正面观看的效果。

采样这种模式,当前图层或底层为黑色或暗色调部分,图像会更暗;当前图层或底层为白色或亮色调部分,图像变化很小或几乎不发生变化。

- 滤色:与"正片叠底"模式相反。其效果是:将当前图层与底层的图像当作两张透明的幻灯片,将它们分别放入两台幻灯机,并投射到同一个屏幕的效果。

采样这种模式,当前图层或底层为黑色或暗色调部分,图像变化很小或几乎不发生变化;当前图层或底层为白色或亮色调部分,将产生更亮的图像。

- 叠加:该模式综合了正片叠底和滤色两种模式,根据底层的图像色彩决定将当前图层的哪些像素以正片叠底模式混合,哪些以滤色模式混合。混合后的图像某些区域会变亮,而某些区域会变暗,一般情况下,发生变化的区域通常是中间色调区域,而亮色调区域和暗色调区域基本保持不变。
- 柔光、强光:这是组合效果模式。这两种模式都根据图层的色彩亮度来决定加亮或变暗图像。如果一个背景区域的亮度超过 50%,那么柔光模式就增加绘图或选择区域的亮度,而强光模式则掩蔽其亮度。如果下面的背景区域像素的亮度值低于 50%,柔光模式就加深该区域,而强光模式则增加其亮度。
- 颜色减淡:该模式可加强底层图像的色彩,并将它反射到当前图层,混合的结果是图像中的黑色或暗色调区域不受影响或影响较少,而其他色彩区域的图像则被加亮并与底层图像混合。
- 颜色加深:该模式可使底层图像的色彩变暗,并将底层图像的色彩反射到当前图像中,混合的结果是图像中白色区域或亮色调区域不受影响,而其他区域的图像则被加暗并与底层图像色彩混合。
- 变亮、变暗:变暗模式只影响图像中比前景色调更浅的像素,数值相同或更深的像素不受影响。相反,变亮模式只影响图像中比所选前景色调更深的像素。
- 差值:该模式将根据当前图层和底层图像的亮度值的大小进行相减运算。对于当前图层中的黑色或暗色调区域,混合后将不产生变化或变化较小,对于当前图层中的白色或亮色调区域,则将混合部分的底图图像反转并与当前图层相混合,混合后产生色彩反转变化。

这种模式下用白色在一幅图像上绘画会产生最显著的效果,因为没有一个背景图像包含比绝对白色更亮的色调数值。

- 排除模式:该模式与差值模式产生的混合效果基本相同,也是根据当前图层与底层图像亮度值的大小相减,将混合部分的底层图像反转并与当前图像混合,但所产生的图像对比度与差值模式相比稍低。
- 色相:该模式只改变色调,绘图区域的亮度与饱和度均不受影响。这种模式在对区域染色时极其有用。
- 饱和度:如果前景色调为黑色,这种模式就将色调区域转化为灰度。如果前景色调是一个色调值,那么此模式下,每笔划均增大其底下像素的基础色调,减少灰色成分。
- 颜色:该模式同时改变一个选择图像的色调与饱和度,但不改变背景图像的亮度成分。用此模式来改变人物衣服的颜色将非常有用。

- 亮度：该模式增加图像的亮度特性，但不改变色调值。在增亮一幅图像中过饱和的色调区域时要小心谨慎。

实际操作时，可以根据需要选取色彩混合模式，如要消除图层中较暗的一部分，保留较亮的一部分时，可以选择变亮模式，反之变暗。

2.6 图层样式

Photoshop 可以给图层添加一些效果，如投影、发光、斜面和浮雕、描边、图案填充等，这些效果通过图层样式完成设定。

一旦设定图层样式后，再编辑图层时，图层效果会自动更改，而且在该层中添加每一个新的图像实体，都会具有图层的这种效果，这样就不必重复设置每个图像实体的效果。

图层样式也可以运用于图层组，此图层组中所有图层都将具有相应的效果。

Photoshop 提供的图层样式如下。

- 投影：在图层内容的后面添加阴影。
- 内阴影：紧靠在图层内容的边缘内添加阴影，使图层具有凹陷外观。
- 外发光和内发光：添加从图层内容的外边缘或内边缘发光的效果。
- 斜面和浮雕：对图层添加高光与阴影的各种组合，产生立体的效果。
- 光泽：创建光滑光泽的内部阴影，模拟金属、塑料等材质的效果。
- 颜色、渐变和图案叠加：用颜色、渐变或图案填充图层内容。
- 描边：使用颜色、渐变或图案在当前图层上描画对象的轮廓。它对于硬边形状（如文字）特别有用。

其中常用到效果有投影样式、斜面和浮雕样式、外发光样式等。一个图层可以应用多种样式。

执行菜单“图层>图层样式”，或双击图层或图层组图标即可打开图层样式对话框，在其中选择和编辑各种样式。也可单击图层面板下方的“添加图层样式”按钮 fx，如图 2-5 中⑨所指示，选择相应的图层效果，调出样式对话框。在样式对话框中，设置好的样式可存储为一个新样式——执行“新建样式”就可以。这样可以在编辑处理其他图像文件时，反复调用该样式以提高制作效率。

2.6.1 投影样式

“投影”样式给图层配加一个阴影。选择该项将调出如图 2-7 所示的对话框。

1. 结构栏

(1) 混合模式

以色彩混合模式选框后面的颜色（默认为黑色）为背景，也可以根据喜好选择颜色作为阴影效果。一般选择“正片叠底”模式，让图像暗的部分更暗。

(2) 不透明度

设置投影的透明度，100％代表完全不透明。

(3) 角度

设定光源的方位，不同方位的光源产生不同方向的亮部和暗部。

(4) 使用全局光

这时产生的光源作用于图像文件中的所有图层。

(5) 距离

控制阴影的距离。

(6) 扩展

对阴影的宽度作适当的细微调整。

(7) 大小

控制阴影的总长度。适当的参数,将会产生阴影逐渐到透明的效果。

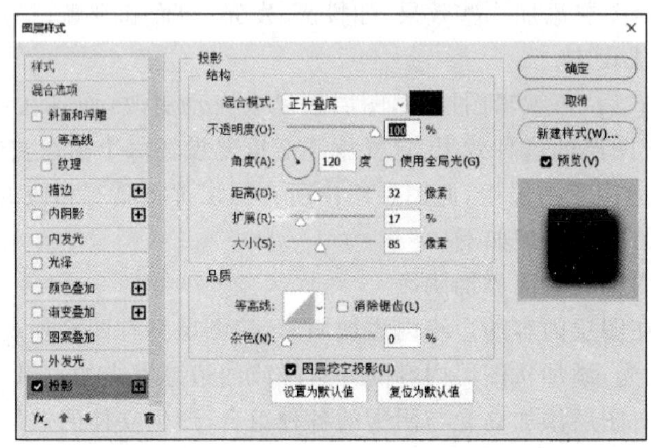

图 2-7 “图层样式”对话框—投影设置

2. 品质栏

(1) 等高线

对投影的明暗变化进行设定,模拟半透明材质的光线效果,Photoshop 提供了多种常用的等高线预设。

单击 等高线右侧的“下拉列表”按钮,可在弹出的等高线面板中选择一种投影明暗效果。

(2) 杂色

设定不透明度中噪点的数量。

(3) 图层挖空投影

控制半透明图层中投影的可见性。

2.6.2 斜面和浮雕

“斜面和浮雕”可以让图层呈现立体块状的感觉。打开该样式选项,弹出的样式对话框如图 2-8 所示。

1. 结构栏

(1) 样式

斜面和浮雕的样式有内斜面、外斜面、浮雕、枕状浮雕和描边浮雕等不同的立体效果。

(2) 方法

有平滑、雕刻清晰、雕刻柔和三种。

- 平滑:这种方法得到图层的边缘过渡比较柔和、阴影边缘变化不是很尖锐的效果。
- 雕刻清晰:这个选项将产生边缘变化的明显效果,比起平滑效果来,它所产生的效果立体感特别强烈。
- 雕刻柔和:与雕刻清晰类似,但是它的边缘色彩的变化要柔和一点。

(3) 深度

控制效果的颜色深度的选项,其数值越大,则得到的阴影颜色越深。

(4) 大小

控制立体斜面的大小。

(5) 软化

拉动滑杆可以调节斜面的边缘过渡,数值越大,其边缘过渡越柔和。

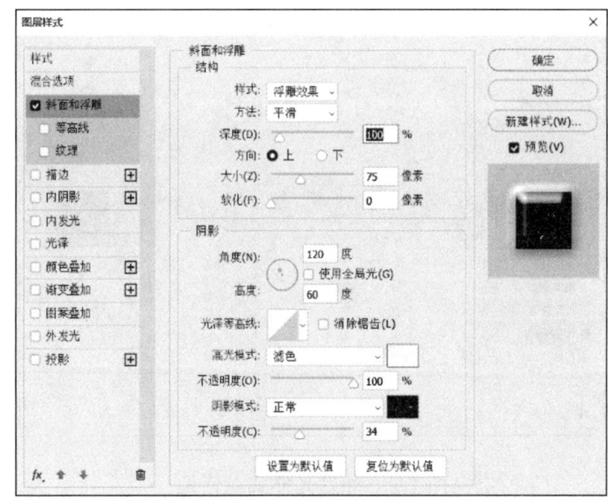

图 2-8 斜面和浮雕样式对话框

2. 阴影栏

此部分设置项与"投影样式"类似。

其中的高度是指光源在垂直方向的角度,角度值在 0°～90°范围,90°意味着光源在正上方,类似于正午的太阳光源。

其中的高光或阴影模式用于模拟光源(作用于亮部)的颜色和环境反光(作用于暗部)的颜色。

3. 等高线项

用于模拟斜面的凹凸结构。

4. 纹理项

用于模拟材质效果,如木材、大理石等。

2.6.3 外发光样式

外发光样式可以模拟物体发光或光晕的效果,对话框如图 2-9 所示。

1. 结构栏

此部分设置项同"投影样式"类似。

其中“颜色”选项,可以在拾色器对话框中设置外发光的颜色。

2. 图素栏

(1) 方法

在“方法”下拉菜单中选择一种外发光边缘要素的模型。其中“柔和”型的边缘变化较模糊;“精确”型的边缘变化较清晰。

(2) 扩展

调节“扩展”滑杆或在文本框中输入扩散值以设置外发光的浓淡程度,配合外发光“大小”设置。

(3) 大小

调节“大小”滑杆或在文本框中输入大小值以设置外发光的大小。

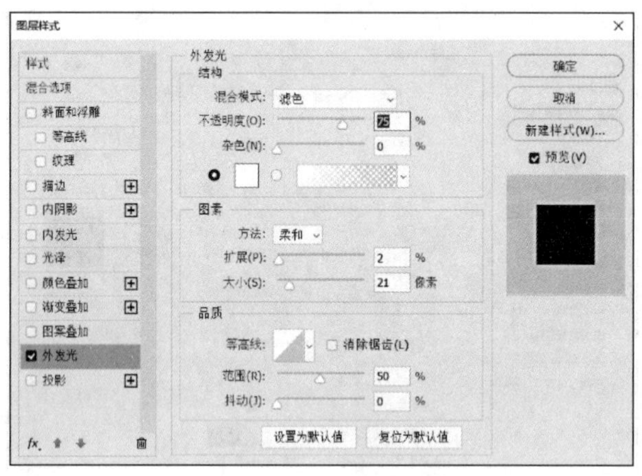

图 2-9 外发光样式对话框

3. 品质栏

(1) 等高线

单击“等高线”右侧的小三角形按钮,可在弹出的等高线面板中选择一种外发光轮廓。选择不同的等高线,将产生不同的外发光效果。

(2) 消除锯齿

该选项可使外发光边缘过渡平滑。

(3) 范围

调节“范围”滑杆或在文本框中输入范围值以设置等高线在外发光轮廓的作用范围。

(4) 抖动

调节“抖动”滑杆或在文本框中输入抖动值以设置外发光的抖动效果。

2.7 创建选区

图像处理经常要编辑图像的某一部分,从原始图像上选取要操作的一部分区域,即选取区域。选取区域就用来指定编辑范围,Photoshop 中绝大多数命令只对选取区域中的内容有效,对选取区域外的内容编辑无效。

在复杂背景下，如何快速、精确地选取图像的指定区域十分重要。Photoshop 提供了强大的选取工具，掌握好选取工具将给图像处理带来很大的方便。

2.7.1 创建选区工具

区域的选取工具包括选框工具、套索工具、魔术棒工具。Photoshop 中表示选取的区域用沿顺时针转动的黑白线表示。

1. 选框工具

选框工具主要包括矩形、椭圆选框工具，使用方法类似。

选用矩形选框工具，光标在画面上变为"+"字形，用光标在图像中拖动画出一个矩形，即为选中的区域。拖动时先按住 Shift 键可将选区限制为正方形；先按住 Alt 键将以"+"为中心指定选区。

单击矩形选框工具时，在工作区上方会出现其选项栏，如图 2-10 所示，选项栏分为四部分：修改方式、羽化与消除锯齿、样式以及选择并遮住。

通过对选项栏的参数进行设置，可以得到不同的辅助功能。

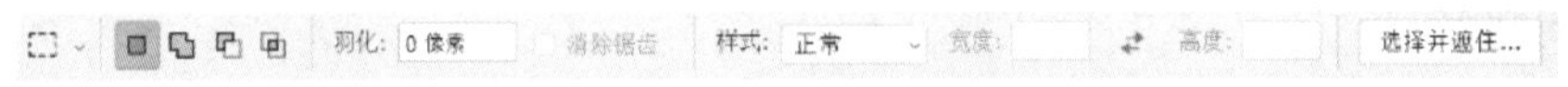

图 2-10 选框工具选项栏

1）四种选区修改方式

（1）正常的选择

取消之前的选择区域，重新选择新的区域，这是默认方式。

（2）合并选择

在之前选择区域的基础上，增加新的选择区域，形成最终的选择区。

也可以按 Shift 键后，再用光标框出需要加入的区域。

（3）减去选择

在之前选择区域中，减去新选择区域与之前选择区域相交的部分，形成最终的选择区。也可以按 Alt 键后，再用光标框出需要减去的区域。

（4）相交选择

新选择区域与之前选择区域相交的部分为最终的选择区域。

2）羽化选择区域

羽化可以消除选择区域的正常硬边界对其柔化，也就是边界产生一个不透明到透明的过渡区，其取值在 1～1 000 个像素之间。

如果有需要羽化的区域，需先设定羽化的数值，再选择区域。

3）选框样式

用来约束选框的形状。样式下拉菜单中有以下三个选项。

（1）正常

默认的选择方式，也最为常用。可以用光标拉出任意矩形。

（2）固定比例

可以任意设定矩形的宽高比。只需在宽度、高度中输入相应的数字，默认值为 1∶1。

(3) 固定大小

在这种方式下可以通过输入宽和高的数值来精确确定矩形的大小。在宽度、高度中输入数值即可。

2. 套索工具

如果所要选取的图形区域不规则，使用矩形选框工具和椭圆选框工具则无法实现，这时就可以使用套索工具。套索工具包括：自由套索工具、多边形套索工具和磁性套索工具。

(1) 自由套索工具

以徒手画的方式描绘出不规则形状的选取区域。套索工具的使用方法如下。

① 如要绘制直边的选区，按住 Alt 键，然后单击线段的起点直到终点。

② 可以在徒手画线和绘制直线段之间切换，只是徒手画时松开 Alt 键即可。

③ 闭合选区选框，不按 Alt 键释放鼠标。

(2) 多边形套索工具

多边形套索工具可以在图像中选取不规则的多边图形。

将光标移到图像某点处单击，然后再单击每一转折点，来确定每一条直线。当回到起点时，光标下就会出现一个小圆圈，表示选择区域已封闭，再单击鼠标即完成此操作，也可以双击鼠标以封闭选区。

(3) 磁性套索工具

磁性套索是一种可识别边缘的套索工具，可以比较高效地在颜色反差较大的图像中创建选区。

单击磁性套索工具，工具选项栏也就相应地显示为磁性套索工具的选项，与套索和多边形套索工具的不同之处是选项栏多了套索宽度、对比度和频率。

- 套索宽度：用于设置磁性套索工具在选取时的探测距离。
- 对比度：用于设定磁性套索的敏感度。
- 频率：用来指定套索连接点的连接频率。

使用方法是将光标移到图像边缘上单击选取起点，然后沿图形边缘移动光标，无需按住鼠标，回到起点时会在光标的右下角出现一个小圆圈，表示区域已封闭，此时单击鼠标即可完成此操作。

3. 自动选择工具

(1) 快速选择工具

利用可调整的圆形画笔笔尖快速“绘制”选区。拖动光标时，选区会向外扩展并自动查找所定义的边缘。

(2) 魔棒工具

可以用来选取图像中颜色相似的区域，当用魔棒单击某个点时，与该点颜色相似和相近的区域将被选中，在一些情况下可以节省大量的精力达到快速创建选区的目的。通过设定魔棒的选项栏中的参数，可以控制其选择颜色的相似程度。

工具选项栏中的容差是用来控制颜色的误差范围，值越大，被选择颜色的差别就越大、区域越广。

(3) 选择主体 选择主体

当选择魔棒工具或快速选择工具时，工具选项栏中可启用“选择主体”按钮 选择主体，

“选择主体”可自动选择图像中突出的主体。创建选区之后，可以使用其他选择工具调整选区，例如，用套索工具和“减去选择”选项配合使用来删除自动选择区域中的部分区域。

2.7.2 选区操作

1. 全部选择

执行菜单栏中的“选择＞全部”，或按 Ctrl＋A 组合键，可将当前窗口全选。

2. 取消选择区域

如果要编辑选择区域外的内容，必须先取消该区域的选取状态。取消选取区域只需要用任何一种选取框工具单击选取区域以外的任何地方，或者单击鼠标右键选择“取消选择”，或者按 Ctrl＋D 组合键取消选区。

3. 反选

创建选区后，执行菜单栏中的“选择＞反选”，或按 Shift＋Ctrl＋I 组合键，或者单击鼠标右键选择“选择反向”，可将选区反选。

4. 选区移动

选区创建后，如果位置不合适可以移动选区，光标置于选区中即可移动选区。

注意：如果使用移动工具，则移动的是选区中的图像。

5. 修改选区

通过执行菜单栏中的“选择＞修改”，可以修改选区的边界、平滑、扩展、收缩和羽化。

- 边界：根据设定的宽度创建“边框”选区。
- 平滑：根据设定的平滑值将选区倒角圆化。
- 扩展：根据设定值扩大选区。
- 收缩：根据设定值缩小选区。
- 羽化：根据设定值虚化选区轮廓。

6. 选区的存储和载入

创建的选区可能需要保留一段时间，或者避免误操作导致选区消失，因此需要及时保存选区。

执行菜单栏的“选择＞存储选区”，在弹出的“存储选区”对话框中输入选区名称，单击“确定”按钮即可。该选区以灰度图的形式保存在通道面板中。

执行菜单栏的“选择＞载入选区”，在弹出的“载入选区”对话框中，在“通道”下拉列表框中，选择需要载入的选区即可。

7. 选择并遮住

选择工具选项栏中，都有“选择并遮住”按钮，该按钮一般和快速选择工具、魔棒工具和套索工具配合使用。

使用“选择并遮住…”功能可提高选区边缘的质量，从而方便抠像(从图像中抠出需要的部分)。还可以使用“选择并遮住…”选项来调整图层蒙版。

先用选择工具建立对象的选区，单击“选择并遮住”按钮，调出“选择并遮住”工作区，如图 2-11 所示。

“选择并遮住”工作区将用户熟悉的工具和新工具结合在一起，如图 2-11 中①所指示，工具使用步骤一般如下。

① 使用快速选择工具进行大致的范围圈选。

② 使用调整边缘画笔工具完成柔和模糊边缘的调整。

③ 使用画笔工具或套索工具添加遗漏的选区,或减去多余的选区。

(1) 快速选择工具

图 2-11 “选择并遮住”工作区

单击或单击并拖动要选择的区域时,Photoshop 会根据颜色和纹理相似性进行快速选择。创建的蒙版不需要很精确,因为快速选择工具会自动且直观地创建边框。

在使用快速选择工具时,单击选项栏中的“选择主体”按钮,只需单击一次即可自动选择图像中最突出的主体。

(2) 调整边缘画笔工具

可以高效、精确地调整柔和边缘,例如,刷涂柔化区域(如头发或毛皮)以向选区中加入精细的细节。如要更改画笔大小,按“[”或“]”键。

(3) 画笔工具

使用画笔工具增加或减去选区来完成细节微调。如图 2-11 中②所指示,在添加模式下,绘制要选择的区域;在减去模式下,绘制不想选择的区域。

(4) 套索工具

包括自由套索工具和多边形套索工具,用于徒手绘制或绘制多边形选区边框。使用此工具,可以创建精确的选区。

(5) 抓手工具

快速浏览图像文档的各个部分。使用方法是选择此工具并拖动图像画布。可以通过按 H 键切换抓手工具。

(6) 缩放工具

放大照片并浏览照片各个区域,可以通过按 Z 键切换缩放工具。

建立选区之后,可以对选区的边缘大小、羽化、平滑度等在“选择并遮住”工作区的属性面板中调整。

(7) 视图模式

如图 2-11 中③所指示，从“视图”弹出菜单中，为选区选择一种视图模式。

- 洋葱皮：将选区显示为动画样式的洋葱皮结构。
- 闪烁虚线：将选区边框显示为闪烁虚线。
- 叠加：将选区显示为透明颜色叠加，未选中区域显示为该颜色，默认颜色为红色。
- 黑底：将选区置于黑色背景上。
- 白底：将选区置于白色背景上。
- 黑白：将选区显示为黑白蒙版。
- 图层：将选区周围变成透明区域。

按 F 键可以在各个模式之间循环切换，按 X 键可以暂时禁用所有模式。

(8) 边缘检测

如图 2-11 中④所指示，对图像不同边缘采用对应的选择策略。

- 半径：设定需要调整的柔和边缘的范围。对锐边使用较小的半径，对较柔和的边缘使用较大的半径。
- 智能半径：允许选区边缘出现宽度可变的调整区域。在实际应用中，如果选区是涉及头发的肖像，此选项会十分有用。

(9) 全局调整

如图 2-11 中⑤所指示，对整个选区做进一步的调整。

- 平滑：减少选区边框中的不规则区域(“凸凹不平”)以创建较平滑的轮廓。
- 羽化：模糊选区与周围的像素之间的过渡效果。
- 对比度：增大时，沿选区边框的柔和边缘的过渡会变得不连贯。通常情况下，使用“智能半径”选项和调整工具效果会更好。
- 移动边缘：使用负值向内移动柔化边缘的边框，或使用正值向外移动这些边框。向内移动这些边框有助于从选区边缘移去不想要的背景颜色。

(10) 输出设置

如图 2-11 中⑥所指示，选择选区的运用方式。

- 净化颜色：将彩色边缘替换为附近完全选中的像素颜色，可以去除柔和边缘的杂色，如头发中的背景色。

颜色替换的强度与选区边缘的软化度是成比例的。可以调整滑杆更改净化量，默认值为 100%(最大强度)。

由于此选项更改了像素颜色，因此它需要输出到新图层或文档。保留原始图层以便在需要时恢复到原始状态。

- 输出到：决定调整后的选区是转化为当前图层上的选区或蒙版，还是生成一个新图层或文档。

2.7.3 应用蒙版

Photoshop 中有图层蒙版、矢量蒙版、剪贴蒙版三种类型的蒙版。蒙版可以显示或隐藏所在图层的部分图像内容，但不破坏图层中的内容，可与其他图层更完美地合成。

1. 图层蒙版

图层蒙版是一个 8 位灰阶通道(在通道面板中),并且该通道的内容随图层蒙版的变化而变化,可以像编辑 Alpha 通道一样编辑它。

每个图层中只可应用一个图层蒙版,该图层蒙版的缩览图显示在图层缩览图右侧,如图 2-12 中①所指示。如果需要编辑图层或蒙版,则单击选择图层或蒙版的缩览图,再进行编辑。

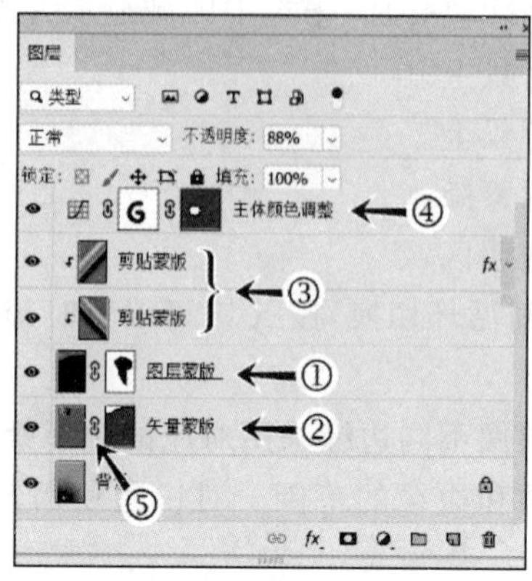

图 2-12　蒙版

2. 矢量蒙版

矢量蒙版使用路径工具创建和调整,如图 2-12 中②所指示。

一个图层可以同时应用矢量蒙版和图层蒙版,如图 2-12 中④所指示。

图层蒙版、矢量蒙版和图层之间默认是链接锁定的,如图 2-12 中⑤所指示,如果进行移动、比例缩放等操作,对图层和蒙版两者同时进行变换。如果需要对图层或蒙版分别操作,则需要单击“链接”按钮先解除锁定。

3. 剪贴蒙版

剪贴蒙版至少需要两个图层,最下方图层作为蒙版,上方图层作为剪贴蒙版,剪贴蒙版图层的显示内容将受蒙版图层限制。剪贴蒙版图层可以有多个,如图 2-12 中③所指示。

灵活使用各种蒙版,可以创建极其丰富多彩的合成图像,具体使用方法如下。

① 使用选择工具或路径工具创建选区。

② 执行菜单栏中的“图层＞图层蒙版＞显示选区”;或“图层＞ 矢量蒙版＞当前路径”;或“图层＞创建剪贴蒙版”。

操作结果是图像中蒙版部分的区域隐藏了,但并没有被删除,这也叫抠像。

2.8　制作页面图像

本节制作的图像将用于微信 HTML5 页面中,移动端尺寸以 iphone 6/7/8 的分辨率(750×1 334)为基准,将宽度设为“750”像素,高度(设计高度=屏幕高度－微信导航栏的高度－手机状态栏高度)设为“1206”像素,此设定也方便自动适应各种移动端的分辨率。

本节使用的素材和制作的图像效果如图 2-13 所示,所有素材及源文件均可在出版社资源站点下载。

图 2-13　创作 HTML5 页面

完成本节案例所运用的主要功能是移动、缩放、填充等基本编辑功能，使用到的主要工具如下。

- 选择工具：椭圆选框工具、魔棒工具、快速选择工具、选择主体、选择并遮住、图层蒙版。
- 绘制工具：画笔工具及画笔设置。
- 修饰功能：修补工具、内容识别填充。
- 滤镜效果：水波滤镜、镜头光晕滤镜。
- 图层面板工具：图层基本编辑、添加色彩调整图层、图层蒙版、图层叠加模式、图层样式。

2.8.1　创建新文档

打开 Photoshop，在首页中选择“新建”，如图 2-3 所示。在“新建”对话框右侧的名称栏中输入“奋泳向前”，宽度值输入“750”像素，高度值输入“1206”像素，确认“画板”选项关闭，单击“创建”按钮即可。

2.8.2　准备图像

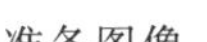
准备图像

1. 打开图像文件

执行菜单栏中的“文件>打开”，也可按 Ctrl+O 组合键，在“打开”对话框中定位并选择素材“沥青路@pexels.jpg”，单击“打开”按钮即可。

2. 调整图像大小

① 执行菜单栏中的“图像>图像大小”，在弹出的“图像大小”对话框中，如图 2-14 所示。

② 确认启用“重新采样”复选按钮，如图 2-14 中①所指示，此后图像大小的调整将使图像像素增加（图像变大时）或减少（图像变小时）。

③ 打开“比例约束”按钮 8 ，如图 2-14 中②所指示，以使得图像大小调整时，宽度和高度比例保持不变。

④ 将图像的尺寸单位改为“像素”，如图 2-14 中③所指示。

⑤ 修改高度为“1206”像素，如图 2-14 中④所指示，此时宽度将自动变化，以确保图像是等比例缩放。

⑥ 单击“确定”按钮，完成设置。

3. 复制图像

在“沥青路@pexels.jpg”图像窗口中。

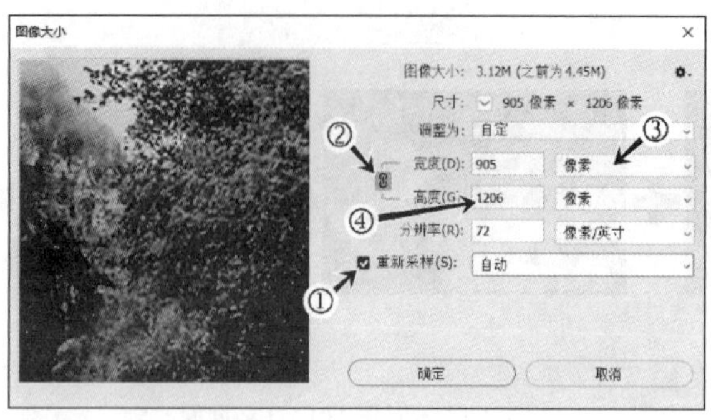

图 2-14　调整图像大小

① 按 Ctrl＋A 组合键全选图像。

② 按 Ctrl＋C 组合键复制选择的内容。

③ 在“奋泳向前”图像窗口中，按 Ctrl＋V 组合键粘贴，即可将图像复制到“奋泳向前”的新图层中。也可以在“沥青路@pexels. jpg”图像窗口中，选择移动工具，光标按住图像不放，拖到“奋泳向前”图像窗口的标题栏上，停留 2 s，在出现的“奋泳向前”图像窗口中释放，可以自动创建图层并复制图像。

④ 双击图层的名称“图层一”，将图层名称改为“沥青路”，如图 2-15 中①所指示。

⑤ 单击“沥青路@pexels. jpg”图像窗口标题栏处的“关闭”按钮，在弹出的关闭对话框中选择“否”，不要保存修改结果。

4. 对齐图像

因为复制的图像的高度和画布的高度一致，都是 1 206 像素，刚好对齐不需要调整，但两者宽度不同，图像没有在画布居中，因此需要进行调整。

① 确认选择了“沥青路”图层，如图 2-15 中①所指示。

② 选择移动工具，如图 2-15 中②所指示，在上方的工具选项栏中选择“对齐并分布”按钮，如图 2-15 中③所指示。弹出的“对齐并分布”对话框中，选择对齐对象为“画布”，如图 2-15 中④所指示。

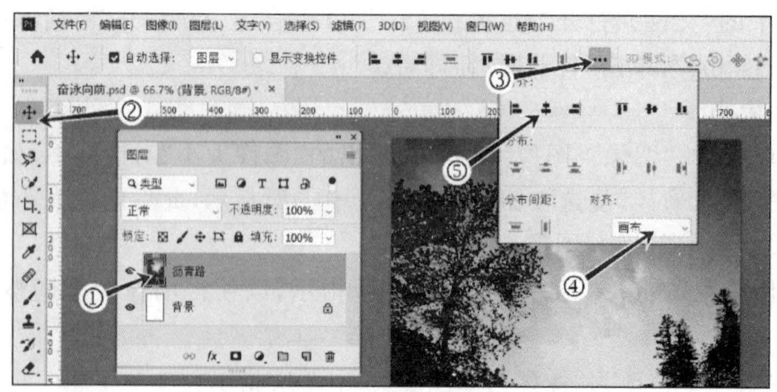

图 2-15　对齐并分布到画布

③ 在水平对齐项中，选择“水平居中对齐”按钮，如图 2-15 中⑤所指示。此时，可看到背景图层对齐了画布中间。

④ 按 Ctrl＋S 组合键保存文件到合适的位置。

2.8.3 修饰图像

“沥青路”图层中有些内容不尽人意，需要进行修饰处理，包括①可使用“内容识别填充”功能消除路上的小汽车。②使用修补工具填补路面前端的裂缝。

1. 内容识别填充

在图像中建立选区，“内容识别填充”会自动分析选区周围图像的纹理、颜色的特点，智能地将选区周围的图像进行组合后填充到该选区，从而快速完美地去除图像中的人物、物体、文字和水印等。

① 确认选定了“沥青路”图层。

② 选择工具箱中的缩放工具，单击窗口中的小车位置，放大显示。也可按 Ctrl+“+”组合键放大显示图像，按 Ctrl+“-”组合键缩小显示图像。

③ 选择工具箱中的抓手工具，按住图像拖动，将“小车”移动到窗口中间，以便编辑处理。使用其他工具时，按空格键可以转换为抓手工具，拖动图像显示的区域。

注意：缩放工具和抓手工具的作用，相当于拿一个放大镜在纸张上移动，显示特定的区域，纸张上的内容并没有任何改动。

④ 在工具箱中选择自由套索工具，如图 2-16 中①所指示，圈选“沥青路”图层的小车，如图 2-16 中②所指示，圈选的区域尽量贴近小车轮廓。

如果圈选的区域太小，则单击工具选项栏的“增加选区”按钮，圈入需要的选区，如图 2-16 中③所指示。

如果选区太大，则单击工具选项栏的“减去选区”按钮，圈出多余的选区，如图 2-16 中④所指示。

图 2-16 使用自由套索工具

对选区进行修正之后，最后的结果如图 2-16 中⑤所指示。

⑤ 执行菜单栏中的“编辑>内容识别填充”，打开“内容识别填充”工作区，在工作区中可看到圈选的小车已经被消去，如图 2-17 中①所指示，消隐融合效果较好，但还可以做进一步的调整。

⑥ 在右边“内容识别填充”对话框中，将“颜色适应”设置为“非常高”，如图 2-17 中②所指示，让小车位置的颜色更加适应“取样区域”所覆盖的颜色。

“旋转适应”设置为“中”，如图 2-17 中③所指示，让纹理走向更加匹配。

同时观察“预览”框的效果。

左侧的半透明绿色色块（见图 2-17 中④）覆盖的是颜色、纹理的取样区域，其中部分内容同修饰没有关系，如双黄线，应该排除在取样内容之外。

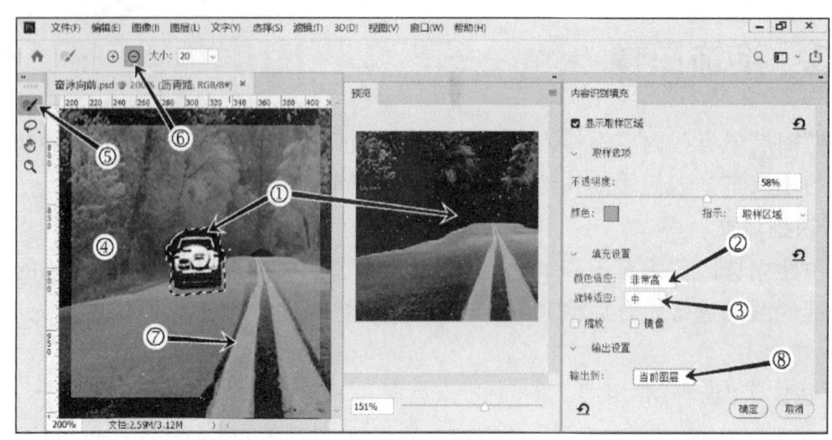

图 2-17 内容识别填充工作区

⑦ 选择工具箱中的画笔工具，如图 2-17 中⑤所指示，在选项栏中选择减去取样区域模式，如图 2-17 中⑥所指示，在半透明绿色区域擦除双黄线，如图 2-17 中⑦所指示。

⑧ 在右侧对话框中的“输出到”设置为“当前图层”，如图 2-17 中⑧所指示，不需要另建图层。

⑨ 单击“确定”按钮即可。

2. 修补工具

Photoshop 的修补工具会将样本像素的纹理、光照和阴影与被修补区域的像素进行匹配。新的智能修复算法能够更好地匹配指定区域内的内容。

Photoshop 中的修复画笔、污点修复画笔和修补工具一样具有扩散滑杆，它可以控制修复区域以多快的速度适应周围的图像。一般而言，较低的扩散值适合具有颗粒或良好细节的图像，而较高的值适合平滑的图像。

要修饰的区域如图 2-18 中①所指示。

① 选择工具箱中的修补工具，将沥青路面上的裂缝圈选，如图 2-18 中②所指示。

② 按住修补选区不放，拖动到相邻没有瑕疵的区域(样本区)，如图 2-18 中③所指示，在修补选区可以观察到初步的修复效果。

注意：移动样本区时，路面的车辙印要对齐。

③ 释放鼠标即可完成修补操作，如图 2-18 中④所指示。

图 2-18 修补工具的使用

按 Ctrl+D 组合键取消选区，观察效果。如果修补效果欠佳，则按两次 Ctrl+Z 组合键撤销修补操作，重新处理。

按 Ctrl+S 组合键保存文件。

2.8.4 天空背景合成

天空背景合成

“沥青路”图像的天空有点平淡，光感不强，下面将其和另一天空背景合成。

1. 打开并复制图像

① 按 Ctrl+O 组合键，在素材文件夹中选择并打开“朝阳 01@pexels.jpg”文件。

② 按 Ctrl+A 组合键全选图像，按 Ctrl+C 组合键复制所选择的图像。

③ 在“奋泳向前.psd”窗口中，按 Ctrl+V 组合键粘贴，图层面板中将自动创建新图层“图层一”，双击其名称“图层一”，重命名为“天空”，如图 2-19 所示。

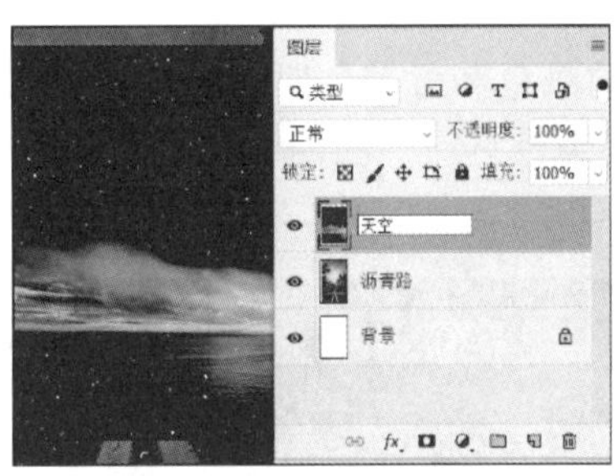

图 2-19 图层重命名为“天空”

2. 设置叠加模式

使用图层叠加模式，让上下图层的颜色以某种形式相互影响，实现合成效果。

① 单击图层面板中的“模式”下拉列表，选择“变暗”模式，如图 2-20 中①所指示。此时可以看到窗口中的“天空”图层影响了下一图层较亮部分的天空云彩，而较暗的树木、山丘等不被影响。

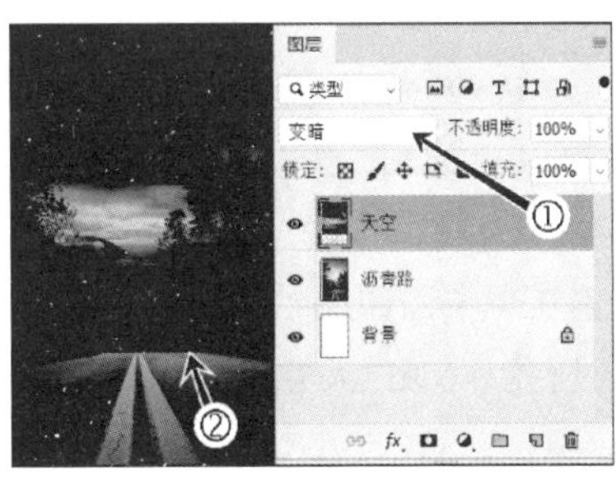

图 2-20 设置图层“变暗”模式

② 使用移动工具，在编辑窗口中，将“天空”往左、往上移动，直到天空最亮的地方大致位于山谷之上，如图 2-20 中②所指示。

3. 创建图层蒙版

使用图层蒙版隐藏“天空”图层中不需要的部分。

① 单击图层面板下方的“图层蒙版”按钮，如图 2-21 中①所指示，为“天空”图层添加一

个图层蒙版，当前蒙版的内容为“白色”，所以天空图层没有任何内容被遮住，如图 2-21 中②所指示。

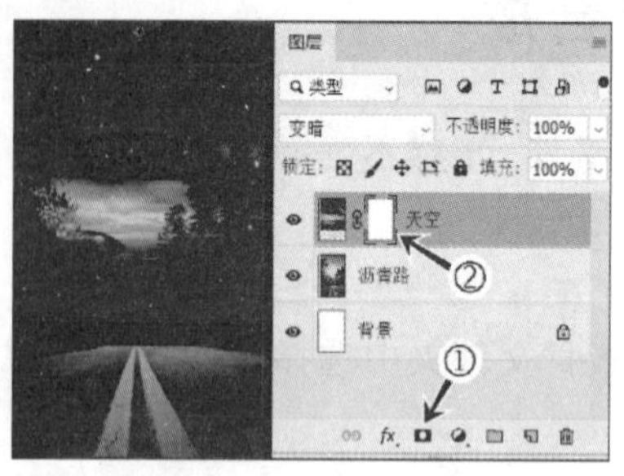

图 2-21　添加图层蒙版

② 单击蒙版图层的“蒙版”图标，如图 2-21 中②所指示，选择蒙版，准备对蒙版内容进行操作。

③ 单击工具箱中的“默认前景色和背景色”按钮，或按 D 键（在英文输入模式下），将前景色设定为“黑色”，背景色设定为“白色”。如图 2-22 中①所指示。

图 2-22　修改图层蒙版

注意：编辑普通图层内容时，默认的“前景色和背景色”按钮样式是，“前景色和背景色”分别为“白色和黑色”；编辑蒙版图层内容时，默认的“前景色和背景色”按钮样式是，“前景色和背景色”分别为“黑色和白色”。

④ 选择工具箱中的自由套索工具，如图 2-22 中②所指示。在工具选项栏中将“羽化”值设为“20”像素，如图 2-22 中③所指示，在“天空”蒙版图层中，将不被“变暗模式”影响的部分内容——非云彩部分圈选。

⑤ 执行菜单栏中的“编辑>填充”，在弹出的对话框中，将填充的内容设定为“前景色”，单击“确定”按钮即可。

此时，蒙版的部分区域将填上黑色，图层蒙版的缩略图可看到蒙版区域的黑白效果，如图 2-22 中④所指示，黑色代表蒙版不起作用的区域，白色代表蒙版作用的区域，不同灰色代表不同程度的蒙版效果。因此，也可以用画笔、渐变等工具，在蒙版上绘制黑/白/灰来改变蒙版的作用效果。

4. 设置色彩调整图层

由于天空的色调(偏橙色)和沥青路的色调(偏青绿色)不一致,因此需要对公路的色调进行调整,以和环境颜色相协调。

Photoshop 色彩调整的工具非常多,常用的是色彩平衡、曲线、色调/饱和度和亮度及亮度和对比度等工具,这里使用“色彩平衡”调整公路的色调倾向,比较直观快捷。

① 单击“沥青路”图层,在图层面板下方单击“色彩调整图层”按钮 ,如图 2-23 中①所指示,在弹出的菜单中选择“色彩平衡…”,如图 2-23 中②所指示。

由此在“沥青路”上方自动创建了“色彩平衡”图层,该图层自带蒙版。

② 双击图层名称“色彩平衡 1”重命名为“沥青路色彩平衡”,如图 2-24 中①所指示。

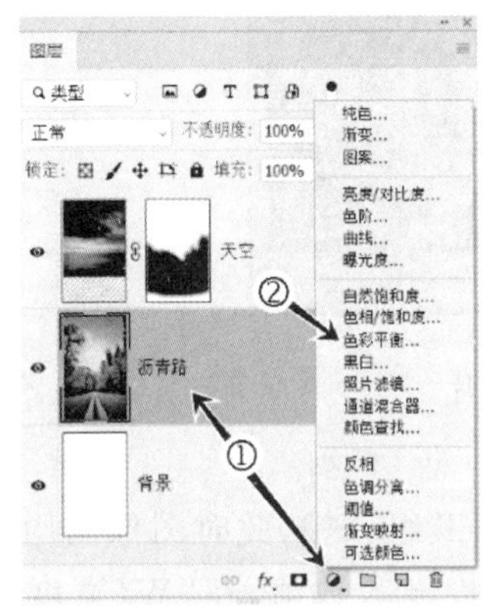

图 2-23 添加色彩调整图层

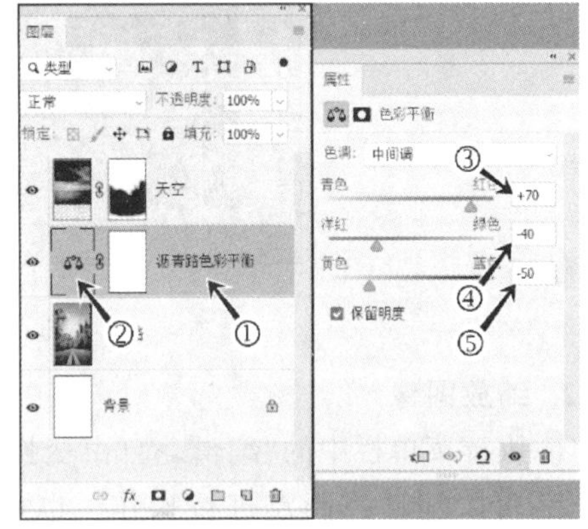

图 2-24 设置色彩平衡参数

③ 双击“沥青路色彩平衡”图层中的“色彩平衡”缩略图,如图 2-24 中②所指示。

在弹出的“沥青路色彩平衡”属性面板中,将“青色-红色”栏设定为“+70”;“洋红-绿色”栏设定为“−40”;“黄色-蓝色”栏设定为“−50”,如图 2-24 中③、④、⑤所指示,将公路颜色调整为偏橙色。

如果对色彩调整效果不满意,可以随时修改属性值。如果要取消色彩调整效果,则可以隐藏或删除色彩调整图层。

按 Ctrl+S 组合键保存文件。

2.8.5 人物图像合成

人物图像合成

为贴近“奋泳向前”的主题,考虑在沥青路上合成一个运动员蝶泳的图像,塑造一种时空交叉的奇幻效果。

注意:“运动员”图像的选择需要考虑到光源方向和摄像机角度,因为颜色有差异可以处理,而图像的光影方向、摄影角度则极难调整。

1. 复制图像

① 按 Ctrl+O 组合键,在“打开”对话框中,定位到素材,选择并打开“蝶泳 01@unsplash.jpg”文件。

② 按 Ctrl+A 组合键全选图像,按 Ctrl+C 组合键复制所选择的图像。

③ 在“奋泳向前.psd”窗口中,单击选择“沥青路色彩平衡”图层,按 Ctrl+V 组合键粘贴,

Photoshop 将在“沥青路色彩平衡”图层之上自动创建新图层“图层一”。双击其名称“图层一”，重命名为“蝶泳”，如图 2-25 中①所指示。

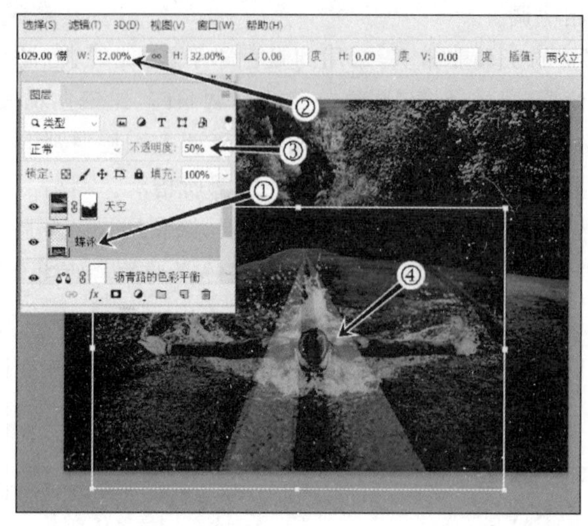

图 2-25　复制和缩放蝶泳图片

2. 缩放图像

① 执行菜单栏中的“编辑＞自由变换”，或者按 Ctrl＋T 组合键，此时图像四周出现变换控制点，可以拖动控制点进行操作。也可在工具栏中直接输入数值，在“W(宽度)”中输入“32％”，由于是等比例缩放，“H(高度)”值自动更改为“32％”，如图 2-25 中②所指示，按 Enter 键确认。

② 在图层面板中将“蝶泳”图层的透明度设为“50％”，如图 2-25 中③所指示，以便操作时方便观察图层和下方图层之间的关系。

③ 使用移动工具✥，将图像拖动到画面中间偏下的合适位置，如图 2-25 中④所指示。

注意：因为“沥青路”图像的拍摄角度较低，因此，“蝶泳”画面也应该是低角度的空间效果。在移动“蝶泳”图像时，需要想象摄像机的角度观察物体的位置。

④ 在图层面板中将“蝶泳”图层的透明度改回 100％。

3. 人物抠像

制作在公路上划水游泳的效果，则需要较准确地将蝶泳图片的人物和浪花抠出，然后和背景融合，其中半透明浪花的融合非常关键，但仅仅使用工具箱中的选择工具很难完成，而 Photoshop 提供“选择并遮住…”按钮可以帮助完成半透明对象的抠图。

① 单击选择“蝶泳”图层。

② 选择工具箱中的快速选择工具，单击工具选项栏中的“选择主体”按钮，Photoshop 将智能分析画面内容，完成主体对象的自动选择，如图 2-26 中①所指示。

Photoshop 较好地创建了人物选区，但泳道绳的红色部分也被选入，需要减去该选区。

③ 选择自由套索工具，如图 2-26 中②所指示，在工具选项栏中选择选区减去模式，羽化值设为“0”，如图 2-26 中③、④所指示，使用套索工具将红色泳道绳选区圈出，如图 2-26 中⑤所指示。

先创建并保存人物选区，需要时再调用。

④ 执行菜单栏中的“选择＞存储选区…”，在弹出的“存储选区”对话框中输入名称“运动

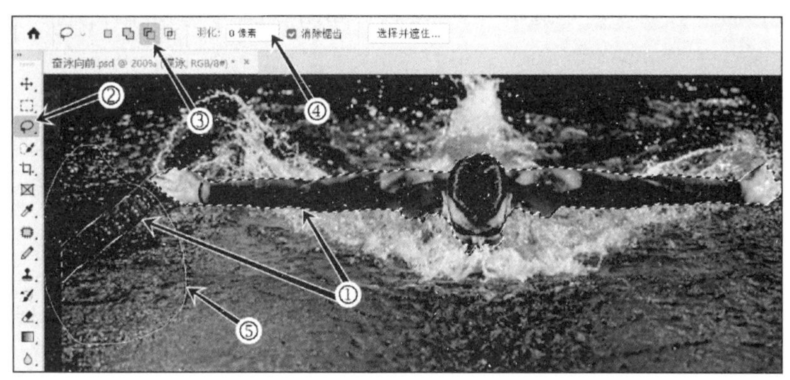

图 2-26 减去选区

员”,如图 2-27 所示,单击“确定”按钮即可存储选区。

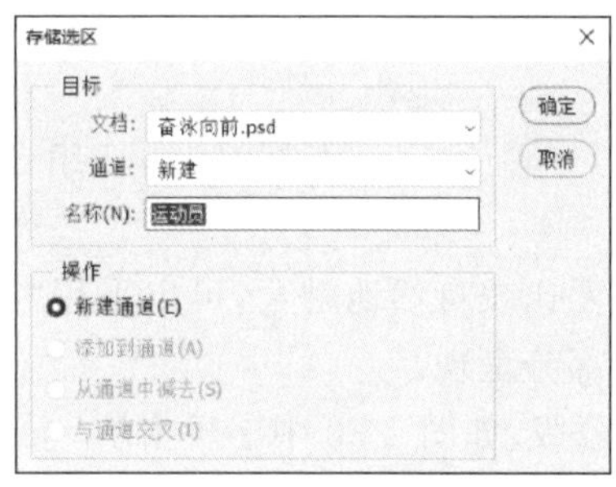

图 2-27 存储运动员选区

⑤ 按 Ctrl+D 组合键取消当前选区。

⑥ 在工具箱中,选择自由套索工具,大致圈选人物和浪花区域。

⑦ 单击工具选项栏中的“选择并遮住…”按钮,进入“选择并遮住…”工作区。如图 2-28 中①所指示,选择调整边缘画笔工具,在工具选项栏中设定画笔模式为“加”模式,大小为“50”,如图 2-28 中②、③所指示。沿选区边缘进行绘制,如图 2-28 中④所指示。

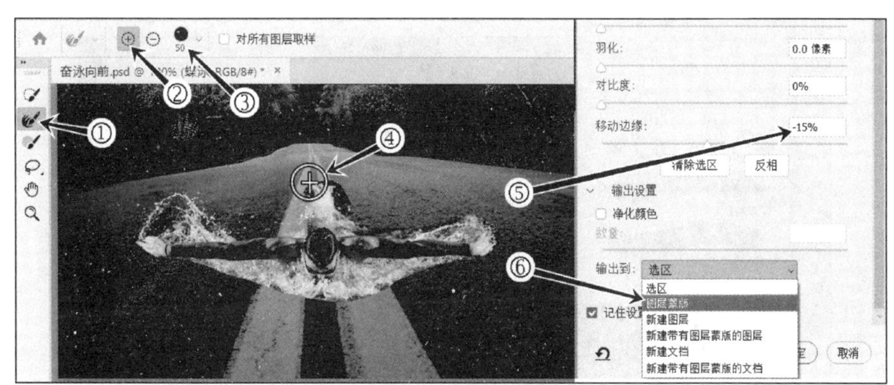

图 2-28 浪花抠像

浪花的选区里面少量蓝色部分需要减去,则用画笔分别单击即可。

⑧ 在右侧属性面板中,将“移动边缘”设为“−15%”,略微收缩边缘,如图 2-28 中⑤所指示。

⑨ 在“输出到”下拉列表框中选择“图层蒙版”，如图 2-28 中⑥所指示，将为“蝶泳图层”创建图层蒙版。

⑩ 完成编辑，单击“确定”按钮退出工作区。

如需要对蒙版进行再编辑，双击“蒙版”即可调出“选择并遮住…”工作区进行编辑。

以上抠像的结果会对人物边缘造成一些损失，但可以导入之前保存的“运动员”选区，在图层蒙版中填充白色即可，白色区域表示不被遮住。

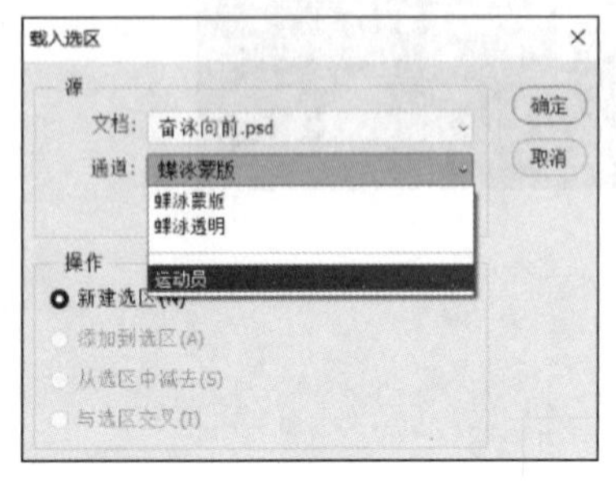

图 2-29　载入选区对话框

⑪ 单击选择“蝶泳图层”的蒙版。

⑫ 执行菜单栏中的“选择＞载入选区”，在“载入选区…”对话框中，在“通道”下拉列表中选择“运动员”，如图 2-29 所示。单击“确定”按钮退出。

⑬ 在英文输入模式下，按键盘的 D 键，再按 X 键，将前景色设为“白色”，执行菜单栏中的“编辑＞填充”，确认填充“内容”为“前景色”。单击“确定”按钮退出。

⑭ 按 Ctrl＋S 组合键保存文档。

4. 修改抠像蒙版

一般地，水面和沥青路面需要比较自然地融合，可以采用“虚实结合”的方法，使用画笔工具修改蒙版，让隐藏的蓝色水面部分呈现。

① 单击选择“蝶泳图层”的蒙版，如图 2-30 中①所指示。

② 选择工具箱中的画笔工具，如图 2-30 中②所指示，在工具选项栏中，单击“画笔预设”选取器，如图 2-30 中④所指示；在其中选择边缘硬度小的“柔边圆”笔刷，如图 2-30 中④所指示；将大小设为“40”像素，如图 2-30 中⑤所指示。

③ 在工具选项栏中，将画笔的不透明度设为“20%”，如图 2-30 中⑥所指示。

④ 按 D 键，再按 X 键，将前景色设定为“白色”。

⑤ 在运动员身前浪花处，刷上 20%白色，笔刷轨迹如图 2-30 中⑦所指示。

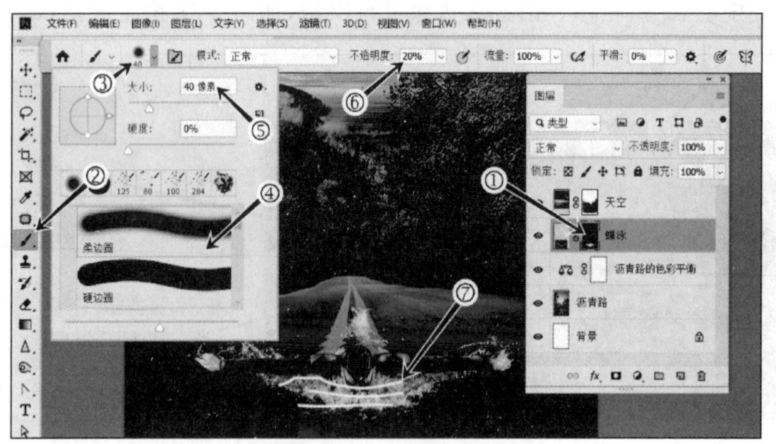

图 2-30　修改蒙版

将会看到蓝色水面逐渐出现，离身体近处可以多刷几遍，该处 20%的白色笔触会不断叠加，水面显现更明显。如果觉得水面呈现过多过大，则按 X 键，此后画笔将刷黑色，水面会被隐藏更多。

按键盘“[”和“]”键可以快速改变绘制工具(画笔、铅笔、印章、锐化工具、减淡工具等)的大小、按键盘数字键(0,1,…,9)可以设定绘制工具的不透明度(0,1,…,9 分别代表 100%,10%,…,90%的不透明度),以便快速地进行绘制。

5. 制作涟漪效果

蝶泳会对承载介质产生冲击波,承载介质足够软的话,会产生涟漪效果,下面用水波滤镜模拟公路上的涟漪。

① 选择“沥青路”图层。

② 选择椭圆选框工具 ◌,在工具选项栏中将羽化值设为“20”像素,如图 2-31 中①所指示。

③ 绘制一个椭圆,大小如图 2-31 中②所指示,将光标放到选区中,按住选区移动到运动员身体下方。

④ 执行菜单栏中的“滤镜＞扭曲＞水波”,在“水波”对话框中,水波样式选择“水池波纹”,如图 2-31 中③所指示。波纹数量选择“13”,水波起伏设为“12”,如图 2-31 中④、⑤所指示。

⑤ 单击“确定”按钮完成设置。

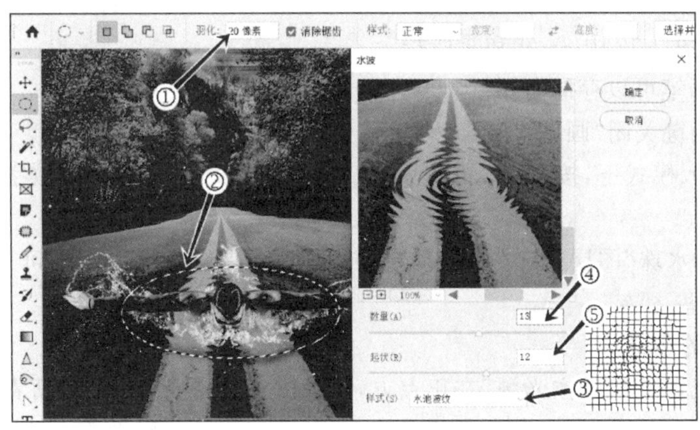

图 2-31 制作涟漪效果

6. 制作喷溅的水珠

为让蝶泳状态更逼真地与沥青路融合,可以考虑使用画笔工具添加一些飞溅的水珠和水沫。Photoshop CC 画笔预设器中“特殊效果”下的“Kyle 喷溅画笔”具有很好飞溅效果,但需要 Adobe 会员才能下载使用。

用户也可用画笔设置面板创建飞溅画笔。

① 选择“蝶泳图层”,执行菜单栏中的“图层＞新建图层”,在弹出的“新建图层”对话框中输入名称“飞溅的水珠”,单击“确定”按钮完成创建。

此时,在图层面板中可以看到“蝶泳”图层上创建了新图层“飞溅的水珠”。

② 在工具箱中选择画笔工具 ✓,执行菜单栏中的“窗口＞画笔设置”,或按 F5 功能键,调出画笔设置对话框,如图 2-32 所示。

③ 在“画笔笔尖形状”栏的画笔预设中,如图 2-32 中①、②所指示,选择“硬边圆”画笔(有的 Photoshop 版本翻译为“尖角”画笔);在大小中设为“4”像素;硬度设为“100%”;间距设为“1000%”,分别如图 2-32 中③、④、⑤所指示。

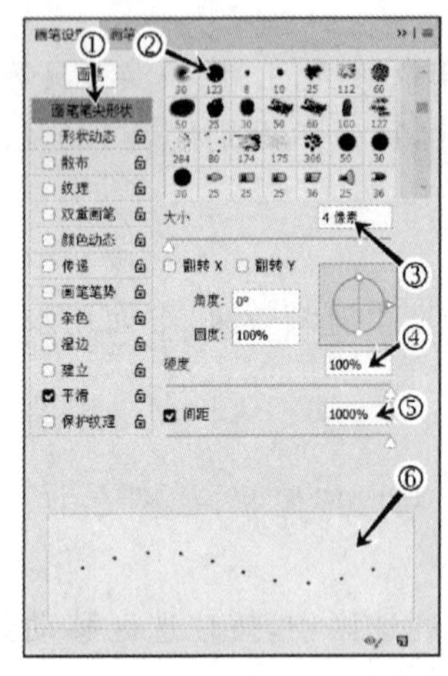
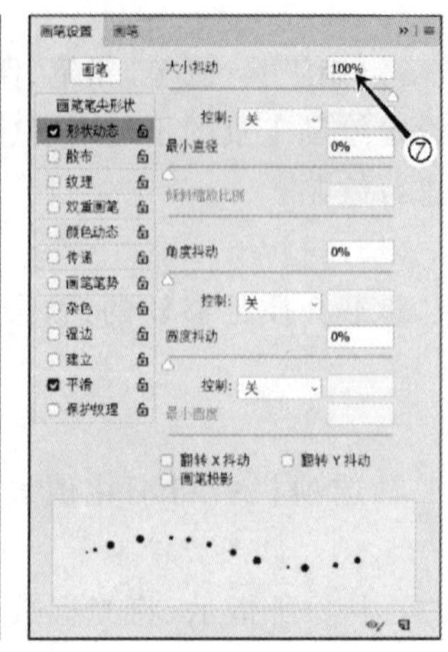
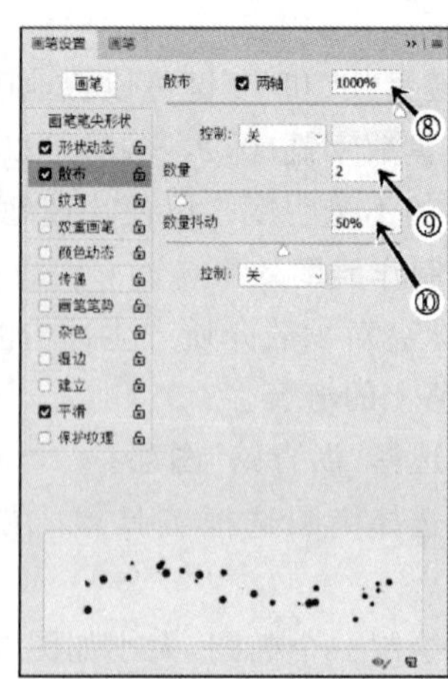

图 2-32　画笔设置对话框

设置后的画笔效果可在下方预览框中查看，如图 2-32 中⑥所指示。

④ 单击“形状动态”栏，将“大小抖动”值设为“100％”，如图 2-32 中⑦所指示。

⑤ 在“散布”栏中，打开“两轴”设置项；将散布值设为“1000％”；散布数量设为“2”；数量抖动设为“50％”，如图 2-32 中⑧、⑨和⑩所指示。

设置完毕的画笔可以存储备用。

⑥ 按 F5 功能键关闭“画笔设置”对话框。

⑦ 在英文输入模式下，按 D 键，再按 X 键，将前景色设为“白色”；按数字键 7，将画笔不透明度设为“70％”。

⑧ 在“飞溅的水珠”图层，在蝶泳运动员前、后、左、右画些“飞沫”。可以按“[”将笔触变小，在周围再画一些飞沫。

7. 调整人像的色调

蝶泳图片的光源方向（“主光源”在正上方，但是泳池光源比较多）和沥青路图片的光源方向（正后上方）基本一致，但是光源颜色相差较大，下面将使用色彩平衡工具调整蝶泳画面的色调——倾向紫红色调。

① 单击选择“蝶泳图层”，如图 2-33 中①所指示。

② 在图层面板单击“色彩调整图层”按钮，如图 2-33 中②所指示，在弹出菜单中选择“色彩平衡”。

③ 在蝶泳图层上方创建了“色彩平衡 1”图层，双击图层名称，将其改为“蝶泳的色彩平衡”，如图 2-33 中③所指示。

④ 在弹出的色彩平衡“属性”对话框中，“青色-红色”值设定“＋20”，如图 2-33 中④所指示；“洋红-绿色”值设定“－30”，如图 2-33 中⑤所指示。

⑤ 单击“影响下方图层”按钮，如图 2-33 中⑥所指示。

此时“色彩调整图层”将只对下面的“蝶泳图层”起作用，相当于执行菜单栏中的“图层＞创建剪贴蒙版”。

剪贴蒙版图层的图标前面会出现指向标记，如图 2-33 中⑦所指示，同时会略微缩进。

⑥ 光标按住属性面板下方的“效果比较”按钮不放，如图 2-33 中⑧所指示，可查看色彩调整前后的效果。

调整完毕,关闭“属性”对话框。如果需要做修改,双击图层上的调整图标 即可调出属性面板进行调整。

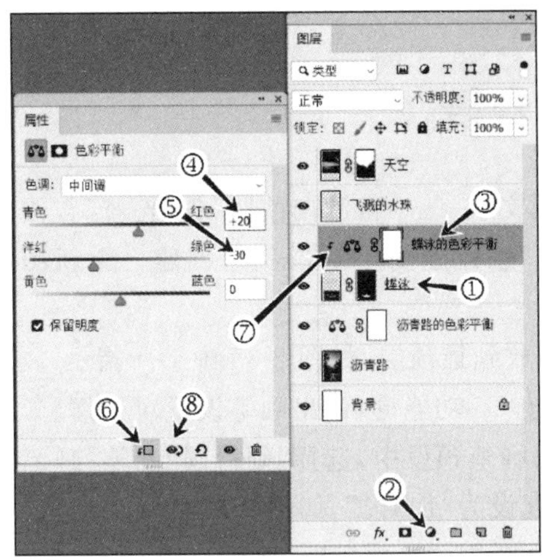

图 2-33 “蝶泳”图层的色彩平衡

8. 制作光晕效果

为增加画面的光感效果,考虑采用“光晕”滤镜创建光线入射镜头产生的光芒感。

由于滤镜只能作用于单一图层,而“奋泳向前”画面由多个图层组成,但又不能在每一个图层分别添加“光晕”滤镜,因此需要另辟蹊径——使用图层的叠加模式。

① 单击图层面板上的“新建图层”按钮 ,创建一个新图层,将其名称改为“光晕”。执行菜单栏中的“图层>排列>置为顶层”,或用光标按住该图层,将其拖到最上层,如图 2-34 中①所指示。

② 在英文输入模式下,按 D 键,将前景色设为黑色。

③ 执行菜单栏中的“编辑>填充”,填充内容设为“前景色”。单击“确定”按钮完成填充。因为没有选择任何区域,黑色将填充整个图层。

④ 执行菜单栏中的“滤镜>渲染>镜头光晕…”,在弹出的对话框中,将预览框中的光源拖放到中间偏上位置,如图 2-34 中②所指示;接着将镜头光晕亮度设为“120”,如图 2-34 中③所指示。单击“确定”按钮完成设置。

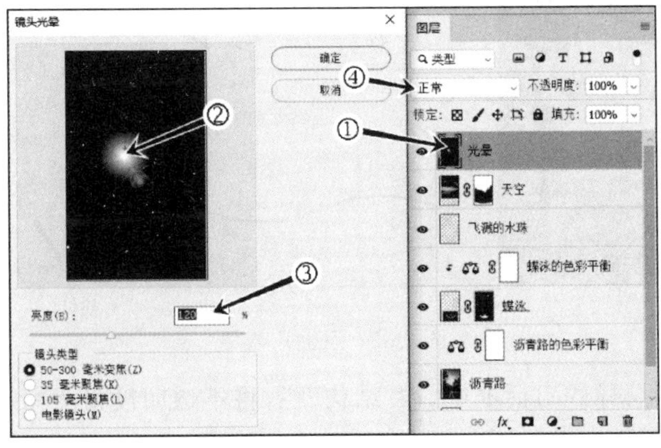

图 2-34 镜头光晕效果

⑤ 在图层面板中，单击“正常”叠加模式，如图 2-34 中④所指示，在弹出的下拉列表中选择“滤色”，可将暗色部分过滤，保留亮色部分。

⑥ 选择移动工具，在画面中，将光晕的光源点拖放于云层最亮处。

2.8.6 制作广告语

最后在画面中增添主题文字——“奋泳向前”广告语。广告语的添加使用画笔工具。

① 在图层面板中，单击“创建新图层”按钮，创建一个新图层“图层一”，将其名称改为“广告语”。

② 按住该图层部分，拖放到最顶层，如图 2-35 中①所指示。

③ 选择画笔工具。按 F5 功能键，调出画笔设置对话框。

在“画笔笔尖形状”栏的画笔预设中，选择“硬边圆”画笔；画笔大小设为“6”像素；角度设为“45°”；圆度设为“10%”；硬度设为“100%”，如图 2-35 中②、③、④、⑤、⑥所指示。

④ 确认在画笔设置对话框中，“平滑”选项已经启用，如图 2-35 中⑦所指示。

⑤ 在工具选项栏中，将平滑值设置为“30%”，如图 2-35 中⑧所指示。平滑值越高，画笔绘制过程自动拟合更平滑，但绘制过程会滞后变慢。

⑥ 在画面上部，使用新设置的画笔书写“奋泳向前”四个字，如图 2-35 中⑨所指示。

Photoshop 的绘制工具(画笔、铅笔、印章、涂抹工具、加深工具等)在绘制过程，如果需要绘制直线，则可以单击一点，按住 Shift 键不放，单击另外一点，两点将连线。如果一直按住 Shift 键绘制，将会绘制垂直线或水平线。

⑦ 单击图层面板下方的“图层样式”按钮，如图 2-35 中⑩所指示，在样式列表中选择“外发光”。

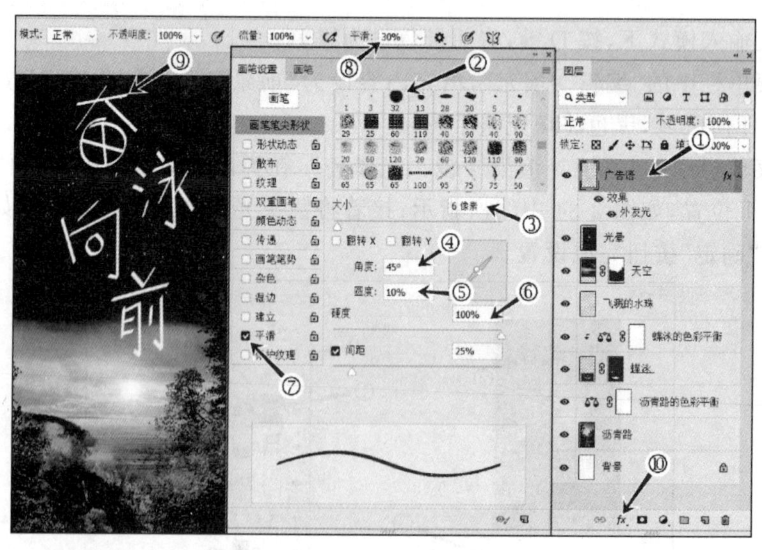

图 2-35　页面广告语

⑧ 在“外发光”图层样式对话框中，在“结构”栏，将不透明度设为“100%”，如图 2-36 中①所指示，表示完全不透明。

⑨ 单击“发光颜色”色标，如图 2-36 中②所指示，在弹出的“拾色器”对话框中，在下方十

六进制色号中输入“ffcc44”(橙色),如图 2-36 中③所指示。也可以在拾色器中单击选取颜色。单击“确定”按钮完成颜色的选择。

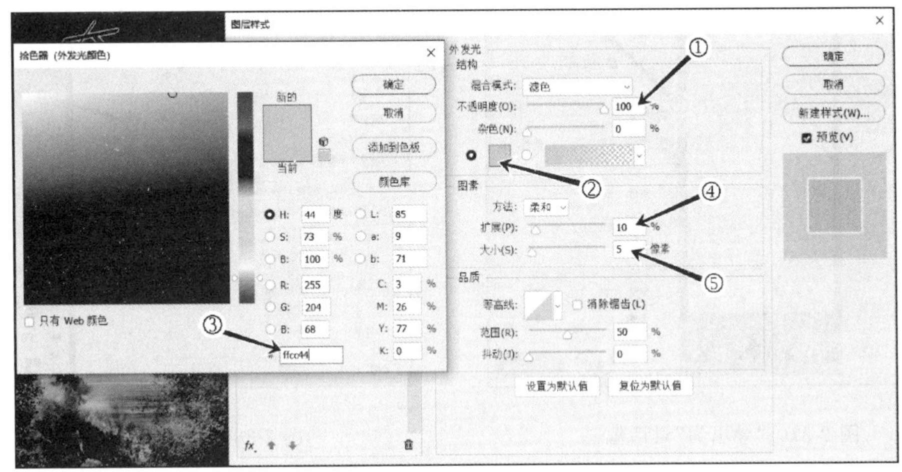

图 2-36 设置外发光样式

⑩ 在“图素”栏中,将外发光的扩展设为“10%”,外发光大小设为“5”像素,如图 2-36 中④、⑤所指示。

⑪ 单击“确定”按钮完成设置。

⑫ 按 Ctrl+S 组合键保存文件。

至此,设计的“奋泳向前”html5 页面图像制作完毕。其中的一些素材或步骤,读者可以根据兴趣爱好及自有条件做相应调整或进一步的拓展。

2.8.7 导出图像

Adobe 的 Animate、Premiere 等软件可以根据需要导入 PSD 格式文件的特定图层,但如果 PSD 文件的图层太多则操作不便,而且数据量会比较大。因此,更常用的方法是把需要独立使用的图层单独导出,导出为 PNG、JPG 等格式的文件。

“奋泳向前”文件中的内容(广告语)有不同的作用——制作动画,因此需要分别导出,以便多媒体制作工具分别调用。

① 右击“广告语”图层,在弹出的菜单中选择“导出为…”,在弹出的“导出为”对话框中看到只有“广告语”图层将被导出,如图 2-37 中①所指示。

② 选择文件格式为“PNG”,如图 2-37 中②所指示。

③ 单击“全部导出”按钮,在“导出”对话框中选择保存位置,并命名为“奋泳向前-广告语”,单击“确定”按钮完成导出。

接着导出“奋泳向前”页面背景。

① 单击“广告语”图层前面的可见图标 ,关闭图层显示,如图 2-38 中①所指示,该图层将不会被导出。

② 执行菜单栏中的“文件>存储为…”,在“另存为”对话框中,选择文件存储位置,如图 2-38 中②所指示;将文件格式设定为“jpg”,如图 2-38 中③所指示;将文件名设定为“奋泳向前-背景”,如图 2-38 中④所指示,单击“保存”按钮。

③ 在“JPG选项”对话框中，将“品质”设置为“10”。单击“确定”按钮完成保存。

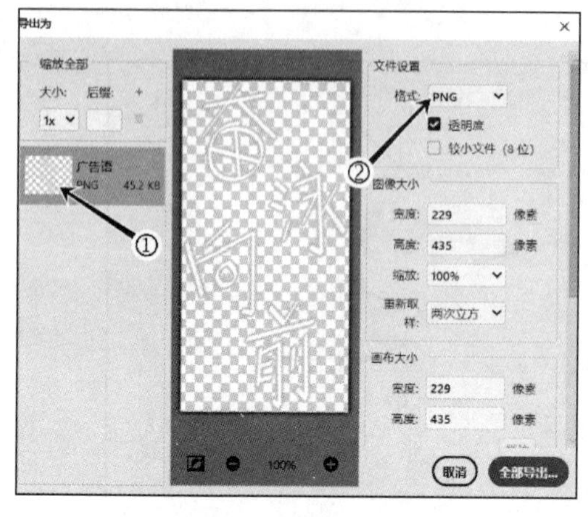

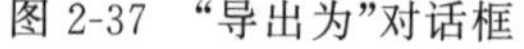
图 2-37 “导出为”对话框

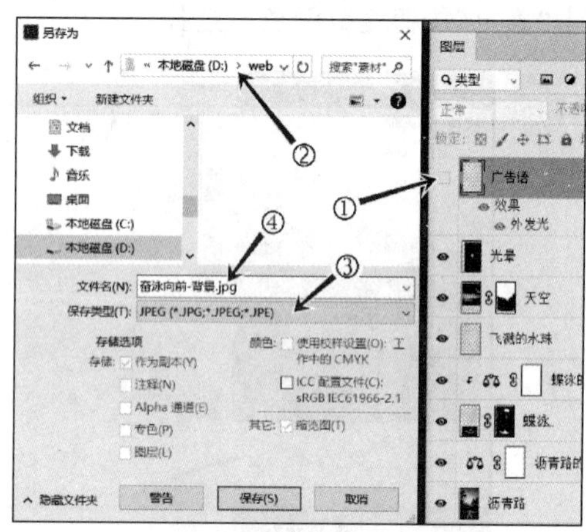

图 2-38 “另存为”对话框

2.9 制作页面背景

本节制作的图像是微信页面背景，设计稿尺寸宽度还是设为“750”像素，高度设为“1206”像素。

“页面背景”效果模拟光线入射的水底，无需素材，主要用到的制作工具如下。

- 画笔工具。
- 渐变工具：线性渐变和径向渐变。
- 滤镜效果：塑料包装和径向模糊。
- 图层工具：图层样式。

2.9.1 制作水底效果

水底效果

光线射入水底，由于池水阻隔，光线会逐渐变弱，可用渐变工具模拟这种效果。

① 打开 Photoshop CC 新建文件，宽为“750”像素，高为“1206”像素。

② 单击图层面板下方的“新建图层”按钮，创建一个新图层“图层一”，将图层名称改为“渐变背景”。

③ 如果 Photoshop 工作环境没有出现颜色面板，则执行菜单栏中的“窗口>颜色”，或者按 F6 功能键，将调出颜色面板，颜色面板中的拾色方式默认为“色轮”，在颜色面板中可以设置“前景色”和“背景色”。

④ 在色轮面板中，单击“前景色”色块，如图 2-39 中①所指示，在色轮中选择色调为“青色”，如图 2-39 中②所指示；在“饱和度和亮度”选择区中单击饱和度较高的“青色”，如图 2-39 中③所指示。也可在 HSB(色调、饱和度和亮度)数值框中输入相应的值。

⑤ 单击“背景色”色块，如图 2-39 中④所指示，在色轮中选择色调为“蓝色”，如图 2-39 中

⑤所指示；在“饱和度和亮度”选择区中单击选择“饱和度”和“亮度”都略低的“偏深的蓝色”，如图 2-39 中⑥所指示。

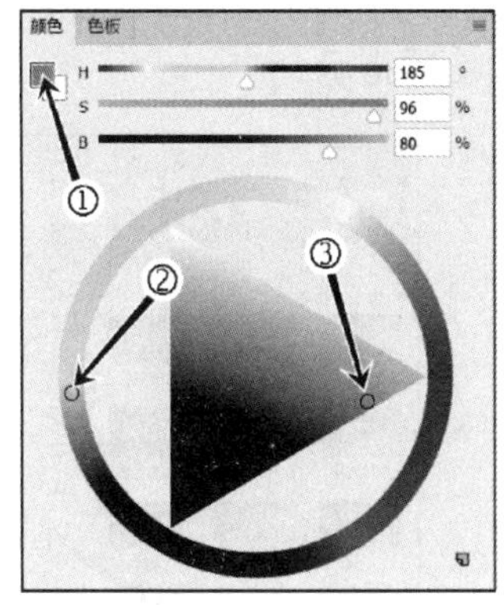

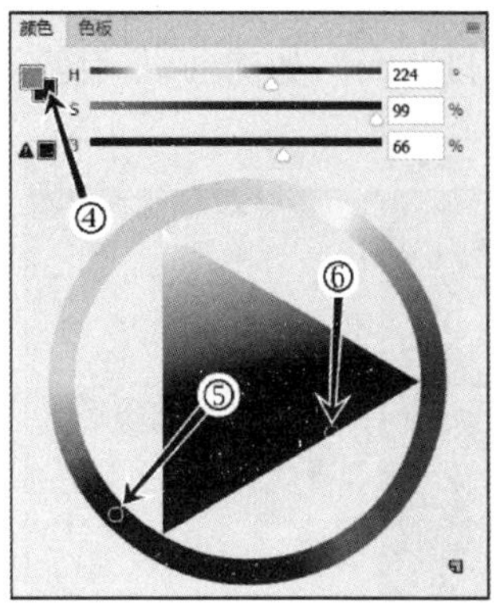

图 2-39　通过色轮设置“前景色”和“背景色”

⑥ 单击选择工具箱中的渐变工具 。渐变色默认为“前景色”到“背景色”的渐变，也就是“青色”到“深蓝色”的渐变。

⑦ 在画布中，单击渐变起点，如图 2-40 中①所指示，按住 Shift 键不放，拖动光标到终点，如图 2-40 中②所指示，释放鼠标即可完成渐变，最终结果如图 2-40 中③所指示。

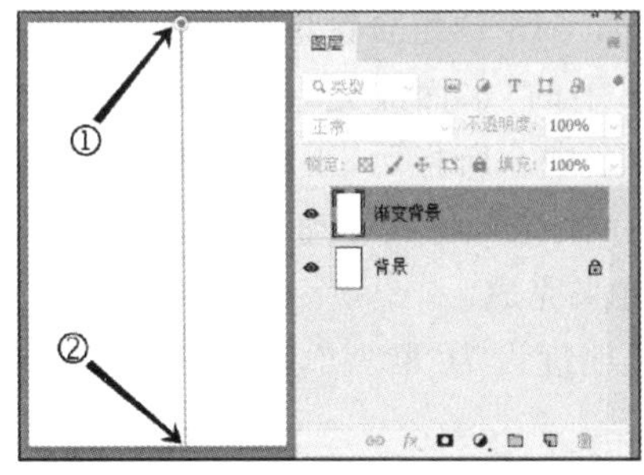

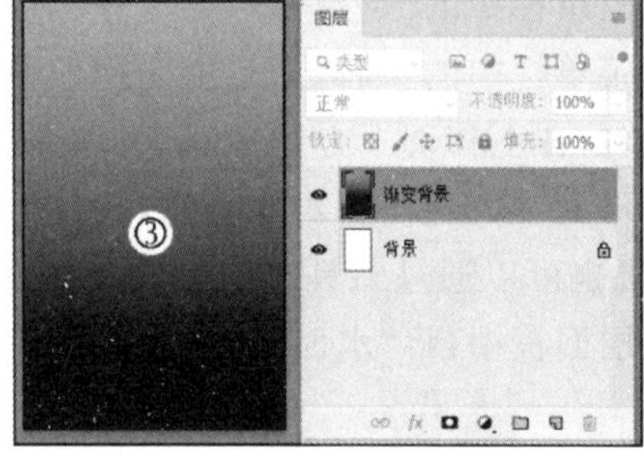

图 2-40　创建渐变背景

按住 Shift 键的同时使用渐变工具，可以创建竖直、水平或 45°的渐变色。

⑧ 按 Ctrl+S 组合键保存文件，文件命名为“页面背景”。

2.9.2　创建水面波光

可以使用“云彩”、“塑料包装”等滤镜来模拟纹理交错、明暗对比强烈的水面波光的效果。

① 单击“新建图层”按钮 ，在“渐变背景”图层上方创建新的图层，命名为“水面波光”，如图 2-41 中①所指示。

② 单击选择工具箱中的椭圆选框工具 ，在工具选项栏中将羽化值设为“40”像素，如图 2-41 中②所指示。

③ 按住 Shift 键，在画布中间建立一个正圆的选区，如图 2-41 中③所指示。

④ 按 D 键，设置默认的前景色和背景色。

⑤ 执行菜单栏中的“滤镜>渲染>云彩”，结果如图 2-41 中④所指示。

选区中，羽化区域的滤镜效果是逐渐减弱消失。

⑥ 执行菜单栏中的“滤镜＞滤镜库”，在弹出的“滤镜库”对话框中，选择“艺术效果＞塑料包装”，如图 2-42 中①所指示。在“塑料包装”对话框中，将“高光强度”设为“20”；将“细节”设为“15”；将“平滑度”设为“4”，如图 2-42 中②、③、④所指示。

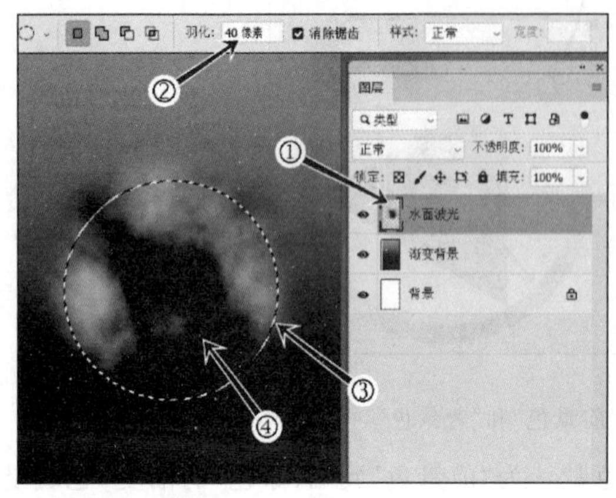

图 2-41　应用云彩滤镜

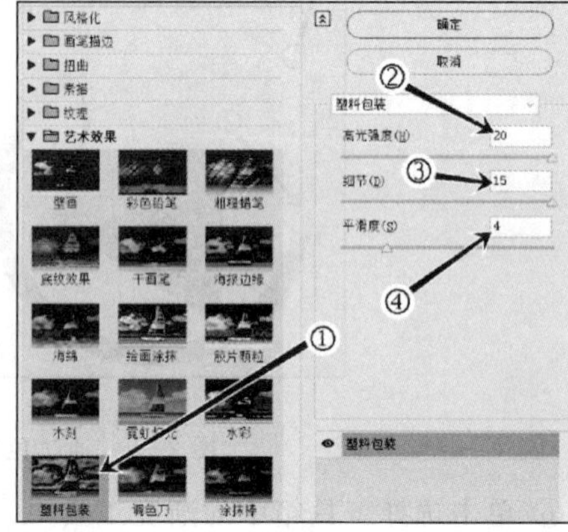

图 2-42　应用“塑料包装”滤镜

⑦ 在图层面板中，将“水面波光”图层的叠加模式设为“滤色”叠加模式，如图 2-43 中①所指示。

⑧ 执行菜单栏中的“选择＞取消选择”，或按 Ctrl＋D 组合键取消当前选区。

⑨ 执行菜单栏中的“编辑＞自由变换”，画布中的“水面波光”四周出现八个控制点，按住 Shift 键的同时，往上移动下方的中间点，如图 2-43 中②所指示，压扁该对象。

⑩ 光标移到“水面波光”对象中间，按住“水面波光”，将其移动到背景右上方。

变换效果也可以通过工具选项栏的数值设置来完成。

⑪ 在图层面板中，将“水面波光”图层的不透明度设为“80％”，如图 2-43 中③所指示。

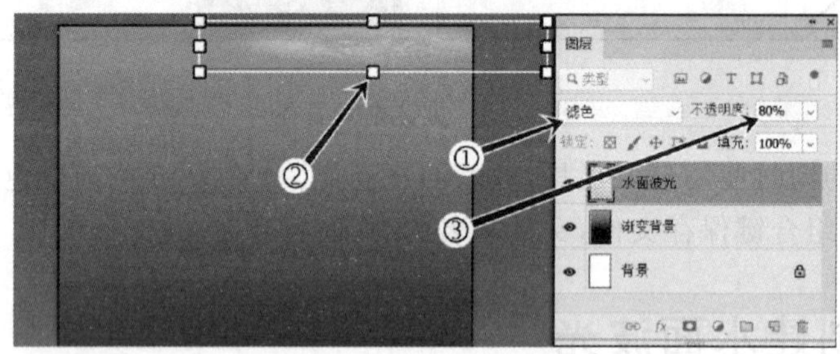

图 2-43　缩放“水面波光”

2.9.3　制作入射光线

水下的光线是放射的条状，并且逐渐衰减，考虑采用画笔工具随机绘制光线，然后添加“径向模糊”滤镜效果。

① 在图层面板，单击“新建图层”按钮，在“水面波光”图层上方创建新的图层，命名为“水下光线”，如图 2-44 中①所指示。

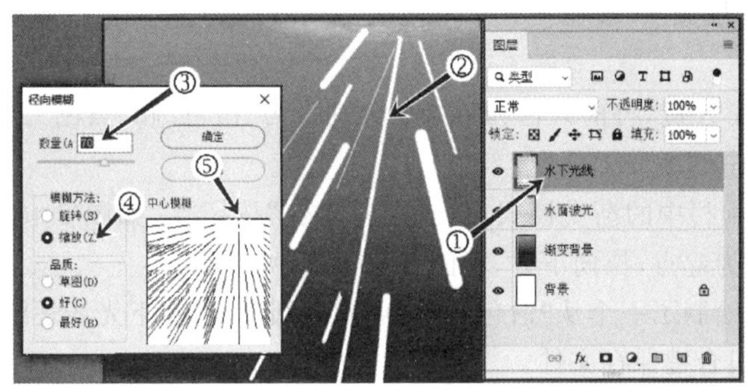

图 2-44　应用“径向模糊”滤镜效果

② 按 D 键，再按 X 键，将前景色设为“白色”。

③ 选择画笔工具，笔刷选择“硬边圆”，大小设为“5”像素。在画布上，水平波光位置，画几根直线(单击一点，按 Shift 键，再单击终点，可以在两点间绘制一条直线)，还可以按“[”或“]”改变笔触大小，结果如图 2-44 中②所指示。

④ 执行菜单栏中的“滤镜>模糊>径向模糊”，在弹出的“径向模糊”对话框中，数量选择“70”，如图 2-44 中③所指示；“模糊方式”选择“缩放”，如图 2-44 中④所指示；在“中心模糊”框中，按住中心点，移动到上方右侧——水面波光入射的位置，如图 2-44 中⑤所指示。

⑤ 单击“确定”完成设置。

⑥ 现在光线效果不明显，重新执行“径向模糊”，或按 Ctrl+Alt+F 组合键再执行“径向模糊”滤镜指令，多按几次 Ctrl+Alt+F 组合键以接近预期效果。

同时可以在模糊线上再添几条直线，重复按 Ctrl+Alt+F 组合键。水下光线变化效果如图 2-45 所示。

图 2-45　重复执行“径向模糊”的变化效果

⑦ 在图层面板上，将“不透明度”设为“70%”，如图 2-46 中①所指示。

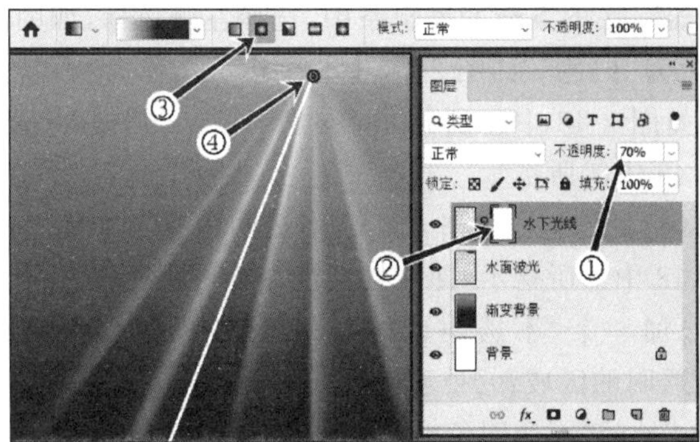

图 2-46　使用渐变工具创建蒙版

⑧ 单击“添加图层蒙版”按钮，“水下光线”图层添加了一个白色蒙版，如图 2-46 中②所指示。

⑨ 按 D 键，再按 X 键，将前景色和背景色分别设为“白色”和“黑色”。

⑩ 选择工具箱中的渐变工具。

⑪ 单击工具选项栏中的渐变模式——“径向渐变”按钮，如图 2-46 中③所指示。在画布上，以“水面波光”为起点，拉向下方，如图 2-46 中④所指示。

此时，在蒙版中绘制了一个从“白色到黑色”同心圆渐变，水下光线逐渐被遮住隐藏。

⑫ 按 Ctrl＋S 组合键保存文件。

2.9.4 制作气泡效果

气泡效果

透明无色的气泡主要反映入射的光线颜色。另外，球体的颜色变化是放射状逐渐变化的，因此，气泡的绘制将采用“径向”的渐变工具。

1. 建立气泡选区

① 在“水下光线”图层之上创建一个新图层，命名为“气泡”，如图 2-47 中①所指示。

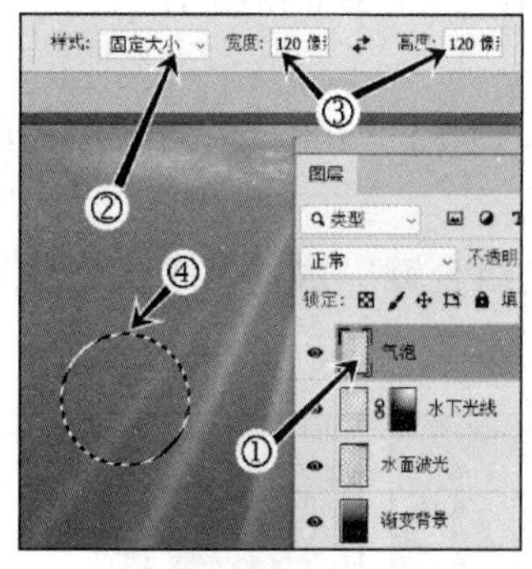

图 2-47 创建“圆形”选区

② 按 D 键，将前景色和背景色分别设为“白色”和“黑色”。

③ 选择工具箱中的椭圆选框工具，在工具选项栏中，确认羽化值为“0”像素；“样式”选择固定大小，如图 2-47 中②所指示；“宽度”和“高度”均为“120”像素，如图 2-47 中③所指示。

④ 单击画面，建立圆形选区，如图 2-47 中④所指示。

2. 创建气泡渐变

气泡的颜色变化，主要表现在白色和透明色之间的逐渐变化，因此需要自行设定渐变效果。

① 选择工具箱中的渐变工具。

② 单击渐变工具选项栏中的渐变模式——“径向渐变”按钮，如图 2-48 中①所指示，接着单击选择“渐变编辑器”。

③ 弹出“渐变编辑器”，在下方渐变编辑条中，选择左侧色标，如图 2-48 中②所指示，位置于“0%”处。确认色标色为“白色”，如图 2-48 中③所指示。

④ 选择右侧色标，如图 2-48 中④所指示，位置于“100%”处，单击“选色窗”旁的下拉箭头，选择“前景”，如图 2-48 中⑤所指示。

⑤ 在渐变编辑条 30%处的上方单击，加入“不透明色标”，如图 2-48 中⑥所指示，将不透明值改为“0%”，如图 2-48 中⑦所指示，即该处颜色完全透明。

⑥ 在“75%”处再增加一个“不透明色标”，如图 2-48 中⑧所指示，将不透明值也改为“0%”，因此设置了完全透明的区域：⑥处至⑧处。

⑦ 单击右侧“100%”处的“不透明色标”，如图 2-48 中⑨所指示，不透明值改为“40%”，因为在气泡边缘会看到部分透射/折射的光线。

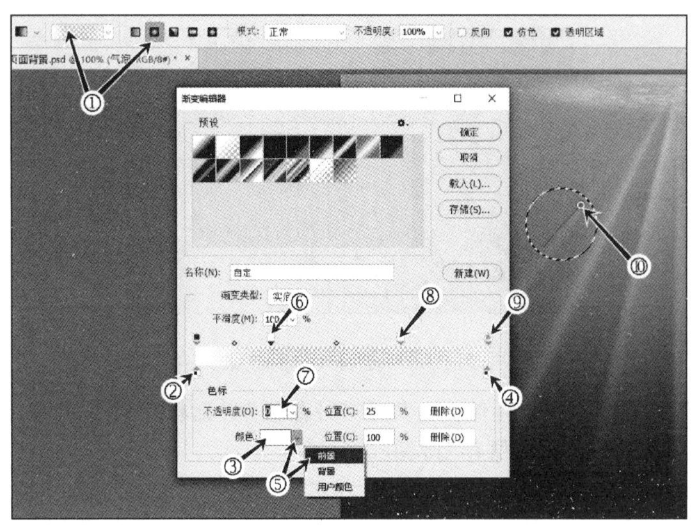

图 2-48 渐变编辑器

3. 填充和描边

① 在画面的圆形选区中,从右上拉动渐变线到左下,如图 2-48 中⑩所指示。

由此,在“气泡”图层的选区中,创建了一个“不透明-透明-半透明”的径向渐变,接着给选区描边。

② 执行菜单栏中的“编辑>描边”,描边宽度为“1”像素;颜色为“白色”;不透明度为“50%”。单击“确定”按钮完成描边。

最后效果如图 2-49 所示。

图 2-49 气泡效果

2.9.5 导出图像

“页面背景”文件中的气泡将用于制作动画,因此需要单独导出气泡。

① 右击“气泡”图层,在弹出的菜单中选择“导出为…”,在弹出的“导出为”对话框中,选择文件格式为“PNG”。

② 单击“全部导出”按钮,将图像命名为“页面背景-气泡”,单击“确定”按钮完成导出。

接着调整和复制一个气泡作为背景,然后导出“页面背景”。

① 选择“气泡”图层,执行菜单栏中的“编辑>自由变换”,拖动角部控制点,将气泡等比例缩小,移动到右上角合适位置,因为气泡是透明的,不容易选择及移动,可以先锁定其他图层,或者用键盘的移动键↓、↑、→或←进行操作。

② 右击“气泡”图层,在弹出菜单中选择“复制图层…”,将复制的图层命名为“气泡 1”。单击“确定”按钮完成复制。

③ 将新“气泡”缩小,移动到合适位置。可以根据画面效果需要,多复制几个大小不等的气泡,效果如图 2-50 所示。

可以执行“编辑>定义画笔预设”创建“气泡画笔”,在设置合适的参数之后就可快捷地绘制大量的气泡。

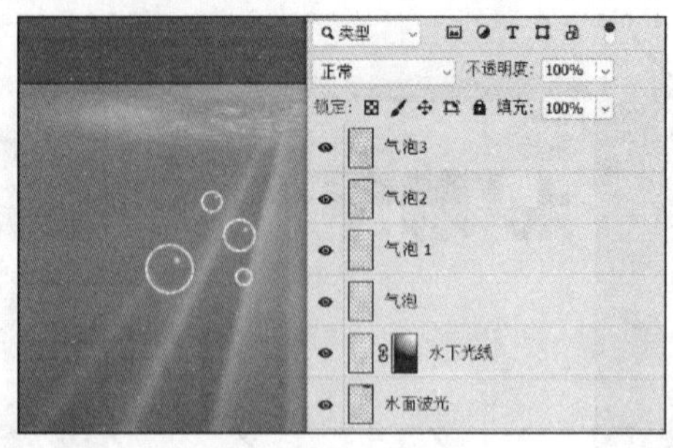

图 2-50 复制气泡的效果

④ 执行菜单栏中的“文件>存储为…”，在“另存为”对话框中将文件格式设定为“jpg”；将文件名设定为“页面背景”，单击“保存”按钮。

在“JPG 选项”对话框中，将“品质”设置为“10”。单击“确定”按钮完成保存。

思考与练习

一、选择题

1. 在 Photoshop 中，下列(　　)工具属于图像绘制工具。

A. 涂抹、模糊、锐化工具

B. 减淡、加深、海绵工具

C. 裁剪工具

D. 钢笔工具

2. 灰度模式的图像有(　　)颜色通道(channel)。

A. 一个　　B. 两个　　C. 三个　　D. 五个

3. 使用矩形框选工具时，以下说法正确的是(　　)。

A. 按住 Ctrl 键的同时单击选择工具，会切换不同的选择工具

B. 按住 Alt 键，可以创建正方形的选区

C. 按住 Alt+Shift 组合键，可以创建以光标为中心的正方形选区

D. 按住 Shift 键，可以创建羽化边缘的选区

4. 对图层蒙版的描述错误的是(　　)。

A. 图层蒙版相当于一个 8 位灰阶的 Alpha 通道

B. 按住 Alt 键的同时单击图层蒙版，图像就会显示蒙版

C. 添加图层蒙版后，通道面板中会有一个临时的 Alpha 通道

D. 一个图层可以有多个图层蒙版

5. 下列(　　)调整命令可以提供最精确的颜色调整。

A. 色阶　　B. 亮度/对比度　　C. 曲线　　D. 色彩平衡

6. 对一幅偏蓝的图像进行色彩调整，应当增加图像的(　　)。

A. 红色　　B. 绿色　　C. 黄色　　D. 洋红

二、练习题

1. 设计并制作一个属于自己的个人标志。

2. 设计并制作自己的“个人简历”的背景图像。

第3章 Animate CC动画制作

动画作为动态图像的形式之一，是多媒体系统中重要的媒体类型，适合表示事物的“过程”，擅于交代事件的“始末”，易于被人们接受。传统动画的数据量比较大并且缺乏交互能力，不适合在网络上传输交互性的内容，而 Animate CC 可以通过采用矢量图形、元件、流媒体、脚本语言等技术，快速高效地制作二维的交互动画作品。

本章主要的学习内容：

➢ 理解和熟练运用 Animate CC 的工作环境。

➢ 理解和熟练掌握制作三种形式的动画：逐帧动画、形状补间动画和传统补间动画。

➢ 掌握和综合运用动画制作的常用工具和功能：图形绘制工具的使用、图形编辑工具的使用、元件的创建和编辑、蒙版动画的制作和引导线动画的制作。

本章要完成的作品包括：

➢ 使用图形绘制和编辑工具制作“大头照”卡片。

➢ 在元件库中，通过复制并编辑元件的方式，制作更多的卡片。

➢ 采用逐帧、形状补间等形式制作“大头照”卡片中的动画。

➢ 采用传统补间、引导层等形式制作“游动的鱼”的动画。

➢ 采用遮罩层的方式制作“年龄”卡片中的动画。

3.1 Animate CC概述

Adobe 在 2015 年将 Flash Professional 更名为 Animate CC，CC 是指 Creative Cloud（创意云），CC 是 Adobe 的数字中枢，提供 Adobe 旗下所有创意软件，这些软件的升级、下载和安装均能够在 CC 内完成，同时还具有云存储服务。

3.1.1 Animate CC 的特点

本章采用 Animate CC 进行讲解，Animate CC 各个版本功能相似，界面都清新、简洁、友好，用户能在较短的时间内掌握软件的使用。

Animate CC 可以实现多种动画特效，Animate 应用的领域主要有娱乐短片、片头、广告、MTV、导航条、小游戏、产品展示、应用程序开发界面、开发网络应用程序等几个方面。由于 Animate 网络开发功能大大增强，Animate 开发网络应用程序肯定会被广泛地应用。

Animate CC 在支持 Flash SWF 文件的基础上，加入了对 HTML5 的支持，为网页开发者提供更适应现有网页应用的音频、图片、视频、动画和游戏等的创作支持。

3.1.2 Animate CC 的新功能

同 Flash CC 相比较，Animate CC 为游戏设计人员、开发人员、动画制作人员及教育内容编创人员推出了许多激动人心的新功能，以下列出部分常用新功能。

1. 缓动预设和自定义缓动

Animate CC 提供一组标准缓动(动画效果，如弹跳效果等)预设，适用于传统补间动画和补间形状，用户也可以在效果库中添加自定义缓动。

2. 图像矢量化

可以轻松描摹图像(如 JPEG、PNG、PSD 等)并得到更高画质的矢量图。

3. 支持压感笔

可以使用压感笔来绘制矢量图形，对使用画笔工具绘制的笔触提供压力和斜度支持。可使用画笔工具中的宽度属性来进一步调整画笔宽度。

像画笔工具一样，橡皮擦也可以使用压力和斜度感应。

4. 支持 Typekit 字体

Typekit 是 Adobe Fonts 的平台，在 Animate CC 中集成了 Adobe Fonts 后，收纳了创意大师的数千种高品质的 Web 字体，可即时应用于 HTML5 Canvas 文档。但字库的中文字体比较少，其中 Adobe 和 Google 共同开发的开源字体——思源字体，可以免费商用。

5. 导出图像和 GIF 动图

可以在导出 GIF 动图之前，预览不同文件格式(JPG、PNG、GIF 等)和不同文件属性(尺寸大小、颜色数、透明、压缩比率等)的优化效果。

6. 图像处理改进

可通过相关设置将 Canvas 文档中导入的所有图像合并到 Sprite 表中，图像加载更快。已经压缩的图像也会按照原样导出，不会对其大小进行任何更改。

7. 支持添加全局和第三方脚本

可以添加非特定帧的全局脚本，设置应用于整个动画的全局变量或脚本。

8. 视频组件支持静音和海报属性

为 HTML5 视频组件引入了两个新属性——静音和海报。可以使用静音属性启用或禁用视频组件的音频，使用海报属性在视频播放之前选择静态海报图像。

9. 图层深度和摄像头增强功能

通过在不同平面中放置视觉媒体，可以在动画中创建深度感(远近感)。可以修改图层深度、补间深度，并在图层深度中引入摄像头以创建视差效果，还可以使用摄像头放大某一特定平面上的内容。

10. HTML5 Canvas 可重用组件

组件提供一种功能或是一组相关的可以提高效率的可重用元素，如下拉列表、视频播放器、日历等。现在的 Animate CC 支持基于 HTML5 Canvas 的组件。

11. 动作代码向导

动作代码向导将为不熟悉编写 JavaScript 代码的 Animate 设计人员或动画制作人员提供帮助。在创建 HTML5 Canvas 动画时,可以使用动作向导添加代码,而无需编写任何代码。

3.2 Animate CC 工作环境

Adobe Creative Suite 中不同应用程序的工作环境都具有相同的外观,可以通过从多个预设工作环境(基本功能、设计人员、开发人员等)中创建自己的工作环境,如图 3-1 所示为“基本功能”的工作环境。不同产品中的默认工作环境布局略为不同,而处理方式基本相同。

- 菜单栏:包含工作区切换器、菜单和其他应用程序控件。
- 工具面板:包含用于创建和编辑图像、图稿、页面元素等的工具。
- 属性面板:显示当前所选工具的选项。
- 舞台:位于工作区的中间。Animate 的对象都在工作区中编辑,其中舞台的内容就是播放器显示的内容。
- 时间轴面板:以帧为单位用于预览和编辑画面内容。

要使图像印刷效果便于阅读,可提高 Animate CC 工作环境的默认亮度,执行菜单中的“编辑>首选参数>常规>用户界面>最亮”。

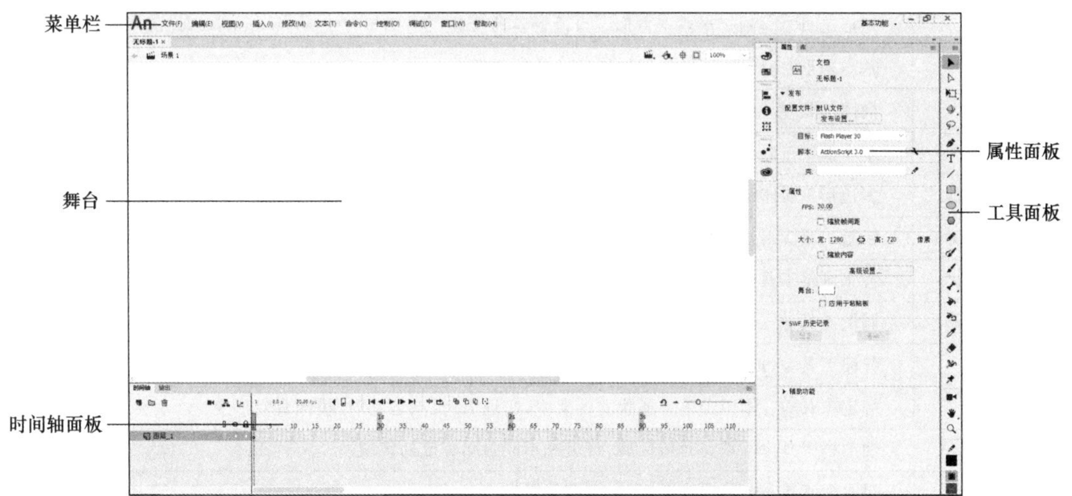

图 3-1 Animate CC 工作环境

3.2.1 工具面板

Animate CC 的创作工具都集合于工具面板,如图 3-2 所示。工具图标右下角带有黑色三角形的,代表是工具组,按住 1 s 后将会出现组内其他工具图标,Animate CC 工具的功能说明如表 3-1 所示。

图 3-2 Animate CC 工具面板

表 3-1 Animate CC 工具的功能说明

选取和变形工具区		箭头工具：选择或移动线条、色块、元件，快速粗略地调整线条曲率
		部分选择工具：编辑对象的控制点（节点）以得到准确的图形轮廓
		任意变形工具：调整对象的比例，旋转、倾斜对象等
		填充变形工具：对渐变填充和图案填充进行调整
		3D 旋转工具：可沿 X、Y、Z 轴旋转影片剪辑
		3D 平移工具：可沿 X、Y、Z 轴移动影片剪辑
		套索工具：自由选取不规则区域
		多边形工具：以多边形的形式快速地选择区域
		魔术棒工具：快速地选择颜色相近的区域
绘图和文字工具区		钢笔工具：创建不规则路径、不规则形状及选区
		添加节点工具：在图形上添加新节点，以便控制更精确
		删除节点工具：去除多余的节点，使图形结构更简单
		转换节点工具：在直线节点和曲线节点间转换
	T	文本工具 T：创建和修饰文字。有静态文本、动态文本和输入文本三种类型
		直线工具：画直线。按住 Shift 键可画出水平、竖直或 45°的直线
		矩形工具：画矩形或正方形。可设置各种参数
		基本矩形工具：可随时调整矩形的各种参数
		椭圆工具：画正圆或椭圆
		基本椭圆工具：创建不同扇形弧度的椭圆或圆
		多边形工具：设置颜色、宽度、样式、边数量等参数绘制多边形或星形
		铅笔工具：设置颜色、宽度、样式等参数绘制任意线条。有伸直、平滑、墨水三种画线模式
		艺术画笔工具：可套用多种样式，画各种效果的线条
		画笔工具：模仿多种笔刷效果，可以设置形状和角度等参数以自定义画笔
绘画和编辑工具区		骨骼工具：连接不同的元件、形状或按钮为骨架，实现 IK 反向运动
		绑定工具：作用于单一形状的骨架中，实现 IK 反向运动时，模拟真实形变
		油漆桶工具：填充封闭区域，可填充不同封闭程度的区域
		墨水瓶工具：修改线条颜色、宽度等属性
		吸管工具：获取线条或色块的颜色、宽度等属性，并可直接赋予其他对象
		橡皮工具：擦除线条、色块。可设置擦除模式，还可以配合压感笔使用
		宽度工具：可调整线条不同的位置为不同的宽度
		资源变形工具：拖动变形手柄，可以使形状、绘制对象和位图变形
查看工具区		摄像头工具：模拟真实的摄像机。通过将摄像头聚焦在一个焦点上，模拟移动对象在三维空间中运动的效果
		手形工具：浏览工作区的不同区域
		放大镜：改变工作区显示比例

续 表

颜色工具区		设置图形的边框颜色,如透明色、实色、渐变色等
		设置图形的填充颜色,如透明色、实色、渐变色等
		预设色彩:边框色为黑色;填充色为白色
		转换边框色和填充色
选项工具区	吸附工具等。当选择某些工具时,设置其属性和提供操作方法	

工具面板包括选取和变形工具、绘图和文字工具、绘画和编辑工具、查看工具、颜色工具和其他工具选项,Animate 中常用工具的功能和操作方式与 Photoshop 的对应工具很相近,工具调用的快捷方式也相同。

选择绘制编辑工具时,在工具面板下方的选项栏中可以选择相应工具的样式、控制方式等,以便更精确、快捷地绘制和处理图形。如选择刷子工具,就可以在工具选项栏中选择笔刷的绘画对象模式、压感、倾斜等,也可以在工具的属性面板中设置各种参数。

利用工具面板中的工具,能够在工作区中绘制图层各帧的内容,并对它们进行编辑和修改,也可以利用这些工具对导入的图形进行编辑操作。

3.2.2 时间轴

动画是逐帧显示形成的视觉效果,所以由许多帧和层组成的时间轴(见图 3-3)是 Animate 中最重要的工具。通过时间轴可以查看每一帧的画面、设置帧的类型、指定动画的方式、调整动画的播放速度、改变帧与帧之间的关系、对图层进行编辑,从而制作不同效果的动画。

在时间轴上,用光标拖动播放头到任一个帧上,可以查看每一帧的内容。预览动画时,播放头会随着帧的流逝而移动。

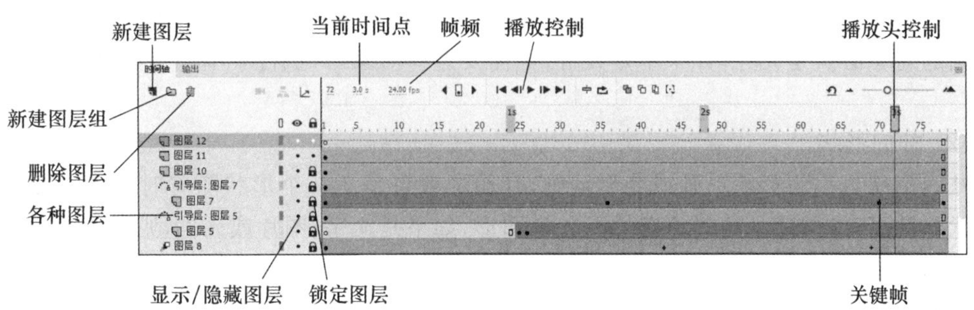

图 3-3 时间轴面板

1. 帧类型

帧(Frame)即是构成动画的一幅画面。Animate 可以直接在帧上绘图,或者将一个现成的图形导入帧并进行编辑。

Animate 中的帧类型有关键帧、静态帧和补间帧三种。

1) 关键帧

关键帧是 Animate 动画的基础,只有在关键帧上才能定义动画、添加标签和设置动作脚本(Action Script 或 JavaScript)。

① 有内容的关键帧用实心点 • 表示。

② 无内容的关键帧用空心点 ∘ 表示，Animate 默认文件的第一帧为空白关键帧。

③ 添加了标签的关键帧插小旗子 开始 表示。

④ 已设置动作脚本的关键帧用 a 表示，动画播放到这里，就要执行一段已定义的动作程序。

插入关键帧的方法是右击需要插入关键帧的帧格，在弹出的菜单中选择“插入关键帧”，或按 F6 功能键。新插入关键帧中的内容与其前一关键帧相同，相当于复制粘贴了前一个关键帧。例如，在当前帧之前的关键帧为空白关键帧，则插入的关键帧也为空白关键帧。

如果一段动画的每一帧都是关键帧，则该动画称为“逐帧动画”。“逐帧动画”是传统动画的制作方式，这种动画的每一帧内容都需要动画师按时间顺序绘制。Animate CC 不推荐频繁使用该种方法制作动画，因为关键帧的增加将加大动画文件的大小。

如果要移动关键帧，单击选定关键帧，再按住关键帧可以移动到需要的位置。按住 Ctrl 键拖动关键帧，则可以改变动画的持续时间。

2）静态帧

静态帧指关键帧之后只显示关键帧内容的帧，所以静态帧中并没有数据，静态帧也称为普通帧。

当按 Shift 键，选择一段静态帧，复制或移动到其他位置时，其相关联的关键帧也会被复制。

3）补间帧

补间是指在两个关键帧状态之间，Animate 根据自动计算补上的中间画面，是 Animate 高效地制作动画的主要方式。补间产生的中间画面称为补间帧。

Animate 自动补间的动画类型有：传统补间、补间形状、补间动画。

（1）传统补间

这是早些版本中使用的补间方式。

若要创建传统补间动画，需为起始点和结束点分别设置一个关键帧。传统补间动画中参与动画的对象必须是元件，如果不是元件，则需要选择对象，再执行菜单栏中的“修改＞转换为元件”。

（2）补间形状

补间形状也称为形状动画或变形动画，其动画效果是从一个形状随着时间流逝变成另一个形状的动画，参与动画的对象必须是矢量图形，如果是文字、图片或元件，则需要执行菜单栏中的“修改＞分离”，将其打散成矢量图形。

（3）补间动画

补间动画的对象也必须是元件，补间动画的创建过程比较灵活和快捷，无须频繁地创建关键帧。通过设置不同时间的元件属性创建动画效果，元件属性包括位置、大小、颜色、效果、滤镜及旋转等。

2. 图层

时间轴面板中的图层如图 3-3 所示，图层（类似 Photoshop 的图层）就像是相互重叠的透明纸一样，每张纸上存放着不同的对象，便于单独地编辑和修改各自的内容，这些透明纸叠放在一起就组成了一个完整的画面（帧）。所以，帧画面可以由多个图层的内容合成，而每一图层都包含许多帧。

图层有以下两大特点。

① 除了画有图形或文字的地方，其他部分都是透明的，也就是说，下层的内容可以通过透明的这部分显示出来。

② 图层又是相对独立的，修改其中一层，不会影响到其他层。

尽管一次可以选择多个图层，但同一时间只能有一个图层处于活动状态。

新建 Animate 文档时，其中仅包含一个图层。要在文档中组织插图、动画和其他元素，应该考虑创建更多图层，可创建图层的数量只取决于计算机的内存，图层数量不会改变动画文件的大小。如果需要，还可以隐藏、锁定、重新排列或删除图层。

一些动画效果，需要创建特殊的图层来完成，如引导层、遮罩层等。

(1) 引导层

引导层上的内容一般是不封闭的线条，用来指定对象的运动路径，如不规则的运动路径等，但引导层中的内容不会在输出动画中显示。

如要设置引导层，在某图层上右击，在弹出的快捷菜单中选择“添加传统运动引导层”，为该层添加引导层。

注意：被引导的对象需要将控制点对齐，被引导的图层和引导层之间要建立链接关系。

如要将引导层恢复为普通层，在引导层上右击，在弹出菜单中选择“取消引导层”命令。

Animate 的补间动画可直接生成运动路径，比较方便，无须另建一个引导图层。

(2) 遮罩层

通常图层是透明的，上层的空白处可以透露出下层的内容。而 Animate 的遮罩跟这个原理正好相反，遮罩层有内容的区域可以显示下层(被遮罩层)的内容，类似于 Photoshop 的蒙版效果。

可以使用遮罩层创建两个孔，通过这两个孔可以看到下层的内容，利用这种方法可以作出双筒望远镜的效果。

注意：线条在遮罩层不起作用。

3.2.3 舞台

动画工作区的中间是舞台，也称为画板，它是 Animate 最主要的编辑区域。Animate 动画就是舞台上的内容随着帧的流逝发生变化而产生的。

在舞台上可以直接绘图，或者导入外部图形文件进行编辑和组织。

舞台位于工作界面的正中间部位，是放置动画内容的区域，这些内容包括矢量插图、文本框、按钮、导入的位图或视频剪辑等。可以在属性面板中设置和改变舞台的大小，默认状态下，舞台的宽为“550”像素，高为“400”像素，如图 3-1 所示。

制作动画时，可按需要改变舞台显示的比例大小，可以在舞台右上角“场景窗口”右侧“显示比例”中设置显示比例，最小比例为“4%”，最大比例为“2000%”，也可执行 Ctrl+“+”或 Ctrl+“-”等快捷方式快速调整显示比例。

注意：显示比例缩放，物体的大小并没有改变。就像用放大镜阅读，字体显示放大，但其实际大小是不变的。

1. 舞台属性的设置

使用选取工具，单击舞台画面，再将光标移向右侧的属性面板，从中可设置舞台画面的高、宽值，设定舞台空间的大小，也可以设置舞台的背景色和帧频。

2. 舞台定位

在舞台上作图，可借助标尺、网格线或辅助线对图形定位，方法是：执行菜单栏中的“视图＞标尺”，启用标尺；执行菜单栏中的“视图＞网格”，其中可以“显示网格”和“编辑网格”；执行菜单栏中的“视图＞辅助线”来显示、锁定或编辑辅助线。添加辅助线常用的方法有以下两种。

① 按 Ctrl＋Shift＋Alt＋R 组合键调出标尺。

② 光标直接从标尺处拖出垂直或水平辅助线到特定位置。

单击激活工具面板上选项区的吸附工具，操作对象时可以快速对齐辅助线或对象或网格。

3.2.4 常用面板

1. 属性面板

通过属性面板可以很容易地访问舞台或时间轴上当前选定项的最常用属性，也可以在面板中更改对象或文档的属性。例如，设定绘图工具的填充颜色、边框宽度，设定舞台的背景颜色、尺寸，修改选择对象的名称、坐标、显示效果等。属性面板是最常用内容之一，如图 3-4 所示为不同对象的属性面板。

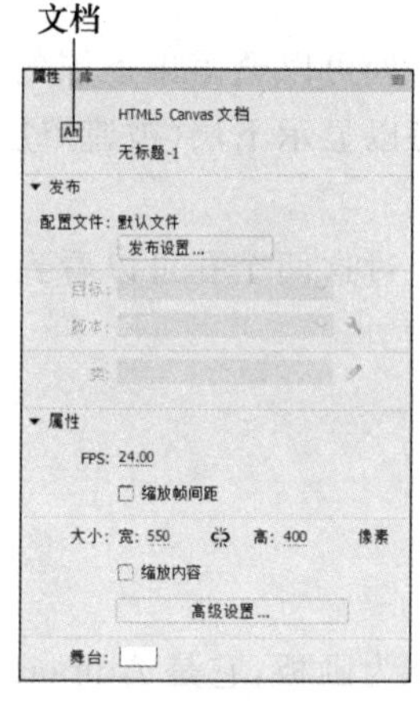

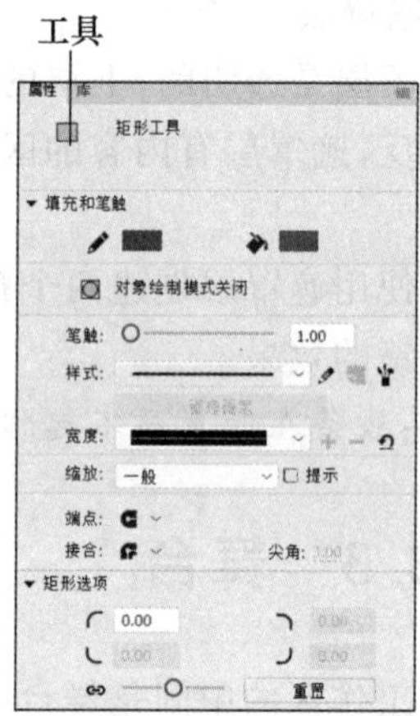

图 3-4 不同对象的属性面板

2. 对齐面板

对齐面板可以重新调整选定对象的对齐方式和分布，如图 3-5 所示。对齐面板分为五个区域。

- 对齐：用于调整选定对象的左对齐、水平居中对齐、右对齐、上对齐、垂直居中对齐和底对齐。
- 分布：用于调整选定对象的顶部分布、水平居中分布和底部分布，以及左侧分布、垂直居中分布和右侧分布。
- 匹配大小：用于调整选定对象的匹配宽度、匹配高度。
- 间隔：用于调整选定对象的水平间隔和垂直间隔。
- 与舞台对齐：用于调整选定对象相对于舞台尺寸的对齐方式和分布。如果没有按下此按钮则是两个以上对象之间的相互对齐和分布。

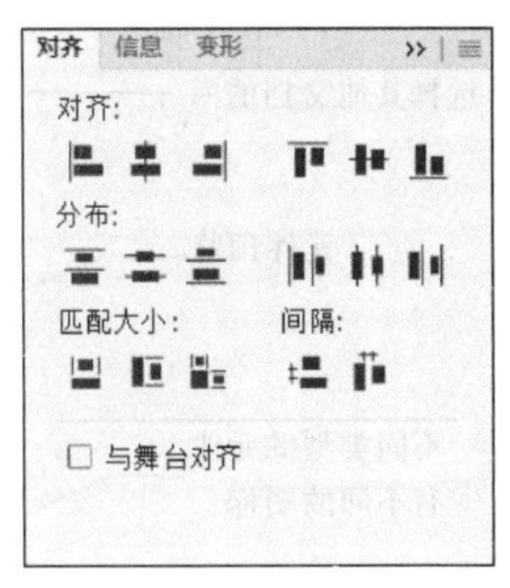

图 3-5 对齐面板

3. 颜色面板

颜色面板如图 3-6 所示,可以用来创建和编辑"边框颜色(笔触颜色)"和"填充颜色"。颜色默认使用 RGB 模式,显示红、绿、蓝的颜色值。同时显示 HSB 画家模式,HSB 分别代表色相、饱和度和亮度,用 HSB 画家模式来选取颜色更加符合用色习惯。

可以选择的颜色类型有:不填充、纯色(单一颜色)、线性渐变(一种沿线性轨道逐渐变化的颜色效果)、径向渐变(一种从中心焦点出发沿环形轨道逐渐变化的颜色效果)、位图填充(用图像平铺所选的填充区域)。

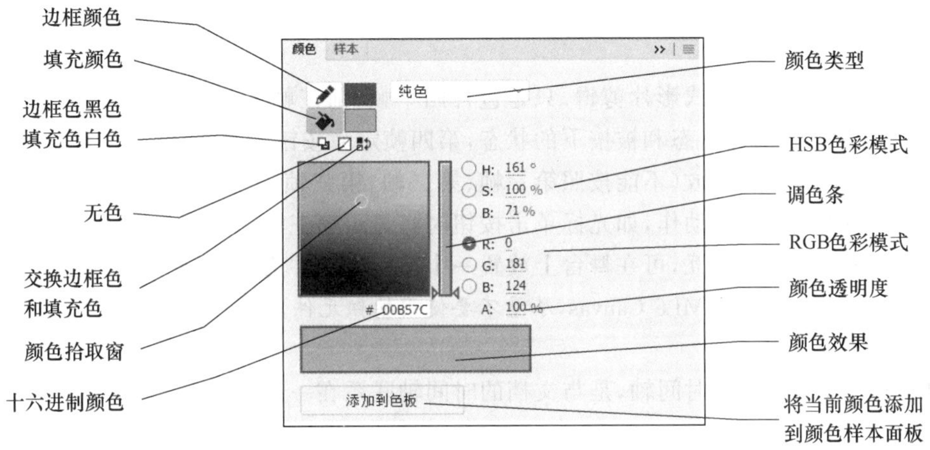

图 3-6 颜色面板

- 颜色的透明度:用"A"(Alpha)来指定,其范围为 0%～100%,0%为完全透明,100%为完全不透明。
- 十六进制颜色:显示的是以"#"开头十六进制模式的颜色代码,可直接输入。
- 颜色拾取窗:可以在面板的"颜色拾取窗"中单击鼠标,选择一种颜色,上下拖动右边的"调色条"调整颜色的亮度。
- 添加到色板:设定的颜色可以通过"添加到色板"加入颜色样本面板,以方便选用。

4. 元件库面板

元件库(见图 3-7)用来存放和组织可重复利用的动画元件,包括在 Animate 中绘制的图形、导入的声音、位图及视频等文件。元件库面板可通过文件夹的方式组织和管理元件。

元件是动画中可反复使用的动画元素,图形(graphic)、按钮(button)和影片剪辑(movie clip)三种元件类型各有不同特点和作用,常用到的元件类型是影片剪辑。

(1) 影片剪辑

影片剪辑具有自己的多帧时间轴,它们独立于影片的主时间轴,影片剪辑可以看作是一些嵌套在主时间轴内的小时间轴。

影片剪辑元件可以包含其他元件、交互式控件或声音等。

注意:如果 Animate 动画是发布到 HTML5 Canvas,那么元件尽量不要嵌套多层。

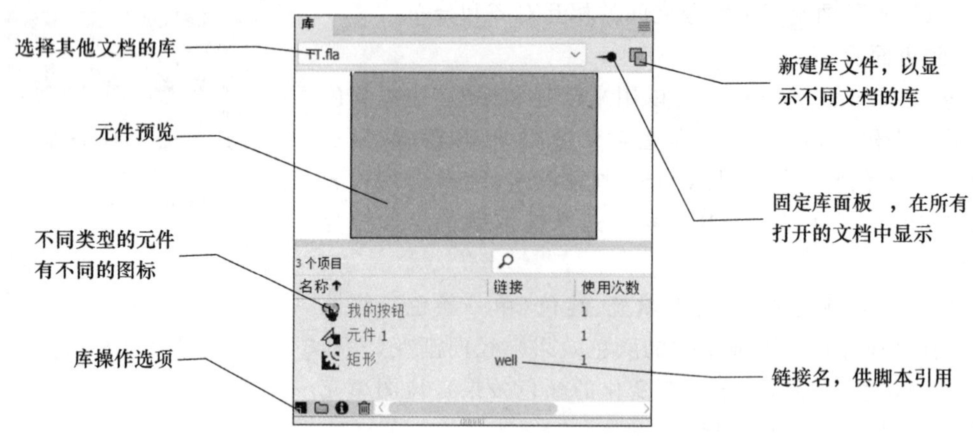

图 3-7　元件库面板

（2）按钮

按钮是一种特殊交互式影片剪辑，只是包含四个帧，前三帧显示按钮的三种可能状态：正常的状态、光标经过时的状态和被按下的状态，第四帧定义按钮的激活区域。

按钮不能进行线性播放（不能按照第一帧、第二帧、第三帧……这样的顺序播放），会通过跳转至相应帧来响应光标动作，如光标单击按钮时将显示第三帧的内容。

要使按钮能够实现交互，可在舞台上放置一个按钮实例并为该实例分配动作。

注意：*如果发布为 HTML5 Canvas，尽量不要使用按钮元件，而应采用影片剪辑作为按钮。*

（3）图形

图形元件没有自己的时间轴，是与文档的时间轴联系在一起的。由于没有时间轴，图形元件数据量比较小。

图形元件可用于静态图像，并可用来创建可重用动画片段，但交互式控件和声音在图形元件的动画序列中不起作用。

1）元件的创建

元件的创建方式有两种：先制作后转换或先创建空白元件后编辑。前者更为直观和通用。

（1）先制作后转换

制作并选择对象，执行菜单栏中的"修改>转为元件"，打开如图 3-8 所示的"转换为元件"对话框，接着给元件命名，选择创建的元件类型：影片剪辑、按钮或图形。

（2）先创建空白元件后编辑

执行菜单栏中的"插入>新建元件"，给元件命名，选择元件类型。"新建元件"对话框与如图 3-8 所示的对话框相似。

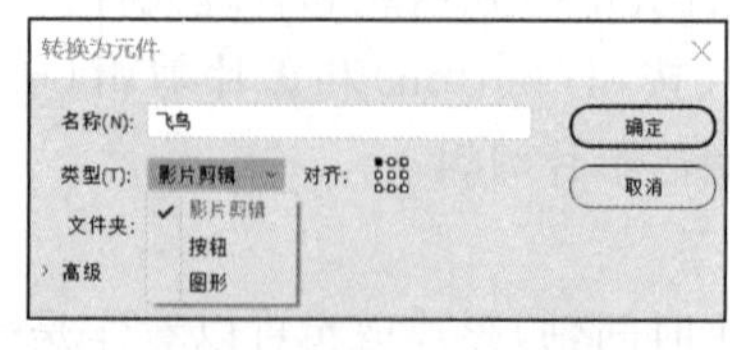

图 3-8　"转换为元件"对话框

一旦创建了元件，就自动纳入元件库，可以放到舞台上作为实例使用，或被程序语言调用。

用光标直接将元件从元件库中拖到舞台上，就创建了这个元件的一个实例，一个元件可以创建多个实例。

使用元件可以极大减小动画文件的大小，因为不论用元件创建了多少个实例，动画文件都只存储这个元件。

修改舞台上任意一个实例的属性，都不会影响到元件库中元件的性质，但如果修改元件库中元件的属性,那么该元件的所有实例都将发生相应的变化。

2) 元件的编辑

编辑元件时,时间轴和舞台将从场景模式切换到元件编辑模式,在该模式下显示元件的内容。可以将当前场景模式切换为元件编辑模式来编辑元件;也可利用快捷菜单(右击对象)中的命令,对该元件进行编辑;还可以新开一个窗口对元件进行编辑,此时时间轴将只显示正在编辑元件的帧。

元件在创建交互式动画的过程中担当各种不同的重要角色。例如,为按钮元件设置动作并设置好触发动作的事件(如单击鼠标、按下键盘上的某个键等),当事件发生时,元件便会响应设置好的动作,这个功能常用于创建复杂的交互式动画。

3.3 常用绘图工具的使用

Animate 的工具基本上都是针对矢量图形进行操作的,同 Photoshop 的矢量工具(如钢笔、矩形工具等)使用方法类似。

3.3.1 对象选择

Animate CC 中的对象选择主要使用工具面板中的选择工具 、部分选择工具(贝塞尔选择工具) 、套索工具 、多边形工具 和魔棒工具 。

1. 选择工具

选择工具 的主要功能是选择对象、移动对象、编辑线条等。选择选择工具 时,选项区会出现"锁定"按钮 (自动捕捉和限定物体位置)、"线条平滑"按钮 、"线条伸直"按钮 三个按钮选项。

(1) 选择对象

Animate 中的矢量图形由边框和填充两部分组成,边框和填充图形即使在颜色相同的情况下也是两个不同的对象,可以分别编辑。

当绘制了一个带边框的矩形后,用选择工具 单击矩形的边线或内部时,边框和内部图形不能被同时选中。

光标单击图形内部选择填充部分;双击图形内部来选择图形及其边框;单击边框选择边框的局部或双击图形边框来选择整个边框。如果用框选的方式,则可以同时选择图形的边框和填充,或边框和填充的一部分。

(2) 移动对象

打开"锁定"按钮 ,物体移动时会自动捕捉自身或其他物体的中心或边缘,达到对齐的目的。按住 Ctrl 键的同时移动物体,可以复制物体。

可以选择物体后,按键盘上的方向键↑、↓、←、→移动一个像素。

(3) 编辑线条

光标移动到物体边框上,变成线框编辑图标 ,就可改变边框线的曲率。

(4) 编辑节点

光标移动到物体边框上，变成节点编辑图标，就可移动节点的位置。如果需要增加节点，按住 Ctrl 键的同时，移动边框即可。

(5) 贴紧对象

按下“锁定”按钮后，在拖动物体时，当光标的位置与网格或物体的某特殊点(角点、中心点等)接近时，释放鼠标，被拖动的物体将与网格或特殊点自动贴紧。

(6) 平滑按钮

平滑按钮的作用是使当前选中的线段或形状更为光滑。

(7) 伸直按钮

伸直按钮的作用是使当前选中的接近直线、圆、椭圆、矩形等形状的线或图形转变为这些基本图形。

2. 部分选择工具

部分选择工具的主要功能是选择线条、编辑线条节点和精确调整线条曲率。具体操作是：单击线条节点，再通过拖动控制节点的手柄(可按住 Alt 键，再拖动光标以平滑节点)以调整曲线。

3. 套索工具

套索工具可以选取不规则的选区。在图形上拖动光标画出一块区域，松开鼠标后会自动选取套索圈画出的封闭或近似封闭的区域。

4. 魔棒工具

单击套索工具保持 1 s，在弹出的工具栏中选择魔棒工具，魔棒工具选择具有相同或类似颜色的位图图形区，可在其属性面板中设置所选颜色的相近度(阈值)。

3.3.2 文字工具

在 Animate 中，使用文字工具可方便地插入文字。通过文字属性面板可以方便地调整文字的字号、字型、颜色、间距、对齐方式等属性。

Animate 中的文字类型有三种。

- 静态文本：即普通文本，是 Animate 的默认类型。
- 动态文本：将产生一个文本框，显示内容可以来自文本外部，如显示计算结果、实时新闻播报、数据载入等。
- 输入文本：是一个用户输入文本的文本框，如密码、填写信息等。一般需要针对输入文本指定一个处理机制，如实时处理或传给服务器。

输入文字时，可以单击舞台输入文字，也可以拖出矩形框，再输入文字。后一种方法，输入文字时可以自动换行。

3.3.3 画线工具

Animate 中常用的画线工具包括铅笔工具和直线工具，使用铅笔工具可以很随意地绘制线条和图形，但这些线条和图形并不是按照铅笔的实际运动轨迹所形成的，Animate 会根据用户选定的绘图模式，在画完线条后自动调整，使之变得笔直或平滑，而使用直线工具却只能绘制出直线段，铅笔工具和直线工具在使用时具有较大的相似性。

1. 铅笔工具

使用铅笔工具可以按照以下步骤进行。

① 在工具面板中选取铅笔工具 。

② 可在铅笔笔触属性面板（见图 3-9）中设置线条样式（实线、虚线、徒手线等）、宽度以及颜色。

注意：铅笔工具不能设置填充颜色，因为铅笔工具只能绘制边框线条，即使很粗，也是线条。

③ 在工具面板下方的选项中，单击“铅笔模式”按钮 ，这时会弹出包括三种铅笔模式的菜单。

- 伸直模式（Straighten）：拉直线条，将自由绘制的不规则三角形、椭圆、圆形、矩形、正方形的边线拉直并转换成这些常用几何图形。
- 平滑模式（Smooth）：自由绘制的线条会被拟合成平滑的曲线。
- 徒手模式（Ink）：保留手绘的任意形状线条。

④ 打开或关闭绘制对象模式 。如果打开绘制对象模式，Animate 会将每个形状创建为单独的对象，Animate 会在形状周围添加矩形边框来标识它，可以分别进行处理，形状叠加时不会自动合并或混合。如果关闭绘制对象模式，绘制图形时，重叠的形状将会相互叠加，后画的内容会取代先画的。

在使用铅笔工具画线的过程中如果按下 Shift 键，可使线条沿水平、垂直或 45°方向绘制。

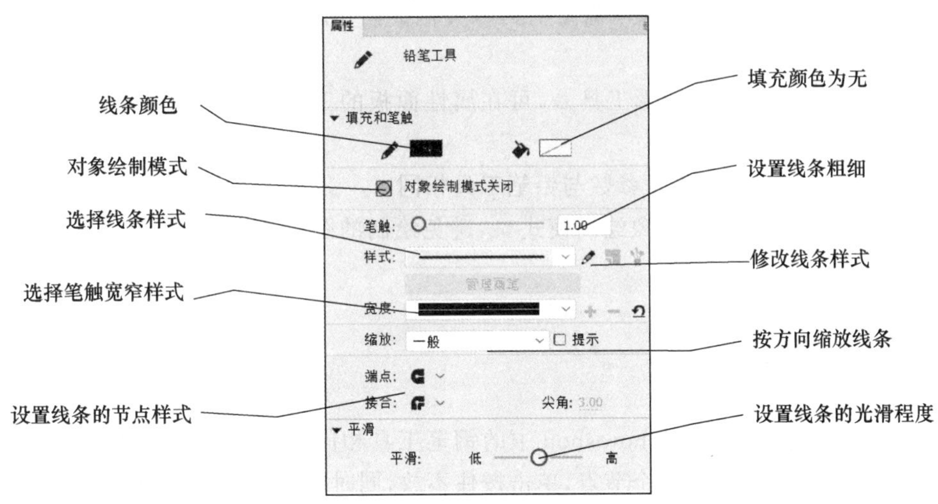

图 3-9　铅笔工具属性面板

2. 直线工具

直线工具的使用更为简单，只要在工具面板中选取直线工具，然后在笔触属性面板中设置好直线样式、线宽以及颜色后，即可在场景中拖动光标绘制直线了。

同样地，使用直线工具在场景上拖动光标绘制直线时，如果按下 Shift 键，可以使直线沿水平、垂直或 45°方向绘制。

3.3.4 基本图形工具

Animate绘制的基本图形包括椭圆、圆形、矩形、正方形、圆角矩形和多边形等。由于使用椭圆工具和矩形工具绘制的图形都是封闭图形，因此能够对它们进行填充。

使用椭圆工具和矩形工具可以按照下面的步骤进行。

① 在工具面板中选取椭圆工具或矩形工具或星形工具。

② 在属性面板中，设置椭圆或矩形边框的线条样式、宽度、边框颜色、填充的颜色和边角半径等。

③ 在舞台中拖动光标，即可绘制出椭圆、矩形或多边形。如果同时按下 Shift 键，就可以绘制出正圆形、正多边形。

④ 选取工具面板中的椭圆工具时，可在属性面板的椭圆选项中设置画椭圆扇形或圆环。

按住椭圆工具 1 s 不放，将出现椭圆工具集，其中的基本椭圆工具的操作特点是创建"基本椭圆"后，选择"基本椭圆"，可以通过调整属性面板中的参数来更改内径和扇形角度。常规的椭圆不支持这样操作。

注意："基本椭圆"是个整体，不能进行节点的调整操作。需要对其做"分离"操作之后，才可以作为普通图形进行编辑。

⑤ 选取工具面板中的矩形工具，可在属性面板的矩形选项中设置矩形的圆角半径。

基本矩形工具的特点同基本椭圆工具类似。创建之后，还可以调整其圆角半径和矩形尺寸。

⑥ 选取工具面板中的多边形工具，可在属性面板的工具选项中设置多边形样式、边数和顶角效果。

基本图形工具可设置的边框参数与铅笔工具相同。

在同一图层上，可以打开对象绘制模式，避免绘制的图形相交（或重叠）成一个物体，而不能分别编辑和处理。

3.3.5 钢笔工具

Animate的钢笔工具与 Photoshop 中的钢笔工具相同，用于精确绘制曲线。钢笔工具的使用方法是：每次单击指定一个节点，单击按住不放，同时拖动光标，将生成一条曲线。按住 Ctrl 键可以调整节点的位置和曲率，按住 Alt 键单击节点，可将节点直线化。

当曲线处于被选择状态时，光标停留在曲线不同之处，Animate 光标将转变为对应图案，代表不同功能，如添加节点、删除节点或转为可调节曲率的节点。

钢笔工具工具集中包括添加节点（锚点）工具、删除节点工具和变换节点曲率的工具，具体作用如表 3-1 所示。

平滑线条时，使用选择工具选择相应线条，多次单击选择工具选项区中的平滑模式。相反，多次单击使线条更加笔直。

3.3.6 制作“卡片”图形

创建大头照卡片

本小节将创建一个组合的矢量图形——卡片，用矩形工具和钢笔工具绘制一个“卡片”图形，效果如图 3-10 所示。

本图形将在 HTML5 Canvas 中显示，并以 iphone6/7/8 作为移动端，因此需要选择特定的应用模式和尺寸。

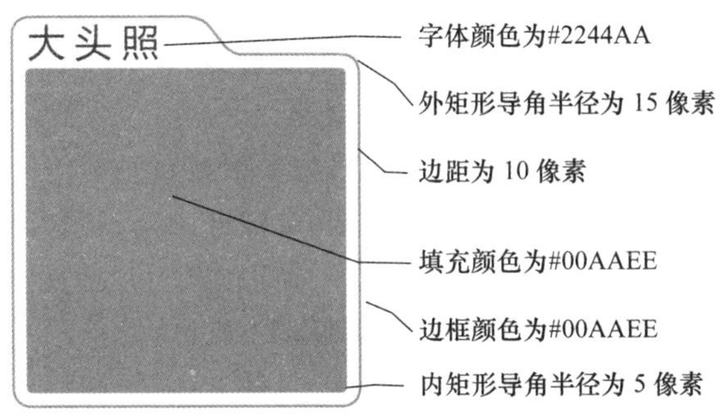

图 3-10 卡片图形示例

① 通过任务栏或桌面快捷方式打开 Animate CC。

在平台中选择“高级”项，然后选择应用模式“HTML5 Canvas”。在窗口右侧，将宽度设为“750”像素，高度设为“1206”像素，如图 3-11 所示，单击右侧下方的“创建”按钮，进入 Animate 工作环境。

② 在工具面板中，按住矩形工具 1 s，在弹出的工具栏中选择基本矩形工具，在属性面板中设置填充色(十六进制表示)为“＃00AAEE”(浅蓝色)，如图 3-12 中①所指示；设置边框颜色为“无颜色”，如图 3-12 中②所指示；对象绘制模式默认打开，如图 3-12 中③所指示；在矩形选项中将圆角半径设为“5”像素，如图 3-12 中④所指示。

因为设置相同锁定，如图 3-12 中⑤所指示，绘制的矩形四个圆角半径大小一样。

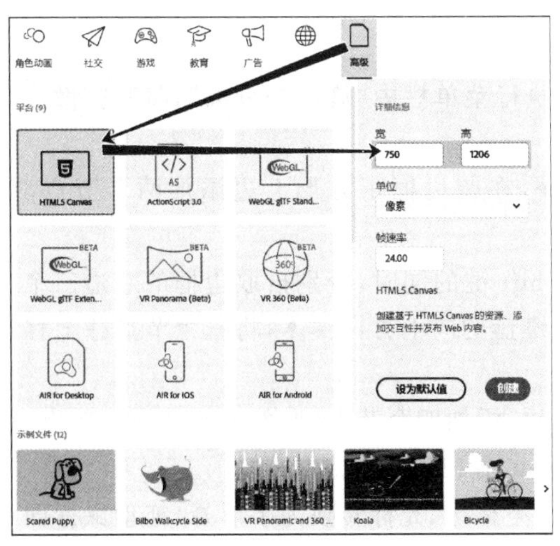

图 3-11 新建文档窗口

图 3-12 矩形属性设置

③ 按住 Shift 键,在舞台画一个浅蓝色的正方形。

④ 使用选择工具选择该正方形,在属性面板中将宽和高都修改为“240”。

“基本矩形”的特点是在放大缩小变换时,矩形的倒角都保持不变。如果绘制的是“矩形”,在放大或缩小变换时,倒角将随之发生变化。

⑤ 右击正方形,在弹出菜单中选择“复制”。

⑥ 右击舞台空白处,在弹出菜单中选择“粘贴到当前位置”,粘贴位置和原正方形一样。

⑦ 选择正方形,在属性面板中将宽和高都修改为“260”像素;修改填充色为“#FFFFFF”(白色);在矩形选项中将圆角半径设为“15”像素。

⑧ 选择墨水瓶工具,在属性面板中设置边框颜色为“#00AAEE”(浅蓝色);笔触(边框粗细)设为“3”像素,单击正方形边缘以设置边框效果。

⑨ 保持选择状态,执行菜单栏中的“修改>排列>移至底层”。

⑩ 使用选择工具框选两个正方形(或按 Shift 键分别选),执行菜单栏中的“窗口>对齐”,打开对齐面板,打开“与舞台对齐”,执行“水平中间对齐”和“垂直中间对齐”,如图 3-13 所示。将两正方形对齐并放置于舞台中间,效果如图 3-14 所示。

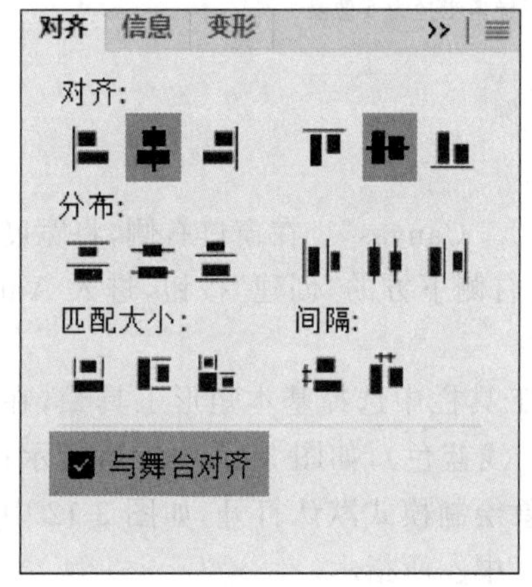

图 3-13 正方形对齐设置

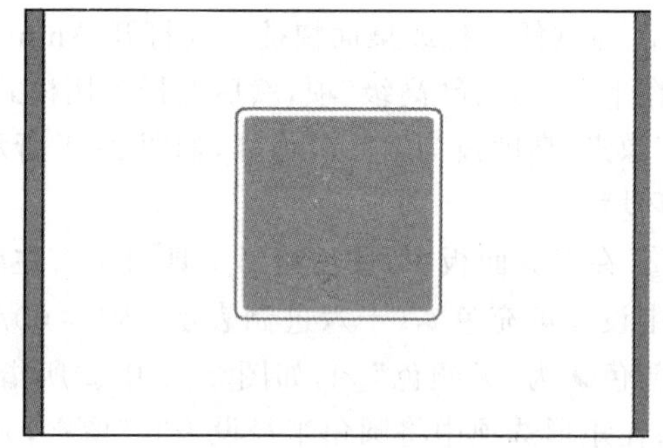

图 3-14 两正方形对齐效果

⑪ 使用选择工具单击舞台空白处,取消选择。

⑫ 选择下层正方形(浅蓝色边框的正方形),执行菜单栏中“修改>分离”,将其打散成普通的矢量图形,之后就可以进行添加节点等操作。

⑬ 选取钢笔工具集中的添加节点工具,在蓝边框正方形上边添加两个节点,如图 3-15 中①、②所指示。

⑭ 在工具面板中,选取部分选择工具,按 Shift 键的同时,分别拾取边框的左边三个节点,也可以框选,如图 3-15 中②、③、④所指示,按键盘的向上方向键↑,将三个节点往上移动一定的距离,如图 3-15 所示。

⑮ 选取添加节点工具,在如图 3-16 所示位置,添加四个节点(见图 3-16 中①、②、③、④处)。选取删除节点工具,分别单击图 3-16 中⑤、⑥处以删除节点。

⑯ 按 Ctrl+“+”组合键放大显示舞台,按键盘空格键,光标转换为手形,拖动鼠标即可移动画布内容的显示区域,以方便操作。

⑰ 使用选择工具放至图 3-17 中①、②点连线上,光标将变成,拖动图 3-17 中①、②点

之间的连线,改变该线段曲率成合适的弧形,同样操作图 3-17 中③、④连线,最后结果如图 3-17 所示。

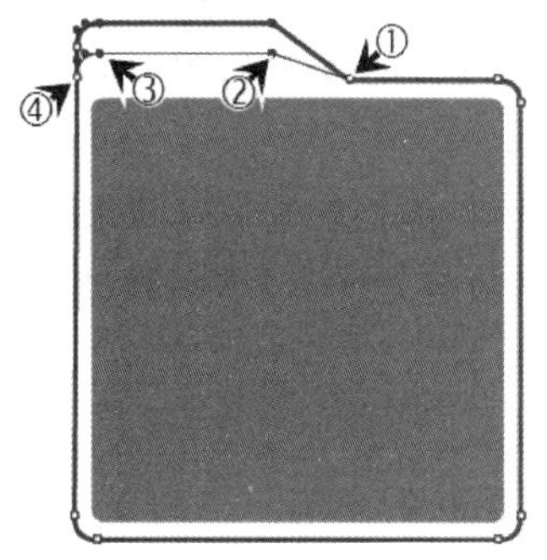

图 3-15 选择并移动节点

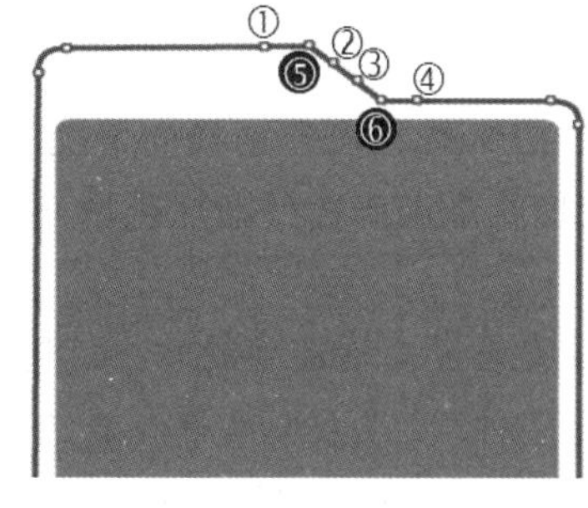

图 3-16 增加和删除节点

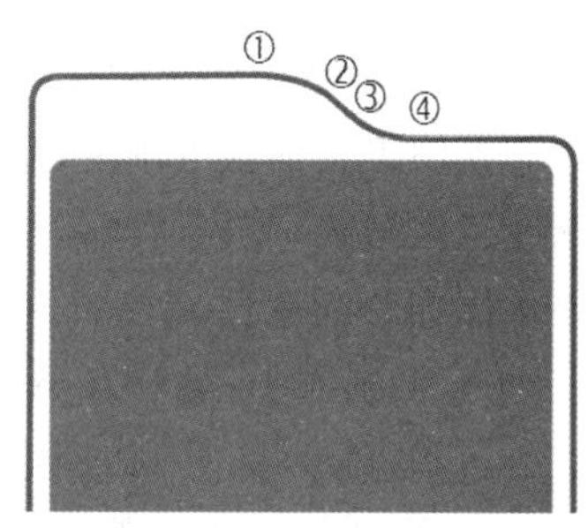

图 3-17 调整曲线

⑱ 选取文本工具 T,在属性面板中,确认文本类型为"静态文本";设置字体为"微软雅黑";大小为"26"磅;间距为"10";颜色为"＃2244AA"(深蓝色),在卡片上输入文字"大头照",使用选择工具将文本移动到合适位置,结果如图 3-10 所示。

⑲ 按 Ctrl+S 组合键保存文件为"卡片",格式为 fla。

3.3.7 画笔工具

Animate 的画笔工具有两种,本书根据绘制效果,将命名为"画笔工具",将命名为"艺术画笔工具",艺术画笔工具和铅笔工具的属性设置及使用方法基本相同,绘制的对象都是线条,不同之处在于艺术画笔工具可以设置为特殊的画笔样式(从"画笔库"中选择),而铅笔工具不行。

使用画笔工具可以方便地为图形、区域着色,甚至可以用它直接作图。使用画笔工具绘制的图形从外观上看似乎是线条,其实是一个填充区域,所以,使用画笔工具不仅可以创建出一些特殊的效果,还可以对绘制的图形进行颜色填充和描绘边框。

在工具面板中单击画笔工具,其下的选项(或属性面板)将出现绘画方式和绘画笔触的选择项,如图 3-18 所示。

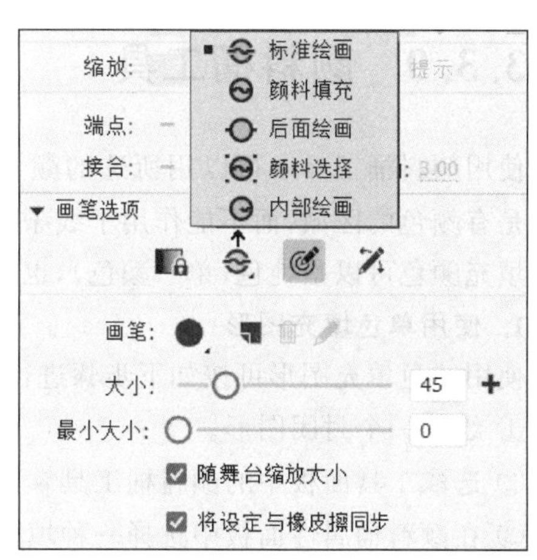

图 3-18 画笔工具属性面板

单击画笔属性面板中"画笔选项"中的画笔模式,可选择的绘画方式有五种。

- 标准绘画:将覆盖同一图层中所有的线条和填充色。
- 颜料填充:只能在空白区域和图形内部着色,原有线条将被保留,即所绘图形将被原来线条截断。
- 后面绘画:只能在空白区域着色,线条、轮廓线及封闭的图形内部等将保留原样不变。

- 颜料选择：只能刷涂所选定的填色区域。可以用选择工具选定一块区域填充。
- 内部绘画：在笔刷起始点所处区域内部开始填充且不会影响到线条，也永远不会影响到线条以外的部分。如果笔刷起始位置位于空白区域，则现有的线条和图形区域将都不会受到影响。

绘图工具面板的渐变色锁定按钮在没有选择的情况下(处于非锁定方式时)，如果选用渐变色来画线，笔刷所绘制的图形就是用所选的渐变色填充的。在锁定方式下，笔刷刷过之处显示固定的渐变色。

- 笔刷大小：笔刷大小的设置通过画笔选项的“大小”进行选择。
- 笔刷形状：笔刷的形状有多种，设置方法是单击选择合适形状的画笔。
- 笔刷颜色与平滑度：笔刷颜色和平滑度的设置可以通过画笔工具的属性面板进行选择和编辑。
- 压感笔：如果使用了 Wacom 等压感笔，可以打开“压力”按钮和“倾斜”按钮，绘画过程中，能随着压感笔上的压力变化而改变画笔笔触的宽度，也可随压感笔的倾斜度变化而改变画笔笔触的角度。

3.3.8 墨水瓶工具

在绘图工具面板中单击进入墨水瓶涂色方式，图标会变为墨水瓶形状。墨水瓶“尖端”单击边框或图形内部，就可以将边框改为指定的颜色。

墨水瓶工具不能改变图形的填充色，只对图形中的边框进行着色，或为一个区域添加封闭的边框。

墨水瓶工具不仅能使用固定色，还能用渐变色或位图方式填色。

墨水瓶工具参数设置，与铅笔工具的设置相同，其参数分别为颜色、线宽和样式等。

为填充区域添加边框时，在不选中填充区域的情况下，无论单击填充区域的任何部分，都可以为它添加边框；而在选中填充区域的情况下，单击填充区域的边缘，才可添加边框。

3.3.9 颜料桶工具

使用颜料桶工具可以用所选的颜色填充封闭区域。这个封闭区域可以是空白区域也可以是有颜色的区域，而不能作用于线条。

填充颜色可以是纯色(单一颜色)，也可以是渐变色甚至是位图图像。

1. 使用单色填充图形

使用纯色填充图形可按如下步骤进行。

① 绘制一个封闭图形。

② 选取工具面板中的颜料桶工具。

③ 在颜料桶属性面板中选择一种填充颜色，同时可以设置该色的 Alpha 值(透明度)。

④ 单击图形内部即可完成填色。

颜料桶工具允许对具有一定缺口的区域进行填充，Animate 能自动辨认未合拢的轮廓线，并将该图形当作是封闭图形加以填充。

2. 使用渐变色填充图形

卡片填充渐变色

渐变填充的方法与单色填充方法类似，渐变色的设置类似于 Photoshop。

在"大头照卡片"的基础上，完成渐变色填充的操作，步骤如下。

① 打开"卡片.fla"。

② 执行菜单栏中的"窗口>颜色"，打开颜色面板，如图 3-19 所示。

③ 在颜色面板中单击填充颜色，如图 3-19 中①所指示，此时显示的是填充颜色的设置，在颜色类型中选择"线性渐变"，如图 3-19 中②所指示。

④ 单击 H: 235，如图 3-19 中③所指示，按 HSB 画家模式拾取颜色。

⑤ 单击样本色条上的起点滑块，如图 3-19 中④所指示，设置十六进制颜色为"00EEFF"(浅蓝色)，如图 3-19 中⑤所指示；单击样本色条上的终点滑块，如图 3-19 中⑥所指示，设置十六进制颜色为"2233FF"(深蓝色)。也可自行在拾色窗口选择合适的颜色。

⑥ 选择颜料桶工具，确认工具面板下方的"渐变色锁定"按钮没有启用，光标单击浅蓝色矩形，得到的效果如图 3-20 所示，矩形内部从左至右的颜色从浅蓝到深蓝逐渐改变。

需要将填充的渐变色逆时针旋转 90°，使之从上至下为"浅蓝色到深蓝色"渐变。

⑦ 按住工具面板中变形工具不放，在其弹出的工具栏中选择渐变变形工具，单击渐变色矩形，出现两条平行线和三个控制点，如图 3-21 所示，圆形手柄可以调整渐变色的方向；方形手柄可以调整两条平行线的距离，从而改变渐变色的渐变范围；中间圆点是旋转的中心点，也称为变形点。

⑧ 光标碰到圆形手柄，转为渐变旋转图标，按住手柄顺时针移动，渐变色将随着光标旋转，如图 3-21 所示。旋转按每 15°自动吸附，直到旋转角度为 90°。

⑨ 按 Ctrl+S 组合键保存文件。

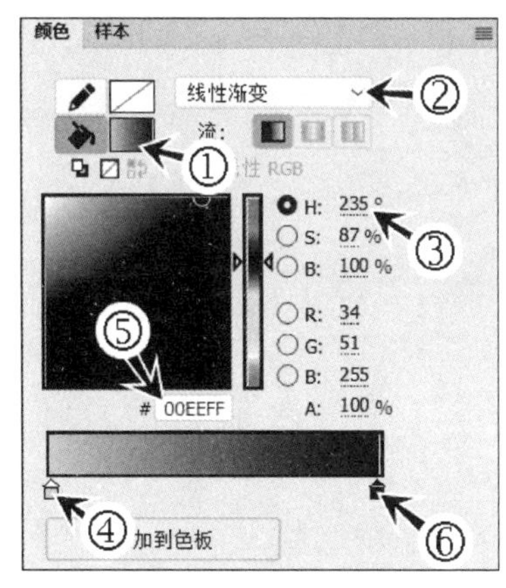

图 3-19 填充渐变色的设置

图 3-20 渐变色填充效果

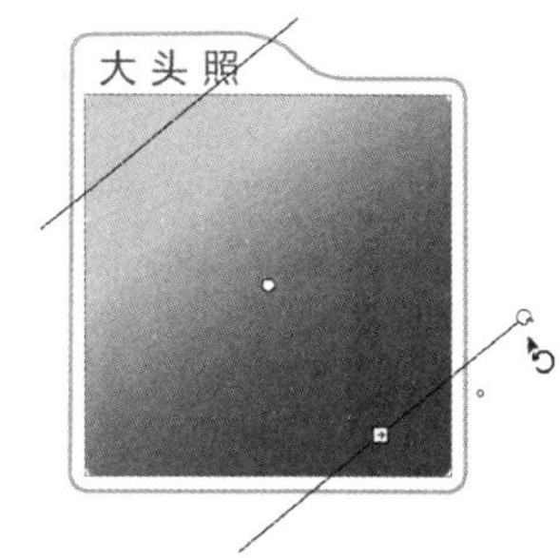

图 3-21 线性渐变调整效果

3.4 Animate CC 动画制作

本节内容将通过完善上节完成的"大头照卡片"案例及制作更多卡片，学习和掌握 Animate 制作各种类型动画的方法和技能，同时为最终的多媒体应用项目准备素材。

3.4.1 创建和编辑元件

创建和编辑元件

Animate 的元件有影片剪辑、按钮、图形三种，其中最常用的元件类型是影片剪辑。

创建影片剪辑元件的方法通常采用“先制作后定义”的形式：在舞台上创建图形，然后选择该图形转换为元件。

1. 创建元件

打开“卡片. fla”文件，如果没有该文件，可以按前节的步骤完成。

① 使用选择工具 选取舞台上的全部图形（或按 Ctrl＋A 组合键全选）。

② 执行菜单栏中的“修改＞转换为元件…”，或按 F8 功能键，在转换为元件对话框中，输入名称为“大头照卡片”，从元件类型中选择“影片剪辑”（默认值）。单击“确定”完成设置。

转换为元件后，元件将自动纳入元件“库”中（按 Ctrl＋L 组合键可以打开元件库面板），同时舞台将保留一个实例，该实例不能直接用颜料桶等工具编辑，需要进入元件编辑模式进行编辑，但可以对舞台上的实例进行旋转、移动、缩放等不改变性质的操作。

2. 编辑元件

“大头照卡片”由三部分组成：下层的卡片外框、上层的卡片内框及卡片标题。不同的组成部分尽量放在不同的图层，以免编辑时互相干扰。

编辑元件的方式主要有两种：在舞台上编辑、从库中编辑。

① 右击舞台上“大头照卡片”实例，在弹出的菜单中选择“在当前位置编辑”，如图 3-22 所示，此时舞台格局保持不变，只能编辑当前元件，即“大头照卡片”。

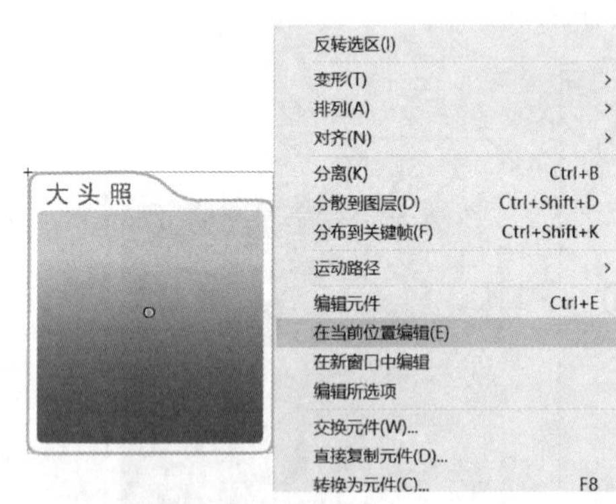

图 3-22 编辑元件的方式

此时，Animate 进入“大头照卡片”元件编辑窗口 场景 1 大头照卡片，当前时间轴是属于“大头照卡片”元件的。如果要回到舞台，则单击窗口选项卡中的“场景 1” 场景 1 大头照卡片 即可，或双击舞台的空白区域。

② 在时间轴中，双击图层名“图层_1”，将图层名改为“卡片外框”。

③ 在时间轴中，单击“新建图层”按钮 ，新建图层命名“卡片内框”。

④ 选择“卡片外框”图层，右击“蓝色矩形”，在弹出菜单中选择“剪切”。

⑤ 选择“卡片内框”图层，右击舞台空白处，在弹出菜单中选择“粘贴到当前位置”，如此就

将“蓝色矩形”粘贴到“卡片内框”图层，而且与原位置相同。

弹出菜单中的另一选项“粘贴到中心位置”是指粘贴到舞台或工作区中心。

⑥ 再次新建图层，命名为“卡片标题”，将标题文字(“大头照”)剪切并粘贴至本图层。

⑦ 按 Ctrl+S 组合键保存文件。

3.4.2 复制和编辑元件

在制作元件时，如果两个元件的结构和形式相差不多，可以复制元件为新元件，再做少量调整。

以下将通过 Animate 的直接复制功能，完成三张卡片的制作，如图 3-23 所示，即“数学成绩卡片”、“语文成绩卡片”和“姓名卡片”。

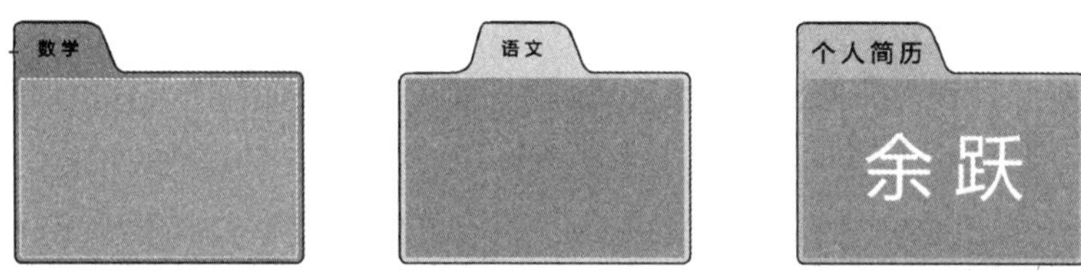

图 3-23 “数学成绩卡片”、“语文成绩卡片”和“姓名卡片”

1. 制作“数学成绩卡片”

① 打开“卡片.fla”文件。

② 按 Ctrl+L 组合键，打开元件库面板，如图 3-24 中①所指示。

③ 右击库中的“大头照卡片”，在弹出菜单中选择“直接复制…”。在“直接复制元件”对话框中，将名称设定为“数学成绩卡片”，如图 3-24 中②所指示，单击“确定”按钮完成复制。

右键弹出菜单中的“复制”和“直接复制…”的功能不同。“直接复制…”的功能是复制元件到库中；“复制”的功能是复制元件到“剪贴板”中，供粘贴到舞台。

元件库中出现新元件——“数学成绩卡片”，如图 3-24 中③所指示，其中内容和“大头照卡片”一样。

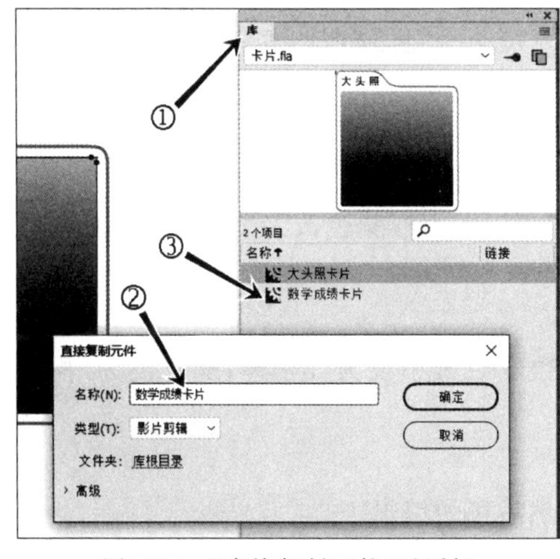

图 3-24 “直接复制元件”对话框

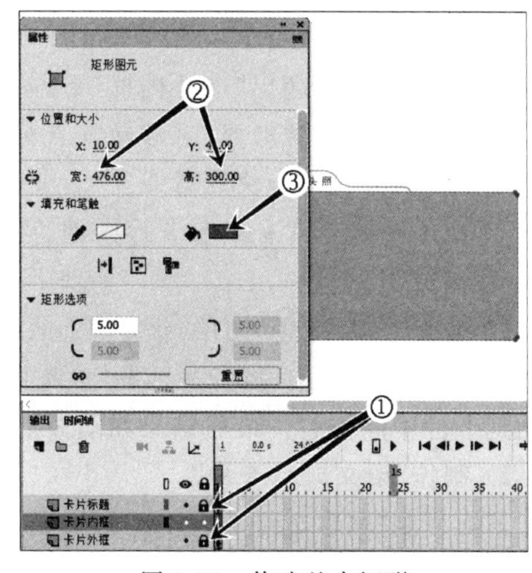

图 3-25 修改基本矩形

④ 双击“数学成绩卡片”，进入该元件编辑窗口。

⑤ 单击“卡片外框”图层和“卡片标题”图层的锁定标记，将两图层锁定🔒，结果如图 3-25 中①所指示。

每次尽量在一个图层上操作时，锁定其他图层。

⑥ 选择“卡片内框”（渐变色的正方形），在属性面板将宽度设为“476”、高度设为“300”，如图 3-25 中②所指示；填充色改为“＃B0B0B0”（浅灰色），如图 3-25 中③所指示。

⑦ 锁定“卡片内框”图层，单击“卡片外框”图层的锁定图标🔒，解锁“卡片外框”图层。

⑧ 在“卡片外框”图层，使用部分选择工具▷，选择卡片“卡标”（见图 3-26）的上方四个节点，如图 3-26 中①所指示，按键盘的向上方向键↑，将四个节点往上移动一定的距离，卡标高度至少 80 像素，以方便在移动端的手指触控操作。

注意：当场景 100％显示时，每按一次方向键，选择的对象移动 1 像素；当场景 50％显示时，每按一次方向键，选择的对象移动 2 像素，以此类推。

⑨ 选择卡标的右侧四个节点，如图 3-26 中②所指示，按键盘的向右方向键→，将四个节点往右移动一定的距离，卡标宽度至少 150 像素。

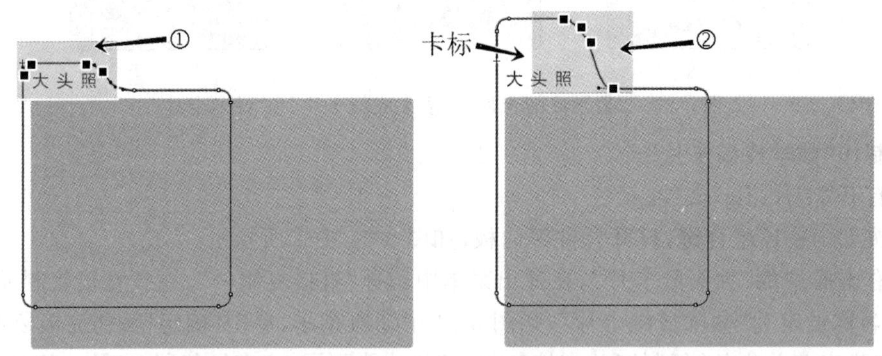

图 3-26　移动节点操作一

⑩ 选择卡片右侧的四个节点，如图 3-27 中①所指示，按键盘的向右方向键→，将节点往右移动一定的距离，超出“卡片内框”右侧 10 个像素。

⑪ 选择卡片下方的四个节点，如图 3-27 中②所指示，按键盘的向下方向键↓，将节点往下移动一定的距离，超出“卡片内框”下方 10 个像素。

注意：可以设置辅助线，再移动节点对齐辅助线，则制作效率更高、效果更好。也可以使用“贴紧对象”的方式进行快速对齐。

⑫ 使用选择工具▶双击卡片内框，在属性面板中，将边框颜色改为“黑色”；填充色改为“＃00BBFF”（浅蓝色）。

⑬ 解锁“卡片标题”图层，锁定其他图层。

⑭ 在属性面板中，将卡片标题“大头照”改为“数学”；大小设为“34”磅；颜色设为“黑色”，移动到卡标中间位置。最后结果如图 3-23 所示。

2. 制作“语文成绩卡片”

下面复制“数学成绩卡片”为“语文成绩卡片”，然后稍做编辑。

① 打开元件库面板。

② 右击“数学成绩卡片”，在弹出菜单中选择“直接复制…”。在“直接复制元件”对话框

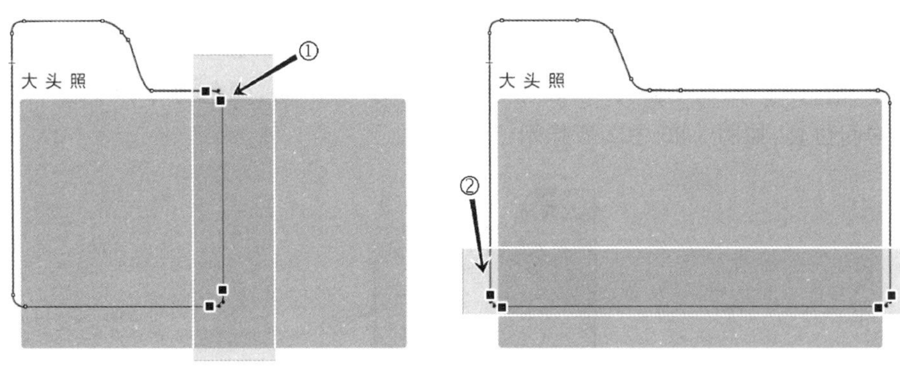

图 3-27 移动节点操作二

中,将名称设定为"语文成绩卡片",单击"确定"按钮完成复制。

③ 双击元件库中的新元件——"语文成绩卡片",进入该元件编辑窗口。

④ 双击"数学"改为"语文"。

⑤ 解锁"卡片外框"图层,锁定其他图层。

⑥ 选择"卡片外框"填充区,将其填充色在属性面板中改为"AAEECC"(浅绿色)。

⑦ 选取添加节点工具,在黑边框左上侧添加两个节点,如图 3-28 中①、②所指示。

⑧ 使用部分选择工具选择卡标的节点(见图 3-28 中③所指示区域中的节点),按键盘的向右方向键→,将节点移动到接近卡片中间的位置,如图 3-28 中④所指示。

⑨ 选择如图 3-28 中⑤所指示的节点,按向上方向键↑,将如图 3-28 中⑤所指示的节点移到与如图 3-28 中⑥所指示的节点对齐处,然后选择它们移动到与卡片上边对齐。

⑩ 选择如图 3-28 中⑥所指示的节点,按键盘的向左方向键←,将其略微往左移。

⑪ 按照前面"大头照卡片"的制作方法,将图 3-28 中⑤、⑥点处倒成两个圆角。

⑫ 选择"语文"文本,按键盘的向右方向键→移动到卡标中间。

最后结果如图 3-23 所示。

注意:可以使用辅助线或网格,有助于图形或节点的快速准确地对齐。

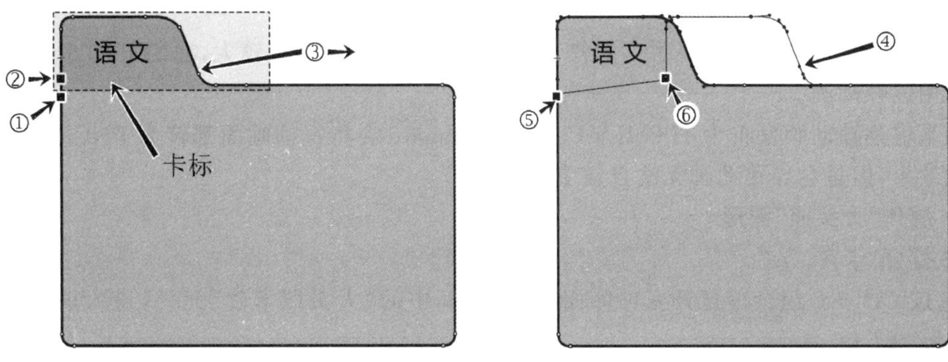

图 3-28 编辑"语文成绩卡片"

3. 制作"姓名卡片"

"姓名卡片"也是通过复制"数学成绩卡片",之后稍微调整的方法完成的。

① 在库元件面板中,直接复制"数学成绩卡片"为"姓名卡片"。

② 双击“姓名卡片”，进入该元件编辑窗口。

③ 选择最上层的“卡片标题”图层，新建图层命名为“姓名”，如图 3-29 中①所指示。使用文本工具 T，输入“余 跃”，字体为“微软雅黑”；大小为“120”磅，颜色为“FFFFFF”（白色）；放置于卡片中间位置，如图 3-29 中②所指示。

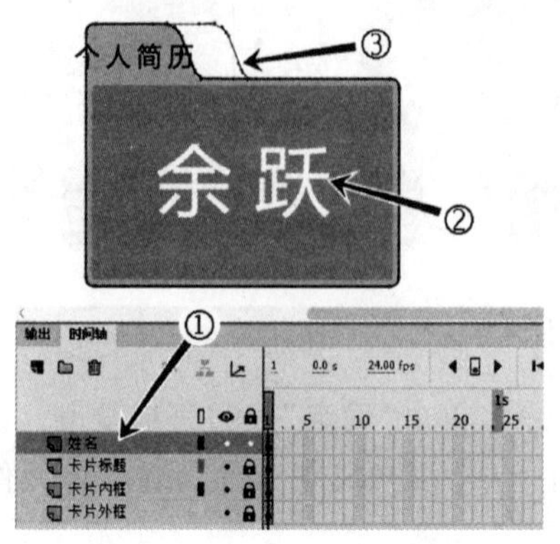

图 3-29　制作“姓名”卡片

④ 将卡片标题“数学”改为“个人简历”，将文字大小设为“40”磅。

⑤ 选择卡标右侧的节点，按向右方向键→移动到卡片中间，如图 3-29 中③所指示。

⑥ 选择“个人简历”文本，按键盘的向右方向键→移动到卡标中间。

⑦ 选择卡片外框，在属性面板中将其填充色改为“CCCCCC”（浅灰色）。

⑧ 解锁“卡片内框”图层，将卡片内框的填充颜色设为“FF9900”（橙色）。

完成“姓名卡片”的制作。最后结果如图 3-23 所示。

⑨ 按 Ctrl+S 组合键保存文件。

3.4.3　制作逐帧动画

逐帧动画

接上例步骤继续操作，完成一个简化“鱼”的逐帧动画——“画一条鱼”的动画效果。

逐帧动画的关键帧都需要手工制作，工作量较大，文件容量也较大，在 HTML5 Canvas 中尽量少用逐帧动画。

如果将逐帧动画发布为 HTML5 Canvas，Animate 会将每帧画面都转为 PNG 位图，以提升播放效果，但是会导致动画无法自动更新。

1. 制作“大头照”图形

① 打开“卡片.fla”。

② 按 Ctrl+L 组合键打开元件库面板，双击其中的“大头照卡片”元件，进入该元件的编辑窗口 场景 1 大头照卡片 。

③ 在时间轴面板，创建一个新图层，命名为“大头照”，锁定其他图层。

④ 选取铅笔工具，在属性面板中将笔触颜色设为“白色”；笔触大小设为“5”；宽度选择第二个设置：“宽度配置文件 1” 宽度: ，在大头照卡片的内框中画条鱼，如图 3-30 中①所指示。

如果形状不够光滑和如意，使用选择工具双击该圆，在工具面板下的选项栏中单击“平滑”按钮 S 数次，让鱼形自然平滑些。也可用选择工具 拖动鱼形边缘，改变曲线曲率，让鱼的形状更贴近设计的期望。

⑤ 选择椭圆工具，在属性面板中，将边框颜色设为“白色”；填充颜色设为“无”；笔触设为“2”像素，宽度设为“均匀”。绘制一个正圆，作为鱼的眼睛，如图 3-30 中②所指示。

⑥ 选择任意变形工具，框选“鱼”，“鱼”四周出现八个控制点，用以调整大小、旋转、变形，具体操作方法与 Photoshop 的变形工具相同。通过调整控制点，让“鱼”的形状、大小和位置合适。

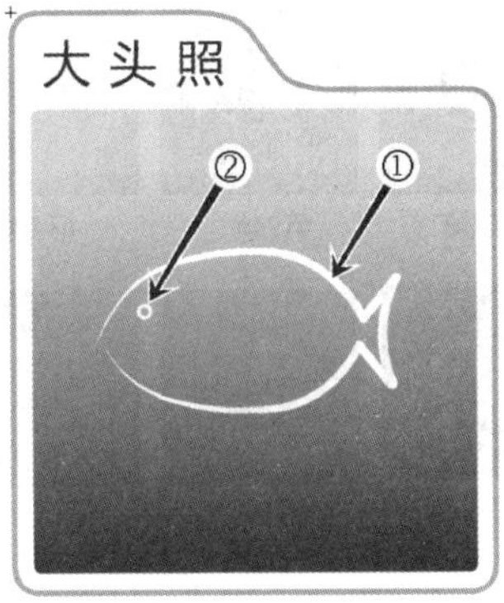

大头照
②
①

图 3-30　绘制“鱼”图形

⑦ 按 Ctrl+S 组合键保存文件。

2. 制作“大头照”逐帧动画

以下使用反序的方式制作逐帧动画，即从最后一帧开始制作，制作完毕，再将所有帧的次序反转。当然也可以正序制作，不过会麻烦些。

① 确认只有“大头照”图层处于未锁定状态。

② 分别在所有图层的时间轴第 30 帧位置(先插入 30 帧，制作完动画，再删除多余的静态帧)，分别右击，在弹出菜单中选择“插入帧”(不是“插入关键帧”)，如图 3-31 所示。也可以用光标同时(框选或按 Shift)选择不同图层的多个帧，然后同时操作。

注意：按 F5 键也可在指定位置快速插入静态帧。

③ 在“大头照”图层的第 2 帧位置右击，在弹出菜单中选择“插入关键帧”，或者按 F6 功能键插入关键帧，如图 3-32 所示，此关键帧中的内容和第 1 帧一样，相当于“复制”前一关键帧。

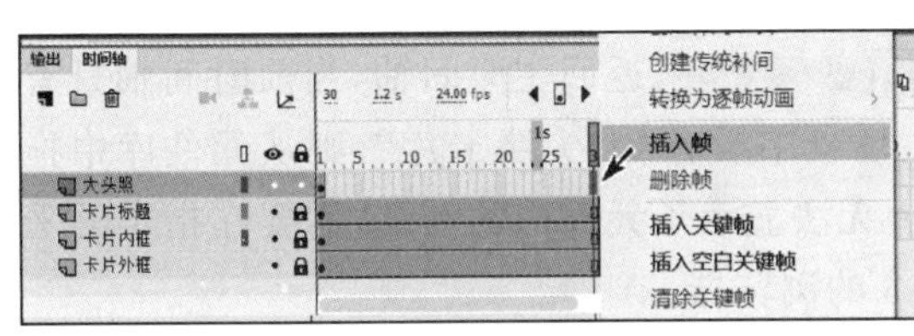

图 3-31　在时间轴插入帧

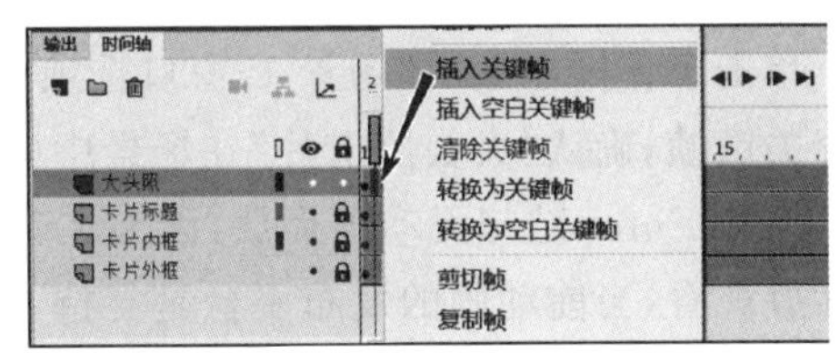

图 3-32　在时间轴插入关键帧

④ 选择橡皮擦工具擦除鱼眼睛，如图 3-33 第 2 帧所示。

⑤ 在第 3 帧插入关键帧。

⑥ 选择橡皮擦工具擦除“鱼”左下方一部分，如图 3-33 第 3 帧所示。

重复步骤⑤、⑥的操作，即插入关键帧和擦除局部内容，直到最后一帧将“鱼”擦除干净，该帧成为“空白关键帧”(没有内容的关键帧)，各关键帧的效果如图 3-33 所示。

如果希望动画过程缓慢些，则多插关键帧、内容擦除少些。

⑦ 单击“大头照”图层的空白关键帧后面的静态帧(在本例中是第 17 帧)，如图 3-34 中①所指示，按住 Shift 键，再单击“卡片外框”图层最后一帧(在本例中是第 30 帧)，如图 3-34 中②所指示，即选取了图 3-34 中①和②范围内的所有帧。在选区中单击右键，在弹出菜单栏中选择“删除帧”。

按 Enter 键可以在舞台预览逐帧动画效果，会发现大头照动画是倒序播放，下面将动画调

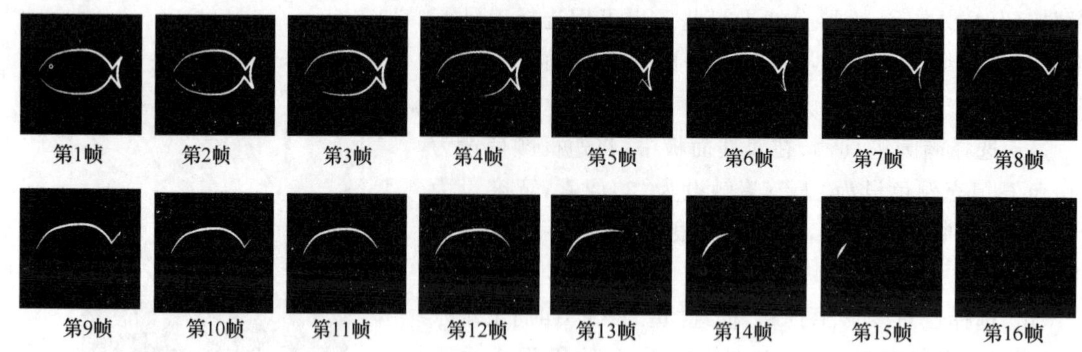

图 3-33　大头照逐帧动画

整为正序播放。

⑧ 单击选择“大头照”图层的第 1 帧，如图 3-34 中③所指示，按 Shift 键，单击该图层最后的一个关键帧，如图 3-34 中④所指示，如此就选取了该段动画，右击该段帧序列，在弹出菜单中选择“翻转帧”。

⑨ 按 Enter 键预览动画效果。

⑩ 至此，完成了大头照的逐帧动画。按 Ctrl+S 组合键保存文件。

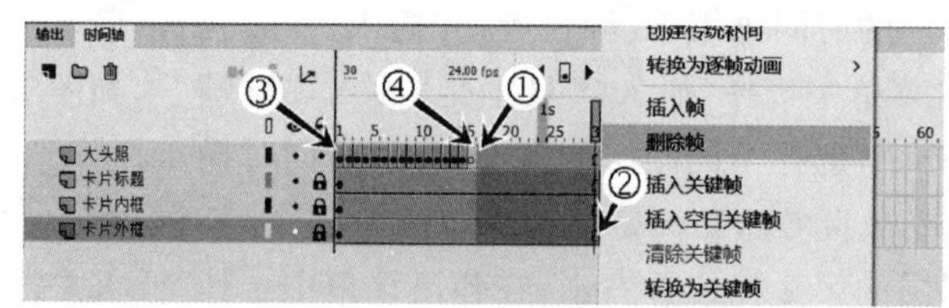

图 3-34　选择并删除帧

单击工作区左上的“场景 1”窗口选项卡 场景 1 大头照卡片，返回主时间轴，当前时间轴只有一个关键帧，确认“大头照卡片”在场景中(如果主场景中没有“大头照卡片”，则从元件库中拖入)，但按 Enter 键却无动画播放，因为在时间轴上无法显示子元件内的动画，需要在指定的平台播放观看，当前动画的发布平台是支持 HTML5 的浏览器。

执行菜单栏的“控制>测试”(也可按 Ctrl+Enter 组合键)，将打开默认浏览器播放动画。

由于 PC 机分辨率是 72 dpi 或 96 dpi，因此动画在浏览器中显示尺寸较大，可以缩小页面(执行 Ctrl + “-”组合键)以显示全部画面，或者调用开发者工具，模拟手机显示效果，开启开发者工具的具体操作是：对于 Google Chrome、Microsoft Edge、Internet Explorer 浏览器按 F12 功能键，对于 Mozilla Firefox、Opera 浏览器可按 Ctrl+Shift+M 组合键。

3.4.4　制作补间形状动画

补间形状动画

补间形状动画也称为形状动画或变形动画，其动画效果是从一个形状(或线条)随着时间流逝变成另一个形状(或线条)的动画，如圆形变成方形。

制作补间形状动画的要点如下。

① 变形对象必须是矢量图形，组合对象、元件、图片和文字不能直接产生形状动画，需要

将它们分离为“矢量图形”才能创建形状动画。

② 线条到线条、形状到形状进行同类变形，则效果较好。如果是线条、形状之间的变形，则效果不佳。

③ 变形对象的数量相同，则效果较好。

④ 变形对象的节点数量相同且能够一一对应，则变形效果最佳。

在上例的基础上，通过制作补间形状动画完成“鱼”变形为“头像”的效果。

① 打开“卡片.fla”。

② 按 Ctrl+L 组合键打开元件库面板，双击其中的“大头照卡片”元件，进入该元件的编辑窗口。

③ 所有图层的第 40 帧都插入静态帧，如图 3-35 所示。

④ 在大头照图层，第 30 帧的位置插入关键帧，如图 3-36 所示，变形动画将从这里开始。

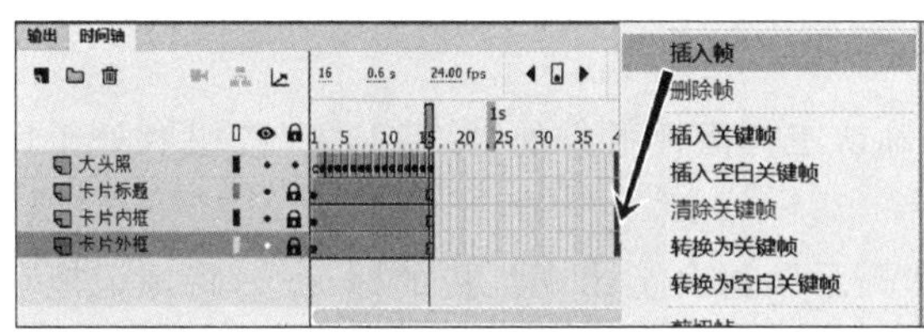

图 3-35 插入静态帧

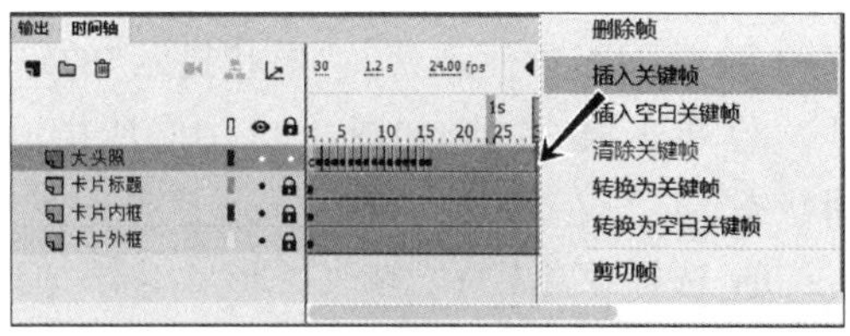

图 3-36 插入关键帧

⑤ 在大头照图层的最末帧(第 40 帧)插入“空白关键帧”。

⑥ 使用铅笔工具，在属性面板中将边框颜色设为“白色”；笔触大小设为“5”；宽度选择第二个设置“宽度配置文件 1”宽度：。在“大头照卡片”的内框中，绘制一个头形，经过调整之后效果如图 3-37 中①所指示。

⑦ 在头形中画一下弧线，作为“微笑的嘴形”，经过调整效果如图 3-37 中②所指示。

⑧ 将笔触大小改设为“3”像素，在头形下画个领结⋈，再用选择工具略微调整，结果如图 3-37 中③所指示。

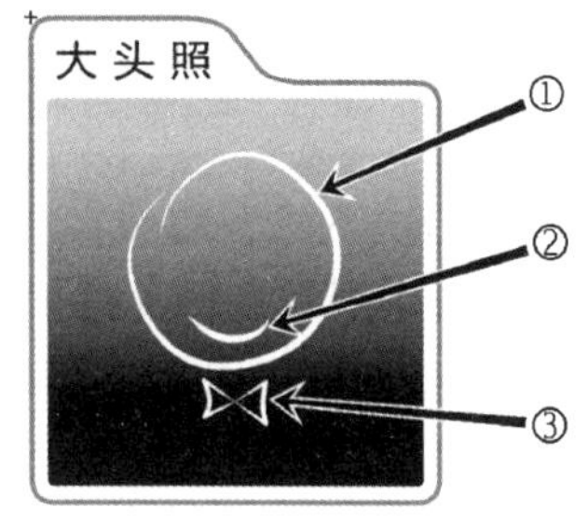

图 3-37 创建“大头照”

⑨ 右击第 30 帧，在弹出菜单中选择“创建补间形状”，在前后两个关键帧之间设定变形动画。

按 Enter 键或拖动播放头观看变形动画效果，会发现变形杂乱，效果很差。

原因：前后两个关键帧的线条数量不同，如图 3-38 中①所指示为两根线条，如图 3-38 中②所指示为三根线条，Animate 动画不能将线条一一对应。

解决思路：根据动画特点，增加中间帧，如图 3-38 中③所指示为两根线条，让变形动画前后关键帧的内容相对应。

⑩ 鼠标右击第 40 帧，在弹出菜单中选择“复制帧”，复制如图 3-38 中②所指示的内容。

⑪ 鼠标右击第 39 帧，在弹出菜单中选择“粘贴帧”，在此图形的基础上做少量的调整。

⑫ 双击下方的领结⋈，在属性面板中将笔触大小改设为“5”像素(和头形的笔触相同)。

⑬ 向上移动领结⋈，让领结和头形相交，之后，逐一选择并删除相交部分的线段，最后结

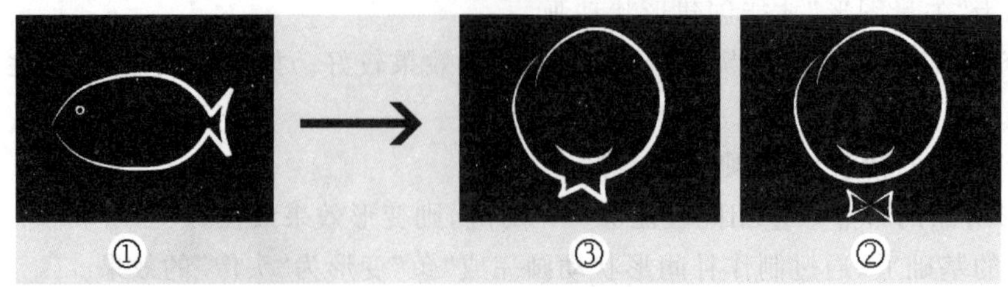

图 3-38　变形动画的关键帧

果如图 3-37 中③所指示。

按 Enter 键观看变形动画效果，会发现变形动画效果改善很多，可以接受。

如果需要进一步改善变形动画效果，可以让图形的节点一一对应。

⑭ 单击“大头照”图层名称后面的“轮廓显示”按钮，如图 3-39 中①所指示，让图层以线框的方式显示，方便观察及“形状提示”的定位。

⑮ 单击第 30 帧，如图 3-39 中②所指示。确认工具面板下方的“贴紧对象”按钮处于启用状态。

⑯ 选择菜单栏的“修改>形状>添加形状提示”，舞台上出现红色的标记ⓐ，将标记拖动到头形线条的起始点，如图 3-39 中③所指示。

⑰ 单击第 39 帧，如图 3-40 中①所指示。将对应的ⓐ标记拖到头形线条的起始点，如图 3-40 中②所指示。

如果变形过程中，需要更好地匹配图形，可以增加并对应更多节点的“形状提示”。

⑱ 单击“大头照”图层名称后面的“轮廓显示”按钮，如图 3-40 中③所指示，关闭图层轮廓显示。

⑲ 按 Ctrl＋S 组合键保存文件。

按 Enter 键观看变形动画效果，会发现变形动画效果有较大的改善，变形比较自然。按 Ctrl＋Enter 组合键在浏览器中测试，动画效果与在 Animate 中有一定差距，是因为可变宽度的线条导致变形动画在 HTML5 Canvas 中的效果混乱失真，需要在属性面板中将线条宽度改为“均匀”。另外，动画会循环播放，如果需要停止在最后帧，则需要添加控制代码。

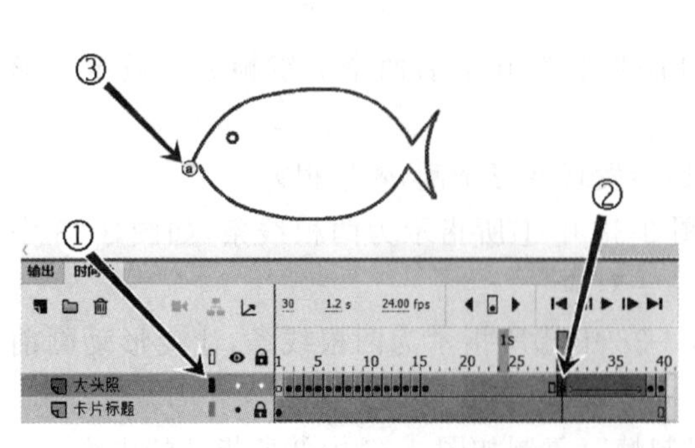

图 3-39　第 30 帧的形状提示

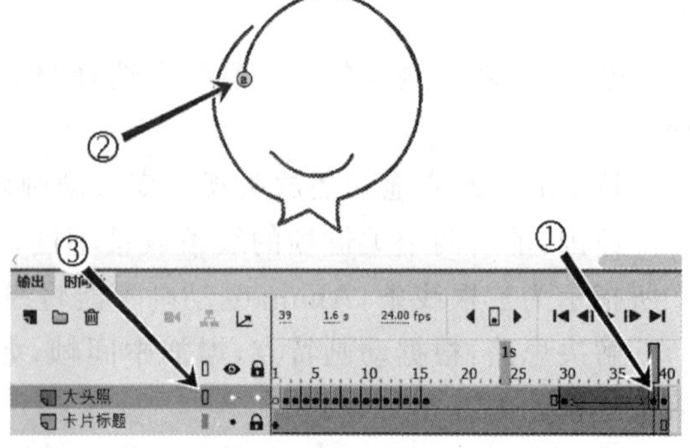

图 3-40　第 39 帧的形状提示

3.4.5 制作传统补间动画

传统补间动画

在 Animate 中，虽然制作“补间动画”较制作“传统补间动画”的效率更高，但如果动画发布到 HTML5 Canvas 在手机端或浏览器端播放，复杂的补间动画有时会有问题，Animate 推荐使用“传统补间”动画形式，另外传统补间动画的制作更容易理解。

补间动画或传统补间动画有 2 个制作要点，即动画对象必须是“元件”，以及只能是同一个元件。

本节将使用“传统补间”制作一条游动的鱼，鱼在沿着路径游动时会改变大小、方向和速度。

1. 制作“鱼”元件

将使用椭圆工具、节点编辑工具、渐变工具、画笔工具、颜料桶工具、线条工具等的综合运用来制作鱼元件。

① 打开 Animate，在平台中选择“高级”项，选择应用模式“HTML5 Canvas”。在窗口右侧，将宽度设为“750”，高度设为“1206”，然后单击“创建”按钮。

执行菜单栏中的“视图>缩放比率>符合窗口大小”，或按 Ctrl+2 组合键，以显示整个舞台。同 Photoshop 一样，双击手形工具可以整体显示，双击缩放工具可以 1∶1 显示。

② 双击时间轴左侧的图层名，将图层名改为“鱼”。

③ 在舞台中间，绘制一个椭圆，光标双击椭圆中间(如果单击则只是选择椭圆填充内容或部分边框)以选择椭圆，在属性面板中设置宽为“300”像素；高为“120”像素；边框颜色为“无色”；填充颜色选择“橙色”。

④ 选择添加节点工具在椭圆尾部上下各添加一个节点，如图 3-41 中①、②所指示。

⑤ 如图 3-41 所示，使用部分选择工具选择图 3-41 中③处节点，按键盘 Delete 键删除该节点。

⑥ 选择并移动图 3-41 中①、②处节点至如图 3-42 所示位置。

⑦ 选择节点变换工具，如图 3-43 所示，分别单击图 3-43 中①、②、③、④处节点，就可将其连线转为直线。

⑧ 使用选择工具，双击“鱼”，单击工具面板下的“平滑”按钮，如果有需要，多按几次，直到鱼形合适。

如果图形中有直线，因为直线是最平滑的，单击“平滑”按钮直线也不会被改变。

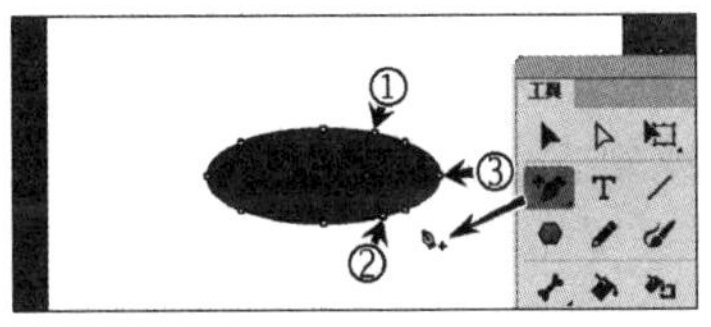

图 3-41 添加鱼尾部节点

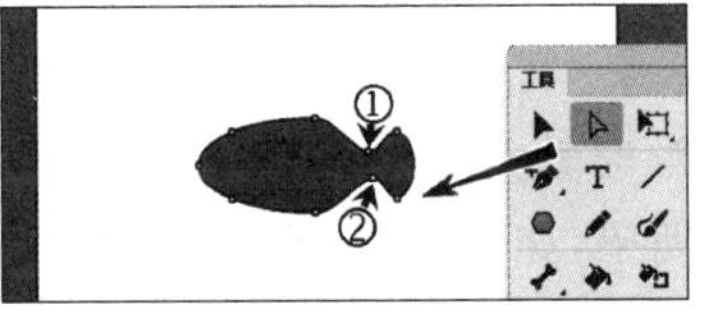

图 3-42 移动鱼尾节点

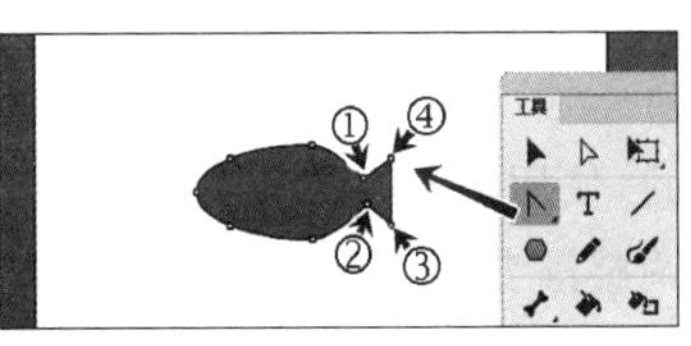

图 3-43 调整鱼尾形状

⑨ 选择画笔工具，颜色为鱼身颜色，大小为“8”像素左右，在鱼头位置画上两笔，绘制鱼嘴，如图 3-44 所示。

可以使用缩放工具或按 Ctrl+“+”组合键进行放大显示，以方便操作。

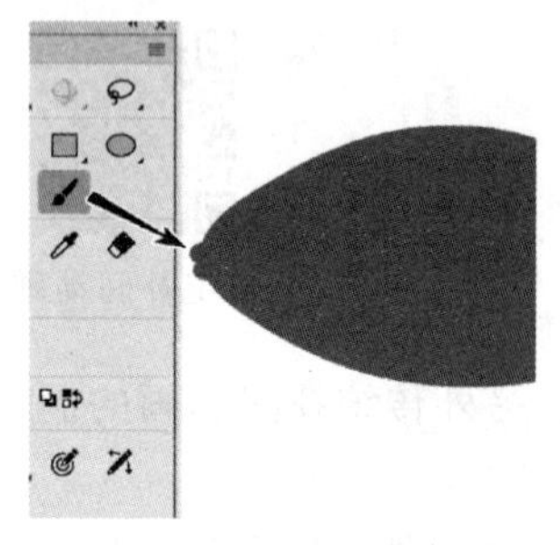

图 3-44　绘制鱼嘴

⑩ 使用选择工具，光标双击选择“鱼”，执行菜单栏中的“修改>转换为元件”，在弹出的“转换为元件”对话框中，将名称改为“鱼”，类型为“影片剪辑”。单击“确定”按钮完成元件创建。

此时，舞台上的“鱼”转为实例（实例是元件在舞台的引用），不能在主舞台直接编辑元件，需要进入元件内部进行编辑。但可以修改实例的属性，如实例大小、位置、旋转、显示效果、滤镜效果等。

⑪ 右击舞台上的“鱼”实例，在弹出的菜单栏中选择“在当前位置编辑”，进入“鱼”元件的编辑窗口 场景 1 鱼 。

将当前图层名称改为“鱼身”。

下面修改鱼的颜色，将使用到常规线性渐变以及透明颜色的线性渐变。

⑫ 执行菜单栏中的“窗口>颜色”，打开颜色面板，单击填充颜色，在颜色类型中选择“线性渐变”，在面板下方颜色样本条中，将左右两边渐变色分别设为“BB2222”（暗红色）、“FFEE00”（黄色），设置操作细节可参考图 3-19 所示。

⑬ 选择颜料桶工具，单击鱼身，填充颜色，现在的渐变是从左至右变化的，。

⑭ 选择渐变变形工具，在渐变区域控制角点，调整旋转控制光标将鱼身渐变色顺时针旋转 90°。

此时渐变色范围会超出鱼身高度，在渐变区域中间控制点，通过渐变宽度控制光标调整渐变宽度到合适。

⑮ 选择墨水瓶工具，在属性面板中将笔触颜色设为“000000”（黑色）；笔触大小设为“4”像素；宽度设为“均匀”；单击鱼身，此时鱼会有一个黑色边框。

⑯ 在时间轴面板中，新建图层命名为“鱼身亮部”。将“鱼身”图层锁定。

⑰ 选择线条工具，在属性面板中设置大小为“7”像素，宽度为“可变宽度配置文件 1” 宽度: ，在鱼身上方画一条“水平线”，如图 3-45 所示。

⑱ 使用选择工具，移动到“水平线”中间，当光标转变为调整曲线光标，拖动曲线成上弧形，如图 3-46 所示。

⑲ 执行菜单栏中的“窗口>颜色面板”，在颜色面板中，单击“线条颜色”按钮，颜色类型设为“线性渐变”，如图 3-47 所示；渐变色左边滑块处（见图 3-47 中①）颜色设为“FFFFFF”（白色），图 3-47 中③处 A 值为“100”（100 为不透明）；右边滑块处（见图 3-47 中②）的颜色也设为“FFFFFF”（白色），图 3-47 中③处 A 值为 0（0 为全透明）。

⑳ 选择墨水瓶工具单击弧形，将透明渐变色赋予线条。现在的渐变是从左至右变化的，使用渐变变形工具将渐变顺时针旋转 90°；使用渐变宽度控制点调整渐变宽度以及调整渐变中心点，直到符合设计期望，如图 3-48 所示。

至此，就创建了“鱼身亮部”，模拟光线从上方照射到鱼身上的效果，产生一定的立体感和生动性。

㉑ 新建图层命名为“鱼头”。通过单击锁定标记，将其他图层锁定。

㉒ 选择线条工具，在属性面板中，边框颜色设为“000000”（黑色），笔触设为“2”像素，宽度设为第一项“均匀”。

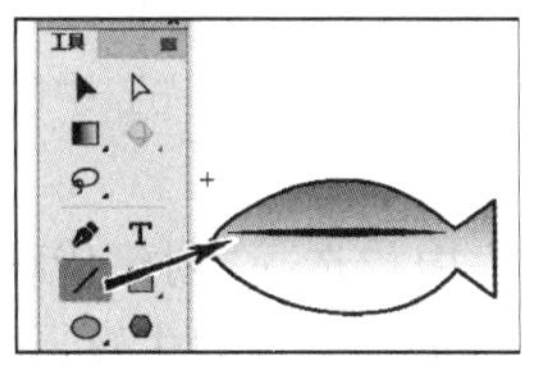

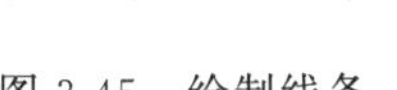
图 3-45 绘制线条

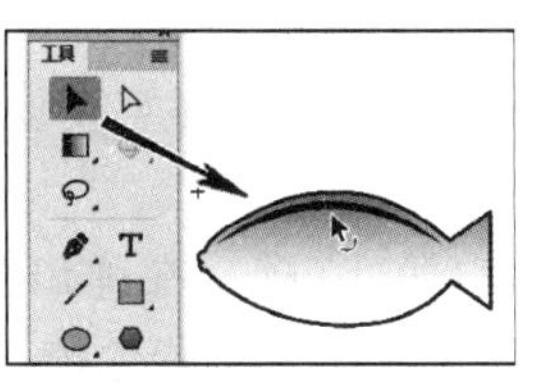

图 3-46 调整曲线

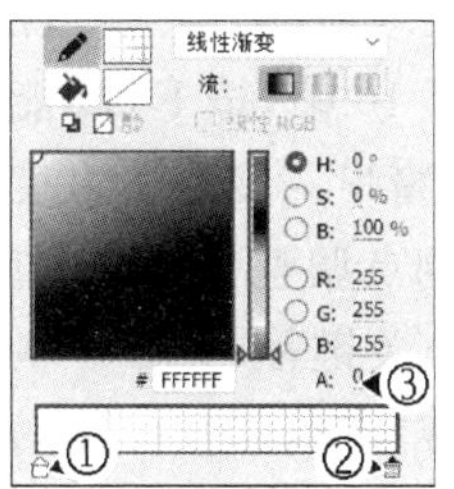

图 3-47 设置渐变色

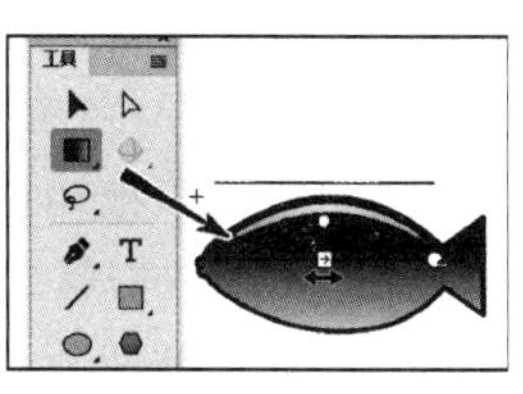

图 3-48 调整渐变色

确认菜单栏中“视图>贴紧>贴紧至对象”已经选择，可以按 Ctrl+Shift+U 组合键进行切换，此后，绘制的对象会自动对齐到舞台对象。

在鱼头位置画一竖线，接着使用选择工具，将竖线弯曲，如图 3-49 中①所指示。

㉓ 选择椭圆工具，在属性面板中，设置边框颜色为“000000”(黑色)，填充颜色为“FFFFFF”(白色)，笔触为“2”像素。

按住 Shift 键，在鱼头位置画一圆形，作为鱼眼。

㉔ 按 Ctrl+Shift+U 组合键取消“贴紧至对象”，可以自由绘制，不受定位约束。

㉕ 设置边框颜色为“无色”，填充颜色为“000000”(黑色)，在鱼眼中画一黑色圆，作为眼珠；设置填充颜色为“FFFFFF”(白色)，在眼珠中画一白色小圆，作为眼珠反光。

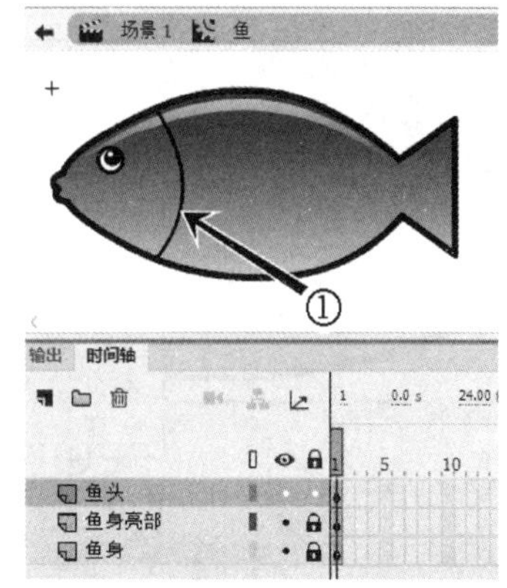

图 3-49 鱼的绘制

效果如图 3-49 所示。

㉖ 执行菜单栏中的“文件>保存”，将文件保存为“游动的鱼. fla”。

2. 制作“鱼鳍”元件

① 新建图层命名为“鱼鳍”。锁定其他图层。

② 选择钢笔工具，在属性面板中，边框颜色设为“000000”(黑色)；笔触大小设为“2”像素；宽度设置选择“均匀”；在鱼身中间位置，单击四个点画出鱼鳍，如图 3-50 所示。

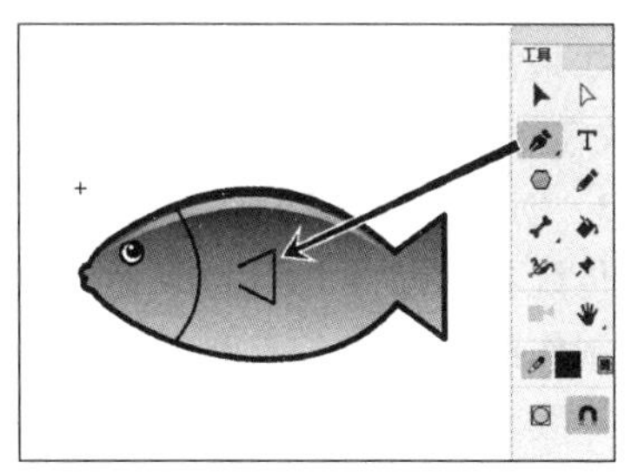

图 3-50 制作鱼鳍

注意：*左边的两个端点要垂直对齐。*

鱼的游动与鱼鳍的摆动推力是分不开的，所以需要创建“鱼鳍”元件，以便制作动画。下面步骤将使用“传统补间动画”完成鱼鳍划动效果。

③ 使用选择工具，双击选择鱼鳍，执行菜单栏中的“修改>转换为元件”，命名为“鱼鳍”；元件类型选择“影片剪辑”。单击“确定”按钮，完成鱼鳍元件的创建。舞台上将保留一个鱼鳍元件的实例。

④ 在所有图层的第 20 帧都插入静态帧，如图 3-51 中①所指示。

⑤ 选择任意变形工具，确认工具面板下方的“贴紧对象”按钮启用。单击鱼鳍，将其变形点移动到左侧中点，如图 3-51 中②所指示。

⑥ 在鱼鳍图层的最末帧(第 20 帧),按 F6 功能键插入关键帧,如图 3-51 中③所指示。

⑦ 在鱼鳍图层的第 10 帧,按 F6 功能键插入关键帧,如图 3-51 中④所指示。保持鱼鳍被选择,执行菜单栏中的“窗口＞变形”,在变形面板中,将鱼鳍宽度设置为 30%,如图 3-51 中⑤所指示,也可以拖动控制点调整鱼鳍的宽度。

⑧ 分别右击第 1 个关键帧、第 2 个关键帧(第 10 帧),在弹出菜单栏中均选择“创建传统补间”。创建补间动画成功时,图层帧将转为带实线箭头的紫色帧,如果补间动画创建失败,则会出现虚线。

⑨ 单击选择第 1 关键帧,在属性面板中设置缓动为“－50”,前半程加速运动,如图 3-52 中①所指示。在第 2 关键帧,设置缓动为“50”,后半程减速运动。

按 Ctrl＋Enter 组合键测试动画。此时鱼鳍元件的时间轴会循环反复,鱼鳍会不停划动,除非设置代码让时间轴停止帧的播放。

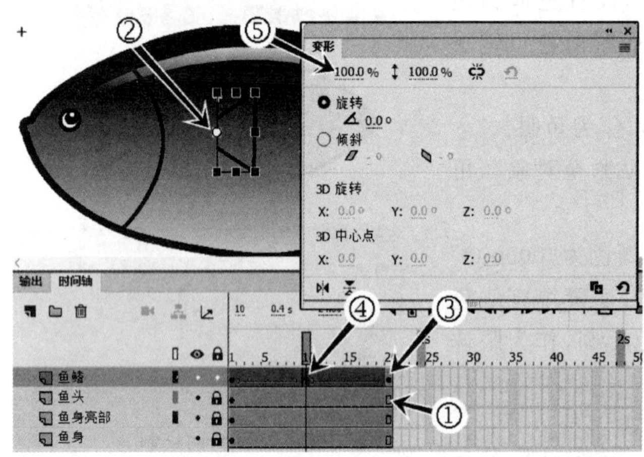

图 3-51 制作鱼鳍划动动画

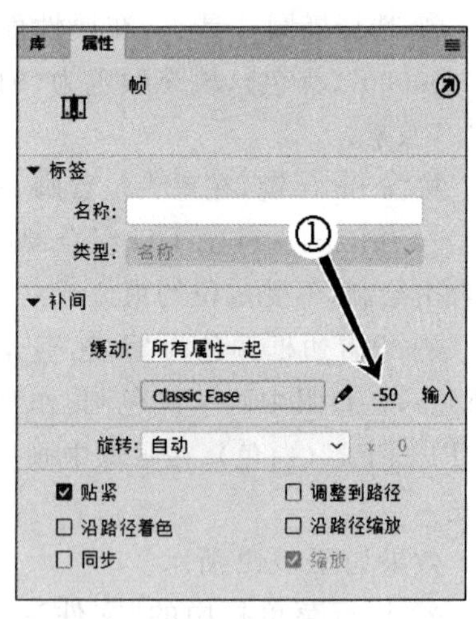

图 3-52 动画的缓动设置

⑩ 按 Ctrl＋S 组合键保存文件。

如果需要制作鱼尾摆动的动画,基本上可照上面操作步骤完成。需要注意把鱼尾部分截取,放在新图层进行处理。

3. 创建引导线动画

传统补间动画是沿直线运动,如果是复杂路线的运动,需要指定运动路径。

制作的元件沿一定路径运动的动画的方式有两种:补间动画和引导线动画。下面介绍运用引导线动画的方法制作游动的鱼。

① 打开“游动的鱼.fla”文件。双击手形工具让舞台完整显示。

确认当前是场景 1 的主时间轴窗口。

② 在舞台上,选择鱼实例,拖放到舞台右侧上方外部,如图 3-53 中①所指示。

③ 右击鱼图层 鱼 ,在弹出菜单中选择“添加传统引导层”,此时出现“引导层:鱼”的引导层 引导层_鱼 ,如图 3-53 中②所指示,被引导的“鱼”图层将自动缩进。

引导层图标代表引导层链接成功,如图 3-53 中③所指示,如果引导层图标是,则代表引导失败,原因可能是引导层与被引导层之间没有建立链接。

④ 锁定被引导图层(“鱼”图层 鱼),如图 3-53 中④所指示。

⑤ 选择“引导层:鱼”的第 1 帧,使用铅笔工具,选择光滑模式,如图 3-53 中⑤、⑥、⑦

所指示绘制一条曲线，可以用选择工具▶做些调整。

注意：发布动画后，引导线是不可见的。

⑥ 解锁"鱼"图层 鱼 ，锁定其他图层。

⑦ 在所有图层的 72 帧(第 3 s 位置)，插入静态帧，如图 3-53 中⑧所指示。

⑧ 选取选择工具▶，打开工具面板下方的贴紧工具∩，如图 3-53 中⑨所指示。因为鱼实例中心点(变形点)必须和引导线对齐贴紧，否则无法成功引导。

⑨ 单击"鱼"图层的第 1 关键帧，选择鱼实例，将变形点对齐贴紧引导线起点，如图 3-54 中①所指示。

⑩ 在"鱼"图层，第 15 帧位置，按 F6 功能键插入关键帧，将鱼实例沿引导线移动到如图 3-54 中②所指示位置。

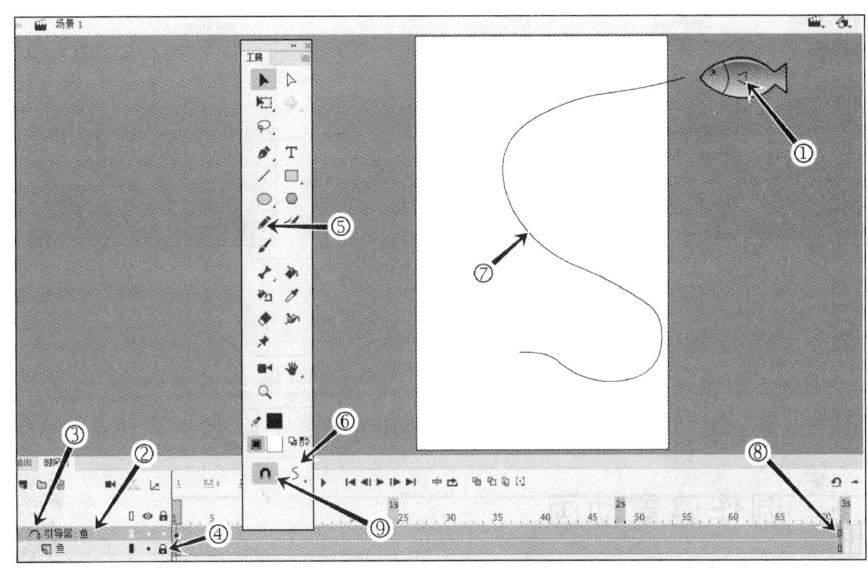

图 3-53 添加引导图层

⑪ 在第 50 帧位置，按 F6 功能键插入关键帧，将鱼实例沿引导线移动到如图 3-54 中③所指示位置。

⑫ 在最末帧(第 72 帧)位置，插入关键帧，将鱼实例沿引导线移动到终点位置，如图 3-54 中④所指示，使用任意变形工具等比例缩小鱼实例。

⑬ 在时间轴左侧，单击选择鱼图层 鱼 ，即选择了该图层的所有帧，执行菜单栏中的"插入>创建传统补间"，即可在所有关键帧之间创建"传统补间"动画。

⑭ 使用任意变形工具，分别在各关键帧(第 1、15、50、72 帧)旋转鱼的角度和曲线的方向一致(和曲线相切)，结果如图 3-55 所示，较图 3-54 所示的角度更为自然。

按 Enter 键可在当前工作区预览当前时间轴的动画，此时会发现鱼游动的角度有点不自然，这是因为游动角度和路径不匹配。

注意：鱼鳍划动的动画不能显示，需要在测试影片时才能正常播放。

⑮ 单击选择鱼图层 鱼 ，在属性面板打开调整到路径 ☑调整到路径，"鱼"实例动画的旋转角度将根据路径曲率自动调整。

⑯ 光标单击选择第 1 个关键帧，在右侧属性面板中设置缓动为"－50"(最小－100)

Classic Ease -50 输入，可让动画加速运动。选择第 3 个关键帧（第 50 帧），在属性面板中设置缓动为“50”（最大 100），让动画减速运动。

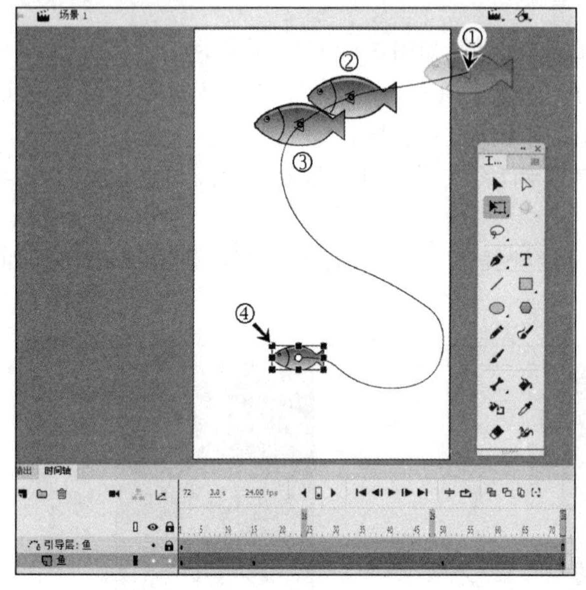

图 3-54 制作引导线动画

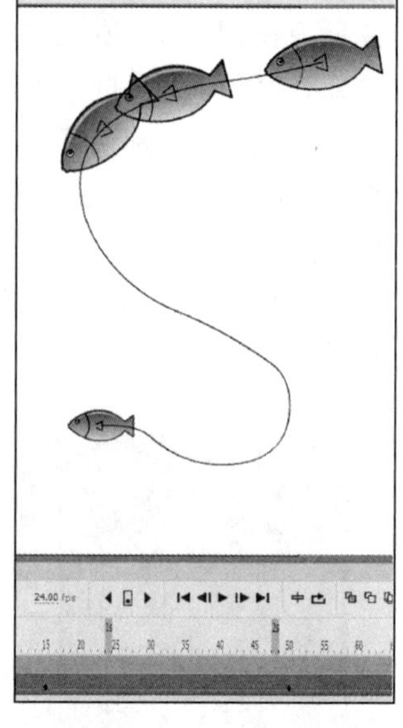

图 3-55 调整鱼的角度

⑰ 按 Ctrl+S 组合键保存文件。

按 Ctrl+Enter 组合键在浏览器中预览动画，需要拖动滚动条来观看，但可以缩小页面（执行 Ctrl+“－”组合键）以显示全部画面，或者调用开发者工具，模拟手机显示效果。

3.4.6 制作遮罩动画

遮罩动画

本节案例将制作“年龄”卡片中的动画——“日出”的遮罩动画，以“朝气蓬勃、意气风发”表示青春韶华。

遮罩动画由两个图层（遮罩层和被遮罩层）共同起作用，如果遮罩层是“两个圆”的图形，那么将是望远镜的效果。

注意：遮罩层不能使用线条。

本例将用到“日出”图片素材“冒险-朝阳@pexels.jpg”，该素材尺寸较大，会影响动画在手机播放的顺畅度。使用之前，最好在 Photoshop 中通过“图像大小”功能进行调整：分辨率为 72 dpi；高度为 400 像素；宽度自适应。当然也可以采用其他素材。本节案例的素材可在出版社资源站点中下载。

下面将在“大头照卡片”的基础上进行调整后制作遮罩动画。

① 打开“卡片.fla”。

② 在库面板中，直接复制“大头照卡片”为“年龄卡片”，如图 3-56 中①所指示。

③ 双击库面板中的“年龄卡片”元件，进入元件编辑窗口，如图 3-56 中②所指示。

④ 在时间轴上，选择“大头照”图层，单击删除该图层，如图 3-56 中③所指示。

⑤ 解锁“卡片标题”图层，如图 3-56 中④所指示，使用文本工具 T 将舞台上的文字“大头照”改为“年龄”，并移动到卡标中间位置，如图 3-56 中⑤所指示。

重新锁定“卡片标题”图层。

⑥ 单击“卡片标题”图层的第 21 帧，按 Shift 键，再单击“卡片外框”图层的最后一帧，右击其中帧，在弹出菜单中选择“删除帧”，如图 3-57 所示。

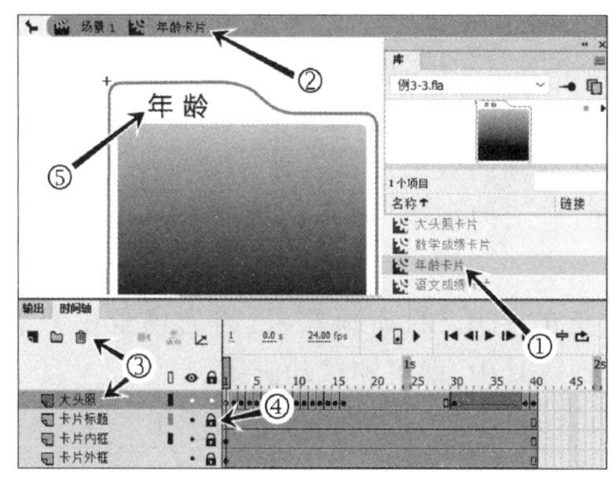

图 3-56 创建并编辑“年龄卡片”

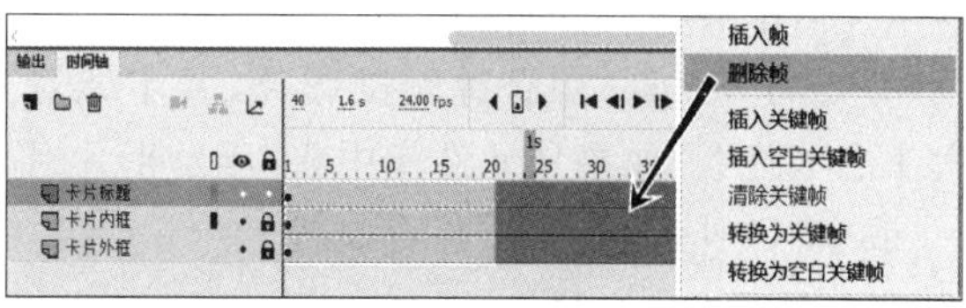

图 3-57 选择并删除帧

⑦ 选择“卡片外框”图层，新建图层命名为“日出图片”，确认该图层在“卡片外框”图层之上，“卡片内框”图层之下，如图 3-58 中①所指示。

⑧ 执行菜单栏中的“文件＞导入＞导入到舞台…”，在“导入”对话框中，定位并选择素材文件“冒险-朝阳@pexels.jpg”，单击“打开”按钮完成素材导入。

⑨ 按 F8 功能键，将图片转为元件，元件命名为“我的背影”，元件类型设为“影片剪辑”。

⑩ 移动舞台上“我的背影”实例，略超“卡片内框”上端，如图 3-58 中②所指示。

由于“冒险-朝阳@pexels.jpg”被上方“卡片内框”遮住，不利于查看和编辑。

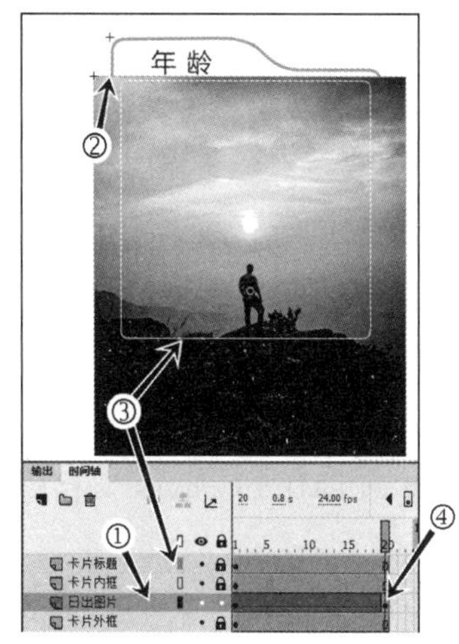

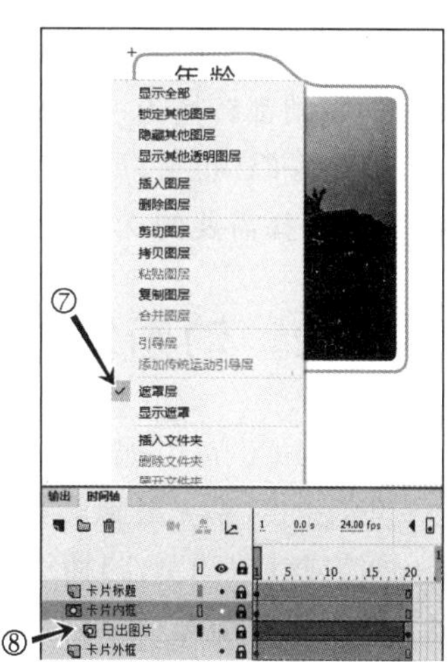

图 3-58 创建遮罩动画

⑪ 单击“卡片内框”图层的“显示轮廓”按钮 ▮，效果如图 3-58 中③所指示，此时，该图层以线框模式显示。一般编辑完毕，需要转为正常显示。

⑫ 在“日出图片”图层，右击最后一帧(第 20 帧)，在弹出菜单中选择“插入关键帧”，结果如图 3-58 中④所指示。

⑬ 确认处于第 2 个关键帧，选择舞台上的“我的背影”的实例，往上移动，直到画面构图合

适,如图 3-58 中⑤所指示。

⑭ 单击“日出图片”的第一帧,执行菜单栏中的“插入>传统补间动画”,此时在两关键帧之间创建了“传统补间”,如图 3-58 中⑥所示。

⑮ 光标右击“卡片内框”图层,在弹出菜单中选择“遮罩层”,如图 3-58 中⑦所指示。

此时创建了遮罩动画。“卡片内框”图层成为“遮罩层”,“日出图片”图层成为“被遮层”,并且图层图标自动缩进,效果如图 3-58 中⑧所指示。此时,两图层自动锁定,不能编辑。如果需要编辑,则需要解锁,编辑完毕再锁定才可以显示遮罩动画的效果。

⑯ 按 Enter 键预览动画效果:“日出图片”动画的显示内容受“卡片内框”的限制,只能显示“卡片内框”所覆盖的区域。

按 Ctrl+Enter 组合键测试影片,并不能看到“年龄卡片”的动画效果,因为场景中只有“大头照卡片”。如果从元件库中将“年龄卡片”拖放到场景中,即可测试动画了。

⑰ 按 Ctrl+S 组合键保存文件。

3.5 输出动画

Animate CC 中输出的动画是主场景及元件中的动画,可以通过两种方式输出动画:动画输出(Export)和动画发布(Publish),常用的操作是动画发布。

3.5.1 动画输出

通过执行“文件>导出>导出视频…”,选择输出的视频格式,如 MOV、AVI 等格式。

通过执行“文件>导出>导出影片…”,可以输出为 GIF、BMP 或 JPG 等图像格式,只是将动画的每帧都转换为一幅图像,并自动编号。

Animate CC 也可以输出主场景或元件中的单一帧。执行“文件>导出>导出图像…”,输入文件名,选择需要的文件格式,再设定输出参数即可。

3.5.2 动画发布

Animate CC 可以创建具有音频、图形、动画和视频等丰富内容的交互多媒体,同时可以将舞台上创建的对象无缝地转换成 HTML5 Canvas 文档,以便发布 HTML5 Canvas 文档到移动端(微信或其他浏览器)播放。

本章制作的动画,舞台上的各个对象都没有 JavaScript 代码,因此没有交互功能,在第 7 章将会完成具有交互功能的 HTML5 Canvas 的制作和发布。

① 打开“游动的鱼.fla”文件。

② 执行菜单栏中的“文件>发布设置”,弹出的“发布设置”对话框,如图 3-59 所示。

③ 确认选择“JavaScript/HTML”。

④ 选择发布文件的存储位置及文件名。

⑤ 确认打开“使得可响应”,选择“按高度”;打开“缩放以填充可见区域”,选择“适合视图”。此项设置可以让产品自动适应各种类型的移动端。

其他设置按默认设置即可。

⑥ 单击“发布”按钮，就可按对话框设置参数发布动画。

发布的文件/文件夹有“游动的鱼.html”、“游动的鱼.js”和“images”等，如果有视频、声音、组件等，Animate 会生成相应的文件夹，需要将这些文件全部传输到服务器，才能通过互联网访问。

⑦ 单击“确定”按钮保存设置，以便下次直接发布而无须重复设置。

在相应的文件夹中，找到并执行“游动的鱼.html”，则可以在本地环境下观看动画。如果有按钮等交互功能，则需要使用访问 Web 服务的方式打开。

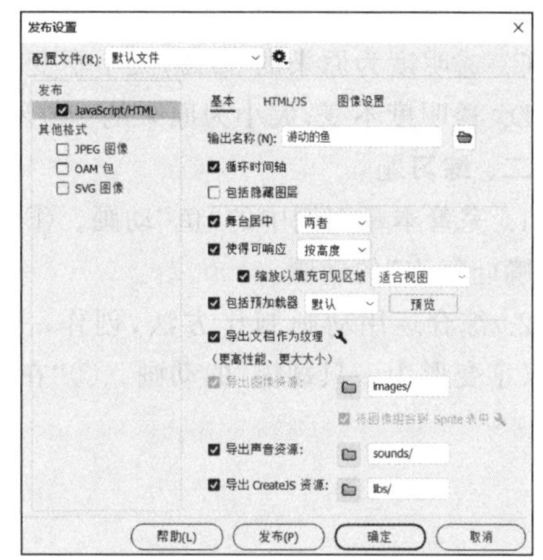

图 3-59 “发布设置”对话框

思考与练习

一、选择题

1. Animate CC 中，默认的影片帧频率是(　　)。

A. 12 fps　　B. 24 fps　　C. 25 fps　　D. 30 fps

2. Animate 舞台的坐标(0,0)点位于(　　)。

A. 舞台左上角　　B. 舞台右上角

C. 舞台左下角　　D. 舞台正中间

3. 将关键帧转换为空白关键帧，下列操作正确的是(　　)。

A. 选中关键帧，按 Delete 键

B. 选中关键帧，按 Shift＋F6 组合键

C. 右击关键帧，执行“删除帧”

D. 右击关键帧，执行“清除帧”

4. 将多字符的文本转为矢量图形，以下操作正确的是(　　)。

A. 执行一次菜单栏的“修改＞分离”

B. 执行两次菜单栏的“修改＞分离”

C. 执行菜单栏的“修改＞转换为位图”，再执行菜单栏的“修改＞分离”

D. 执行菜单栏的“修改＞转换为位图”，再执行菜单栏的“修改＞位图＞转换位图为矢量图”

5. 关于引导线动画，以下说法正确的是(　　)。

A. 只能使用影片剪辑　　B. 可以使用“补间形状”动画

C. 不可以同时引导多个图层　　D. 使用“补间动画”时，无须创建引导层

6. 舞台上有同一元件的两个实例 A 和 B，将 A 实例的透明度调整为 50%，大小调整为 200%，那么 B 实例将会发生的变化是(　　)。

A. 没有变化

B. 透明度为原来的 50%，大小为原来的 200%

C. 透明度为原来的 50%，大小不变

D. 透明度不变，大小为原来的 200%

二、练习题

1. 完善本章案例中的“鱼”动画。①制作“鱼不停地摆动鱼尾”的动画。②制作“鱼边游动边张嘴吐气泡”的动画。

2. 综合运用动画制作方法，创作一个 10 s 的动画。①“毛笔书写一个汉字”的动画。②“汉字变形为一只蝴蝶”的动画。③“在花丛中飞舞的蝴蝶”的动画。

第4章 Premiere Pro CC 数字视频编辑

能够编辑数字视频数据的软件称为非线性编辑软件，这种命名是相对于传统的磁带和电影胶片的线性编辑而言的。数字视频编辑器的种类有很多，从功能非常简单的软件到专业化的软件都有，其中 Adobe 公司开发的 Premiere 是数字视频编辑软件中功能很强的一种。

本章主要的学习内容包括：

➢ 理解和掌握 Premiere Pro CC 的工作环境。

➢ 了解影片制作的前期工作。

➢ 掌握和综合运用影片制作的常用工具和功能。如素材处理、素材编辑、设置视频/音频效果、字幕制作等。

➢ 理解和掌握影片输出的参数设置。

本章要完成的作品包括：拟写“个人体育专项”故事板，综合运用 Premiere 的制作工具和功能，制作并输出“个人体育专项”(跑步、游泳)风采展示的影片。

4.1 Premiere Pro CC 简介

Adobe Premiere Pro 是一款操作界面友好的软件，有较好的兼容性，且可以与 Adobe 公司推出的其他软件(Photoshop、Audition、After Effect 等)相互协作。目前这款软件广泛应用于广告制作和电视节目制作中。

Premiere Pro 是视频编辑爱好者和专业人士必不可少的视频编辑工具，是易学、高效、精确的视频剪辑软件。Premiere Pro 提供了采集、剪辑、调色、优化音频、字幕添加、视频输出、DVD 刻录的一整套流程，并和其他 Adobe 软件高效集成，足以完成在视频编辑、制作、工作流上遇到的所有挑战。

Premiere Pro 主要功能包括以下几个方面。

① 以项目窗口和素材箱的方式来组织和管理各种素材，可以按名称、图标、注释等多种方式对素材进行排序、查看或搜索。

② 使用时间线、剪切窗进行剪辑，可以节省编辑时间，并提供多种工具进行精准高效的剪辑和联接视频素材。

③ 提供强大的视频特技效果，包括切换、过滤、叠加、运动及变形五种。这些视频特技可以混合使用，可以产生令人眼花缭乱的特技效果。

Premiere 同 Photoshop 一样也支持滤镜的使用，Premiere 共提供了近百种的滤镜效果，可对图像进行变形、模糊、平滑、曝光、纹理化等处理。此外，还可以使用第三方提供的滤镜插件,如好莱坞的 FX 软件等。

④ 在两段视频之间可以使用多种切换效果,让两段视频的场面切换更加自然或有趣。

视频场面切换也就是转场,不同的场面切换可以产生不同的艺术效果。几乎所有的影片都有从一个场景切换到另一个场景的操作,转场技巧一般包括:升、降、摇、移、推拉、跟、划和淡入淡出等。例如,为突出视觉效果的壮观、惊险等,可以使用技术转场造成视线上、视场上和空间上的改变。Premiere 提供了多种特殊效果,可以轻松地制作出很多转场效果。

⑤ 可以在视频上增加各种字幕、图标和其他视频效果。新的字幕窗口可以方便、快速、准确地设定多字幕的呈现,也可以使用旧版标题视窗工具为影片创建和增加各种有特色的文字标题或几何图像,并增加滚动、阴影和渐变等各种效果。

⑥ 可以给视频配音,并对音频素材进行编辑,调整音频和视频的同步,利用音频轨道混合器可以混合多个音频、调整增益以及进行声音的左右摇移。

⑦ 便捷地修改视频特性参数,设置音频、视频编码参数以及编译生成各种数字视频文件等。

本书选用版本为 Adobe Premiere Pro CC 2019,其主要的新功能摘要如下。

1) “自由格式”视图

项目面板有一个新的“自由格式”视图。可以使用“自由格式”视图组织、查看和准备媒体。根据镜头选择、故事板、定序生产任务,以自定义布局的方式排列素材、预览缩览图,甚至添加入点和出点。可以在粗剪的基础上,将素材拖入时间轴以进行进一步的编辑。

2) 使用标尺和辅助线

使用节目监视器中新的标尺和辅助线,可更加精确和统一地布置文本、图形和剪辑。改进的对齐功能让用户可将图形元素对齐到辅助线、彼此对齐或对齐到跟踪项。

3) 环境声音自动闪避

可自动闪避环境声音以获得更加流畅的编辑体验。处理项目时,可以使用基本声音面板中的“闪避”参数自动生成音量包络,以避开对话、声音效果或任何其他环境声音。

4) 更加快速的蒙版跟踪

改进的蒙版跟踪功能将加快色彩分级和剪辑效果的工作流程,在跟踪 HD、4K 和更高分辨率的视频时有优越的性能表现。

对于高分辨率的素材,Premiere Pro 会自动替换较低品质的帧以加快蒙版跟踪过程,但不会损坏最终结果。

5) 图形和文本增强功能

具有多个图形和文本增强功能。

(1) 支持多种描边和背景填充渲染

可以在基本图形面板中为文本和形状图层添加多种描边。

(2) 分组形状和应用蒙版

可以将文本或形状图层转换为基本图形面板中的蒙版,使用文本和图形创建类似蒙版的效果。

(3) 字体增强功能

Premiere Pro 可以自动从 Adobe Fonts 中同步项目和动态图形模板中任何缺少的字体。可以替换一个打开的项目中的所有字体,无需编辑每个单独的图层。

（4）“基本图形”面板中提供描边样式

Premiere Pro 现在可以提供包括连接和端点在内的描边样式，如线段连接、线段端点和斜接限制。

（5）拖放安装动态图形模板

可以通过将多个动态图形模板拖到基本图形面板中来同时对它们进行安装。

6）新的“视图”菜单

“视图”菜单整合了节目监视器的命令，例如，放大率、播放性能、添加辅助线或将辅助线设置保存为模板。

7）音频增强功能

可以轻松地重新排序音频效果，以尝试不同的效果组设置。

8）性能改进

通过新的十位硬件解码，使得 HEVC（一种新的视频压缩标准，H. 265）在 Windows 中的播放更加流畅。

提升了多个 GPU（图形处理器）之间的负载平衡，加快了渲染和导出的速度，特别适合在 Mac OS 和 Windows 平台上使用专业编解码器（如 Apple ProRes、RED 等）的情况。

4.2 Premiere Pro CC 常用术语

了解和掌握 Premiere 中常用到的名词和术语，有助于快速、准确地理解和使用 Premiere 的工具和功能。

1. 视频

一系列连续的图像，当连续的图像的变化速率超过每秒 24 帧时，看上去是平滑变化的视觉效果，可以带有伴音。

视频是素材的一种，有 MP4、AVI、FLV、MOV 等格式，其中 MOV 格式具有透明通道。

2. 素材

指经过制作加工的视频、音频、图片、外部字幕、Premiere 的模板等媒体基本材料，一般无需二次加工就可使用。

3. 剪辑

导入素材后，项目面板中的素材称为剪辑。因为剪辑又是一个动词，因此为了便于理解，Premiere 的参考文档有时将剪辑称为素材。

不同类型素材的剪辑在时间轴上的颜色不同，例如，图片类为粉红色，无伴音的视频为粉紫色，有伴音的视频为粉蓝色等。

4. 片断

将剪辑拖放到时间轴上，则生成剪辑的“实例”，通俗地称为片断。“剪辑”和“片断”的关系类似于 Animate CC 中“元件”与“实例”的关系：一个剪辑可以多次插入时间轴而产生多个片断，编辑或修改时间轴上的片断不会影响到剪辑，但修改了剪辑，则会影响到相关的所有片断。

Premiere 的参考文档常将剪辑和片断混用。

5. 序列

由用户指定的一些片断或剪辑的集合组成，序列可以包含各种效果（颜色、切换、滤镜等）和设置（尺寸大小、帧速率等），还可以包含其他序列，类似于 Animate CC 中的剪辑元件。

新建的序列默认为 DV-PAL 制式，其帧速率为 25 fps，也可以选择其他配置。

注意：有时为了叙述方便，在不影响理解的情况下，素材、剪辑、片断、实例、序列统称为素材。

6. 影片

根据剧本，Premiere 对素材加工、编辑并输出的成品，一般是包含特技、字幕、音频的较完整片断。

以上概念的关系如图 4-1 所示。

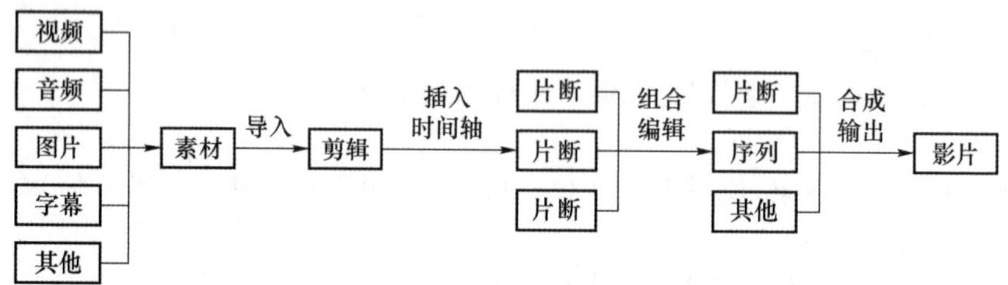

图 4-1　Premiere 编辑中的概念关系

7. 时间码

摄像机在记录图像信号的时候，针对每一幅图像记录的唯一时间编码，其一般格式是 00:00:00:00，代表小时:分钟:秒:帧。时间码常用于定位画面所处的时间点。

Premiere 的时间码是以 00:00:00:00 开始，05:00 就是 5 秒过 1 帧。本书为叙述方便，05:00 即表示 5 秒处。

8. 入点和出点

如果只使用素材的一部分，则需要设定该部分开始处为“入点”，结束处为“出点”。当素材插入时间轴时，只有“入点”“出点”之间的内容可用，其余部分将会隐藏。可以随时在时间轴上调整“入点”和“出点”。

9. 波纹

波纹是指片断和片断之间的空隙。在时间轴上裁剪某片断时，那么其后就会出现空隙，一般需要把空隙消除，称为“波纹删除”。但是“波纹删除”会影响到所有轨道，因此要谨慎操作。

10. 过渡

过渡也称“转场”，用于不同场景间的平滑过渡。Premiere 中是指两段片断之间的切换，例如，一个片断渐渐消失(淡出)的同时，另一个片断渐渐出现(淡入)。

11. 键

键也称键控，其作用是将特定的颜色区域隐藏，也称为抠像。其原理与蒙版抠像不同，蒙版抠像是隐藏特定形状的区域，同颜色无关。

12. 滤波

滤波是指滤除信号(视频、音频等)中特定波段频率，常运用于音频或视频的降噪等。

4.3　影片项目介绍

本章将通过一个影片的制作过程介绍 Premiere Pro CC 的使用，该影片是“个人简历”多媒体应用项目中的视频片段，命名为“我的体育专项”，影片主要内容是通过视频片段介绍“我”的体育特长（短跑和游泳）及体育精神（永不停止）。

本影片的播放平台是手机网页（HTML5），因此影片尺寸无需太大。为方便编辑，Premiere 的序列尺寸设置为影片素材的常规尺寸，最后输出 HTML5 所需的尺寸和格式。

影片时长为 60 秒左右。影片整体风貌活泼青春，积极向上。

影片中所使用到的素材及源文件可在出版社资源站点下载。

4.4 影片制作的前期工作

制作影片作品的流程包括：策划剧本、准备素材、素材粗略处理、安排出场顺序、剪辑音像、添加音像效果、添加字幕、导出影片等，前两项工作并不能利用 Premiere 完成，称为前期工作。

4.4.1 策划剧本

制作一个影片作品，首先需要确定作品的主题，即“制作什么”。例如，可能想为自己或者朋友、客户制作一个毕业纪念册，因此主题被确定为毕业纪念，这个主题应该突出具有纪念意义的学校学习、生活的场景、画面和人物等。

根据确定的主题、已有的素材以及现有的硬件条件，策划一个简单的剧本。首先应撰写一个有关剧本中镜头排列及活动顺序的简要说明，或画一系列的草图，称为故事板，在上面标出影片的开始、应用的切换、特技效果、加入的声音及影片的结尾等；然后选择放进剧本的素材。

另外，需要确定影片的播放方式，这将有助于选择适当的压缩设置和其他选项。

影片《我的体育专项》的制作故事板如表 4-1 所示。

表 4-1 《我的体育专项》影片故事板

<table>
<tr><th>场景</th><th>镜头</th><th>画面内容</th><th>时长/s</th><th>音乐</th><th>音效</th><th>效果</th><th>备注</th></tr>
<tr><td rowspan="3">场景一：外景。田径跑道</td><td>101</td><td>安静的跑道，起跑线笔直向前</td><td>3</td><td rowspan="3">背景音乐淡入</td><td></td><td rowspan="2">溶解过渡；光晕特效</td><td>加标题</td></tr>
<tr><td>102</td><td>在起跑器上，预备，起跑</td><td>7</td><td>发令枪声</td><td></td></tr>
<tr><td>103</td><td>在终点线，运动员冲刺</td><td>8</td><td>欢呼声</td><td>减速慢镜头。“点赞”画面叠入叠出；“光线光晕”画面叠入叠出</td><td>特效时长自定</td></tr>
<tr><td rowspan="4">场景二：内景。游泳赛道</td><td>201</td><td>起跳入水，水下滑行</td><td>6</td><td rowspan="4">背景音乐</td><td>入水声
打水声</td><td></td><td></td></tr>
<tr><td>202</td><td>出水，强劲有力的蝶泳，俯摄</td><td>4</td><td>击水声</td><td></td><td></td></tr>
<tr><td>203</td><td>终点触壁，气泡纷拥</td><td>2</td><td>触壁声</td><td></td><td></td></tr>
<tr><td>204</td><td>阳光透过荡漾水波，光柱轻摇</td><td>10</td><td></td><td>剥落特效出</td><td>b-roll；特效时长自定</td></tr>
</table>

续表

场景三:外景。郊外的积水小径,逆光	301	逆光,踩着水洼,向着太阳奔跑,慢镜头	19	背景音乐淡出	踩水洼声	剥落特效入	特效时长自定;添加标题;添加字幕
说明:背景音乐选择活力青春动感类型							

b-roll 是指辅助的画面,是用于情节铺垫、渲染氛围、场景过渡的镜头,一般都是自然风景之类。

注意:本故事板是按已有的素材内容进行编排的。

4.4.2 准备素材

在进行这个剧本制作之前,首先要对影片材料进行搜集和准备,这就是素材的准备工作。根据影片主题,收集素材包括录像、照片、动画、声音、文本等,并加工成计算机可以接受的形式。

Adobe Premiere 通过组合素材的方法来制作影片,可选择使用的素材源包括以下几种。

① 从摄像机、录像机或磁带机上捕获的数字化视频。

② 用 Premiere 或其他资源建立的影片。

③ 扫描或下载的图像。

④ 音频、合成音乐和声音。

⑤ Adobe Photoshop 文件。

⑥ 矢量图形文件。

⑦ 动画文件。

⑧ 在 Premiere 中建立的文件。

⑨ 标题字幕。

可以用各种各样的硬件设备向计算机硬盘中输入源数据,以建立数字化的视频、音频素材。常见的相关设备有摄像机、录像机、磁带机、扫描仪、数字相机、数字摄像机、视频卡、声卡、超级 VCD、LD、DVD 视盘机等。其中,VCD 中的 MPEG-1 虽然是纯数字存储,但其视频信号已经过大幅度的压缩,压缩过程中损失了大量的信息,而且此过程是不可逆的,加之其本身画面质量较差,所以二次编辑的效果不太好。

原始素材还可以来自视频、音频的素材光盘或者互联网的素材库。本书的素材来自 www.pexels.com、www.pixabay.com、www.unsplash.com、www.ssyer.com 等的免费商用素材,以及 www.ibaotu.com、www.vjshi.com 等的收费素材。

制作影视节目,除了要有明确的目标之外,还需要有足够的原始素材,才能制作内容丰富、引人入胜的影片。

策划剧本、编写故事板、准备素材工作完成后,就可以通过 Premiere 对素材进行适当的处理、安排出场顺序、剪辑音像,最后生成适合目标设备(手机、电视机或计算机)播放的影视文件。

4.4.3 Premiere 工作环境

启动 Premiere Pro 后，在主页中可以选择打开最近编辑的项目或者先学习 Adobe 公司提供的英文版入门教程。这里选择新建项目 新建项目... 。在弹出的“新建项目”对话框中将项目命名为“我的体育专项”，选择合适存储位置，如图 4-2 所示。

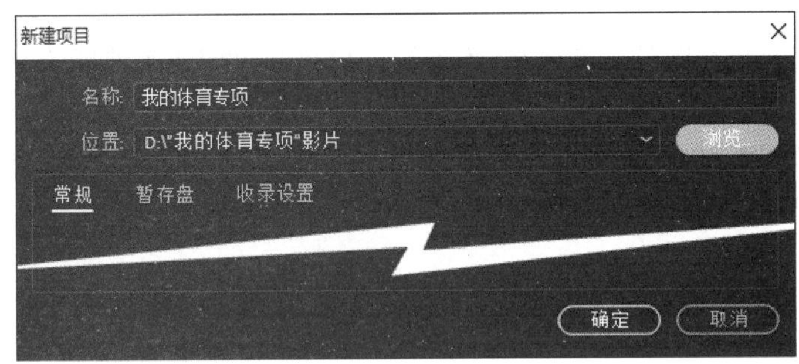

图 4-2 “新建项目”对话框

由于 Premiere Pro 编辑过程要临时存储的内容很多，可以将容量较大、速度较快的硬盘分区设置为“暂存盘”。

对话框中其他选项一般不用设置，单击“确定”按钮即可进入 Premiere 工作界面，如图 4-3 所示。

Premiere Pro CC 的菜单有文件、编辑、剪辑、序列、标记、图形和窗口等，其中主要的编辑功能也可以通过功能面板完成。功能面板的开启通过菜单中的“窗口”完成。

可以根据制作需要，选择相应的“工作区”以启用特定的功能面板，工作区模式有学习、组件、编辑、颜色、效果、音频、图形、库、所有面板和元数据记录十种模式，其中最常用的是编辑模式的工作区。工作区中的功能面板可以任意组合和移动、调整显示的大小，还可以提取出来作为浮动面板。浮动面板位于最上层，可以随意拖动。

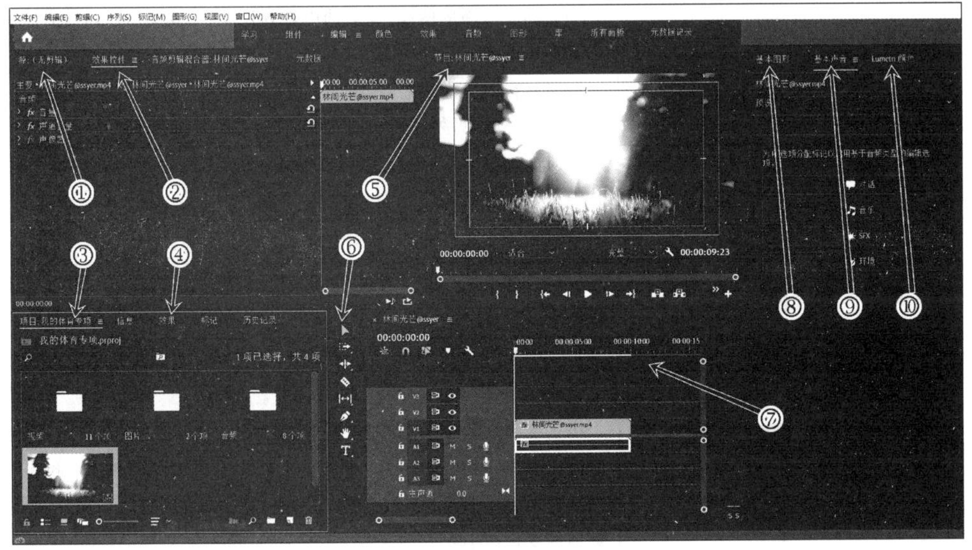

图 4-3 Premiere 工作界面

如图 4-3 所示是编辑模式下的工作区,下面介绍其中常用的功能面板。

1）源面板

用于预览和粗略剪辑素材。粗剪素材是指通过入点(开始之处)和出点(结束之处)大致选择素材可用部分,同时可以对素材添加标记,以便在编辑时迅速定位。

2）效果控件面板

对时间轴上的片断可以添加各种效果,不同的效果会有不同的控制模式。此面板用于设置和修改各种效果的参数设置。

该面板自带有视频片断的运动效果、不透明度效果和可变速率伸展效果。

3）项目面板

用于导入和管理素材,在此可以对素材进行分类、移动、命名、查看、排序、查找等操作。用户创建的"序列"也在此面板中进行管理。

4）效果面板

提供视频特殊效果、视频过渡效果、音频特殊效果、音频过渡效果和预设效果(一些可以直接套用的常用效果)。

5）节目面板

节目面板也称为监视器面板,用于查看和预览当前影片编辑效果,以便进一步编辑影片。

6）工具面板

提供 8 类 16 种工具,如表 4-2 所示,用于编辑时间轴上的片断或制作标题字幕。

表 4-2　Premiere 的工具

工具名称	图标	快捷键	作用
选择工具		V	选择、移动片断,对选中的对象进行右击菜单管理等; 放置于片断的首尾处,可以调节入点和出点
向前选择轨道工具		A	选择当前片断之前的所有轨道上的片断; 按 Shift 键,则只是对单一轨道起作用
向后选择轨道工具		Shift＋A	选择当前片断之后的所有轨道上的片断; 按 Shift 键,则只是对单一轨道起作用
波纹编辑工具		B	当光标在片断的两端,调整选中视频长度(入点或出点),前方或者后方的片断在编辑后会自动联接,不留波纹(空隙)
滚动编辑工具		N	当光标在两段片断之间,缩短其中一个片断,另一片断自动变长;拖长其中一个片断,另外片断长度变短,轨道总时长保持不变
速率伸缩工具		R	把时间轴上的片断时长进行压缩或放大,因此改变片断的播放速率,实现慢放或快放的效果
剃刀工具		C	可以把一个片断分段,分别编辑
外滑工具		Y	对已经调整过长度的视频,在不改变视频长度的情况下,可以变换视频区间
内滑工具		U	拖曳的时候,选中的视频长度不变,变换剩余的视频长度
图形工具 包括钢笔工具、矩形工具、椭圆工具		P	用于绘制各种图形,用于遮罩、标题或字幕,可在"基本图形"面板中设置图形属性。其中钢笔工具可在时间轴的片断上"点画"和编辑关键帧。选中关键帧后,按 Ctrl 键,将出现调节线,可进行曲线调整,以设置关键帧的变化速率

续 表

工具名称	图标	快捷键	作用
手形工具		H	按住鼠标左键不放，可以对时间轴进行拖曳； 类似 Photoshop CC 和 Animate CC 的手形工具
缩放工具		Z	单击鼠标左键，可以对时间轴放大。按住 Alt 键单击则缩小显示
文本工具 垂直文本工具		T	可在节目面板中输入横排或竖排文本。文本的编辑在基本图形面板中完成

7）时间轴面板

用于排列和连接各类素材，所有的素材处理基本都在此面板进行，包括插入和编辑影片序列、设置动画、创建轨道、颜色调整、设置和编辑特效、设置和编辑关键帧等。此面板是 Premiere 中最重要的功能面板。

此面板同 Animate CC 的时间轴面板很相似，由很多图层（轨道）组成。V 类轨道只能放置视频素材，A 类轨道只能放置音频素材。

8）基本图形面板

基本图形面板中包括浏览选项卡和编辑选项卡。

- 浏览选项卡：提供很多现成的动态图形模板，可以直接拖到时间轴中使用，并可根据影片制作需要调整动态面板的元素。
- 编辑选项卡：作用是调整文本、图形的位置和外观，与效果控件面板配合使用，为图形添加动画效果。基本上取代了旧版本的“字幕”工作区。

9）基本声音面板

可以统一音量级别、修复声音缺陷、提高声音清晰度及添加特殊效果以达到专业音频工程师混音的效果。

可将音频设为“对话”、“音乐”、“SFX”或“环境”等类型。当为画外音片断指定音频类型（如“对话”）之后，“对话”选项卡将提供同“对话”有关的参数组，通过设置这些参数可执行与对话关联的常见任务，例如，将不同的录音统一为常见响度、降低背景噪声、添加压缩和 EQ 等。

10）Lumetri 颜色面板

提供丰富的颜色调整手段，从影片的色彩校正、色调设置到特定颜色的调整都集成在该面板中。该面板包括基本校正栏、创意效果栏、曲线调整栏、颜色轮和匹配方式、HSL 辅助、饱和度和亮度的调整、片断四角晕影效果。

（1）基本校正栏

基本校正是关于颜色的校正。可以选择相应的 LUT（Look Up Table，查询表），LUT 是用户自定义或摄像机厂家定义的色彩校正设置。

使用拾色器是在视频中实现正确的白平衡的快速方法，选择白平衡选择器 白平衡选择器 再单击画面需要设置为白色的区域即可。

通过设置合理的白平衡可以有效地避免视频偏色，再使用色温等级来微调白平衡，将滑块向左移动可使视频看起来偏冷色，向右移动则偏暖色。

（2）创意效果栏

可以选择不同的 Look Look SL CLEAN KODAK B 以模拟各种胶片效果或特定风格，并可进行细微的专业调整。

(3) 曲线调整栏

RGB 曲线同 Photoshop 的曲线使用方法一样,用于调整 RGB 各个通道的颜色。也可以通过色相、饱和度曲线,便捷地调整视频的色相或者饱和度。

(4) 颜色轮和匹配方式

可以分别选择在暗部、中间部分和高光上进行颜色的调整。调整过程中还可以使用人脸识别 人脸检测 ,以保护图像中的人物肤色。

(5) HSL 辅助

可以针对特定部分(如衣服)调整 HSL 色调、饱和度和亮度。一般是在主体颜色调整完毕之后,再通过 HSL 辅助精细调整。

(6) 片断四角晕影效果

可以模拟旧胶片四周出现暗影的效果。

4.5 素材处理

按故事板的设定拍摄或收集相关素材,可以按照场景、镜头、时间或内容整理归类,本书按照素材内容分别建立视频、音频和图片文件夹。

导入素材时,尽量保留文件原名称,可以在原文件名后面加些说明字符,方便文件溯源。

4.5.1 导入素材

导入素材

导入素材是将已经整理好的素材源文件导入 Premiere 项目中。

打开 Premiere Pro CC,如图 4-2 所示命名项目为“我的体育专项”,选择合适的存储位置,单击“确定”按钮,建立新项目。如果已经创建了“我的体育专项”项目,直接打开即可。

进入 Premiere 工作环境,如图 4-3 所示,执行菜单栏中的“文件>导入”(或按 Ctrl+I 组合键),在弹出的“导入”对话框中找到需要导入的文件夹,每次只能导入一个文件夹,选择“素材”文件夹(该文件夹中有“视频”、“音频”和“图片”三个子文件夹),单击“导入文件夹”按钮 导入文件夹 ,如图 4-4 所示。

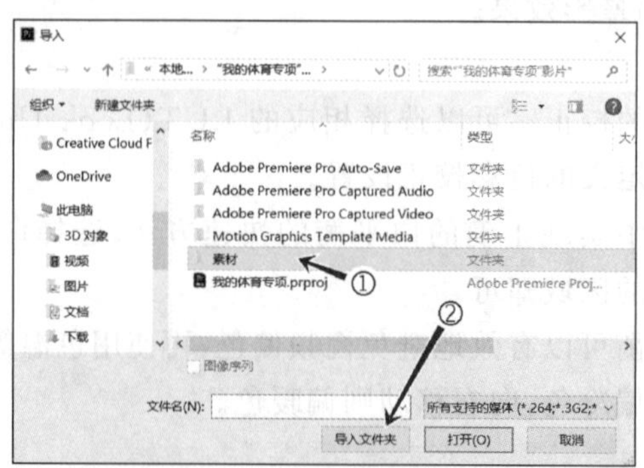

图 4-4　素材的导入对话框

此时项目面板中出现一个素材文件夹(Premiere 称为素材箱),当前是以图标的方式显示素材。如图 4-5 中①、②、③、④、⑤所指示分别表示列表视图、图标视图、自由视图、设置图标大小、选择素材的排序方式。

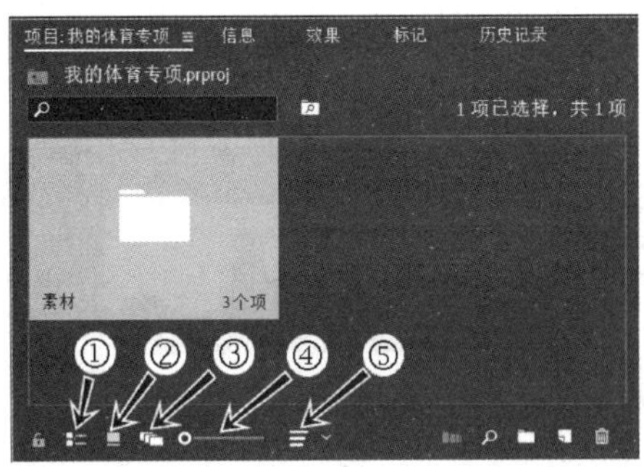

图 4-5 导入视频文件夹

4.5.2 粗剪素材

按照故事板的设定,采集的素材不一定都可用,视频或音频素材中可能只用其中一小段,因此需要进行初步粗略的剪裁。粗剪素材的工作主要是在源面板中通过设置“入点”和“出点”来完成的。

1. 镜头 101

如表 4-1 所示,镜头 101 的内容是“安静的跑道,起跑线笔直向前;图片;3 秒”。

① 双击打开“素材箱:素材”,再双击打开“图片”素材箱。

② 右击“田径跑道-ibaotu. jpg”,选择“速度/持续时间”,在弹出的窗口中,可看到该图片时长是 05:00(图片插入时间轴的默认时长),将其持续时间改为 00:00:03:00,如图 4-6 中①所指示。

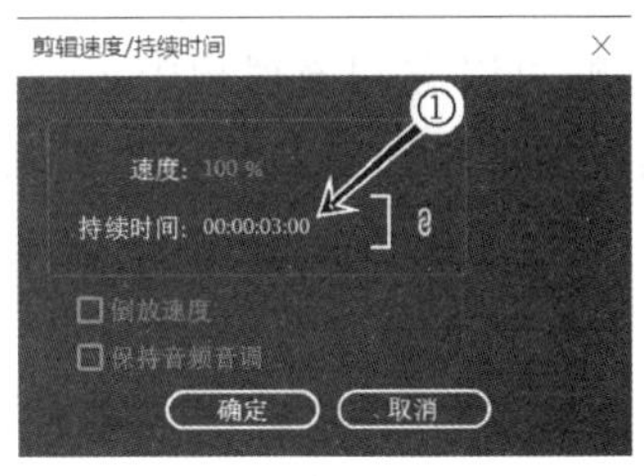

图 4-6 修改持续时间

2. 镜头 102

如表 4-1 所示,镜头 102 的内容是“在起跑器上,预备,起跑;7 秒”。

① 单击项目面板标题“项目:我的体育专项 ≡”,在其面板中,双击打开“素材箱:素材”,再双击打开视频素材箱。

② 双击“起跑-vjshi. mp4”,将可在源面板中查看该视频,可以看到“起跑”的时长是 6:27(7 秒差 2 帧)。该视频的帧速率为 30 fps,插入序列后会自动调整以匹配序列的帧速率。

③ 按前面故事板的设定,该视频可不用裁剪。

预览时发现该视频中起跑时没有发令枪声音,后期应配上相应的声音效果。

3. 镜头 103

如表 4-1 所示,镜头 103 的内容是“在终点线,运动员冲刺;减速慢镜头;8 秒”。

① 双击“素材箱:视频”中的“百米冲刺-vjshi. mp4”,在源面板中可以看到该视频时长为 13:07。

② 单击面板下方的播放键，可以看到该视频中画面有些晃动。按故事板的设定，可以剪裁视频前后的空跑道片段，以减少晃动的感觉。在后期设置慢镜头效果时，让时长大致为8秒。

③ 拖动播放头到00:00:02:00的位置，如图4-7中①所指示；也可以单击时间码，如图4-7中②所指示，然后输入时间02:00。单击"入点"按钮设置入点，如图4-7中③所指示。

图4-7　设置入点和出点

在00:00:07:29处单击"出点"按钮设置出点，如图4-7中④所指示，此时面板右侧的时间码，如图4-7中⑤所指示，是指粗剪后的视频总时长为6秒。

该视频的配音是广播声，后期需要替换为欢呼声。

4. 镜头201

如表4-1所示，镜头201的内容是"起跳入水，水下滑行；6秒"。

① 双击"素材箱:视频"中的"运动员游泳训练-vjshi.mp4"，在源面板按播放键播放查看该视频，可以看到该视频中包含了"201镜头"、"202镜头"和"203镜头"，因此需要复制三份，分别设置入点和出点。也可以用"制作子编辑"的方式，分别完成三个镜头的剪辑。

② 拖动播放头到05:26处，单击"出点"按钮设置出点。后期将通过修改帧速率，把时长调整到6秒左右。

注意：如果没有设置入点或出点，则不能制作子剪辑。

③ 执行菜单栏中的"剪辑>制作子剪辑"，在弹出的"制作子剪辑"对话框中输入名称"运动员游泳训练-入水-vjshi.mp4"，单击"确定"按钮完成子剪辑的创建，在素材箱中将出现"运动员游泳训练-入水-vjshi.mp4"。

本子剪辑没有伴音，后期需要加上入水的音效。

5. 镜头202

如表4-1所示，镜头202的内容是"出水，强劲有力的蝶泳，俯摄；4秒"。本镜头的剪辑类似镜头201。

① 在源面板中"运动员游泳训练-vjshi.mp4"，拖动播放头到05:27处，单击"入点"按钮设置入点，拖动播放头到09:05处，单击"出点"按钮设置出点。

② 执行菜单栏中的"剪辑>制作子剪辑"，在弹出的"制作子剪辑"对话框中输入名称"运动员游泳训练-蝶泳-vjshi.mp4"，单击"确定"按钮完成子剪辑的创建，在素材箱中将出现"运动员游泳训练-蝶泳-vjshi.mp4"。

本子剪辑没有伴音，后期需要加上击水的音效。

6. 镜头 203

如表 4-1 所示，镜头 203 的内容是“终点触壁，气泡纷拥；2 秒”。

在“运动员游泳训练-vjshi. mp4”素材的 13:10 处设置入点，在 14:13 处设置出点。制作子剪辑为“运动员游泳训练—碰壁-vjshi. mp4”。

7. 镜头 204

如表 4-1 所示，镜头 204 的内容是“阳光透过荡漾水波，光柱轻摇；10 秒”。

① 双击“素材箱:视频”中的“光在海洋里-ibaotu. mp4”，在源面板按播放键▶播放查看该视频。

② 拖动播放头到 14:00 处，单击“出点”按钮设置出点(后期在精剪片断时，调整为 10 秒)。

8. 镜头 301

如表 4-1 所示，镜头 301 的内容是“逆光，踩着水洼，向着太阳奔跑；慢镜头；19 秒”。

① 双击“素材箱:视频”中的“一步一个脚印-vjshi. mp4”，在源面板按播放键▶播放查看该视频，视频本身就是慢镜头，视频内容都可以使用，只是时长为 38 秒，需要调整时长。

② 单击菜单栏中的“剪辑>速度/持续时间”，在弹出的对话框中，将速度改为 200%，如图 4-8 所示，然后确定即可。当然也可以在对话框中直接输入“持续时间”。

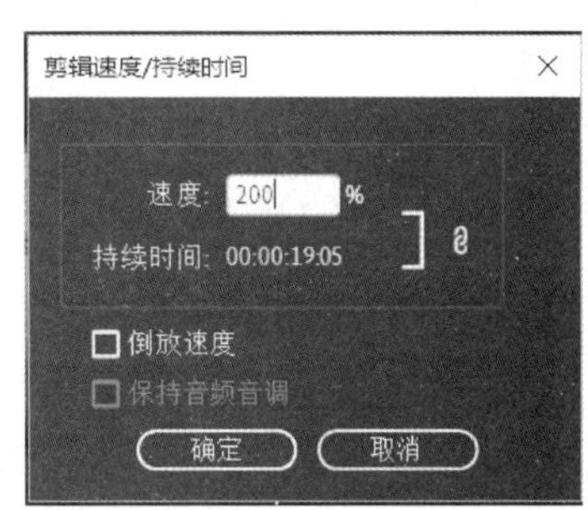

图 4-8 调整速度

4.5.3 管理素材

单击项目面板“项目:我的体育专项”右边的“弹出菜单”按钮，在弹出的菜单中选择“面板组设置>最大化面板组”(也可以在英文输入法下，按～键)，将面板组最大化以便查看和操作更多的内容。

(1) 移动素材

将需要的素材移动到“素材箱:素材”中利于统一管理，方便对其排列。

① 在“素材箱:图片”中，选择“田径跑道-ibaotu. jpg”，按 Ctrl+X 组合键剪切该图片。

② 单击“素材”素材箱，按 Ctrl+V 组合键，将“田径跑道-ibaotu. jpg”粘贴在“素材箱:素材”中。

③ 在视频素材箱中，按 Ctrl 键分别选择“一步一个脚印”、“光在海洋里”、“百米冲刺”、“起跑”、“运动员游泳训练-入水”、“运动员游泳训练-蝶泳”和“运动员游泳训练-碰壁”七个素材，按 Ctrl+X 组合键同时剪切这些文件。

④ 选择“素材箱:素材”，按 Ctrl+V 组合键将选择的素材移入。

(2) 排列素材

① 选择“素材箱:素材”，单击面板下方的“自由视图”按钮，则可以在自由视图中随意排列素材。

② 在素材面板下方移动图标显示滑杆，稍微调小图标，以容纳更多的素材图标，方便编辑。

③ 按照故事板(见表 4-1)设定的顺序,在“素材箱:素材”中,拖动素材到素材箱中间,按场景和镜头的次序排列,如图 4-9 中①、②、③、④、⑤、⑥、⑦、⑧所指示,即“田径跑道”→“起跑”→“百米冲刺”→“运动员游泳训练-入水”→“运动员游泳训练-蝶泳”→“运动员游泳训练-碰壁”→“光在海洋里”→“一步一个脚印”。

图 4-9 素材按故事板进行排列

右击素材箱,在弹出菜单中选择“保存布局”,在“保存布局”对话框中命名布局。如果搞乱了素材的排列次序,可以通过调出保存的布局来恢复。

(3) 编辑素材元数据

元数据是素材的一组描述性信息,方便素材的检索、排序等管理。以下设置素材的“注释”元数据项。

① 在英文输入状态下,单击～键,恢复面板组大小。也可以在素材箱标题素材箱:素材 ≡上单击“弹出菜单”按钮≡,选择“面板组设置＞恢复面板组大小”。

② 右击元数据标题,在弹出菜单中选择浮动面板,如图 4-10 中①、②所指示。此时元数据面板将浮在其他面板之上,可以自由移动。

③ 选择“素材箱:素材”,单击～键,最大化面板组。

④ 选择“田径跑道-ibaotu.jpg”(见图 4-9 中的①),在元数据面板的“剪辑”栏中,找到“注释”项,输入镜头号“101”(见图 4-11),镜头号如表 4-1 所示。

同样地,将如图 4-9 中②的注释写入“102”;图 4-9 中③的注释写入“103”;图 4-9 中④的注释写入“201”;图 4-9 中⑤的注释写入“202”;图 4-9 中⑥的注释写入“203”;图 4-9 中⑦的注释写入“204”;图 4-9 中⑧的注释写入“301”。

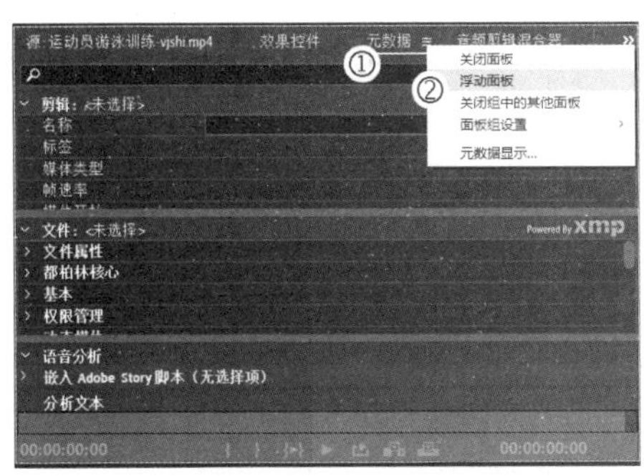

图 4-10 元数据面板设为浮动面板

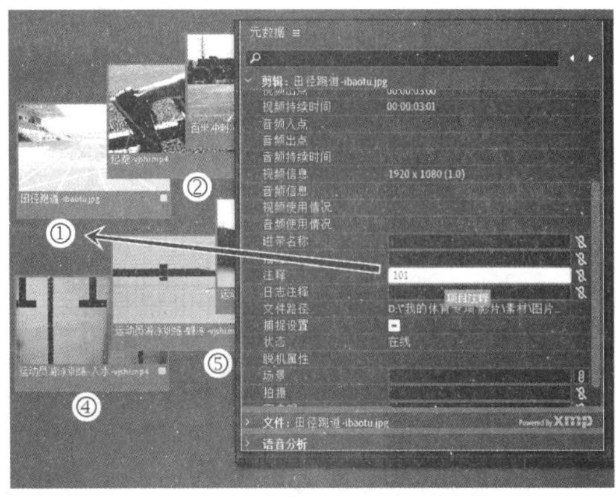

图 4-11 设置素材的元数据的“注释”项

⑤ 单击元数据面板上方的“关闭”按钮 ×，关闭元数据面板。

⑥ 单击“素材箱：素材”面板下方的“列表视图”按钮，素材将以列表的形式出现，其中列表项为元数据项，通过设置可以关闭无需显示的元数据项目。

⑦ 单击“素材箱：素材”标题 素材箱：素材 ≡ 的“弹出菜单”按钮 ≡，在弹出菜单中选择“元数据显示”，在出现的“元数据显示”对话框中，在 Premiere Pro 项目元数据栏 › Premiere Pro 项目元数据 中单击“展开”按钮 ›，展开所有的元数据项目，接着单击 Premiere Pro 项目元数据栏 ⌄ Premiere Pro 项目元数据 中的“开关”按钮，关闭所有元数据的显示。

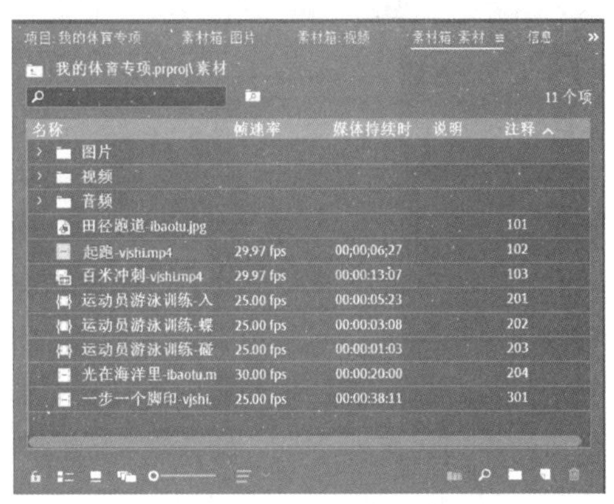

图 4-12 元数据项“注释”排序

在其中勾选需要显示的元数据项：帧速率、媒体持续时间、描述、注释等，单击“确定”按钮完成设置，其中的“注释”内容是之前输入的。

⑧ 单击元数据显示栏中的注释项 注释，素材将按注释内容升序排列，如图 4-12 所示。

⑨ 按键盘～键，恢复面板组大小，回到主工作环境（见图 4-3）。

4.6 剪辑片断

素材放入时间轴，就称为片断，影片剪辑就是对片断的剪辑。可以将多个片断组合成序列，也可将片断序列作为素材使用。

4.6.1 创建序列

创建序列

可以通过选择“文件＞新建”创建新序列，也可以通过剪辑创建序列，

此时序列的参数(尺寸大小、帧速率等)同第一个片断一样。

当前“素材箱:素材”面板中,确认素材是按照“注释”内容进行排序的。

① 选择第一个素材(元数据的注释项为 101),按 Shift 键的同时,单击最后一个素材(注释内容为 301),也就是选择了故事板中所有镜头素材(见图 4-9)。也可以用光标框选所需的素材。

② 将素材拖入时间轴面板的 V1 轨道,自动创建“序列”,如图 4-13 中①、②所指示。此时 V1 轨道的素材片断将以镜头号(也就是注释内容)的顺序联接,如图 4-13 中③所指示。

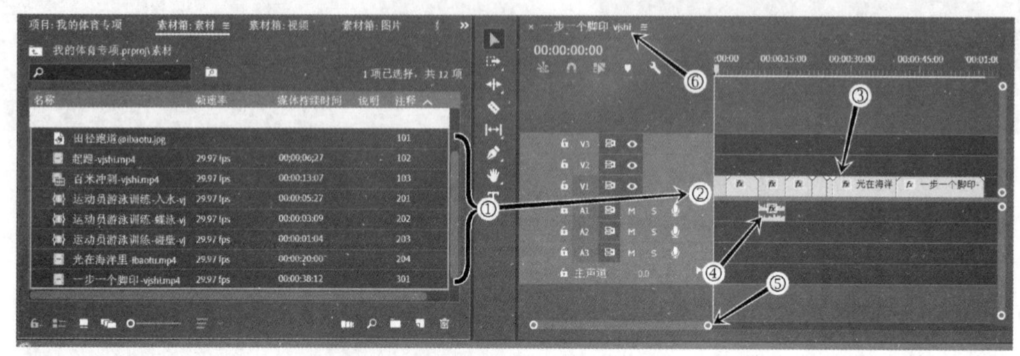

图 4-13　将素材拖入时间轴,创建序列

如果视频素材有伴音,其音频部分会自动放入 A1 轨道,在这里可以看到第三个素材带有音频,如图 4-13 中④所指示。由于该伴音不合适,后期将删除该伴音。

可以用鼠标拖动时间轴窗口下方的伸缩滑杆头,如图 4-13 中⑤所指示,调整时间轴的显示大小,按住滑杆头,往左边则放大显示时间轴,往右边则缩小显示时间轴。

创建的序列的属性(大小、帧速率)由其中的素材片断决定。例如,尺寸大小、帧速率由第一个片断决定,由于第一个片断是静态图片,就自动设置为“25fps”,尺寸为“1280×720”。序列名称与最后一个片断相同,为“一步一个脚印-vjshi”一步一个脚印-vjshi,如图 4-13 中⑥所指示。

在项目面板中,序列图标和剪辑的图标也有所不同,在“素材箱:素材”中,单击该序列名称,改名为“我的体育专项”。

为方便管理,可将序列移出“素材”素材箱。

③ 选择“我的体育专项”序列,按 Ctrl+X 组合键剪切该序列,单击“项目:我的体育专项”面板标题项目:我的体育专项,在打开的项目面板中,按 Ctrl+V 组合键将序列移动到项目面板中。

④ 双击“项目:我的体育专项”面板中的“我的体育专项”序列,时间轴上将出现该序列内容。

⑤ 单击监视器面板中的播放键,就可以预览拼接组装的影片了。

⑥ 单击菜单栏中的“文件>保存”,或按 Ctrl+S 组合键保存项目文件。

4.6.2 精剪片断

精剪是针对片断的前后连接、衔接的关系来调整片断内容,粗剪只是单一素材的内容取舍。

按照故事板(见表 4-1)的设定,大部分粗剪过的素材就无需再调整了。需要调整的素材片断如下。

① 镜头 103,在终点线,运动员冲刺。

素材名称:百米冲刺-vjshi. mov。

素材粗剪后时长为 6 秒,需要慢镜头以看清冲刺的细节。

剪辑措施:进一步删除前面的空镜头,使用“时间重映射”方法让冲刺镜头减速慢放,让片断的持续时间为 8 秒。

② 镜头 204,阳光透过荡漾水波。

素材名称:光在海洋里-ibaotu. mp4。

素材粗剪时长为 14 秒,需要裁剪,调整为 10 秒。

剪辑措施:使用波纹工具,剪去尾部片段。

③ 镜头 301,逆光踩着水洼,向着太阳奔跑。

素材名称:一步一个脚印-vjshi. mp4。

素材粗剪后时长为 19 秒,需要适当加速,将持续时间调整为 14 秒。

剪辑措施:使用速度工具,调整速度比率。

1. 剪辑镜头 103

右击“百米冲刺”片断,在弹出的菜单中选择“取消链接”,如图 4-14 所示,取消视频和音频的链接,此时视频和音频可以分别选择,选择下方的音频,按 Delete 键删除音频。

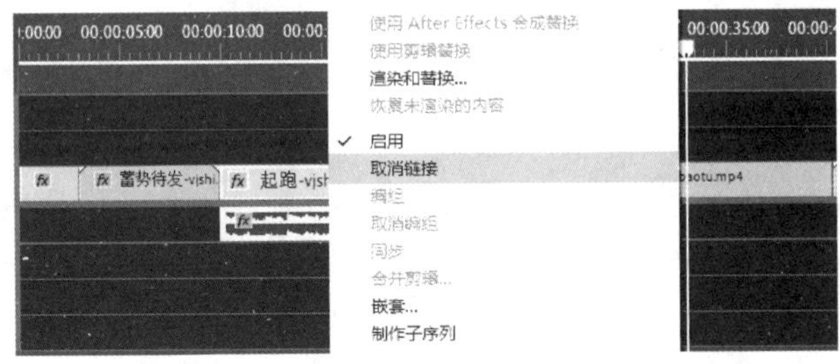

图 4-14 取消视频和音频的链接

(1) 移动片断

进行“时间重映射”操作改变片断的播放速率,这将会改变片断的长度(速率大,时间就短,反之则长),影响到后面的片断。因此,可将片断移动到单独的轨道进行“时间重映射”处理,剪辑完再放回。

单击按住“百米冲刺”视频垂直往上拖动到 V2 轨道,Premiere 片断的操作可以自动吸附对齐,如图 4-15 中①所指示。

(2) 调整出点

拖动时间轴面板上的播放头(见图 4-15 中②)到 00:00:15:00 的位置。

也可以单击面板上的时间码,直接输入 00:00:15:00,如图 4-15 中③所指示。

将光标移动到片断尾部(出点),变为形状,按住尾端拖动到播放线位置,如图 4-15 中④所指示,因此改变了片断的出点。

(3) 时间重映射

“时间重映射”功能可以快捷地实现视频播放的加速、减速、倒放等效果。

① 选择“百米冲刺”视频,单击效果控件面板 效果控件 ≡ ,单击其中的时间重映射栏

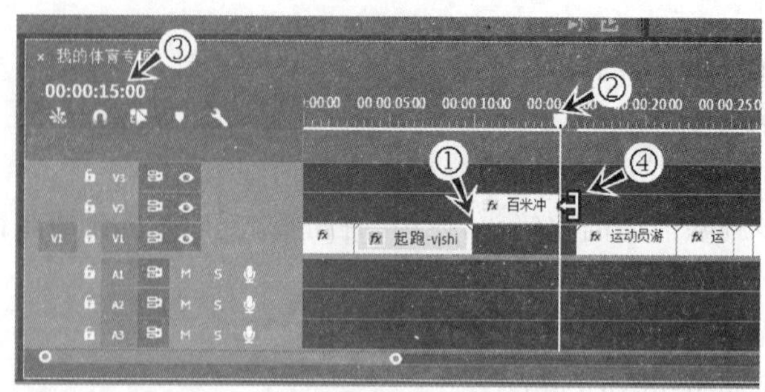

图 4-15　调整出点到指定帧

› fx 时间重映射的“展开”按钮›，其下将出现“速度”项，如图 4-16 中①所指示。单击“速度”项左侧的“展开”按钮›，展开操作板。

② 单击时间轴面板上的时间码，如图 4-16 中②所指示，直接输入“00:00:13:10”，定位该处，在此之后减速慢放。

③ 单击“速度”项右侧的“关键帧”按钮，如图 4-16 中③所指示，在该处设置一个关键帧，如图 4-16 中④所指示，准备在这里完成由快到慢的变速效果。

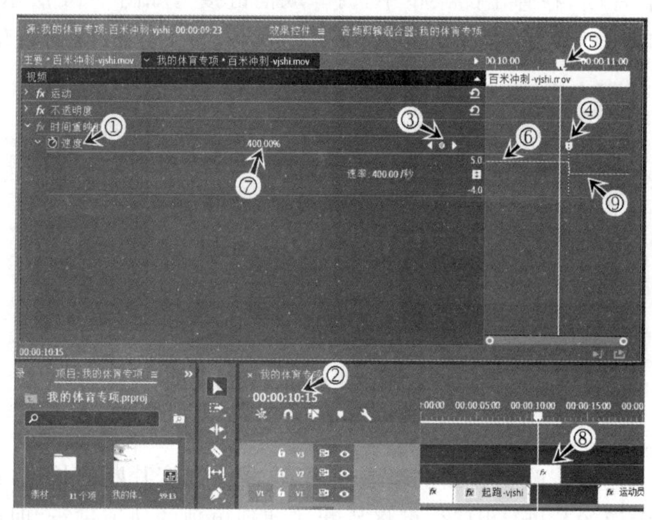

图 4-16　设置时间重映射

④ 将“效果控件”上的播放头（见图 4-16 中⑤）拖动到关键帧左侧，如图 4-16 中⑥所指示，光标按住关键帧左侧灰线往上拖动，观察速率值的变化（见图 4-16 中⑦）直到 400%，即以 4 倍速率播放。可以在时间轴上看到片断变短了，如图 4-16 中⑧所指示。

⑤ 将播放头（见图 4-16 中⑤）拖动到关键帧右侧，如图 4-16 中⑨所指示，按住关键帧右侧灰线往下拖动，观察速率值的变化直到 10%，即放慢 90%的速率播放。

单击播放键▶预览变速效果，可以发现速率是在关键帧位置突然变化的。

下面调整速率变化曲线，让速率逐渐减小。

⑥ 如图 4-16 中④所指示，时间重映射关键帧由左、右两调片组成，按住左调片略微往左拖一点点，如图 4-17 中①所指示，同时观察监视器窗口的左、右两个画面以及该画面的时间码，如图 4-17 中②所指示，两画面是变速前后的两帧，左帧是空跑道，右帧是终点冲刺。

如果需要变速更平滑些，可以调整变速率，单击调片，拖动两调片中间蓝色的线，改变倾斜角度即可。

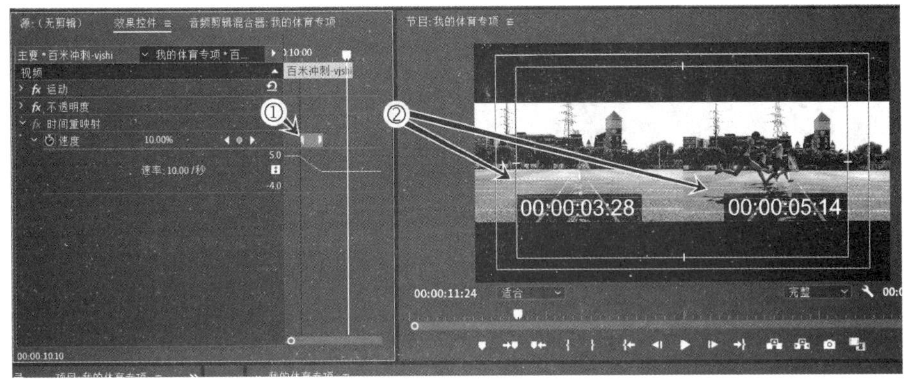

图 4-17 时间重映射的变速调整

(4) 裁剪片断

① 在时间轴面板的时间码中输入“00:00:18:10”，如图 4-18 中①所指示。

② 在工具箱中选择剃刀工具，如图 4-18 中②所指示。

③ 单击“百米冲刺”片断播放线所处的位置，将该片断一分为二，如图 4-18 中③所指示。

④ 选择工具箱中的选择工具，单击选择片断后半段，按 Delete 键删除。

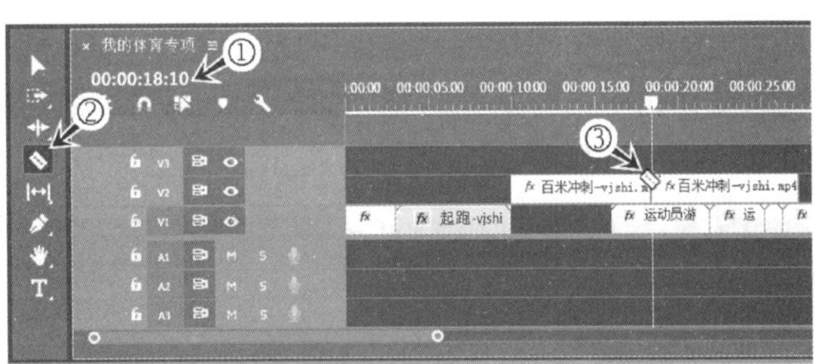

图 4-18 裁剪剪辑

2. 剪辑镜头 204

拖动时间轴面板上的播放头，到“00:00:38:00”左右的位置。选择波纹编辑工具，按住镜头 204“光在海洋里”的出点，对齐到播放头，如图 4-19 中①所指示，后方的片断自动移动调整，不留波纹空隙。而使用选择工具调整入点或出点，则会产生波纹。

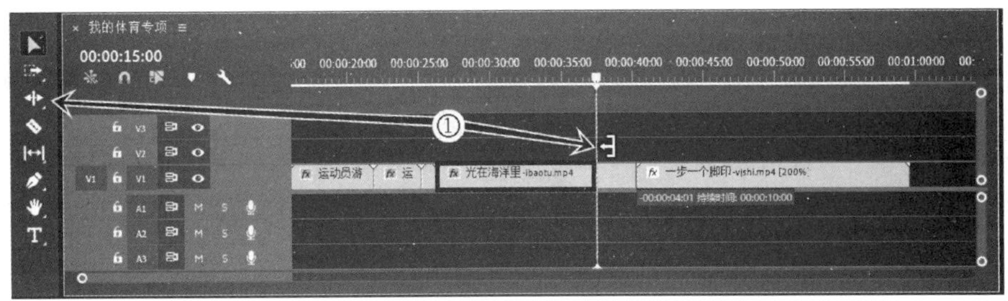

图 4-19 使用波纹工具

3. 剪辑镜头 301

选择速率拉伸工具，按住镜头 301“一步一个脚印”的出点，拉伸到时长为 14 秒左右，如图 4-20 中①所指示。

也可以使用“速度/持续时间”进行更精确的速率调整。

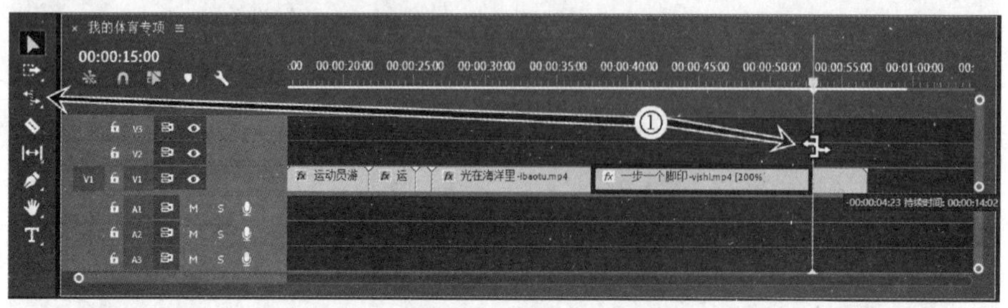

图 4-20　使用速率拉伸工具

4.6.3　整理片断

整理片断的作用是将片断放到合适的轨道，使得时间轴的结构清晰、方便组织和编辑。

① 在工具箱中选择向前轨道选择工具，如图 4-21 中①所指示，该工具是选择多个轨道的，按 Shift 键不放，转换成单轨道选择工具，单击“百米冲刺”之后的 V1 轨道，也就选择了该处之后的所有片断，如图 4-21 中②所指示。也可以使用选择工具逐个选择或框选。

② 选取选择工具，按住选中的片断往后拖动，留出足够的空隙以便放入“百米冲刺”。

③ 按住“百米冲刺”拖入空隙，如图 4-21 中③所指示。

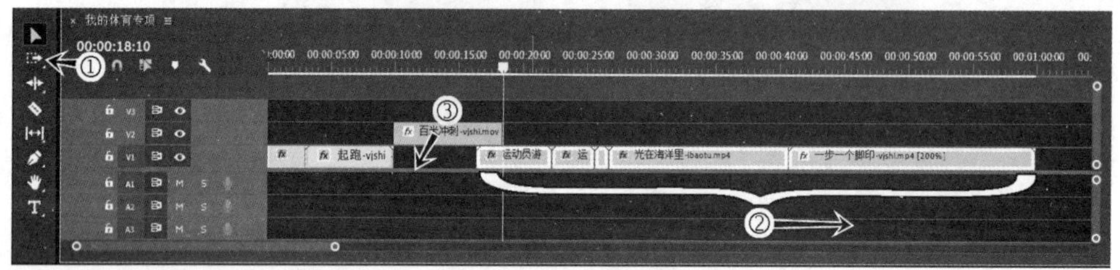

图 4-21　整理剪辑

此时“百米冲刺”片断和后面片断之间存在空隙，如图 4-22 中①所指示，这在 Premiere 中也称为“波纹”。

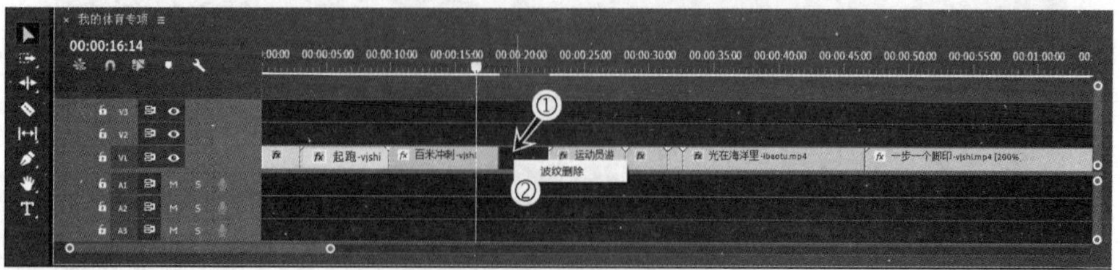

图 4-22　波纹删除

④ 光标右击该波纹，在弹出菜单中执行“波纹删除”，如图 4-22 中②所指示，现在时间轴上的片断都紧密联接了。

⑤ 单击菜单栏中的“文件＞保存”，或按 Ctrl＋S 组合键保存项目文件。

4.7 制作视频效果

制作视频效果

Premiere 的视频效果包括视频画面的滤镜效果、多个视频的叠加透明效果、镜头切换（视频之间的过渡转换）效果。

4.7.1 镜头切换效果

如果影片中一个镜头结束，然后直接切换到另一个镜头，这是所谓的“硬切”，片断的衔接会比较生硬。视频切换效果是指一个镜头逐渐消失，另一个镜头逐渐出现的期间所采用的效果，是比较常用的影片剪辑技术，可以让影片富有表现力和风格突出。

镜头切换效果也称为转场效果或视频过渡效果。

镜头切换效果一般需要前、后两个镜头有重叠，重叠的时长决定切换的快慢。

如表 4-1 所示，在需要的地方添加镜头切换效果。

① 镜头 101 和镜头 102 之间的溶解过渡。

② 镜头 204 和镜头 301 之间的页面剥落。

1. 溶解过渡

溶解过渡效果是让前、后两个镜头互相融合过渡，是一种比较自然的过渡效果。

镜头 101（田径跑道）和镜头 102（起跑）的联接处如图 4-23 中①所指示。

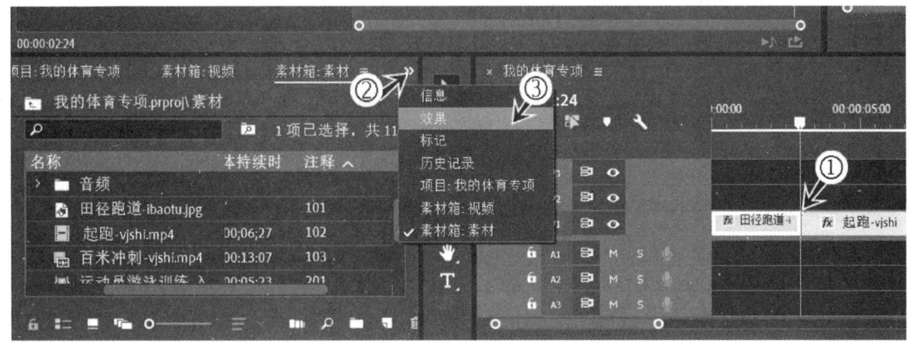

图 4-23 打开效果面板

① 单击项目面板的“弹出菜单”按钮 »，如图 4-23 中②所指示，选择其中的效果选项，如图 4-23 中③所指示。

打开的效果面板如图 4-24 中①所指示，在效果面板中有视频效果、音频效果的选项栏。

② 单击其中的“视频过渡”选项栏左侧的“展开”按钮 ›，如图 4-24 中②所指示。

在展开的效果项目中，单击“溶解”栏左侧的“展开”按钮 ›，如图 4-24 中③所指示。

③ 按住其中的“交叉溶解”效果项拖动到镜头 101 和镜头 102 之间，如图 4-24 中④所指

示,“交叉溶解”过渡效果条就会附加于镜头 102 之上。

④ 按 Space 键或 Enter 键可以预览过渡效果。

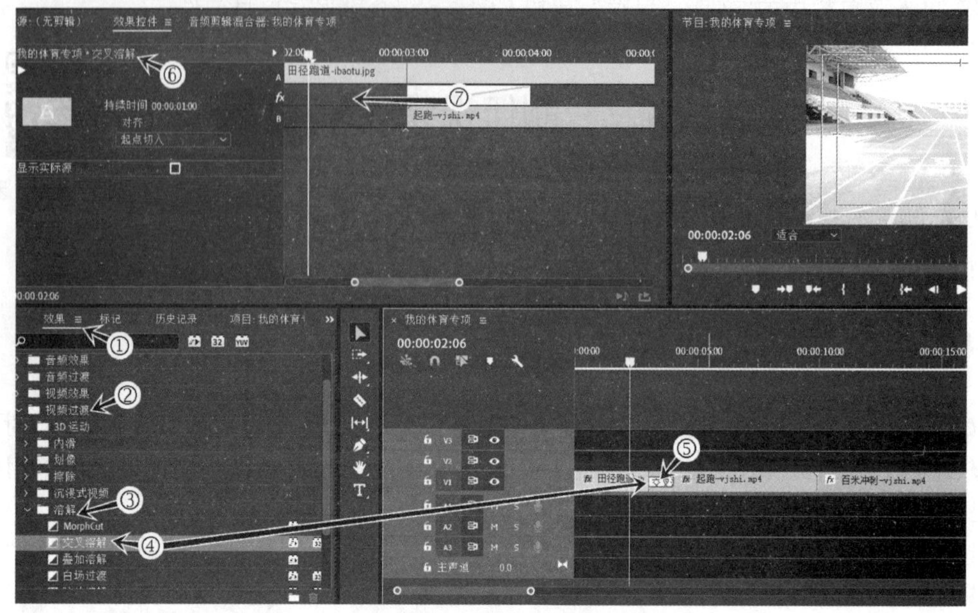

图 4-24　插入“交叉溶解”过渡效果

⑤ 选择时间轴上的“交叉溶解”过渡效果条,如图 4-24 中⑤所指示。在效果控件面板中将出现交叉溶解过渡效果的参数设置项目,如图 4-24 中⑥所指示,拖动面板右侧的交叉溶解效果栏往左侧移动,如图 4-24 中⑦所指示,让交叉溶解效果提前出现。此时,镜头 102 前面补充的帧就重复使用第一帧。

按 Space 键可以预览镜头的过渡效果。

2. 页面剥落过渡

页面剥落过渡的特效就是画面揭开了新的一页,进入了新的状态。

① 在时间轴面板下方,拖动横向滚动条(见图 4-25 中①)到影片尾部,显示镜头 204(光在海洋里)和镜头 301(一步一个脚印),如图 4-25 中②所指示。

② 在效果面板,展开“视频过渡＞页面剥落”,如图 4-25 中③所指示,按住页面剥落效果拖到镜头 204 和镜头 301 之间,如图 4-25 中④所指示。由于镜头 301 的片断没有设置入点,因此效果条只是出现在镜头 301 上,如图 4-25 中⑤所指示。

③ 单击选择时间轴上的页面剥落效果条,如图 4-25 中⑤所指示。在效果控件面板中,拖动面板右侧的页面剥落效果栏往左侧移动,让剥落效果早些出现,如图 4-25 中⑥所指示,同时可在监视器面板中观察过渡效果的入点和出点,如图 4-25 中⑦所指示。

④ 单击效果控件面板左侧的“持续时间”,将过渡时间增加为“00:00:02:00”,如图 4-25 中⑧所指示。

单击如图 4-25 中⑨所指示的四个角点,可以设置过渡效果的方向,选择从左上、左下、右上、右下开始翻页剥落。

如图 4-25 中⑩所指示,用于设置剥落的起始和结束状态。

设置完毕,按 Enter 键渲染影片,按 Ctrl+S 组合键保存项目文件。

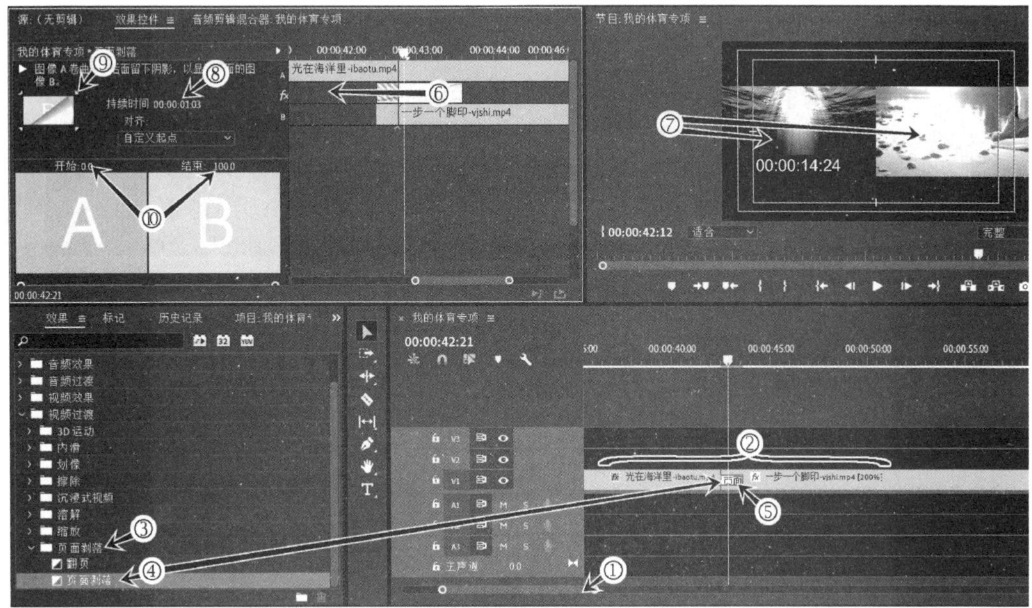

图 4-25 添加“页面剥落”过渡效果

4.7.2 透明效果

影片制作中经常需要多个片断叠加，设置片断的透明度可以让片断呈现半透明效果，实现上、下轨道的片断融合。透明效果的设置一般有以下几种方式。

① 设置不透明值，呈现不同程度的透明效果，类似于 Photoshop 中的图层透明度设置。

② 设置关键帧可以使片断在不同的时间点具有不同透明度，因此片断随着时间的流逝将会出现透明程度的变化。

③ 可以使用形状工具，让片断的特定区域产生透明效果，类似于 Photoshop 中的矢量蒙版。

④ 使用视频效果中的键控功能，指定特定的颜色产生透明。

⑤ 设置片断的混合模式，通过对比片断的色调、亮度、饱和度等，产生特殊的叠加效果，类似 Photoshop 中的图层叠加模式。

如表 4-1 所示，需要完成透明效果设置的镜头包括：镜头 103 需要“点赞”画面叠入、叠出以及镜头 103 需要“光线光晕”画面叠入、叠出。

点赞画面、光线光晕画面等素材已经导入“素材箱：视频”中。

1. “点赞”透明效果

(1) 插入素材

点赞画面需要和其他片断叠加，所以将该素材放在 V2 轨道。

打开“素材箱：视频”，如图 4-26 中①所指示，在其中找到“点赞-ssyer. mp4”，双击该素材，如图 4-26 中②所指示，在源面板中打开，播放查看视频素材，可发现该视频素材有伴音。序列中只是需要该视频，不需要伴音，按住“仅拖动视频”按钮拖放到 V2 轨道，如图 4-26 中③所指示，与镜头 103(百米冲刺)位置对齐。

图 4-26　将“点赞”素材拖放到 V2 轨道

（2）调整速度/持续时间

由于“点赞”片断持续时间达 19 秒，可以采用“裁剪”或“增加速率”等方式缩短时长，本片断内容采用增加速率的方式比较合适。

右击时间轴上的片断“点赞”，在弹出菜单中选择“速度/持续时间”，在弹出的“速度/持续时间”对话窗口中，将速度改为 300%，播放速度加快 3 倍。

（3）修改片断尺寸

由于“点赞”素材的尺寸为“1208×680”，与“1280×720”的影片画面不匹配，因此需要将该片断调整为影片大小。

右击选择该片断，在弹出的菜单中选择“设为帧大小”，如图 4-27 中①、②所指示。

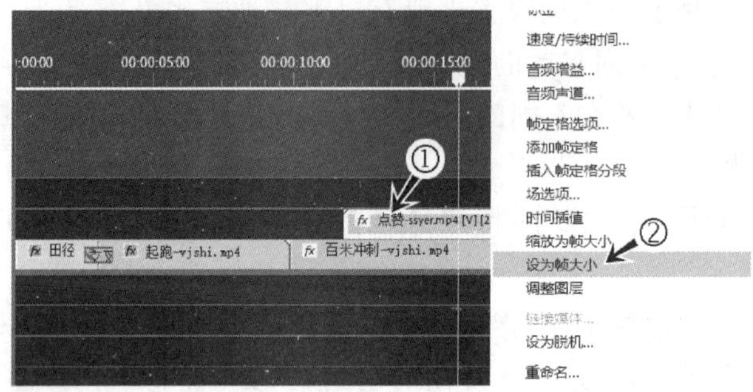

图 4-27　修改剪辑大小

（4）添加“超级键”效果

拍摄需要抠像的视频，常常使用与主体颜色强对比的纯色幕布（常用绿色、蓝色幕布）作为背景进行拍摄，后期处理时比较容易抠除背景。

“点赞”素材是在绿色幕布前拍摄的，可以使用“超级键”效果快速抠像。

① 拖动“点赞”片断和 V1 轨道的 103 镜头在“出点”对齐，如图 4-28 中①所指示。

② 打开效果面板，选择“视频效果>键控>超级键”，按住“超级键”效果拖放到“点赞”片断之上，如图 4-28 中②所指示。

③ 选择时间轴上的“点赞”片断，打开效果控件面板（见 4-28 中③），面板中出现“超级键”项，可进行键控的参数设置。

④ 选择“主要颜色”中的拾色器，如图 4-28 中④所指示，在监视器面板的画面，单击拾

取绿色，如图 4-28 中⑤所指示，即可看到“点赞” 片断的背景透明了。可以单击“超级键效果”按钮 fx，如图 4-28 中⑥所指示，取消或应用“超级键”效果，以观察监视器中添加“超级键”前后的画面效果。

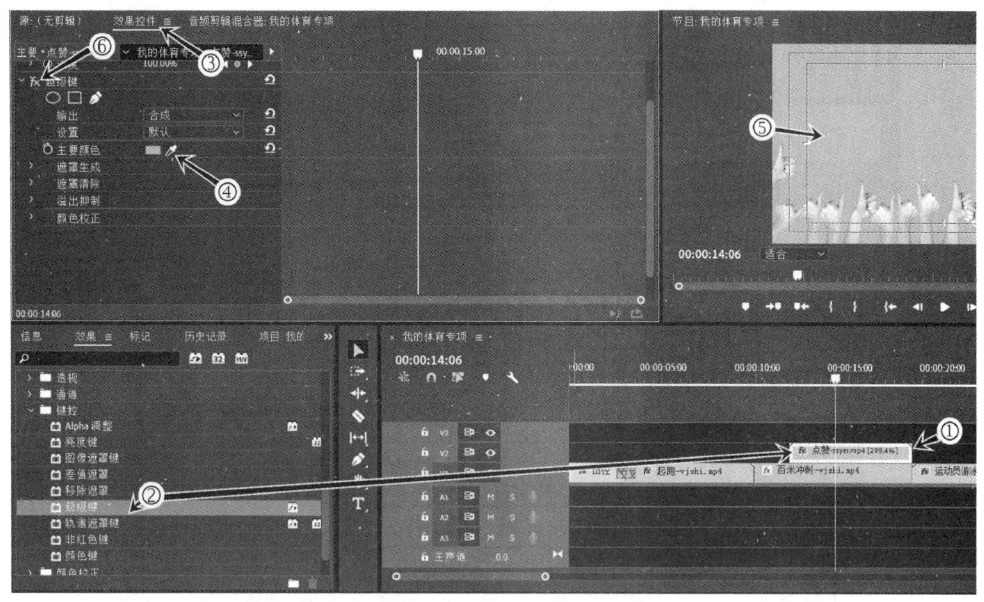

图 4-28 应用“超级键”效果

2. “光线光晕”透明效果

“光线光晕”画面的透明效果采用两种形式：①设置不透明关键帧，使得光线光晕画面在入点逐渐呈现，在出点附近逐渐消失；②“光线光晕”素材是黑色背景中的彩色光带飞舞游走的画面，明暗对比突出，可以采用“滤光”模式，保留高亮度部分，让不同暗色部分产生不同的透明效果。

将素材放在 V3 轨道，可以影响到其下的所有视频轨道。

(1) 调整持续时间

在“素材箱：视频”中将素材“光线光晕-ssyer. mp4”拖动到时间轴 V3 轨道，置于“点赞”片断之上，如图 4-29 中①所指示。

由于素材“光线光晕”的持续时间为 9 秒，下面使用速率调整工具调整持续时间。

按住工具箱面板中的波纹工具不放，如图 4-29 中②所指示，在弹出菜单中选择速率拉伸工具，如图 4-29 中③所指示。移动光标到“光线光晕” 片断的入点，光标将变成左侧速率拉伸工具，拉伸该入点与 V2 轨道的“点赞”片断的入点对齐。同样地，拉伸其出点与 “点赞”片断的出点对齐，如图 4-29 中④、⑤所指示。

(2) 设置不透明度关键帧

选择时间轴上的“光线光晕”片断，在效果控件面板（见图 4-30 中①）中，可以看到不透明设置项，如图 4-30 中②所指示，可以单击“展开”按钮以查看和编辑详细的参数设置项。

接着设置入点的不透明度，在效果控件面板右侧时间轴上，移动播放头到入点（或按 Shift＋Home 组合键），如图 4-30 中③所指示，单击面板上的“设置关键帧”按钮，如图 4-30 中④所指示，此时在入点设置了一个关键帧。在不透明度参数值中输入“0%”，如图 4-30 中⑤

所指示，影片效果将是该片断的入点画面完全透明。

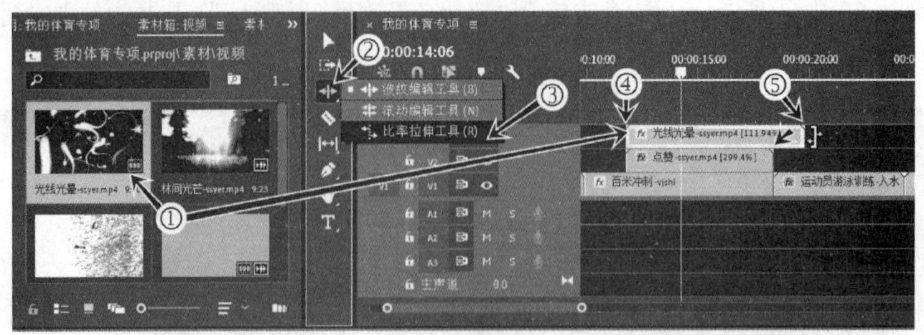

图 4-29　使用速率拉伸工具

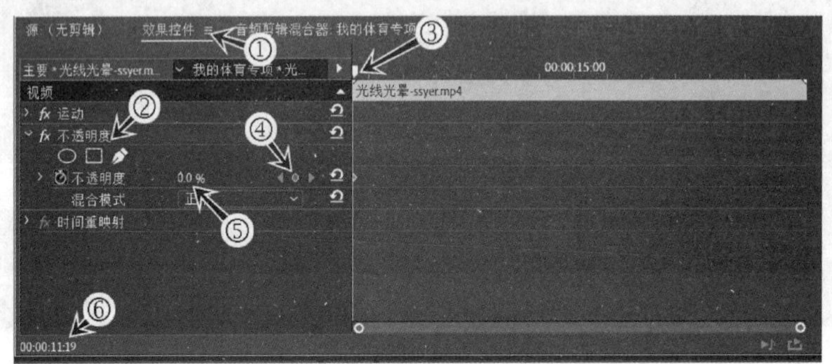

图 4-30　不透明度关键帧的设置

在面板下方的时间码中输入“00:00:13:00”，将不透明值改为“100%”，即是完全不透明，该帧自动设置为关键帧。

在时间码中输入“00:00:17:00”，不透明值保持为“100%”。

按 Shift＋End 组合键跳转至片断出点，将不透明值设为“0%”，即完全透明。

设置了四个关键帧，最后结果如图 4-31 中①、②、③、④所指示。

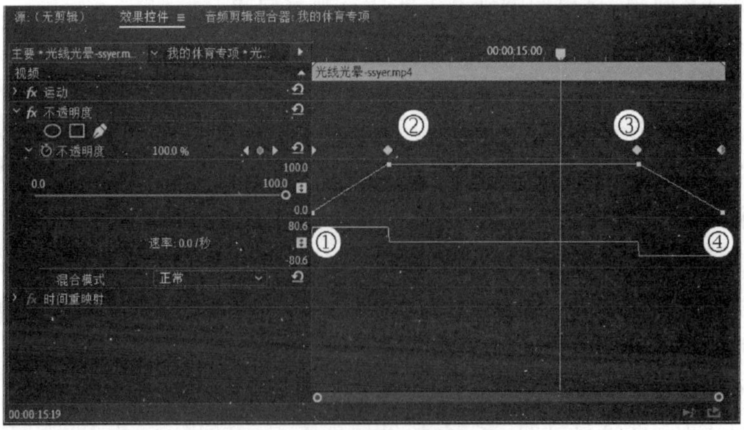

图 4-31　不透明度关键帧设置结果

(3) 设置轨道叠加模式

确认选择了时间轴上的“光线光晕”片断，在“效果控件面板＞不透明度＞混合模式”混合模式　正常　中选择“滤色”。滤色模式相当于将两幅幻灯片重叠在一起放到投影仪上，然后投向同一块银幕，由于光线的叠加效应，得到的是一个更加明亮的图像。可以简单地理解为滤色就是越暗越透明。

按 Enter 键渲染影片并保存项目文件。

4.7.3 视频特效

Premiere CC 提供了 130 多种的视频效果，可以在图像、视频、字幕等的基础上制作强大的视频特效，以设置关键帧的方式来制作复杂多变、色彩多样的效果，类似于 Photoshop 中的滤镜效果。每个片断都可以方便地添加、复制或删除一个或多个视频效果。

片断添加视频效果的方式有两种：①拖放视频效果到时间轴的片断上；②拖放视频效果到片断的效果控件面板上。这两种方式的效果是一样的。

如表 4-1 所示的故事板的设定，需要添加的视频效果如下。

(1) 镜头光晕效果

如果镜头 101、镜头 102 分别添加镜头光晕效果，可能会导致两个片断的光晕效果衔接不自然，所以需要将两片断组合为一个片断(嵌套序列)，再添加镜头光晕效果，那么变化的光晕效果就会顺畅一致。

(2) 影片色彩效果

由于影片素材来源复杂、类型较多，色彩难以统一，因此可用特定的色彩效果进行处理，产生一致的色彩效果，Premiere Pro CC 提供的 Lumetri 颜色可使色彩校正更加快速和高效。

1. 创建嵌套序列

① 使用选择工具▶，按 Shift 键分别选择镜头 101 的片断(田径跑道)、镜头 102 的片断(起跑)，如图 4-32 中①、②所指示，也可以框选两片断。

② 右击选择的片断，在弹出的菜单中选择“嵌套…”，如图 4-32 中③所指示。

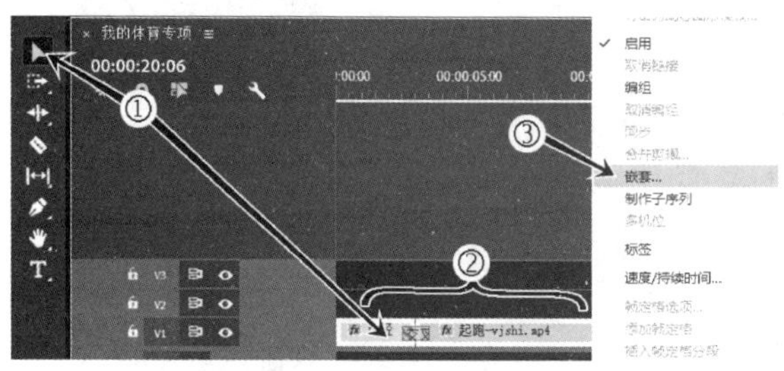

图 4-32 创建嵌套子序列

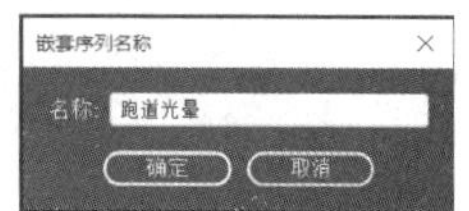

图 4-33 嵌套子序列命名

③ 在“嵌套序列名称”对话框中，输入序列名称：“跑道光晕”，如图 4-33 所示。

此时，在项目面板中会出现“跑道光晕”序列，如图 4-34 中①所指示，同时时间轴的两个片断被“跑道光晕”片断所取代，如图 4-34 中③所指示。

在项目面板中，可以发现“跑道光晕”序列和“我的体育专项”序列的显示图标一样，如图 4-34 中①、②所示。因为 Premiere 通常抽取片断的第一帧作为显示图标，Premiere 称该帧为“标识帧”，用户可以指定任意一帧作为“标识帧”来表示该素材。指定标识帧的具体操作是：在项目面板的图标视图中，光标在素材上左右划动播放，在某一帧右击，在弹出菜单中选择“设置标识帧”。

2. 添加镜头光晕效果

镜头光晕是指在拍摄时，外部复杂的光线在相机或摄像机的多组镜头中折射和散射后形

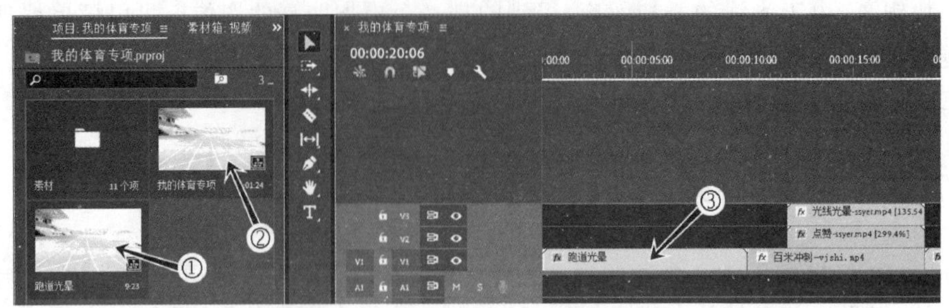

图 4-34　嵌套序列

成光斑或眩光，这是一种光学缺陷，但能够给片断添加朦胧、梦幻的氛围。

注意：镜头光晕的光斑方向尽量和画面光源方向一致。

① 在效果面板中，选择“视频效果＞生成＞镜头光晕”，拖动“镜头光晕”特效项到时间轴的“跑道光晕”片断上，如图 4-35 中①所指示，该片断就添加了镜头光晕特效。

② 单击选择 “跑道光晕”片断，如图 4-35 中②所指示，在效果控件面板（见图 4-35 中③）中，可看到镜头光晕效果项。

③ 移动播放头到片断的入点（或按 Shift＋Home 组合键），单击激活“光晕中心”项（见图 4-35 中④）左侧的关键帧设置开关，自动设置一个关键帧，如图 4-35 中⑤所指示。

④ 在光晕中心项右侧输入光晕中心的 X 和 Y 坐标值分别为“－300”和“－150”。由于影片画面左上角的坐标为(0,0)，负值意味着光晕中心点位于画面以外。也可以在监视器面板中拖动光晕中心移动到合适位置，如图 4-35 中⑥所指示。

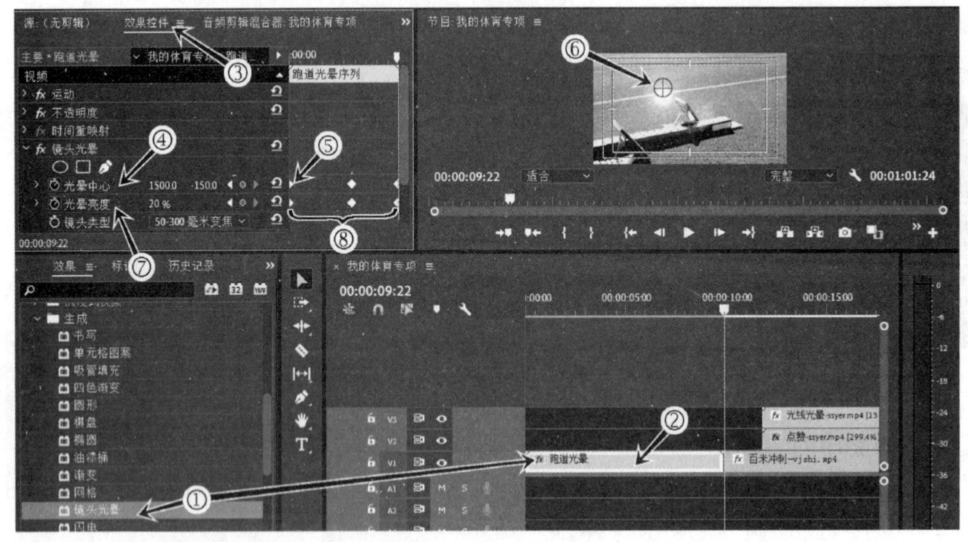

图 4-35　添加镜头光晕特效

⑤ 在时间码中输入 00:00:06:00，设置光晕中心的 X 和 Y 坐标值分别为“600”和“－150”。

⑥ 按 Shift＋End 组合键跳转至片断出点，设置光晕中心的 X 和 Y 坐标值分别为“1500”和“－150”。

接着设置亮度关键帧及调整各关键帧的光晕亮度。

⑦ 单击激活光晕亮度项(见图 4-35 中⑦)左侧的关键帧设置开关。

⑧ 为使得"光晕亮度"和"光晕中心"关键帧一致,需要在相同位置设置关键帧,单击"光晕中心"项右侧的"关键帧定位"按钮,可跳转至后一个关键帧,或跳转至前一个关键帧。在"光晕中心"三个关键帧位置,分别设置"光晕亮度"的关键帧,亮度值分别修改为"10%"、"150%"和"20%",如图 4-35 中⑧所指示。

3. 色彩校正

视频拍摄时由于环境、光照等的影响,后期需要进行色彩调整,Premiere 提供了多种色彩调整工具,可以从色调、饱和度、亮度、对比度、白平衡、色温、色彩平衡等方面对影片进行校正。

另外,可以从情绪调动、氛围渲染的需要对影片整体或局部色彩进行调整,使画面主题更加鲜明、人物更加突出、环境与当下情绪的表达更为融合。如怀旧感使用低饱和度,热情活跃使用高对比度等。

Premiere Pro CC 提供专业质量的颜色分级和颜色校正工具——Lumetri 颜色,采用直观的滑杆、控件、曲线和色轮等高级颜色校正工具,轻松快捷地处理时间轴上的片断。

本影片的色彩调整内容有两项:①使用关键帧调整色彩的逐渐变化,将镜头 204(光在海洋里)亮部调整为偏黄,与前后镜头比较协调;②创建调整图层,将影片整体颜色调暖。

(1) 色彩校正

① 在时间轴上定位并选择镜头 204(光在海洋里),如图 4-36 中①所指示。

② 执行菜单栏中的"窗口>Lumetri 颜色",在工作区右侧弹出 Lumetri 颜色面板,如图 4-36 中②所指示。

③ 单击色轮与匹配栏色轮和匹配,如图 4-36 中③所指示,在展开的参数栏中,移动"高光"色轮的颜色定位器到左上橙色区,即将高光区颜色调整偏向橙色,同时调整"高光"色轮左侧的滑杆稍微向上,略提升高光区的亮度,如图 4-36 中④所指示。

同样,将"中间调"色轮的颜色定位器也移动到橙色区,将中间调的颜色也调暖,如图 4-36 中⑤所指示。

Lumetri 颜色的调整也可以在效果控件面板中完成,但会比较局促,不便操作。但 Lumetri 颜色关键帧的设置和操作则需要在效果控件面板中进行。

④ 在效果控件面板中,如图 4-36 中⑥所指示,按 Shift+Home 组合键将播放头移至"光在海洋里"片断的入点,单击"色轮与匹配"项左侧的关键帧设置开关,如图 4-36 中⑦所指示,在入点设置关键帧,如图 4-36 中⑧所指示。

⑤ 按 Ctrl+End 组合键将播放头移至片断出点,单击"色轮"项右侧的"设置关键帧"按钮,在出点设置一个关键帧,如图 4-36 中⑨所指示。此时这两个关键帧的"色轮"设置一样。

⑥ 单击"跳转到前一关键帧"按钮(入点),单击(见图 4-36 中⑩),使该关键帧的效果设置恢复成默认值,即无效果添加。

按 Space 键浏览影片效果,影片将会逐渐发生颜色的变化——色调逐渐变暖。

(2) 创建调整图层

Premiere 调整图层的作用类似于 Photoshop 的色彩调整图层。色彩调整图层需要放在最高视频轨道,才可以影响其下方的轨道。

① 拖动时间轴的滑杆头,以缩短显示时间轴,如图 4-37 中①所指示。也可在英文输入模式下,按\键让时间轴上的片断完整显示。

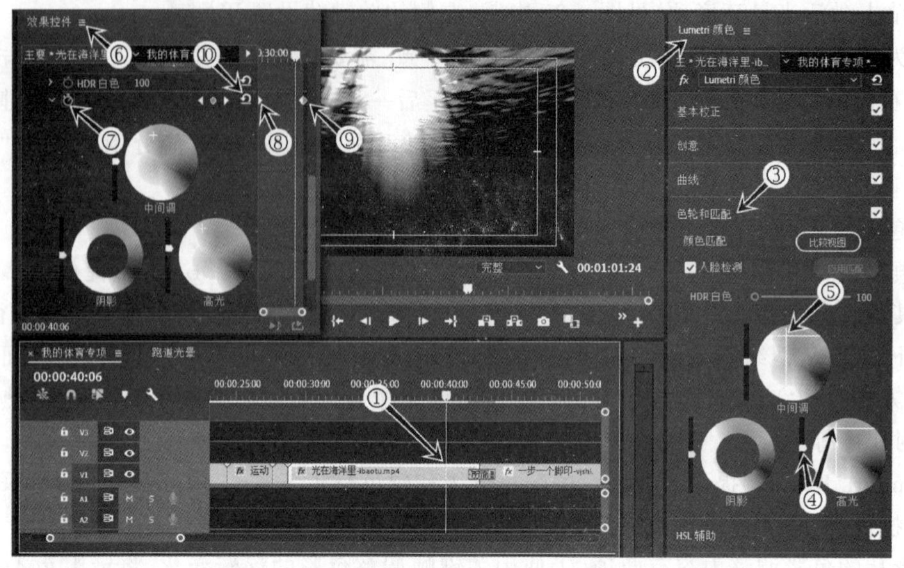

图 4-36 使用 Lumetri 调整颜色

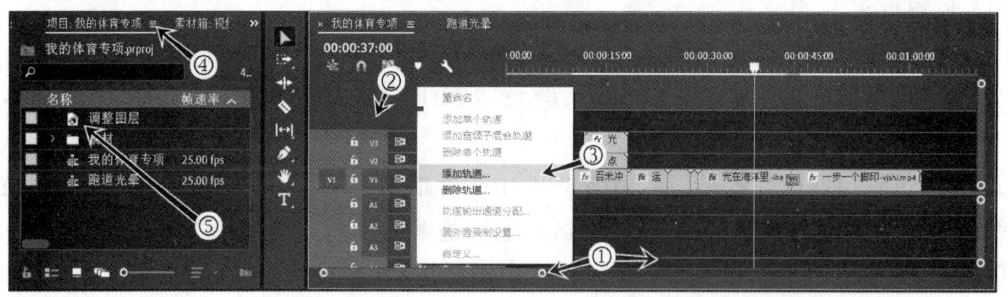

图 4-37 创建新轨道和调整图层

② 右击时间轴左侧的轨道排列区，如图 4-37 中②所指示，在弹出的菜单中选择“添加轨道…”，如图 4-37 中③所指示，在弹出的“添加轨道”对话框中单击“确定”按钮即创建了 V4 轨道。

③ 选择项目面板，如图 4-37 中④所指示。执行菜单栏中的“文件>新建>调整图层”，在弹出的“调整图层”对话框中直接单击“确定”按钮即可创建调整图层。

创建的“调整图层”出现在项目面板中，如图 4-37 中⑤所指示。

④ 按住“调整图层”拖放到时间轴的 V4 轨道，如图 4-38 中①所指示，选取选择工具，向左拖动“调整图层”的入点到影片开始处，如图 4-38 中②所指示，向右拖动出点到影片结束处，如图 4-38 中③所指示。

⑤ 确认“调整图层”片断处于选择状态，在 Lumetri 颜色面板中，单击创意栏 创意 ，在展开的 Look 中选择“Fuji ETERNA 250D Fuji 3510(by Adobe)”，如图 4-38 中④所指示。这个 Look 是模拟富士 ETERNA 250D 电影胶卷的拍摄效果，比较偏暖，对比度略大。

⑥ 在 Look 下，将强度值调整为“120”，如图 4-38 中⑤所指示，影片效果更为偏暖。

⑦ 按 Enter 键渲染影片并保存项目文件。

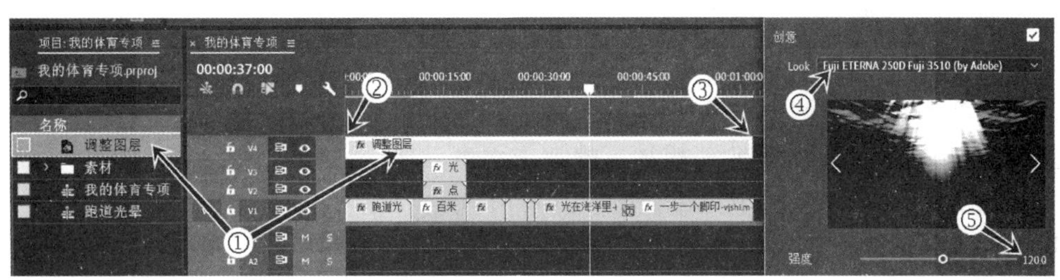

图 4-38　设置"调整图层"的 Lumetri 颜色效果

制作音频效果

4.8　制作音频效果

在影片中声音是不可或缺的要素，尽管 Premiere Pro CC 并不是专门处理音频的工具，但通过时间轴的音频轨道可以编辑淡入或淡出效果。另外，Premiere 提供了大量的音频特技滤镜，可以非常方便地制作一些音频效果。

Premiere 处理音频一般是通过扩展时间轴中的音频轨道，将它分成两个通道，即左和右声道(L 和 R 通道)。如果一个音频的声音使用单声道，则 Premiere 可以改变这一个声道的效果。如果音频片断使用立体声道，Premiere 可以在两个声道间实现音频特有的效果。例如，摇移(一个声道的声音转移到另一个声道)在实现声音环绕效果时就特别有用，而更多音频轨道效果的合成处理可以使用音轨混合器来控制。

同时，Premiere 提供了许多处理音频的滤镜，音频滤镜和视频滤镜相似，Premiere 将这些滤镜封装成插件，选择不同的滤镜可以实现不同的音频效果。Premiere 中音频的处理方式和视频一样，都使用"帧"进行处理。

音频强度的度量使用 dB(分贝)，因为人对强度的感知(如声音或者光照)更接近与强度的对数成正比而不是强度值本身。依据韦伯定律，分贝值可用于描述感知级别或级差。

0 dB 表示声音强度(声压)保持不变，dB 正值表示声压增强，dB 负值表示声压减弱。声压增加 2 倍大约表示为 6 dB，声压增加 10 倍为 20 dB。

音频强度的调整可以使用音频增益或调节音量。

(1) 增益

增益通常指放大倍数，用于表示音频的输入的电平或音量。

使用"音频增益"可调整一个或多个选定片断的增益电平。"音频增益"命令独立于音轨混合器和时间轴面板中的输出电平设置，但其值将与最终混合的轨道电平整合。

(2) 音量

片断、序列或轨道中的输出的电平或音量。

可以在效果控件或时间轴面板中调整序列的音量。

4.8.1　添加和编辑音效

如表 4-1 所示，本影片需要添加的音频包括音效和背景音乐，这里的音效是指环境音响效果，包括：

① 镜头 102(起跑),发令枪声。

② 镜头 103(百米冲刺),欢呼声。

③ 镜头 201(运动员游泳训练-入水),入水声、打水声。

④ 镜头 202(运动员游泳训练-蝶泳),蝶泳击水声。

⑤ 镜头 301(一步一个脚印),踩水洼声。

影片所需的音效已经导入"素材箱:音频"中。

1. 插入音效素材

运动员起跑画面需要添加声音效果。

① 将播放头定位到"跑道光晕"片断的运动员起跑位置,如图 4-39 中①所指示。

② 在"素材箱:音频"中,如图 4-39 中②所指示,双击"发令枪一静电噪.wav",如图 4-39 中③所指示,在源面板中打开,按播放键试听声音效果,可发现该素材被静电噪声污染。

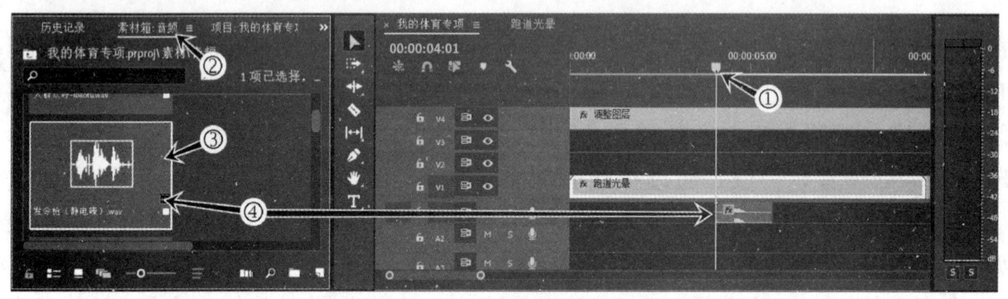

图 4-39 在 A1 轨道添加音频

③ 将素材"发令枪-静电噪.wav"拖动到 A1 的播放头位置,如图 4-39 中④所指示。

2. 添加音频效果

发令枪声需要消降噪声的影响,Premiere 消降音频噪声的方式有多种,如降噪、消除嗡嗡声、自动咔嗒声去除、陷波滤波器、带通滤波、高通滤波和低通滤波等,这里使用具有智能判别噪音波形的"降噪"音频效果。

① 打开效果面板,如图 4-40 中①所指示,选择"音频效果>降噪",拖放到时间轴的"发令枪-静电噪"片断之上,如图 4-40 中②所指示。

② 在效果控件面板(见图 4-40 中③)中,选择"降噪>自定义设置>编辑",如图 4-40 中④所指示。

③ 在弹出的"剪辑效果编辑器——降噪"对话框中,如图 4-40 中⑤所指示,将"弱降噪"改为"强降噪",如图 4-40 中⑥所指示,设置完毕后关闭对话框。

按空格键预览影片效果,可以发现噪音已被消除。

3. 音频剪辑

(1) 百米冲刺的伴音

添加"百米冲刺"的伴音,并设置伴音的淡进淡出。

① 在"素材箱:音频"中选择"人群欢呼-ibaotu.wav"到时间轴 A1 轨道,与镜头 103(百米冲刺)对齐,如图 4-41 中①所指示。

该音频持续时间比"百米冲刺"片断长,需要裁剪。

② 选择剃刀工具,在"百米冲刺"出点位置,将"人群欢呼"切分,如图 4-41 中②所指示。删除裁剪的后半部分,如图 4-41 中③所指示。

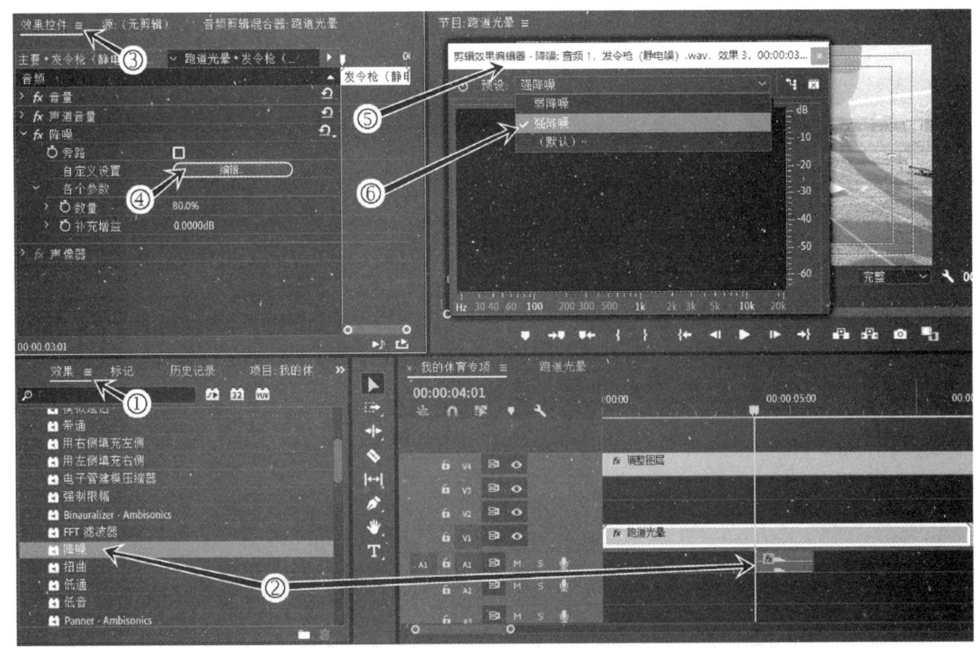

图 4-40 “剪辑效果编辑器——降噪”对话框

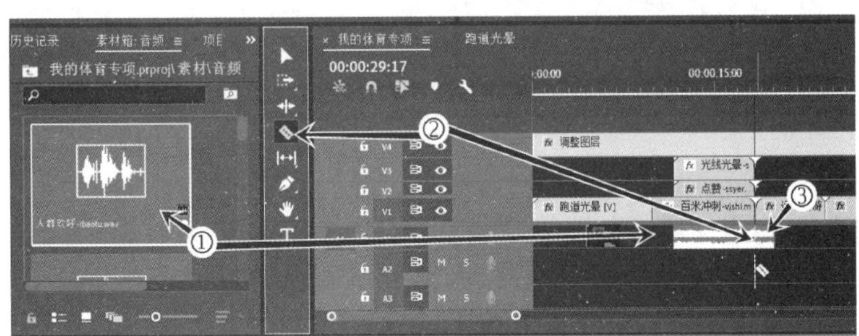

图 4-41 编辑“人群欢呼”音频

③ 将播放头移动到“百米冲刺”片断中间，通过拖动时间轴底部滑杆的伸缩滑杆头，如图 4-42 中①所指示，以调整时间轴的显示区域。

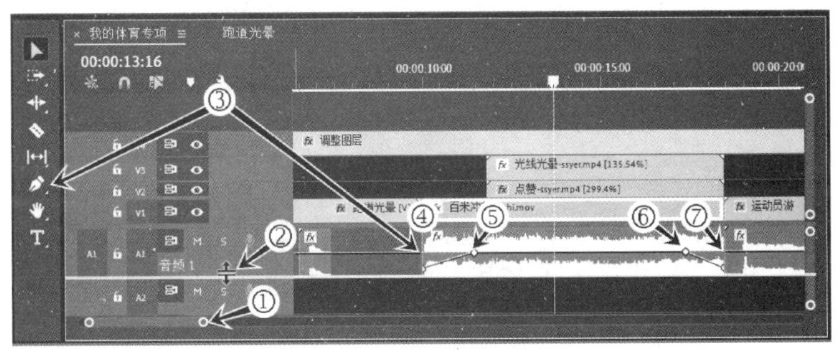

图 4-42 设置“人群欢呼”音频的音量关键帧

扩展时间轴上的音频轨道可方便观看和编辑音频片断的关键帧。

④ 在时间轴面板左侧轨道头，拖动 A1 轨道分隔线（或者双击空白处），如图 4-42 中②所

指示,可扩展 A1 轨道的高度,更完整显示音频波形,轨道上方为左声道波形,下方为右声道波形。

接着,通过设置关键帧制作“人群欢呼”音频淡入淡出的效果。

⑤ 在工具箱面板中选择钢笔工具,如图 4-42 中③所指示,在“人群欢呼”的音量线添加 4 个关键帧,如图 4-42 中④、⑤、⑥、⑦所指示,将图 4-42 中④和⑦两处的关键帧拖动最低(−∞dB),表示听不到声音。

按 Space 键预览影片效果。

(2) 游泳的伴音

① 在“素材箱:音频”中选择“跳水划水-ibaotu. mp3”拖到时间轴 A1 轨道,与镜头 201(运动员游泳训练-入水)对齐,如图 4-43 中①所指示。

选择剃刀工具,在“运动员游泳训练-碰壁”出点位置,将 A1 轨道的“跳水划水”切分,如图 4-43 中②所指示,接着删除后半部分音频(见图 4-43 中③)。

单击播放键试听伴音效果,伴音声响与画面动作基本匹配。

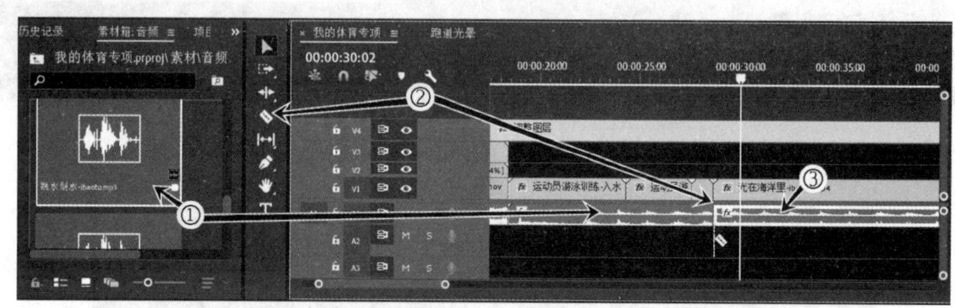

图 4-43 编辑“跳水划水”音频

② 在时间轴面板,滑动滑杆如图 4-44 中①所指示,以显示“跳水划水”完整片断。

由于运动员入水后在水下滑行一段时间,这段时间在波形上表现为两个波峰,如图 4-44 中②所指示,有必要将这部分音效音量调低。

③ 选择钢笔工具,在“跳水划水”音量线上添加 4 个关键帧,如图 4-44 中③、④、⑤、⑥所指示,将图 4-44 中④和⑤两处的关键帧分别拖动至−16 dB 处,意味着声音强度约为原来的 16%。

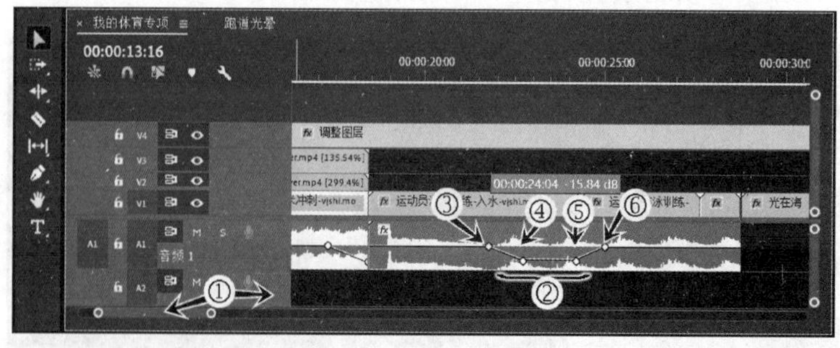

图 4-44 设置“跳水划水”音频的音量关键帧

音量关键帧的设置可以在效果控件面板中更精确地完成。

如果音效和画面需要精准匹配,则可用剃刀工具切分,再逐个调整音效并对齐画面的动作。

4.8.2 设置音量

一个剪辑声音音量的设置可以拖动音量线或设置声音级别进行设置。如果是输入设备信噪比的设置就需要通过音频增益来完成;如果是音频轨道统一音量设置就适合用音轨混合器来完成。

1. 音频增益

在"素材箱:音频"中双击"踩在水洼里-ibaotu. mp3",在源面板中打开,单击播放键▶试听,这是踩一次水洼的音效,如表 4-1 所示,结合镜头 301(一步一个脚印)的 4 次踩水洼的动作,本音频需要做两个方面的预处理:①需要调长持续时间,以配合踩水洼的慢动作;②音量过大,采用"音频增益"降低音量。

(1) 调整持续时间

"一步一个脚印"片断中一个踩水洼动作时间大约为 3 秒,视频中有 4 个踩水洼的动作,需要配 4 个音效。

"踩在水洼里"的音频时长大致还不到 1 秒,需要适当地降低速率延长持续时间。

确认选择了"踩在水洼里-ibaotu. mp3",执行菜单栏中的"剪辑>速度\持续时间",在对话框中输入速度为"25%",拉伸 4 倍时长,如图 4-45 所示。

(2) 调节音量

根据画面动作,随着运动员奔跑远去,踩水洼的音量应该越来越小。

① 确认选择了"踩在水洼里-ibaotu. mp3",执行菜单栏中的"剪辑>音频选项>音频增益",在弹出的"音频增益"对话框中,单击选择"将增益设置为",其值输入"-6",如图 4-46 中①所指示。-6 dB 表示声音强度约为原来的 50%。

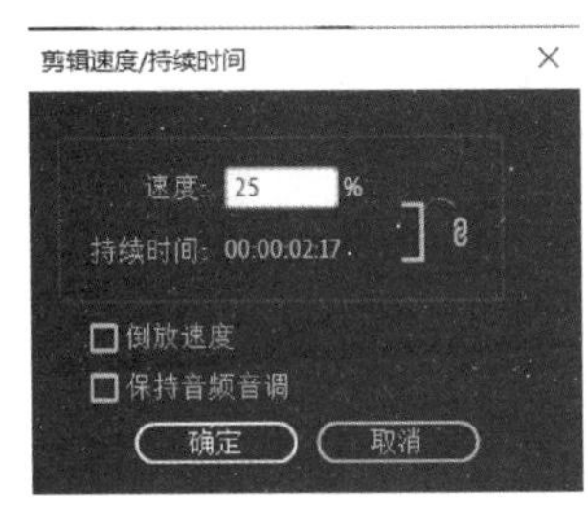

图 4-45 设置音频速率

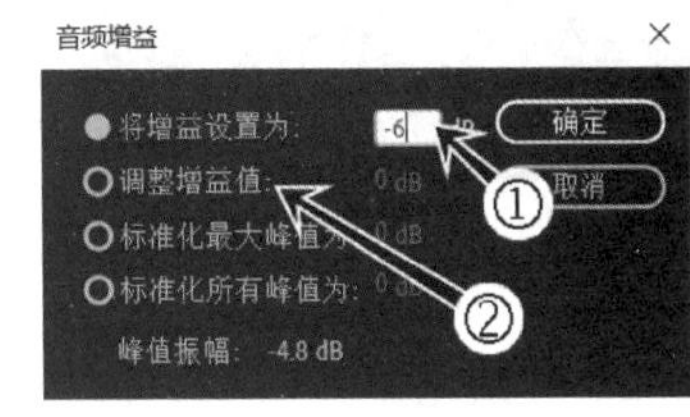

图 4-46 "音频增益"对话框

② 在时间轴"一步一个脚印"片断中,将播放头定位于第一个踩水洼的动作,将"踩在水洼里-ibaotu. mp3"素材拖放到 A1 轨道,如图 4-47 中①所指示。按 Ctrl+C 组合键,复制本片断。

③ 将播放头定位于第二个踩水洼动作的位置,按 Ctrl+V 组合键粘贴"踩在水洼里"片断,如图 4-47 中②所指示。也可以按 Alt 键的同时移动片断,达到复制片断的目的。

④ 执行菜单栏中的"剪辑>音频选项>音频增益",在弹出的"音频增益"对话框中,单击选择"调整增益值",如图 4-46 中②所指示,其值输入"-6",意味着该片断的在原来-6 dB 的基础上又增益了"-6 dB",增益值为"-12 dB","-12 dB"表示声音强度降低到原来的 25%。

⑤ 同样在第 3、4 个踩水洼动作的位置,插入"踩在水洼里-ibaotu. mp3",如图 4-47 中③、④所指示,并逐次降低增益值为"-6 dB"。

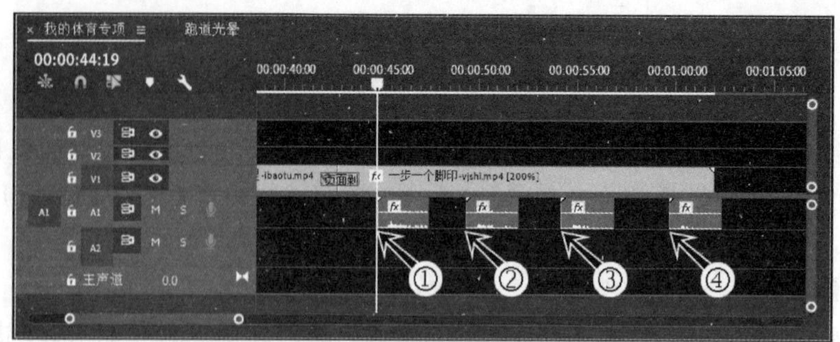

图 4-47　调整剪辑的音频增益

多个音频逐渐减弱音量的效果，也可以通过创建嵌套序列的方式，在嵌套序列中设置关键帧来调节音量。

2. 音轨混合器

由于 A1 轨道有多个音频片断，声音高低各不同，需要统一适配该音轨轨道所有声音的音量。音轨混合器处理的是轨道属性，不会更改轨道上的片断属性。

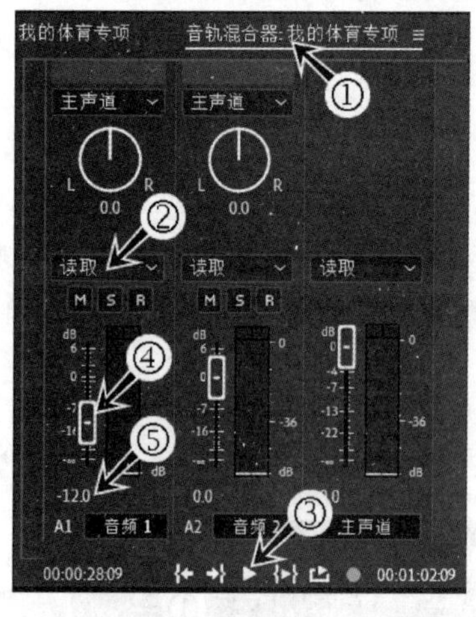

图 4-48　音轨混合器

① 执行菜单栏“窗口＞音轨混合器＞我的体育专项”，打开主序列的声音轨道混合器，如图 4-48 中①所指示。

② “自动模式”为读取（见图 4-48 中②）时将统一影响整个轨道。

自动模式有读取、写入、闭锁、触动四种模式。读取模式不会设置轨道关键帧，可以通过写入、闭锁、触动模式设置音轨关键帧以调整音量的变化，其中常用的是闭锁和触动模式。

③ 单击播放键▶（见图 4-48 中③），在播放时拖动滑块（见图 4-48 中④）到合适位置，如将声音强度值调整为“－12 dB”，如图 4-48 中⑤所指示，声音强度大致为原来的 25％。

按 Space 键预览影片效果，可以听到整个轨道音量一起降低了，整体音量比较统一。

4.8.3　背景音乐

1. 添加背景音乐

背景音乐“青春动感-ibaotu. mp3”已经导入“素材箱：音频”中。

① 将播放头定位于主序列入点，在“素材箱：音频”中将“青春动感-ibaotu. mp3”拖放到时间轴 A2 轨道上。

② 选择剃刀工具，将音乐片断在主序列出点切断，并删除后半部分。

2. 人声自动闪避

在有对白时，常常希望背影音乐能够减弱音量，以免掩盖主体声音。如果采用手工添加关键帧调整音量，工作量将比较大。Premiere 提供了“人声自动闪避”功能，可以自动高效地创建关键帧以降低音量，达到自动闪避的效果。

① 双击 A1 轨道头空白处，收起 A1 轨道。双击 A2 轨道头空白处，扩展 A2 轨道以便观察音频波形。

② 确认选择背景音乐片断，执行菜单栏中的“窗口＞基本声音”，在基本声音面板中，有“对话”、“音乐”、“SFX”和“环境”四种类型供匹配，不同类型有特定的功能或效果。

③ 选择音乐类型 ♫音乐 ，可实现人声闪避。

④ 在基本声音面板（见图 4-49 中①）中，单击“回避”旁的复选框以启用自动闪避，如图 4-49 中②所指示。

启用闪避后，Premiere Pro 将向音频片断中添加放大效果。自动闪避算法计算得到的关键帧将添加到该片断的增益效果中，不影响其他的声音效果。

- 闪避依据：选择要闪避的音频内容类型，包括对话、音乐、声音效果、环境或未标记的片断。

因为 A1 轨道的片断未指定音频类型，所以选择未标记的片断，将对所有的声音都闪避。

- 敏感度：此参数调整闪避触发的阈值。敏感度设置越高或越低，调整越少，但重点是分别保持较低或较响亮的音乐轨道。

敏感度设为“5”，如图 4-49 中③所指示，可触发更多音乐调整。

- 闪避量：用于选择将音乐片断的音量降低多少。将此设置向右调整可更显著地降低音量。

闪避量设为“－12 dB”，如图 4-49 中④所指示，音量降低适中。

- 淡化：控制音量调整的速度。如果快速的音乐与快速的语音混合，则较快的淡化较为理想；而在画外音和背景音乐之间，则较慢的淡化更合适。

淡化设为“1000 毫秒”，如图 4-49 中⑤所指示，让音效和背景音乐之间的过渡稍慢些。

每次设置完毕，都需要单击“生成关键帧”，自动设置增益效果，如图 4-49 中⑥所指示。

图 4-49 人声闪避效果

Premiere 自动计算声音效果并设置关键帧，如图 4-49 中⑦所指示。

按 Space 键预览影片，可以发现实现了音效闪避。

4.9 制作影片标题

制作影片标题

Premiere 的标题也是字幕的一种，可以包含多层的文字和形状，可在基本图形面板中调整标题各层的各项参数。

Premiere 提供了很多标题模板，用户可以便捷地使用 Premiere 预设模板的各种版式和效果。

本影片标题有片头标题和片尾标题，片头标题自行设计制作，片尾标题则使用 Premiere 提供的标题模板来制作。

4.9.1 制作片头标题

片头标题主要由矩形图形和文字组成，并制作动画效果。

1. 添加图形

① 在时间轴，将播放头移到主序列的入点。

② 在工具箱面板中在箭头工具之下，选择矩形工具，如图 4-50 中①所指示。在监视器窗口中绘制一个矩形，如图 4-50 中②所指示，Premiere 自动添加一个视频轨道 V5，在 V5 轨道将出现“图形”片断，如图 4-50 中③所指示，该片断的持续时间默认为“5 秒”。

该片断在 V5 轨道，不受 V4 轨道的调整图层影响。

图 4-50 插入图形

③ 在时间轴上，右击该“图形”片断，在弹出菜单栏中选择“速度/持续时间”，在“速度/持续时间”对话框中，将持续时间改为“00:00:04:00”即时长为“4 秒”。

④ 执行菜单栏中的“窗口＞基本图形”。在基本图形面板，如图 4-50 中④所指示，选择“编辑”选项卡，如图 4-50 中⑤所指示；在“对齐并变换”栏中，如图 4-50 中⑥所指示，单击“画面上下对齐”按钮和“画面左右对齐”按钮，此操作将矩形对齐到屏幕中间。

⑤ 在“外观”栏中，单击“填充”按钮，如图 4-50 中⑦所指示，在弹出的“拾色器”窗口中，选择“FF7700”(桔色)。

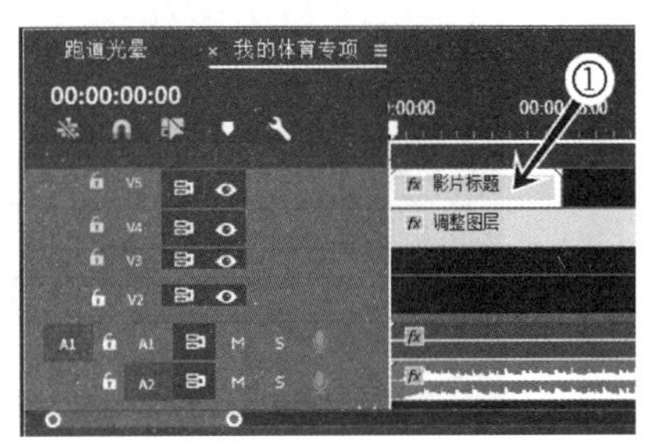

图 4-51　创建嵌套序列

矩形的缩放、旋转等都是围绕矩形的“变换中心”，默认的“变换中心”在矩形的左上角，如果需要将其调整到矩形的中心，使用选择工具，在“监视器”窗口，按 Ctrl 键的同时，拖动矩形左上角的变换中心点标记到矩形的中心，如图 4-50 中⑧所指示。因为按住 Ctrl 键，因此移动变换中心点时会自动吸附。

⑥ 右击该 V5 轨道上的“图形”片断，在弹出菜单栏中选择“嵌套…”，在“嵌套”对话框中，输入名称“影片标题”，单击“确定”按钮。此时时间轴的“图形”片断转换成绿色的“影片标题”序列，如图 4-51 中①所指示。

以上步骤创建影片标题的背景，接着，下面制作影片标题的动画效果。

2. 制作图形动画

① 双击 V5 轨道上的“影片标题”序列，进入该序列时间轴，如图 4-52 中①所指示。

② 使用选择工具，将“图形”片断拖动到 V1 轨道，以方便编辑，如图 4-52 中②所指示，这不会对主序列时间轴的轨道产生影响。

③ 打开效果控件面板，在效果控件面板中，有“图形”和“视频”两栏，分别如图 4-52 中③、④所指示。

在两栏中都可以做“运动”动画，“视频”栏中的运动动画是针对视频和图像的。如果是图形、文字等，应该优先选择“图形”中的“矢量运动”来制作动画效果。

④ 单击“矢量运动”左侧的“展开”按钮，单击“等比缩放”按钮取消，如图 4-52 中⑤所指示，之后则可对高度和宽度设定不同的缩放比率。

⑤ 按 Shift＋Home 组合键移动播放头到入点位置，单击关键帧设置开关启动“缩放高度”的关键帧功能，同时在入点设置了关键帧，如图 4-52 中⑥所指示，在缩放比率框中输入“10”。

⑥ 在 00:00:01:00 处单击“设置关键帧”按钮，如图 4-52 中⑦所指示，在“缩放比率”框中输入“100”。右击此处关键帧，在弹出菜单中选择“缓入”，此时关键帧的图标变成，动画会产生阻尼减速效果。

如果需要调整减速的快慢，单击“缩放高度”项左侧的“展开”按钮，在速度线上拖动关键帧的句柄，让曲线越凸起，减速越明显，如图 4-52 中⑧所指示。

⑦ 在 00:00:01:00 处单击启用“缩放宽度”的关键帧功能，在“缩放比率”框中输入“10”，如图 4-52 中⑨所指示。在 00:00:02:00 处，在“缩放比率”框中输入“100”，右击此处关键帧(见图 4-52 中⑩)，在弹出菜单中选择“缓入”。

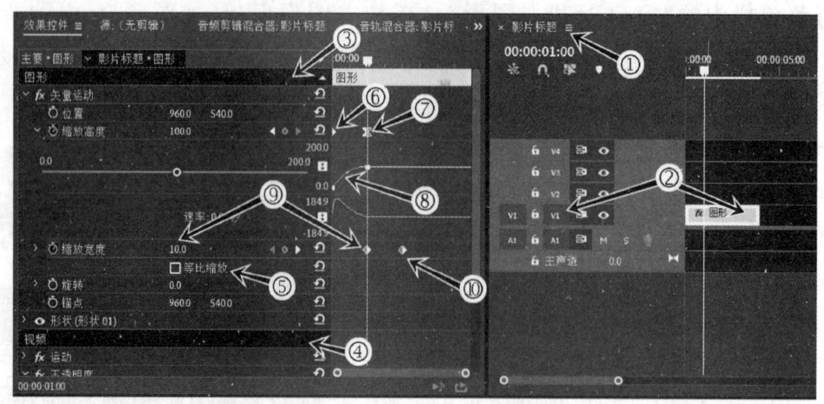

图 4-52　设置图形的运动效果

按 Space 键预览矩形变形的动画效果。

3. 制作标题文字

(1) 添加文本

① 在“影片标题”子序列中,单击时间轴 V1 轨道头的锁定标志,V1 轨道将变为灰色,V1 被锁定不能编辑,如图 4-53 中①所指示。

② 将播放头移动到 00:00:02:00 位置。选择文字工具,在监视器面板中输入“我的体育专项”,在时间轴 V2 轨道 2 秒处自动插入标题字幕。

③ 右击该片断,如图 4-53 中②所指示,将其持续时间改为“00:00:02:00”。

④ 在基本图形面板中,选择“编辑>文本”,将“文本大小”调整为“60”左右(文字宽度要小于矩形宽度),如图 4-53 中③所指示。

⑤ 在监视器面板中,将“我的体育专项”文字拖动到矩形上方,如图 4-53 中④所指示。在“对齐并变换”栏中,单击“画面左右对齐”按钮,将文字左右居中对齐。

⑥ 按 Shift+Home 组合键移动播放头到“我的体育专项”文本片断入点,在效果控件面板中,单击“位置”栏的关键帧设置开关切换动画设置开关。

⑦ 按 Shift+End 组合键到“我的体育专项”文本片断出点,单击按钮设置一个关键帧,在位置栏的 Y 坐标框中输入“800”,如图 4-53 中⑤所指示。至此完成了“我的体育专项”片断从上到下的动画效果。

(2) 添加轨道遮罩

可以使用任何素材片断或者静止图像作为“轨道遮罩”。

轨道遮罩效果的实现需要两个轨道,上层轨道作为“遮罩层”,下层轨道为“被遮罩层”,以上层轨道的像素亮度值或 Alpha 生成轨道遮罩的透明度。

轨道遮罩和图像遮罩的工作原理相同,都是利用指定遮罩对当前键控对象进行透明区域的设定。但是轨道遮罩更加灵活,可以设置动画为遮罩,也可以为遮罩设置运动效果。轨道遮罩是 Premiere 中素材叠加合成处理的非常实用一种手段。

本例将复制 V1 轨道的矩形作为“轨道遮罩”。

① 单击 V1 轨道头的“锁定”开关,取消锁定,如图 4-54 中①所指示。

② 单击 V1 轨道头的“切换轨道”开关 V1, V1 变成灰色,如图 4-54 中②所指示,不激活 V1 轨道。单击 V3 轨道头的“切换轨道”开关 V3, V3 变成蓝色,激活 V3 轨道,如图 4-54 中③所指

示，以便按 Ctrl＋V 组合键粘贴操作时对象会粘贴在此轨道。

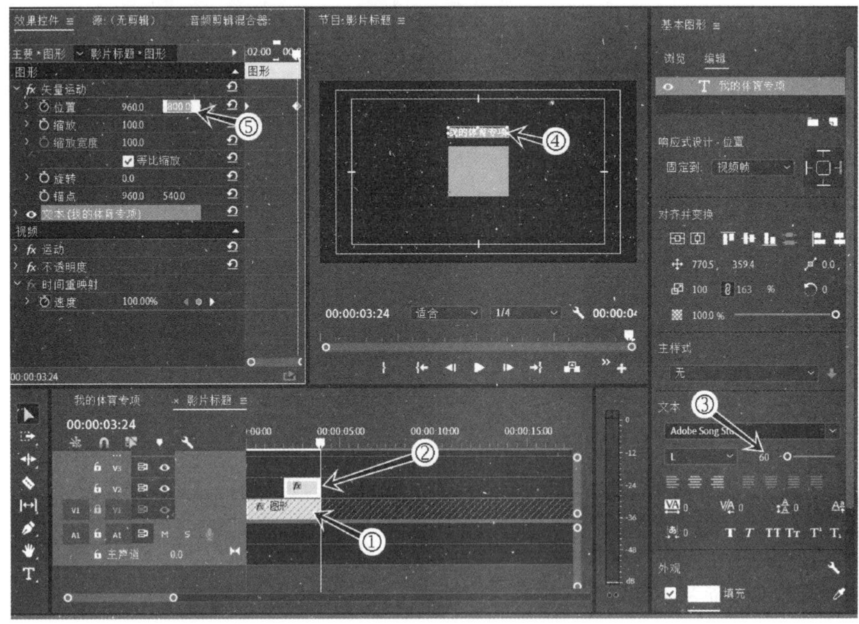

图 4-53　制作图形运动效果

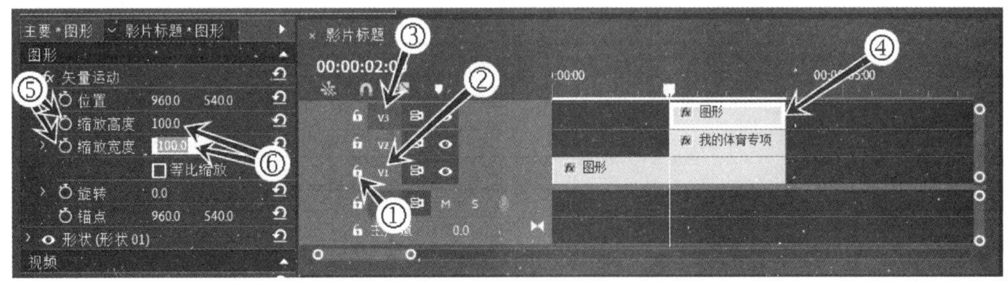

图 4-54　在 V3 轨道的遮罩

注意：如果没有 V3 轨道，则执行菜单栏中的“序列＞添加轨道”，以创建 V3 轨道。

③ 单击选择时间轴上 V1 轨道的“图形”片断，按 Ctrl＋C 组合键，复制该片断。

④ 单击选择时间轴上的“我的体育专项”文本片断，按 Ctrl＋Home 组合键，将播放头移动到该片断入点。

⑤ 按 Ctrl＋V 组合键，复制“图形”片断到 V3 轨道。调整该片断的出点对齐其他片断的出点，如图 4-54 中④所指示。

⑥ 在效果控件面板中，分别单击“缩放高度”和“缩放宽度”的“关键帧设置”开关，如图 4-54 中⑤所指示。在弹出的对话框中确认删除所有的关键帧，取消了动画设定。

⑦ 在“缩放高度”和“缩放宽度”的取值框中都输入“100”，如图 4-54 中⑥所指示，或分别单击“重置参数”按钮，恢复至初始值。

⑧ 打开效果面板，如图 4-55 中①所指示，选择“视频效果＞键控＞轨道遮罩键”，将该键拖放到 V2 轨道的“我的体育专项”文本片断上，如图 4-55 中②所指示。

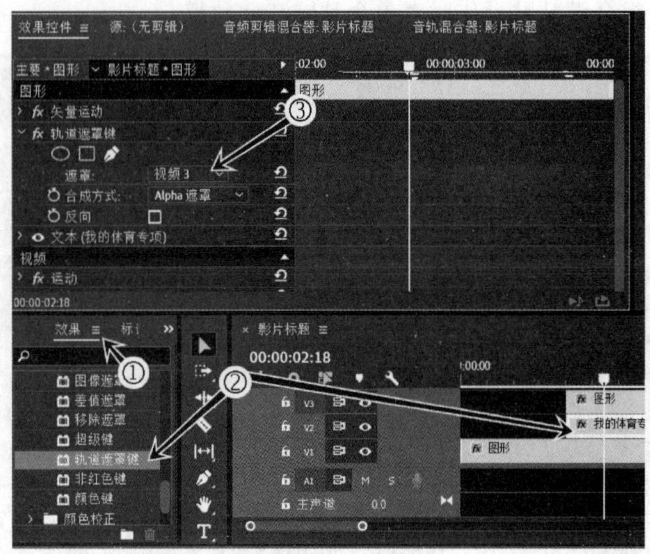

图 4-55　设置轨道遮罩键

⑨ 打开效果控件面板，在“轨道遮罩键”栏中，选择“遮罩”为“视频 3”，如图 4-55 中③所指示，即选择 V3 轨道作为遮罩。

拖动播放头预览标题动画效果，此时在矩形范围内的标题文字可见，矩形外的部分则不可见。

在项目面板中，双击打开“我的体育专项”序列，回到主序列时间轴，按 Enter 键渲染影片并保存项目文件。

4.9.2　制作片尾标题

Premiere CC 提供效果丰富、形式多样、专业的标题模板，用户可以直接套用，并根据制作需要修改模板中元素的参数和动画效果，模板的应用可以极大提升影片制作的效率。

用户可以自定义模板，也可以从互联网上下载更多的模板应用于影片字幕。

① 在项目面板中，双击打开“我的体育专项”序列，定位到影片出点，如图 4-56 中①所指示。

② 打开基本图形面板，选择“浏览”选项卡，如图 4-56 中②所指示。

③ 在模板列表中选择“经典标题”，可在模板列表中，单击模板名称右侧的“信息”按钮，查看模板的效果及模板信息，确认合适之后，将其拖放到 V5 轨道，如图 4-56 中③所指示，轨道上的片断名为“此处输入您的标题”。

在监视器面板中浏览模板效果，由于“经典标题”模板与影片的基调有一定差距，因此需要做一定调整，包括：需要输入标题；“集名称”多余，可删除；模板为蓝色调，与影片暖色调不协调，需要调整为暖色调；背景形状的透明度太低，不明显，需提升到 40%。

④ 确认选择模板片断，如图 4-57 中①所指示。在基本图形面板的“剪辑”选项卡中，如图 4-57 中②所指示，单击形状栏中的“此处输入您的标题”文本元素，选择工具箱面板中的文字工具，在监视器面板中输入“运动 一直在路上”作为影片结束标题，如图 4-57 中⑥所指示。

图 4-56　添加字幕模板

⑤ 选择形状栏中的“集名称”文本元素，如图 4-57 中⑦所指示，按 Delete 键删除。

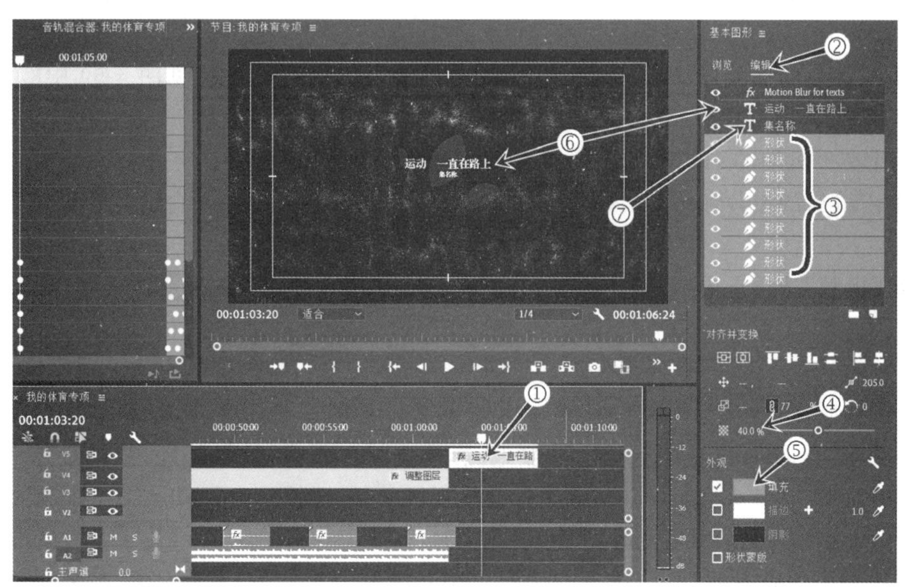

图 4-57　设置模板

⑥ 按 Shift 键选择所有的形状元素，如图 4-57 中③所指示；在下方的透明度参数中输入“40”，如图 4-57 中④所指示；在“外观”栏中，单击填充色，如图 4-57 中⑤所指示，在“拾色器”中选择“FF7700”(桔色)。此时，模板中所有的“圆”形状都更改了属性。

由于添加了字幕，影片需要延长背景音乐的持续时间，并添加淡出效果。

⑦ 双击 A2 轨道头空白处，如图 4-58 中①所指示，展开背景音乐轨道，将背景音乐出点外拖到对齐 V5 字幕轨道的出点。

⑧ 选择工具箱面板中的钢笔工具，如图 4-58 中②所指示，在时间轴 A2 轨道，如图 4-58

中③所指示处单击，添加关键帧；将出点关键帧的音量调整到最小，如图 4-58 中④所指示。

⑨ 按 Enter 键渲染影片并保存项目文件。

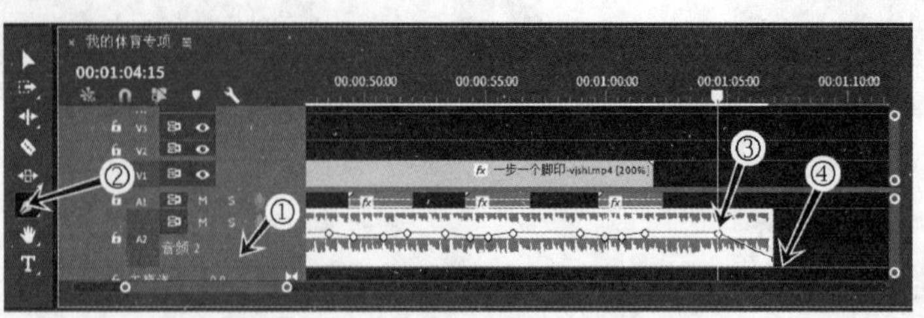

图 4-58 编辑背景音乐剪辑

4.10 导出影片

导出影片

完成整个影片的制作之后，通过渲染序列的形式，将项目内所有片断、效果合成为一个独立、可直接播放的视频文件或图片序列。

① 选择“我的体育专项”序列，选择“文件＞导出＞媒体”，在“导出设置”栏，选择“格式”为“H.264”，如图 4-59 中①所指示，也可以根据需要输出为 AVI、F4V 等视频格式或输出图像序列。

② 根据影片的播映场景，如影院、电视或手机等，可以在预设项（见图 4-59 中②）中选择合适的影片参数，如电视制式、分辨率、帧速率、像素点的长宽比等。

本影片在手机端的 HTML5 中播放，因此分辨率和比特率需要自定义。

③ 单击输出的影片名称，如图 4-59 中③所指示，在对话框中选择合适的存储位置和影片名称。

④ 在“视频”选项卡中的“基本视频设置”中，单击“尺寸锁定”按钮☑取消，如图 4-59 中④所指示。在宽度中输入“400”，如图 4-59 中⑤所指示，高度自动按比例（16 ∶ 9）调为“224”像素。

影片的比特率（也称为码率）是指影片播放时传输的数据量大小，比特率如果为 10 Mb/s，表示每秒钟有 10 Mbit 的视频数据。一般地，影片比特率越高，效果越好，数据量越大。对于 1 080 P影片而言，比特率为 20 Mb/s 就可达蓝光视频效果，比特率为 5 Mb/s 的清晰度也是可以接受的。由于本影片画面宽度和高度是 400 和 224，因此比特率设为 0.3 Mb/s 左右就可以了。

常用比特率编码有两种：CBR 和 VBR。CBR 指恒定比特率，常用于静态画面较多的影片；VBR 指可变比特率，常用于运动画面多的影片，不同的画面使用不同的比特率进行编码。本影片运动和变速画面较多，采用 VBR 编码。

⑤ 在“比特率设置”项中，比特率编码选择“VBR，1 次”，如图 4-59 中⑥所指示，将“目标比特率”设为“0.3”，最高比特率设为“0.6”，如图 4-59 中⑦、⑧所指示。

⑥ 设置完毕，单击“导出”按钮（见图 4-59 中⑨）进行影片渲染合成，并按设定名称保存到指定位置。

如果单击“队列”按钮，如图 4-59 中⑩所指示，序列将被发送到 Adobe Media Encoder CC 队列中，在后台执行渲染和输出，此时，用户可以继续在 Premiere 中编辑和操作。

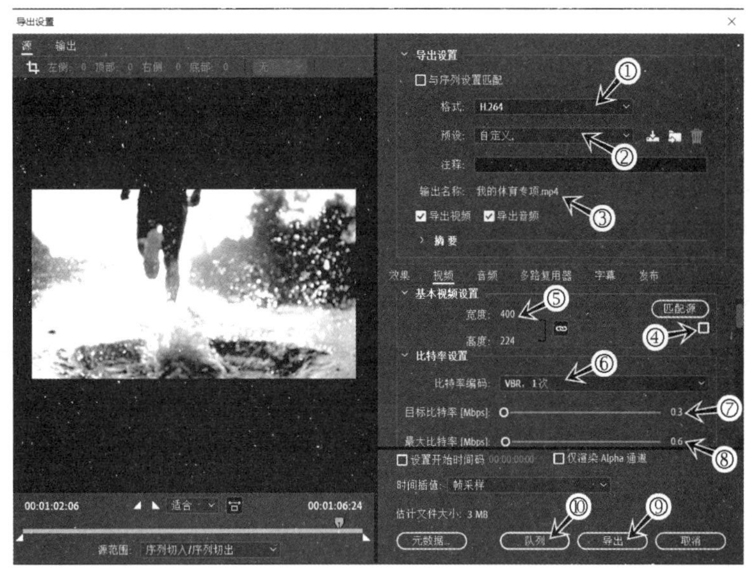

图 4-59 影片输出设置

思考与练习

一、选择题

1. Premiere 通过组合素材的方法来制作影片,以下关于素材的理解中正确的是(　　)。

A. 视频、音频素材基本上都需要两次加工

B. 不可以导入其他 Premiere 项目作为素材

C. 可以导入其他 Premiere 项目中的序列作为素材

D. Word 文档可以作为素材导入使用

2. Premiere 中,下列关于过渡效果的说法中正确的是(　　)。

A. 使镜头切换衔接自然或更加有趣

B. 能产生动态的扭变、模糊、风吹、幻影等特效

C. 利用片断的不透明度,将一个片断部分地显示在另一个片断之上

D. 过渡效果可以设置关键帧

3. 关于 Premiere 中动画制作的理解,以下说法中正确的是(　　)。

A. 不能设置动画关键帧　　　　B. 不能制作旋转动画效果

C. 不能对片断的局部设置动画　　　　D. 不能制作缩放动画效果

4. 下列关于 Premiere 中音频处理的说法中正确的是(　　)。

A. 音频轨道可以同时显示轨道关键帧和剪辑关键帧

B. 无法设置和编辑 5.1 声道环绕立体声效果

C. 可以在左、右两个声道间实现摇移,在实现声音环绕效果时特别有用

D. 多音频轨道合成处理的最佳方式是使用音频剪辑混合器

5. 字幕是一种重要的视觉元素,以下关于字幕的理解中错误的是(　　)。

A. 一个序列可以使用多个字幕素材

B. 高效制作歌词字幕的方法是使用开放式字幕

C. 可以用导入 srt 格式的文件来创建字幕

D. 不能在开放式字幕上使用剃刀工具

6. Premiere 抠像常用到键控效果,其中最重要的键控效果是(　　)。

A. 轨道遮罩键　　B. 亮度键　　C. 颜色键　　D. 超级键

二、练习题

1. 重新制作"我的体育专项"标题文字的效果和配音,效果包括放大缩小、颜色变化、添加视频特效等。

2. 根据自己的爱好兴趣,按照影片制作流程,完成《我的兴趣》影片的创作。

第5章 网络多媒体技术

“网络媒体”又称“互联网媒体”，就是借助国际互联网这个信息传播平台，通过计算机、电视机或移动设备等终端，以文字、声音、图像、视频、虚拟现实（VR）等形式来传播信息的一种数字化、多媒体的传播媒介，被称为继报纸、广播、电视三大传统媒体之后的“第四媒体”，已经成为最受欢迎的新兴媒体。

互联网和移动网络的结合，不仅提升了网络媒体的自我整合能力，也拓宽了网络媒体的使用范围。通过移动设备上的软件客户端（APP、小程序等），就可以使用类似计算机软件的功能，用户之间的信息交流、信息传播更为方便。因此，很多企业都开始着手研发各种各样移动设备软件客户端，满足人们对移动社交、移动视频通信、移动资讯、移动娱乐、移动教育、移动商务等的需求。

相对于传统媒体，网络媒体具有鲜明的特点：

➢ 即时性。即时性是网络新闻传播时效性强的形象表述。随着网络图文直播、音频直播和视频直播的出现，网络新闻的即时性日臻完美。即使是日常新闻报道，新闻内容页面上发布时间的标注都精确到分钟。

➢ 海量性。原生媒体的资讯发布、自媒体生产和直播互动等网络媒体日均发布量达数十亿条之多。网络媒体的海量性还体现在检索、复制、存储等方面。

➢ 全球性。网络媒体的传播范围远远大于报纸、广播和电视，是全球性的。

➢ 互动性。网络媒体是媒体与受众及受众之间的多向性、互动性传播。互动性包含“一对一、一对多、多对一、多对多”的传播方式，体现了大众传播和人际传播相结合的传播方式，这些是网络媒体的特性和优势。

➢ 多媒体性。网络媒体的多媒体性是指互联网络运用数字技术，传播文字、图片、音频、视频、动画等多种媒体，打破了传统媒体之间的界限，使网络媒体成为一个整体的概念。

网络多媒体的相关技术包括网络技术、编码技术、流媒体技术和超媒体技术。

本章主要介绍流媒体技术和超媒体技术。本章主要的学习内容包括：

➢ 了解流媒体技术的应用领域、原理及系统构成。

➢ 熟悉 HTML 和 HTML5 的常用元素，了解 HTML5 文档的写法。

➢ 了解 JavaScript 的基本语法的使用。

➢ 了解 CreateJS 框架和常用的模块。

本章要完成的作品包括：

➢ 创建一个简单的 HTML5 文档。

➢ 使用 CreateJS 创建“左右运动的圆”的 HTML5 Canvas 应用。

5.1 流媒体技术

在网络上传输音频、视频等多媒体信息目前主要有“下载”和“流式传输”两种方案。

“下载”方案是指下载完才能观看，但是音频、视频文件一般都较大，需要的存储容量也较大；同时由于网络带宽的限制，下载音频、视频文件常常要花数分钟甚至数小时的时间。“流式传输”方案是指声音、影像或动画等时基媒体（时基媒体：指与绝对时间或时间顺序密切相关的媒体）由音/视频服务器向用户计算机连续、实时传送，用户不必等到整个文件全部下载完毕，而只需经过几秒或十数秒的启动延时即可观看。当声音等时基媒体在客户机上播放时，文件的剩余部分将在后台从服务器中继续下载。

流式传输的媒体称为流媒体，又称流式媒体（Stream Media）。流媒体的“流”指的是这种媒体的传输方式（流的方式），并不是指媒体本身。

流式传输不仅成百倍地缩短了视频播放的启动延迟，而且不需要太大的缓存容量，避免了用户必须等待整个文件从 Internet 全部下载才能观看的缺点。从功能上来讲，流媒体主要应用是直播和点播。

(1) 直播

直播时，视频源是主播实时推送的。因此，主播停止推送后，播放端的画面也会随即停止，另外，由于是实时直播，播放器在直播 URL 的时候是没有进度条的。

(2) 点播

点播时，视频源是云端的一个视频文件，只要未被从云端移除，就可以随时播放视频，播放中观众可以通过进度条控制播放位置。腾讯视频、优酷、土豆等视频网站上的视频观看就是典型的点播场景。

流媒体技术并不是单一的技术，它是融合了网络技术之后所产生的技术，涉及流媒体数据的采集、压缩、存储、传输以及网络通信等多项技术。

5.1.1 流媒体技术原理

普通的流媒体影像的压缩比特率一般为 220 Kbit/s，即每秒需要 220 Kbit 的接收速度，也就是每秒 27.5 KB 的下载速度。这种速度，普通的 Modem（调制解调器）是不能胜任的，因此流媒体技术使用了一种全新的技术——数据缓冲，以这种技术保证文件传输的可靠性。

数据缓冲就是流媒体播放器在播放流媒体文件之前先在系统缓存中存储一定量的数据，这样在播放这些数据的时候，“流媒体”可以利用缓存的数据工作，以保持流媒体播放的不间断。Internet 以包传输为基础进行断续的异步传输，对一个实时音/视频源或存储的音/视频文件，在传输中它要被分解为许多包。由于网络是动态变化的，各个包选择的路由可能不尽相同，故到达客户端的时间延迟也就不等，甚至先发的数据包还有可能后到。为此，需要使用缓存系统来弥补数据包延迟和抖动的影响，并保证数据包的顺序正确，从而使媒体数据能连续输出，不会因为网络暂时拥塞而使播放出现停顿。

通常高速缓存所需容量并不大，因为高速缓存使用环形链表结构来存储数据，即通过丢弃已经播放的内容，“流”可以重新利用空出的高速缓存空间来缓存后续尚未播放的内容。

1. 流式传输的类型

流式传输包括实时流式传输和顺序流式传输两种方式。

(1) 实时流式传输

实时流式传输(Real-time Streaming)中的"实时"是指在一个应用中数据的交付必须与数据的产生保持精确的时间关系,因此需要相应的协议支持,包括的协议有 RTP、RTCP 和 RTSP 等。

实时流式传输特别适合现场事件直播时实时传输音/视频,传输时必须匹配连接带宽,如果网络带宽变小,图像质量会变差。

(2) 顺序流式传输

顺序流式传输(Progressive Streaming)是顺序下载播放音/视频,在传输期间,顺序流式传输不能根据用户连接带宽调整音/视频质量。

顺序流式传输的相关协议比较多,包括 RTMP、HTTP、MMS 和 HLS,通常点播采用 HTTP 协议,直播主要用的是 RTMP、HLS 等。

2. 流式传输的原理

用户选择流媒体服务后,Web 浏览器与 Web 服务器之间使用 HTTP/TCP 协议交换控制信息,以便把需要传输的实时数据从原始信息中检索出来。然后客户机上的 Web 浏览器启动音/视频 Helper 程序,使用 HTTP 协议从 Web 服务器检索相关参数对 Helper 程序初始化,这些参数可能包括目录信息、音/视频数据的编码类型或与音/视频检索相关的服务器地址。

音频/视频 Helper 程序及音/视频服务器运行实时流控制协议(RTSP),RTSP 提供了操纵播放、快进、快退、暂停及录制等命令的方法。流媒体服务器通过 RTP/UDP 协议将音频、视频数据传输给客户程序,一旦数据抵达客户端,客户端播放器程序即可播放输出。

实现流式传输一般都需要专用服务器和播放器,其基本原理如图 5-1 所示。

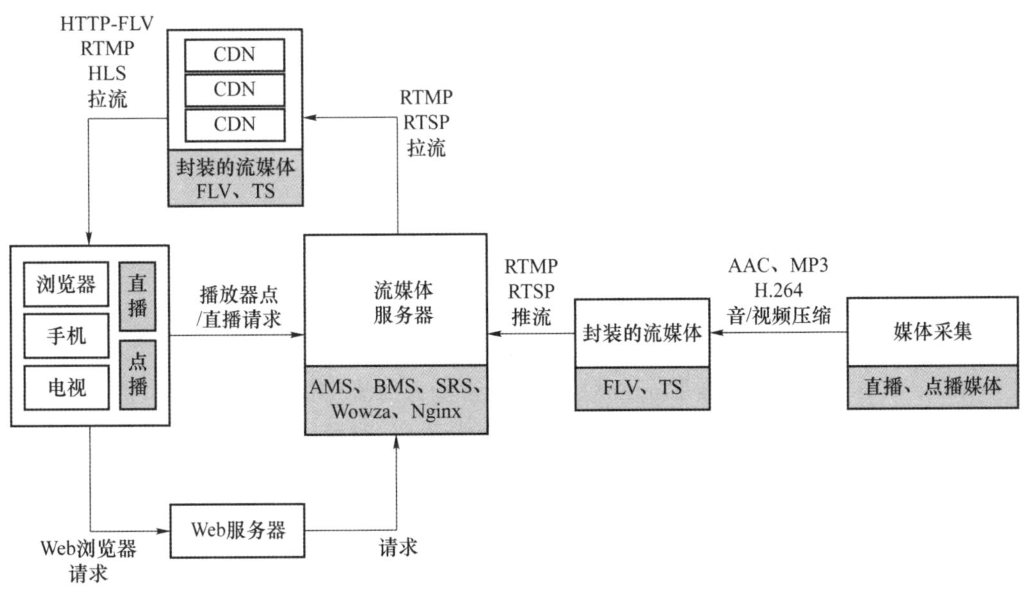

图 5-1 流式传输基本原理

其中,"推流"是指把采集阶段封包好的内容传输到流媒体服务器的过程。对直播而言,就是将现场的视频信号通过网络传输到服务器的过程。"推流"对网络要求比较高,如果网络不稳定，直播效果就会很差，观众观看直播时会发生卡顿等现象，观看体验会很糟糕。“拉流”是指服务器已有直播内容，用指定地址进行拉取的过程。

5.1.2 流媒体系统构成

流媒体文件从采集到最终播放的路径就是一套完整的流媒体系统所需的组成部分。

- 编码层：负责对音/视频文件编码压缩（H.264/H.265/VP9/AAC 等）。
- 封装层：负责对数据包进行容器封装（FLV/MPEG2-TS 等）。
- 协议层：负责网络打包（RTMP/HTTP 等）。
- 传输层：负责网络传输（Socket/ST 等）。
- 应用播放层：负责对图像进行解码显示（FLASH/VLS/VIDEO JS 等）。

系统组成部分的相关功能可以归类于组件，流媒体系统所必须具备的基本组件如下。

- 编码器：用于流媒体文件生成的编码工具。
- 流媒体数据：直播信号、点播文件。
- 流媒体服务器：用于控制、传送流媒体数据的服务器。
- 传输网络：能够支持特定流式数据传输协议的传输网络。
- 多终端播放器：各操作平台用于显示流式数据的播放器。

随着近年流媒体业务的迅猛发展，能够承载大规模流媒体应用的内容分发网络（CDN）也逐渐纳入流媒体系统。

1. 流媒体服务器

流媒体服务器是流媒体应用的核心系统，是运营商向用户提供视频服务的关键平台。流媒体服务器的主要功能是对流媒体内容进行采集、缓存、调度和传输播放，是响应客户端的流媒体连接（如 RTMP/RTSP 等），返回流媒体数据（打包在 RTMP 等流媒体协议中的 FLV/TS 等数据）的服务器程序。

流媒体服务器直接承担流媒体数据的输入和输出，是流媒体应用系统的基础，也是整个流媒体系统的核心，它的功能、性能和服务质量直接决定了一个流媒体应用系统的性能和健壮程度。

(1) AMS

AMS（Adobe Media Server）是 Adobe 开发的流视频和实时通信领域业界领先的解决方案，该产品可以快速搭建起一套流媒体直播、点播服务器。

(2) Wowza

Wowza（Wowza Streaming Engine）是一款非常优秀的流媒体服务器产品，提供了面向任何终端的可扩展基础平台以及增值组件，具有速率自适应、时移、简单和低成本的数字版权保护等特色功能。

(3) BMS

观止云 BMS 流媒体系统是一款强大、易于使用、跨平台的集群流媒体平台，可高效、便捷地分发视频媒体内容到 PC/TV/PAD/PHONE 等多种播放终端。

(4) SRS

流媒体服务器 SRS（Simple RTMP Server）是我国开发的开源流媒体服务器，其定位是运营级的互联网直播服务器集群，追求更好的概念完整性和最简单的代码实现。

(5) Nginx

Nginx(Engine X)是一款免费开源的高性能 Web 和反向代理服务器,常用来配置流媒体服务器。

Nginx 可以作为一个 HTTP 服务器进行网站的发布处理,另外 Nginx 可以作为反向代理进行负载均衡。

2. CDN

内容分发网络(Content Delivery Network,CDN)通过将站点内容发布至遍布全国的海量加速节点,使其用户可就近获取所需内容,避免网络拥堵、地域、运营商等因素带来的访问延迟问题,有效提升下载速度,降低响应时间,提供流畅的用户体验。

CDN 最初是建立在文件(图文、文件)静态内容的基础上的,所以其核心的技术点在于 Web Cache 缓存技术、集群技术、负载均衡/DNS 调度等技术。随着互联网的发展,CDN 后来出现了动态内容加速、流媒体加速、应用协议加速等类型,还补充了安全、数据分析等增值服务。

3. 流媒体文件的封装格式

流媒体的关键技术是压缩编码,压缩编码的基本原理是采用一定的编码方式,将文件的数据结构进行重组,去掉一些重复或占而不用的空间,以达到减小文件尺寸的目的。

封装格式是指以特定的方式将压缩的视频、音频、字幕等信息组合在一起,将文件分解成压缩包,形成数据流,这样原有的多媒体文件就转化为具有流格式的文件。将压缩媒体文件编码成流式文件,还必须加入一些附加信息,如计时、压缩和版权信息。

流媒体文件封装过程示意如图 5-2 所示。

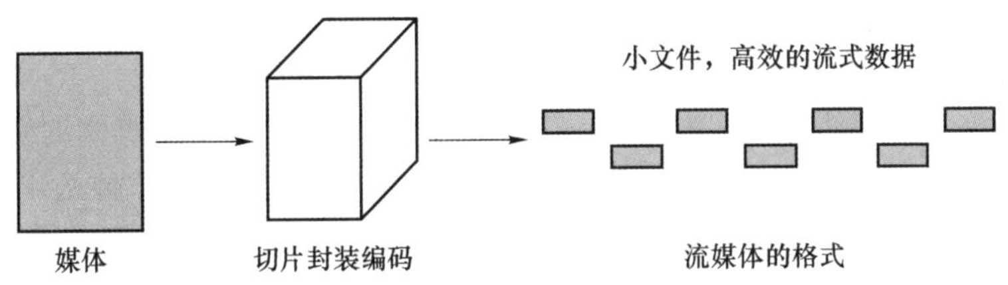

图 5-2 流媒体文件封装

流媒体文件常用的封装类型如表 5-1 所示。

表 5-1 流媒体文件常用的封装类型

文件类型	视频编码	音频编码	特点
TS	MPEG-2	AAC MP3	MPEG2-TS 具有较强的抵抗传输误码的能力,广泛应用于数字广播系统
FLV	VP6 H. 264	AAC MP3	视频质量良好,但移动端支持程度较低
MP4	H. 264 MPEG-4	AAC	可以在其中嵌入任何形式的数据,在线播放时加载速度慢。移动端支持程度高

4. 网络协议

网络协议是为不同设备、不同系统间进行数据交换而建立的规则、标准或约定的集合。流式传输的实现需要合适的网络传输协议,由于 TCP 需要较多的开销,故不太适合传输实时数据。在流式传输的实现方案中,一般采用 HTTP/TCP 来传输控制信息,而用 RTP/UDP 来传输实时视频数据。

早期的视频传输协议虽然控制性好,但服务器端的复杂度比较高,实现起来也比较复杂。随着桌面端、移动端的流媒体轻应用(娱乐/游戏/体育等的点播、直播)需求量的急速扩大,多个组织和机构推出了相应的解决方案。

(1) RTP 与 RTCP

RTP(Real-time Transport Protocol)实时传输协议是用于 Internet 上针对多媒体数据流的一种传输协议。RTP 被定义为在一对一或一对多的传输情况下工作,其目的是提供时间信息和实现流同步。RTP 通常使用 UDP 来传送数据,但 RTP 也可以在 TCP 或 ATM 等其他协议之上工作。当应用程序开始一个 RTP 会话时,将使用两个端口:一个给 RTP,一个给 RTCP。RTP 本身并不能为按顺序传送的数据包提供可靠的传送机制,也不提供流量控制或拥塞控制,它依靠 RTCP 提供这些服务。

通常 RTP 算法并不作为一个独立的网络层来实现,而是作为应用程序代码的一部分。

实时传输控制协议 RTCP(Real-time Transport Control Protocol)和 RTP 一起提供流量控制和拥塞控制服务。在 RTP 会话期间,各参与者周期性地传送 RTCP 包,RTCP 包中含有已发送的数据包的数量、丢失的数据包的数量等统计资料。因此,服务器可以利用这些信息动态地改变传输速率,甚至改变有效载荷类型。

RTP 和 RTCP 配合使用,它们能以有效的反馈和最小的开销使传输效率最佳化,因而特别适合传送网上的实时数据。

(2) RTSP

RTSP(Real-Time Stream Protocol)实时流协议是一个基于文本的多媒体播放控制协议。RTSP 以客户端方式工作,对流媒体提供播放、暂停、后退、前进等操作。

RTSP 作为一个应用层协议,提供了一个可供扩展的框架,使得流媒体的受控和点播变得可能。它主要用来控制具有实时特性的数据的发送,但其本身并不用于传送流媒体数据,而必须依赖下层传输协议(如 RTP/RTCP)所提供的服务来完成流媒体数据的传送。

(3) RTMP

RTMP(Real Time Messaging Protocol)实时消息传送协议是 Adobe 公司为 Flash 播放器和服务器之间音频、视频和数据传输而开发的开放协议。RTMP 协议基于 TCP 协议,是目前低延时直播应用最广泛的协议,也是所有 CDN 支持的最好的直播分发协议。

RTMP 的直播原理是利用了 FLV 文件的特性,只需要接收一些头部信息,后面就可以传输音/视频数据,达到边传输边播放的效果。RTMP 不仅可以直播,也可以用于推流。

(4) HTTP-FLV

HTTP-FLV 即将音/视频数据封装成 FLV,然后通过 HTTP 传输给客户端。该直播传输是利用 FLV 文件的时间戳特点,只需要 metadata 和音/视频的 header,后面的音/视频数据就可以随意按照时间戳传输。

(5) HLS

HLS(HTTP Live Streaming)是苹果公司开发的基于 HTTP 的流媒体传输协议,通过 HTTP 轮询传输,其本质是文本协议而不是流媒体协议。

HLS 协议主要由 m3u8 和 TS 构成,该协议将编码的音/视频切片(每切片时长为 5～10 s)并封装成 TS 段,同时生成格式为 m3u8 的索引文件。手机等客户端发起请求通过后,下载

m3u8 文件,该文件是系列 TS 文件的地址,客户端播放器按照顺序依次播放 TS 片段。

HLS 精简的 m3u8 的索引结构可以规避 MP4 索引慢的问题,是点播流媒体的首选。

HLS 在浏览器利用 HTML5 的＜video＞标签是可以直接播放的。

(6) DASH

DASH(Dynamic Adaptive Streaming over HTTP)基于 HTTP 的动态自适应流媒体协议,是国际标准组 MPEG 制定的技术标准。该标准中定义了一系列的使用场景,如 3D Video、互动 3D、动态码率自适应(网络带宽降低时自动切换到低码率的音/视频)、P2P 以及多画面电视,同时还对内容保护技术做了定义。

该协议和 HLS 类似,将直播的流媒体数据切片,切片封装格式是 MP4 或者 3GP 文件。

DASH 的特点如下。

① 更为有效地将 MPEG 的媒体通过 HTTP 协议,以自适应、渐进式下载或流的方式进行内容分发。

② 支持直播业务。

③ 更为有效地利用传统的基于 HTTP 的 CDN 网络、代理服务器或防火墙等网络基础部件。

④ 支持与内容保护系统的结合,完成对内容的保护。

常用流媒体协议的比较如表 5-2 所示。

表 5-2 常用流媒体协议的比较

内容	协议			
	HTTP-FLV	RTMP	HLS	DASH
传输层	HTTP	TCP	HTTP	HTTP
视频格式	FLV	FLV TAG	TS	MP4 3GP WEBM
延时	低	低	很高	高
数据分段	连续流	连续流	切片文件	切片文件
HTML5 播放	部分支持	不支持	支持	支持

随着多媒体在各行业的广泛应用,对流媒体的需要也不断扩大,但不同的行业、不同场景对媒体数据的使用要求(如对安全、实时、高清、时延等)有很大差异,因此对流媒体协议选择和应用也有差别。常见场景的流媒体协议的应用如表 5-3 所示。

表 5-3 流媒体协议在不同场景中的应用

应用场景	流媒体协议	特点	播放器
互联网电视 视频监控	RTSP	可以倍速播放,能容忍网络延迟。实现复杂	自定义播放器
流媒体系统	RTMP	可靠。高并发表现欠佳	专用流媒体服务器
桌面直播	RTMP	实时性高	Flash 播放器
桌面点播	HTTP、HLS	无需插件。高延迟	HTML5 浏览器
移动端直播	HTTP-FLV	实时性高	支持不佳
移动端点播	HLS	无需插件。高延迟	HTML5 浏览器

5. 流媒体传输方式

流媒体的传输方式有单播、组播、点播和广播四种。

(1) 单播

单播就是在客户端与服务器之间建立一个单独的数据通道,从一台服务器送出的每个数据只能传给一个客户机。在这种播放方式下,每个用户必须分别对媒体服务器发送单独的查询,媒体服务器也必须对每个用户所申请发送的数据包进行复制,这将给服务器带来沉重的负担,需要很长时间响应,甚至停止播放。

- 优点:服务器及时响应客户机的请求;服务器针对每个客户不同的请求发送相应数据,容易实现个性化服务。
- 缺点:在客户数量大的流媒体应用中服务器不堪重负。

(2) 组播

IP组播技术构建一种具有组播能力的网络,允许路由器一次将数据包复制到多个通道上。采用组播方式,单台服务器能够对几十万台客户机同时发送连续数据流而无延时。媒体服务器只需要发送一个信息包(而不是多个),所有发出请求的客户端共享同一信息包。信息可以发送到任意地址的客户机,减少网络上传输的信息包的总量。

- 优点:具备广播的优点;允许在 Internet 宽带网上传输。
- 缺点:没有纠错机制;在客户认证、QoS(服务质量)等方面还需要完善。

(3) 点播

点播连接是客户端对服务器的主动连接。在点播过程中,用户通过选择项目来初始化客户端连接,用户可以开始、停止、快进、后退或暂停流。

- 优点:点播连接提供了对流媒体的最大控制。
- 缺点:网络带宽消耗迅速。

(4) 广播

广播顾名思义就是对所有用户发送信息,客户将被动地接收流,广播过程中客户只能接收流,但不能控制流。例如,用户不能暂停、快进或后退该流。

- 优点:网络设备简单,维护简单;服务器流量负载低。
- 缺点:无法提供个性化服务;禁止在 Internet 宽带网上传输。

使用单播发送时,需要将数据包复制多个拷贝,以多个点对点的方式分别发送到需要它的那些用户,而使用广播方式发送,数据包的单独一个拷贝将发送给网络上的所有用户,而不管用户是否需要,上述两种传输方式都会非常浪费网络带宽。组播吸收了上述两种发送方式的长处,克服了上述两种发送方式的弱点,将数据包的单独一个拷贝发送给需要的那些客户。组播不会复制数据包的多个拷贝传输到网络上,也不会送给不需要的用户。

5.1.3 流媒体相关技术

流媒体技术的主要目的是快速地在 Internet 上传输数据量非常大的音/视频文件,所以未来流媒体核心技术发展趋势也还是音/视频的编码/解码技术和流式传输技术,其中主要技术可分为以下三个类别。

(1) 云计算基础服务相关技术

实现高稳定、高并发、低延时的流媒体应用,基于云架构的计算、网络、存储、CDN 等底层基础服务已经变成了提供流媒体服务的必须项。

硬件虚拟化、网络虚拟化能够最大程度保障音/视频播放的稳定性,CDN 内容分发网络能够有效应对高并发和突增流量的需求,对流媒体传输所有环节进行针对性优化能够大幅降低延时,对象存储满足了流媒体数据的大规模存储要求。

(2) 音/视频相关技术

音/视频相关技术包括音/视频的编码/解码、4K、VR 等音/视频核心技术能力,尤其是在移动端的编码、播放的优化。其中包括不同硬件平台、操作系统的实施;固网、移动网等不同网络环境下适应;在弱网状态的优化等;通过 4K、VR、AR 等新技术创建新的应用场景、改善用户体验;使用 H. 265 等编码标准进一步提升音/视频编码效率,降低对网络带宽、CDN 的消耗。

(3) 场景应用技术

针对流媒体应用于不同垂直领域的功能性技术实现。例如,秀场娱乐直播的实时录制、实时水印和实时鉴黄(鉴定黄色视频等不良内容);社交直播的连麦;IPTV/OTT(互联网电视)的点播、时移和回看;现场直播的云端导播;视频网站的版权保护等。

5.2 HTML5 Canvas 技术

HTML5 是 HTML 最新的修订版本,于 2014 年 10 月由万维网联盟(W3C)完成标准制定。HTML5 的设计目的是为了在各种浏览器上支持多媒体。HTML5 具有新的元素、属性和行为,允许构建更多样化、更强大的网站和应用程序。

在浏览器端和移动端,HTML5 的应用都极为普遍。

5.2.1 HTML 简介

超文本标记语言(Hyper Text Markup Language,HTML)的核心思想是超文本/超媒体。

1. 超文本与超媒体

“超文本”的设想者是美国计算机科学家范尼瓦·布什(Vannevar Bush),他设想了一种存储扩充器(Memory extender,Memex)的装置。“Memex 的基本特性就是提供一种独特的方法,使得任何一条信息都可以随意直接、自动地选择另一条相关信息。而在这其中,重要的事情就是将两条信息连接到一起”。这就是当今所谓的超文本技术的核心——关系。

“超文本”是一种组织信息的方式,它通过超级链接方法将文本中的文字、图表与其他信息媒体相关联,这些相互关联的信息媒体可能在同一文本中,也可能是其他文件或地理位置相距遥远的某台计算机上的文件。这种组织信息方式将分布在不同位置的信息资源用“超链接(Hyperlink)”方式进行连接,为人们检索信息提供方便。

超媒体这个词是从超文本衍生而来的,用超文本技术管理多媒体信息就叫作超媒体。简单地说:超媒体=超文本+多媒体。一般都认为超文本和超媒体这两个词是等价的,可以混用。

Internet 网页都是使用超文本技术,使用 HTML 描述超文本化的新闻、邮件及各类文献、操作菜单、数据库查询结果等,这催生了一种新媒体——网络媒体或 Web 出版业。

2. HTML 文档结构

HTML 文件是标准的 ASCII 文件，它看起来像是加入了许多被称为链接标签的特殊字符串的普遍文本文件。

从结构上讲，HTML 文件由元素(element)组成，组成 HTML 文件的元素有许多种，用于组织 HTML 文件的内容，如字体、颜色、图片、声音、视频、格式、表单等。绝大多数这种元素是“容器”，即它有起始标记和结尾标记。元素的起始标记叫作起始链接标签(start tag)，元素结束标记叫作结尾链接标签(end tag)，在起始链接标签和结尾链接标签中间的部分是元素体。每一个元素都有名称和属性，元素的名称和属性都在起始链接标签内标明，如图 5-3 所示。

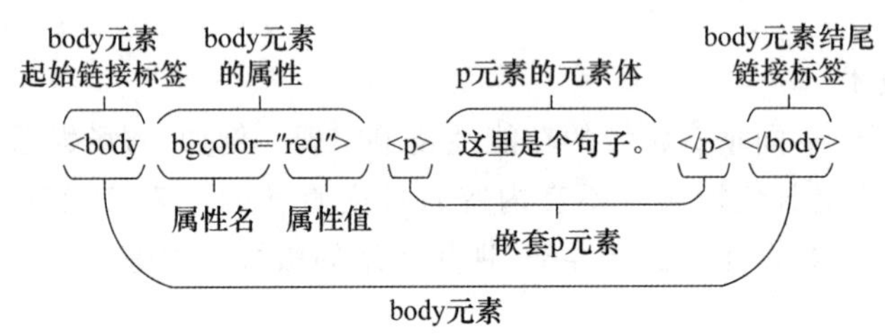

图 5-3　HTML 元素的结构

例如，体元素(body)的结构如下。

```
1. <body background = "秋季红叶.jpg">
2.     <h2>网页</h2>
3. </body>
```

(1) 第一行的内容

＜body＞是体元素的起始链接标签，它标明体元素从此开始。

因为所有的链接标签都具有相同的结构，所以这里将仔细分析这个链接标签的各个部分，以便对链接标签的写法有一个大概了解。

起始链接标签＜body＞从“＜”开始，紧接是元素名称“body”，由于元素和链接标签一一对应，所以元素名也叫链接标签名。

注意：“＜”和 body 之间不能有空格。HTML 的元素名称不分大小写，但 JavaScript 的元素标签必须小写，对大小写敏感。

- background：属性名，一个元素可以有多个属性。本例的属性指明用什么方法来填充背景。
- ＝：指明属性值。
- 秋季红叶.jpg：属性值，表示用“秋季红叶.jpg”文件来填充背景。

属性名、“＝”、属性值三者合起来构成一个完整的属性，一个元素可以有多个属性，各个属性用空格分开。

- ＞：表示起始链接标签结束。

(2) 第二行的内容

第二行的内容是 body 元素的元素体，包含了 h2 元素。

(3) 第三行的内容

最后一行是 body 元素的结尾链接标签。结尾链接标签用“＜/”开始，随后是元素名，然后是大于号“>”。

从上面的例子中可以看出,一个元素的元素体中可以有另外的元素(上例中第二行的标题元素<h2>…</h2>)。

实际上,HTML 文件仅由一个 HTML 元素组成,即文件以<html>开始,以</html>结尾,文件其部分都是 HTML 的元素体。HTML 元素的元素体由两大部分即头元素<head>…</head>、体元素<body>…</body>和一些注释组成。

头元素和体元素的元素体又由其他的元素、文本及注释组成。也就是说,一个 HTML 文件应具有下面的结构。

```
<html>                      <!--HTML 文件开始-->
    <head>                  <!--文件头开始-->
    文件头的内容
    </head>                 <!--文件头结束-->
    <body>                  <!--文件体开始-->
    文件体的内容
    </body>                 <!--文件体结束-->
  </html>                   <!--HTML 文件结束-->
```

3. HTML 常用元素

HTML 的元素可按照根元素、文本级别语义、表单、表格数据、元数据和脚本、组合内容、文档章节、交互元素、嵌入式内容等进行分类,超过百种元素,常用的元素有 15 种。

(1) head 头部元素

头部包含的元素是页面的标题、定义、说明等内容,它本身不作为内容来显示,但影响网页显示的效果。

- title:定义文档的标题。如“<title>网页的标题</title>”。
- meta:定义 HTML 文档中的元数据。如“<meta charset="UTF-8">”。
- script:定义客户端的脚本文件。如“<script>JavaScript 脚本</script>”。

(2) body 主体元素

主体元素主要是组织和控制网页要显示的内容,如文字、表格、图片、超链接以及用户输入的表单等。

- p:定义一个段落。如“<p>这是一个段落。</p>”。
- h1~h6:定义 6 个级别的标题,h1 标题字体最大。如“<h1>大标题</h1>”。
- br:定义新行,但还是属于同段落。可以写成
或者
。
- hr:定义个一个水平线。可以写成<hr>或者<hr/>,可以设置水平线属性。
- span:用于修饰文本,可以添加文本的样式属性。如“<span style="color: red">这是 span 标签</span>”。
- img:定义 HTML 页面中的图像。如“<img src="sample.jpg" >”。
- a:定义超链接,用于链接到另一个位置,可以是相同网页上的不同位置,还可以是图片、电子邮件、文件甚至是一个应用程序,其中最重要的属性是 href 属性。如“<a href="http://www.sina.com">新浪网</a>”。
- div:定义 HTML 文档中的一个分隔区块或者一个区域部分,通过 CSS 来对这些区块设置格式。如“<div style="color: red"><h1> div 元素中的标题</h1></div

>”。

- form：表单元素用于创建供用户输入数据的 HTML 表单，可以包含多个控件元素，如按钮、下拉列表、文本框等。form 元素中一般需要添加两个属性：action 和 method，用于指定传送数据的传送方式。示例如下。

```
<form action = "sample.asp" method = "get">
    <p>昵称：<input type = "text" name = "nickname"/></p>
    <p>电子邮件：<input type = "text"name = "email"/></p>
    <input type = "submit" value = "确定按钮"/>
</form>
```

更多的 HTML 教程可参考 www. w3school. com. cn/html/html_jianjie. asp。

5.2.2 HTML5 基础

由于 HTML 在多媒体处理方面存在很大的不足，如需要安装插件才能播放动画、视频等，2012 年 W3C 发布了新的 HTML5 标准，HTML5 将 Web 带入一个成熟的应用平台。因此，HTML5 作为构建以及呈现互联网内容的一种语言方式，被认为是互联网的核心技术之一。

HTML5 增加了许多新的元素和功能，对视频、音频、图像、动画以及交互等诸多方面进行了补充和规范。

1. HTML5 新特性

(1) 智能表单

表单是实现用户与页面后台交互的主要组成部分，HTML5 在表单的设计上的功能更加强大，使得原本需要 JavaScript 来实现的控件，可以直接使用 HTML5 的表单来实现。

(2) 绘图画布

HTML5 的 Canvas 元素无需插件就可以实现画布功能，该元素通过自带的 API 结合使用 JavaScript 脚本语言，能够在网页上绘制图形、填充区域、设置文本样式、插入图像甚至动画效果等。

(3) 多媒体

HTML5 最大特色之一就是支持音频和视频，通过增加了<audio>和<video>两个标签来实现对多媒体中的音频、视频使用的支持，而无需第三方插件(如 Flash)就可以实现音/视频的播放功能。

(4) 地理定位

通过引入 Geolocation 的 API 可以通过 GPS 或网络信息实现用户的定位功能，定位更加准确、灵活。

(5) 数据存储

允许在客户端实现较大规模的数据存储，支持 DOM Storage 和 Web SQL Database 两种存储机制，可以使用 SQL 语法对数据进行查询、插入等操作。

(6) 多线程

新增加了一个 Web Worker API，用户可以创建多个在后台的线程，将耗费较长时间的处理交给后台而不影响用户界面和响应速度，这些处理不会因用户交互而运行中断。

2. HTML5 示例

HTML5 文件是标准的 ASCII 文本文件，无需编译就可以运行，因此开发 HTML5 可以用记事本或其他的文字编辑软件，只要保存为 *.html（“*”是文件名）格式就可以。

如果使用可视化软件，如 Sublime Text、Dreamweaver、WebStorm 等，编写 HTML5 可以有效地提升工作效率。

（1）Sublime Text

Sublime Text 是一个跨平台的代码编辑器，主要功能包括拼写检查、书签、即时项目切换、多选择和多窗口等。

（2）Dreamweaver

Dreamweaver 是高效、功能全面的网页编辑器，初学者可以无需编写任何代码就能快速创建 Web 页面。

（3）WebStorm

WebStorm 是一款强大的 HTML5 编辑器，具有智能的代码补全、代码格式化、HTML 提示、联想查询、代码重构、代码检查和快速修复等功能。

下面用操作系统自带的记事本编写一个 HTML5 文件。

① 执行任务栏中的“开始＞程序＞附件＞记事本”，打开记事本。

② 在记事本中输入如下代码。

其中<! ——这里是注释——>是 HTML 的注释，//（双斜杠）是 JavaScript 的注释，两者写法不同。注释内容可不输入。

注意：代码前面的序号只是行号标记，方便阅读，并不是代码的一部分。

```
<!doctype html>                              <! -- 声明为 HTML5 的文档 -->
<html>                                       <! -- html 开始 -->
<head>
    <meta charset = "utf - 8">               <! -- 指定字符集为 utf - 8 -->
    <title>第一个 html5 页面</title>         <! -- 网页的标题 -->
    <script type = "text/javascript">        //指明是 javascript 语言
    window.onload = function(){              //html5 网页打开要执行的操作
      alert("你好，同学！");                 //通过 Alert 发出一个消息
    };
    </script>                                <! -- 这一段 Javascript 结束 -->
 </head>
 <body bgcolor = "#ABCEFF">                  <! -- 网页主体，背景色设为浅蓝色 -->
     <hl align = "center">                   <! -- hl 标题格式，对齐属性设为居中 -->
       我的网页
     </hl>
 </body>                                     <! -- 网页主体部分结束 -->
 </html>                                     <! -- html 结束 -->
```

其中<!doctype html>用于声明本网页为 HTML5，<script></script>元素体中的内容为 JavaScript 语句。

注意：正常 HTML5 网页中，使用代码中的“window.onload”的方法并不妥当，因为这意

味着需要等到网页所有内容都加载完毕，才弹出对话框；如果网页中有很大图片，可能需要等待很久才能执行。

③ 执行菜单栏中的“文件＞保存”，在弹出的对话框中，将文件名称输入为“webpage.html”，如图 5-4 所示，单击“保存”按钮即可。

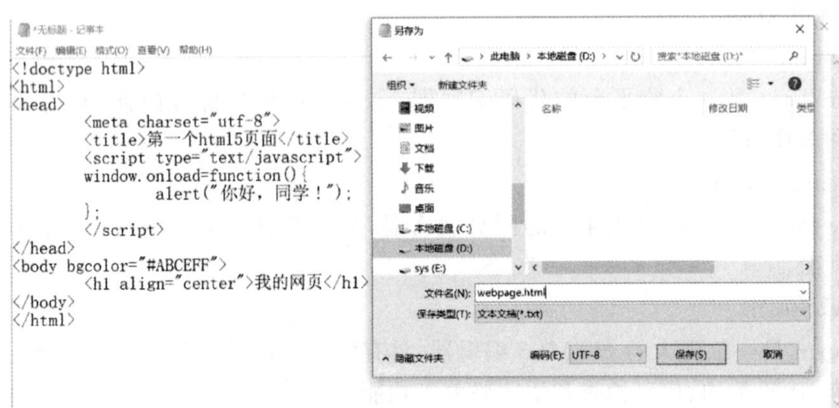

图 5-4　保存 HTML5 网页

④ 找到该文件，双击就可以在浏览器中查看。打开网页后，弹出对话框“你好，同学！”。更多的 HTML5 教程可参考 www.w3school.com.cn/html5/index.asp。

5.2.3　JavaScript 介绍

JavaScript 在 HTML5 的作用是能够改变页面中的所有 HTML 元素、属性，对所有 CSS 样式及事件作出反应，以及开发 HTML5 的 3D 效果、网页动画、页面游戏、采集数据、服务器端编程等，可以说“没有 JavaScript 就没有 HTML5”。

1. 代码位置

JavaScript 代码可以内嵌到网页任何位置中，如写在 head 头元素或 body 体元素的 script 元素体中，例如，

```
<script>alert("代码嵌在网页元素中了!");</script>
```

还可以将 JavaScript 代码写到外部 js 文件中，通过 script 的 src 属性加载，例如，

```
<script src="test.js">这里不能写 JavaScript 语句！</script>
```

其中，test.js 是文本文件，文件类型是 js，test.js 文件的内容如下。

```
alert("代码外链到这里了!");
```

如果是小段代码就不用创建 js 文件，直接内嵌网页元素也比较方便。

2. 数据类型

JavaScript 需要处理数值、文本、图形、音频、视频、网页等各种各样的数据，不同数据的特点及处理方式不同，需要定义不同的数据类型。常用的数据类型包括以下五种。

(1) Number 数字类型

JavaScript 中不区分整数值和浮点数值，JavaScript 中所有数字均用浮点数值表示。

(2) String 字符串

字符串是由字符组成的数组，但在 JavaScript 中字符串是不可变的，可以访问字符串任意

位置的文本。

(3) Boolean 布尔类型

Boolean 布尔类型表示逻辑实体,它只有两个值,即 true 和 false,分别代表真和假这两个状态。

(4) Object 对象

对象是一组属性与方法的集合。

(5) Undefined 类型

该类型只有一个值(undefined)。使用 var 声明了变量,但未给变量初始化值,那么这个变量的值就是 undefined。

3. 变量

变量是存储数据值的容器。

(1) 声明变量

创建变量通常称为声明变量,使用 var 关键词来声明变量。

```
var 变量名=变量值;
```

(2) 变量命名规范

变量必须以字母开头;变量也能以 $ 和_符号开头;变量名称对大小写敏感(y 和 Y 是不同的变量)。

JavaScript 会根据为变量赋值的情况自动判断该变量是何种类型。

4. 运算符

(1) 赋值运算符

赋值运算符"="用于给 JavaScript 变量赋值。如"var 年龄=19;"。

(2) 算术运算符

JavaScript 算术运算符的类型如表 5-4 所示。

表 5-4 JavaScript 算术运算符

描述	加法	减法	乘法	除法	取模(余数)	自增	自减
运算符	+	-	*	/	%	++	--

(3) 字符串的+运算符

"+"运算符用于把文本值或字符串变量加起来(连接起来)。例如,

```
<script>alert("你好"+","+"同学!");</script>
```

结果为

你好,同学!

(4) 关系运算符

关系运算符在逻辑语句中使用,以测定变量或值是否相等。关系运算符返回的结果只有两个,即 true 和 false。关系运算符类型如表 5-5 所示。

表 5-5 关系运算符

描述	大于	小于	大于或等于	小于或等于	等于	绝对等于	不等于
运算符	>	<	>=	<=	==	===	!=

(5) 逻辑运算符

逻辑运算符用于测定变量或值之间的逻辑,运算符类型如表 5-6 所示。

表 5-6 逻辑运算符

描述	并	或	非
运算符	&&	||	!
例子	(7<10 && 4>1)结果为 true	(7==5||4==5)结果为 false	!(7==4)结果为 true

5. 条件语句

需要根据不同情况来执行不同的动作,可以在代码中使用条件语句来完成该任务。

在 JavaScript 中,可使用以下条件语句。

- if 语句:如果指定的条件为 true,就会执行紧跟在 if 语句后面的代码。
- if…else 语句:当条件为 true 时执行代码,当条件为 false 时执行其他代码。
- if…else if…else 语句:使用该语句选择多个代码块之一来执行。

下例使用条件语句,判断成绩 88 分所属的类别。

```
<script>
    var score = 88;                     //变量 score 赋值为 88
    if(score> = 90){                    //如果超过 90,则显示优秀
      alert("优秀");
    }else if(score >= 80){              //否则如果超过 80 就显示良好
      alert("良好");
    }else if(score >= 60){              //否则如果超过 60 就显示及格
      alert("及格");
    }else{                              //以上条件都不满足,就显示不及格
       alert("不及格");
     }
 </script>
```

结果为

良好

6. switch 语句

使用 switch 语句来选择多个代码块之一来执行,使用 break 中断执行。

下例使用 switch 语句,判断成绩 88 分所属的类别。

```
<script>
    var score = 88;
    //把 score 除 10 取整,用 window 对象的 parselnt 方法。
    score = window.parselnt(score/10 + "");
    switch(score){
      case 10:
      case 9:                 //如果十位数为 9,那就显示优秀
        alert("优秀!");
        break;                //下面代码就不运行了
```

```
        case 8：                  //如果十位数为 8,那就显示良好
          alert("良好!");
          break;
        case 7：                  //如果十位数为 7,往下继续运行代码
        case 6：                  //如果十位数为 7 或 6,那就显示及格
          alert("及格!");
          break;
        default：                 //以上都不符合,那就不及格
          alert("不及格!");
          break;
      }
    </script>
```

结果为

良好

7. 循环语句

希望不断运行相同的代码，并且每次的值都不同，达到某个条件时退出运行，那么使用循环语句是很方便的。

JavaScript 支持多种类型的循环。

- for 语句：循环执行代码块一定的次数。
- for/in 语句：循环遍历对象的属性。
- while 或 do/while 语句：当指定的条件为 true 时循环执行指定的代码块。

下例使用循环语句，统计 1～200 能够被 3 和 7 整除的数字的个数。

```
<script>
  var count = 0;                       //count 先被赋值为 0,"个数"为 0 个
  for(var i = 1;i< = 200;i + +){       //遍历 1～200 的所有整数
    if(i % 3 = = 0&&i % 7 = = 0){      //判断是否同时被 3 和 7 整除
      count + + ;                      //能被 3 和 7 整除的数,累加"个数"
    }
  }
  //把结果显示在网页,总共多少"个数",用 + 连接
  document.write(count + "个数");
</script>
```

结果为

9 个数

8. 嵌套循环

一个循环体内又包含另一个完整的循环结构，称为循环嵌套。

循环嵌套的特点是“外层循环转一次，内层循环转一圈”。外层循环控制行数，内层循环控制每行元素个数。

下例运用 for 语句循环嵌套，完成九九乘法口诀表。

```
<script>
  //设置为网页的第三级标题
  document.write("<h3>九九乘法口诀表</h3>")
  for(var i=1;i<=9;i++){     //外层循环,开始第一个数的循环
  //开始内层循环,两个循环变量的命名须不同
    for(var j=1;i<=j;j++){
  //完成两个数的相乘," "为空格
        document.write(i+'*'+j+'='+(i*j)+"")
    }
    document.write("<br>")      //<br>标签,每一轮换一行
  }
</script>
```

结果如图 5-5 所示。

九九乘法口诀表

1*1=1
2*1=2 2*2=4
3*1=3 3*2=6 3*3=9
4*1=4 4*2=8 4*3=12 4*4=16
5*1=5 5*2=10 5*3=15 5*4=20 5*5=25
6*1=6 6*2=12 6*3=18 6*4=24 6*5=30 6*6=36
7*1=7 7*2=14 7*3=21 7*4=28 7*5=35 7*6=42 7*7=49
8*1=8 8*2=16 8*3=24 8*4=32 8*5=40 8*6=48 8*7=56 8*8=64
9*1=9 9*2=18 9*3=27 9*4=36 9*5=45 9*6=54 9*7=63 9*8=72 9*9=81

图 5-5　九九乘法口诀表

9. 函数定义

函数是由事件驱动或者当它被调用时执行的代码块。只要定义一次函数代码,就可以多次使用函数,也可以不断向同一函数传递不同的参数,得到不同的结果。

JavaScript 函数是通过 function 关键词定义的,声明函数语法如下。

```
<script>
  function myFunction(){              //定义函数,函数名为 myFunction
      alert("你好,同学!");           //函数执行的内容
  }
  myFunction();                       //调用函数
</script>
```

被声明的函数不会直接执行,当被调用时才执行。

可以在某事件发生时直接调用函数(如当用户单击按钮时),并且可由 JavaScript 在任何位置进行调用,当调用该函数时,会执行函数内的代码。

10. JavaScript 事件

JavaScript 事件是指发生在 HTML 元素上的事情,如单击字体改变颜色、按 Enter 键表格加一行等,可以在 HTML5 页面中使用 JavaScript 触发这些事件。

JavaScript 事件有以下三个要素。

- 事件源：被监听的 HTML 元素。
- 事件类型：某类动作，如单击事件、光标移入、触摸屏幕、敲击键盘等。
- 执行指令：事件触发后需要执行的代码，一般使用函数进行封装。

语法格式：

```
事件源.事件类型=执行指令
```

HTML 事件可以是用户行为，也可以是浏览器行为，如浏览器关闭事件。HTML 事件包括鼠标事件、键盘事件、对象事件、表单事件、剪贴板事件、打印事件、拖动事件、媒体事件、动画事件等多种类型。

(1) 常用的事件

在实际应用中，常用的 JavaScript 事件如表 5-7 所示。

表 5-7　常用的 JavaScript 事件

事件	描述
onchange	HTML 元素改变
onclick	用户单击 HTML 元素
onmouseover	用户移动光标到一个 HTML 元素上
onmouseout	用户从一个 HTML 元素上移开光标
onkeydown	用户按下键盘的某一个键
onload	浏览器已完成页面的加载

(2) 事件示例

下例为使用 JavaScript 事件计算圆的面积。在“半径”文本框输入半径的值，单击“面积”文本框，就可得到圆的面积。

其中 JavaScript 事件用到“onclick”，同时创建一个计算面积的 forArea()函数。

```
<!doctype html>
<html>
<head>
<meta charset="utf-8">
<title>JavaScript 的事件和函数</title>
</head>
<body>
<p><h3>计算圆的面积</h3></p>
半径
<!--创建一个文本框,id 为"radius"-->
<!--需要输入数值,输入字符将无法计算-->
<input type="text" id="radius" placeholder="请输入半径"><br>
面积
<!--这里是 onclick 事件,单击文本框就执行 forArea()函数-->
<input type="text" id="area" placeholder="这里是圆的面积" onclick="forArea()"><br>
<script type="text/javascript">      //声明是 JavaScript 脚本
```

```
function forArea(){                                  //定义 forArea()函数
  //id 为"radius"元素的值赋给 r
  var r = document.getElementById("radius").value;
  var s = Math.PI * r * r;                           //圆的面积 s = πr²
   //把 s 的值放入 id 为"area"的元素中
  document.getElementById('area').value = s;
}
</script>
</body>
</html>
```

保存为 HTML 文件,结果如图 5-6 所示。

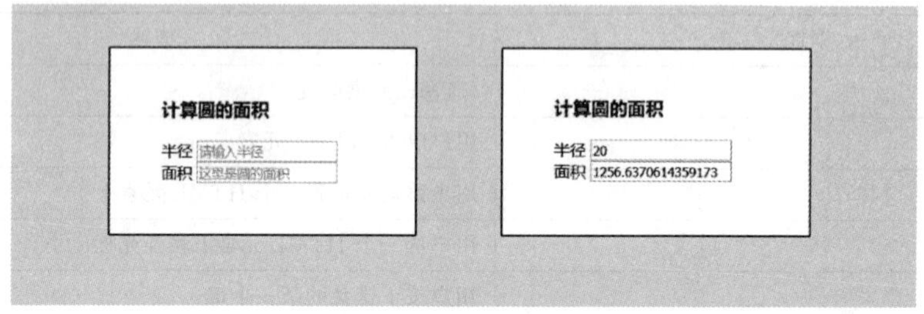

图 5-6　JavaScript 事件前后示意图

更多的 JavaScript 内容,可见参考手册 www.w3school.com.cn/js/index.asp。

5.2.4　Canvas 基础

canvas 是 HTML5 中的一个新元素,canvas 是个容器(画布),可以通过 JavaScript 语句在画布上放置文字、图形、图像、流媒体、动画等。这是因为 Canvas 提供了多个 API(Application Programming Interface 应用程序接口,是一些预先定义的函数),可以生成及渲染图形、图表、图像和动画等。

注意:本书中 Canvas 指的是框架,canvas 指的是元素,但互联网上的相关资料如果没有特别说明都泛指"画布"。

1. 创建 canvas

HTML5 中,canvas 不需要任何插件就可以运行,这点与 video、audio 类似,但是在画布中绘制图形、动画等需要 JavaScript 代码。

下例在网页中创建一块"画布"。

```
<!DOCTYPE html>
<html>
<head><title>Canvas 的例子</title></head>
<body>
  <!--创建一个 id 为"myCanvas"的画布,宽高均为 400 像素-->
  <canvas id = "myCanvas" width = "400" height = "400"></canvas>
</body>
</html>
```

保存为 html 类型的文件，在浏览器中打开，并没有显示任何内容，那是因为画布是白色的。

把 canvas 的语句改为

```
<canvas id = "myCanvas" width = "500" height = "400" style = "background - color:#09F0FF;"></canvas>
```

其中，“id="myCanvas"”很重要，调用 id 名称就可找到相应的画布，#09F0FF 是十六进制的颜色表示浅蓝色。

保存打开之后，在浏览器中就可以看到一个浅蓝色的区域，靠着屏幕左上角。

HTML5 中约定屏幕左上角的坐标为(0,0)，往右为 x 轴正向，往下为 y 轴正向。

2. 绘制基本图形

HTML5 中，不能直接在 canvas 上绘制内容，就像不能直接在油画布或水彩纸上绘画一样，需要绷或裱起来才可以画。HTML5 中需要将 canvas 再定义为“context”(可称为画面或舞台)，然后才可以利用 canvas 提供的各种工具和方法，在 context(画面)上进行各种操作。

```
//通过元素的 id(id 为“myCanvas”)取得页面的画布，画布命名为 newCanvas
var newCanvas = document.getElementById("myCanvas");
//定义画面“newContext”，获取 newCanvas 画布作为“画面”。
//这里的 getContext 现在只有一个参数 2d，只能绘制 2D 的对象。
var newContext = newCanvas.getContext("2d");
```

下例创建一个画线的函数，画一根直线，需要传入一个“画面”参数。

```
//执行 drawLine()函数，传入函数 newContext，即传入“画面”
drawLine(newContext);
function drawLine(ctx){              //创建 drawLine 函数，要求传入一个参数
  ctx.beginPath();                   //抬笔，准备画一根线段
  ctx.moveTo(40,40);                 //设置线段起点坐标
  ctx.lineTo(540,700);               //设置线段终点坐标
  ctx.closePath();                   //收笔，结束
  ctx.strokeStyle = "#ff0000"        //设置线段颜色：#ff0000(十六进制的红色)
  ctx.lineWidth = 10;                //设置线条的粗细
   ctx.stroke();                     //画出线段线条
}
```

在浏览器中观看可发现，由于线段超出画布，因此线段超出的部分被裁剪。

在 Canvas 中绘制一根线的过程有多个步骤，效率较低，还容易出错。

下例创建一个绘制文本的函数，需要传入两个参数：画面和文本内容。

```
//执行 setText()函数，传入两个参数画面(newContext)和文本(这是我的画布呢:))
setText(newContext,"这是我的画布呢:)");
//创建 setText()函数，要求传入“两个参数”
function setText(ctx,txt){
 ctx.font = "30px 宋体";  //设置 ctx 画面中的字体大小为“30 像素”，字体为“宋体”
```

```
    //设置线段颜色:黑色。也可用英文单词表示常用颜色
    ctx.fillStyle = "black";
    //将 txt 的内容(这是我的画布呢:))左下角对齐坐标(100,300)
    ctx.fillText(txt,100,300);
}
```

注意:尽量不要在 canvas 中绘制文本,因为无法选择和编辑,尽量使用 HTML5 来处理文本内容。

把以上的内容整合在一起的 HTML5 网页的效果如图 5-7 所示。

图 5-7　在 canvas 中绘制图形

整合在一起的 HTML5 网页代码如下。

```
<!DOCTYPE html>
<html>
<head><title>Canvas 的例子</title></head>
<body>
<canvas id = "myCanvas" width = "400" height = "400" style = "background-color:#09F0FF;"></canvas>
<script>
  var newCanvas = document.getElementByld("myCanvas");
  var newContext = newCanvas.getContext("2d");
  //把画布宽度修改为浏览器的宽度,浏览器的宽度是网页元素的属性
   newCanvas.width = document.documentElement.clientWidth;
   drawLine(newContext);
   setText(newContext,"这是我的画布呢:)");
   function drawLine(ctx){
     ctx.beginPath();
     ctx.moveTo(40,40);
     ctx.lineTo(540,700);
     ctx.closePath();
     ctx.strokeStyle = "#ff0000";
     ctx.lineWidth = 10;
```

```
        ctx.stroke();
    }
    function setText(ctx,txt){
        ctx.font = "30px 字体";
        ctx.fillStyle = "black";
        ctx.fillText(txt,600,300);    //将 txt 的左下角对齐坐标(600,300)
}
</script>
</body>
</html>
```

更多的 HTML5 Canvas 介绍可参考 www.w3school.com.cn/html5/html_5_canvas.asp。

5.2.5 CreateJS 概述

HTML5 中最具魅力的是 canvas 元素，但 Canvas 框架只定义了基本的接口，直接用官方的 API 做动画和游戏效率低下、难度较大，因此出现了多种基于 Canvas 的高效框架，其中最知名的是 Adobe 公司支持的 CreateJS，是制作 HTML5 动画、开发 HTML5 游戏的高效的易用引擎。

CreateJS 是一套可以构建丰富交互体验的 HTML5 游戏的开源工具包，旨在降低 HTML5 项目的开发难度和成本，让开发者以熟悉的方式打造更具现代感的网络交互体验。

CreateJS 中包含 EaselJS、TweenJS、SoundJS 和 PrloadJS 四款工具模块，通过这些模块的工具组合就可快捷绘制 HTML5 动画。

1. CreateJS 框架的组成

(1) EaselJS

EaselJS 用于处理 HTML5 的 canvas，使 HTML5 Canvas 标签的运用变得更简单，极大简化了 canvas 的 2D 图形绘制。因此通过 EaselJS 创建 Sprites、动画、图形、位图，同时提供多种交互方式为 HTML5 的动画制作和游戏开发提供了高效的解决方案。

EaselJS 绘图的大致流程如下。

① 创建显示对象。

② 设置参数。

③ 调用方法。

④ 绘制完成。

⑤ 添加到舞台。

⑥ 刷新舞台。

(2) TweenJS

TweenJS 用来处理 HTML5 的动画和调整 JavaScript 属性，是一个简单的用于制作类似 Animate CC 中“补间动画”的引擎，提供了简单并且强大的动画“补间”的接口，可制作丰富的动画效果。

TweenJS 还支持修改网页元素或 CSS 元素以实现各种元素的动画效果。

(3) SoundJS

SoundJS 是一个使用简单但功能强大的音频播放引擎，能够根据浏览器性能选择音频播放方式，通过将音频文件作为模块的方式，可随时加载和卸载音频。

(4) PreloadJS

PreloadJS 是管理和协调程序加载项的模块工具，可以简化网站资源预加载工作，加载内容包括图形、视频、声音、JS 和数据等。

2. CreateJS 示例

下例使用 EaselJS、TweenJS 的模块工具创建一个左右来回反复运动的圆。

```
<!doctype html>
<html>
<head>
<meta charset = "utf - 8">
<title>CreateJS 的例子</title>
</head>
<body>
<! - - 从 code.createjs.com 加载 CreateJS 框架的所有模块和工具 - - >
  <script src = "https://code.createjs.com/1.0.0/createjs.min.js"></script>
  <! - - 创建画布,id 为"myCanvas"   - - >
  <canvas id = "myCanvas" width = "1000" height = "500" style = "background - color; #a0a0a0"></canvas>
  <script>
    var stage = new createjs.Stage("myCanvas"); //创建一个舞台,名为"stage"
    createjs.Ticker.addEventListener("tick",stage); //刷新舞台
    createjs.Ticker.setFPS(60);            //设定播放速度为 60bps
    //创建"影片剪辑"元件,命名为"mc",在第 10 帧设置标签"start"
    var mc = new createjs.MovieClip(null,0,true.{start:10});
    stage.addChild(mc);                    //把 mc 影片剪辑放在舞台上
    var myCircle = new createjs.Shape{     //创建"图形"元件,命名为"myCircle"
      new createjs.Graphics()
      .beginFill("#ff0000")                //填充色设为红色
      .drawCircle(40,40,50));              //画圆
    mc.timeline.addTween(                  //在 mc 元件时间轴上设定"补间动画"
    createjs.Tween                         //调用 Tween 工具制作动画
      .get(myCircle)                       //对"myCircle"元件使用补间动画
      .to({x:600,y:200})                   //元件的起点位于坐标(600,200)
      .to({x:200,y:200},120)               //2 秒时间移动到坐标(200,200)
      .to({x:600,y:200},120)               //2 秒时间移动到坐标(600,200)
    );
```

```
    mc.gotoAndPlay("start");     //在 mc 剪辑中，从“start”帧循环播放
</script>
</body>
</html>
```

3. CreateJS 常用模块

使用 CreateJS 创建 HTML5 Canvas 动画最常用到 EaselJS 模块工具，上例中用到的工具包括 EaselJS 中的 Graphics、Shape、MovieClip 和 Ticker 等工具，还有 TweenJS 中的 Tween 工具。

（1）Graphics

Graphics 矢量图形类属于 EaselJS 模块，用于生成矢量绘图指令，并将其绘制到指定的画面(context)中。Graphics 类的一般使用示例如下。

```
createjs.Graphics().beginFill("#ff0000").drawCircle(40,40,50))
```

- beginFill("#ff0000")：用于设置填充颜色为十六进制的红色。
- drawCircle(40,40,50)：绘制半径为 50 像素的圆，原点位置为(40,40)。

Graphics 类也提供设置渐变色或图案填充图形的方法。还可以绘制线条、矩形、椭圆等图形。

（2）MovieClip

MovieClip 影片剪辑类属于 EaselJS 模块。MovieClip 可创建“影片剪辑”元件，MovieClip 类的一般使用格式如下。

MovieClip(null, 0, true,{start:10});

- null：是元件的属性模式，默认值是 INDEPENDENT。
- 0：是开始位置，开始位置默认值是 0。
- true：是设定影片剪辑的循环播放模式，默认值是 true。
- {start:10}：在元件时间轴插入标签，包括标签名称(start)和插入位置(第 10 帧)。

影片剪辑实例的时间轴上可以添加补间动画，一般使用格式如下。

```
instance.timeline.addTween(createjs.Tween);
```

- Instances：指影片剪辑的实例名称，本例的实例名称是“mc”。
- timeline：是影片剪辑的属性，所有的影片剪辑元件都有时间轴。
- addTween：指定在时间轴上添加补间动画。
- createjs.Tween：创建指定元件的补间动画。

在 Animate CC 中通过按 Ctrl+F8 组合键可创建“影片剪辑”元件。

（3）Shape

Shape 图形类属于 EaselJS 模块，用于创建“图形”元件，在 Animate CC 中通过按 Ctrl+F8 组合键可创建“图形”元件。Shape 类的一般使用格式如下。

```
createjs.Shape();
```

创建一个新的图形实例。

（4）Ticker

Ticker 计时器类属于 EaselJS 模块，提供一个按时间间隔执行任务的方法，也可以对 canvas 的绘制频率进行控制。Ticker 类的一般使用格式如下。

```
createjs.Ticker.addEventListener("tick", stage);
```

- addEventListener：是事件监听器，可以时刻监听鼠标、键盘、触屏等各种事件。
- tick：是一种事件类型，指动画帧变化(默认帧的变化率是 20 fps)的事件。
- stage：是指舞台，当帧变化时不断刷新舞台 stage。也可以传入一个函数替代 stage。

(5) Tween

Tween 补间动画类属于 TweenJS 模块，用于创建实例的补间动画。Tween 类一般使用格式如下。

```
createjs.Tween.get(myCircle).to({x:600,y:200});
```

- get(myCircle)：指定补间动画的对象是“myCircle”，get()方法还可以设置多个参数。
- to({x:600, y:200})：指定动画对象“myCircle”开始的位置为(600,200)。

总之，HTML5 的展示内容中，动画是必不可少的。如果直接使用 JavaScript 纯代码开发 HTML5 的各种动画，特别是一些炫酷的动画，如遮罩动画、路径动画、变形动画等，往往会有动画类型少、动画效果差、制作效率低下及开发周期长等的情形出现。如果引入 CreateJS 框架，使用其中的 EaselJS、TweenJS、SoundJS 和 PreloadJS 等模块工具，就可以很大地提高开发效率，但还是存在设计师很难参与、制作过程体验差、动画效果不直观、效果粗糙等问题。

最佳的开发模式是使用 Animate CC 和 CreateJS，Animate CC 可以快捷、高效、优质、直观地制作丰富效果的图形和动画效果，动画制作完毕导出为网页文件和 CreateJS 的 js 文件，再根据项目需要使用 CreateJS 的工具完善展示内容(如更好地适应终端屏幕等)或使用 JavaScript 增加更多的交互机制。

整个流程使用 Animate CC 和 CreateJS 进行开发，团队成员的参与度高，并且最大地避免了使用 CreateJS 或 JavaScript 开发所存在的不足。

更多的 CreateJS 的教程可参考 CreateJS 中文网 www.createjs.cc。

思考与练习

一、选择题

1. 下列不属于流媒体文件格式的是(　　)。

A. MPEG　　B. MP4　　C. TS　　D. FLV

2. 下列说法错误的是(　　)。

A. RTSP 是 TCP/IP 协议体系中的一个应用层协议

B. RTCP 协议是 RTP 协议的伴生协议

C. RSVP 是一种提供音频、视频、数据等混合服务的互联网综合服务

D. RTP 提供机制以保证实时的数据传输

3. 关于 HTML 说法正确的是(　　)。

A. <title>是正文标签　　B. <B>是换行标签

C. <A>是文本设置标签　　D. <img>是图像标签

4. 关于 HTML5 说法正确的是(　　)。

A. HTML5 只是对 HTML4 的一个简单升级

B. 所有浏览器都支持 HTML5

C. HTML5 新增了离线缓存机制

D. HTML5 主要是针对移动端进行了优化

5. JavaScript 是运行在(　　)的脚本语言。

A. 服务器端

B. 客户端

C. 在服务器运行后,把结果返回到客户端

D. 在客户端运行后,把结果返回到服务器

6. Canvas 用于填充颜色的属性是(　　)。

A. fillStyle　　B. fillRect

C. lineWidth　　D. strokeRect

二、练习题

1. 创建一个宽 800 像素,高 600 像素的画布,画布边框 1 个像素,边框颜色为黑色。在画布中绘制 5 个绿色矩形,矩形位置随机。

2. 使用 CreateJS 工具包,创建一个宽 800 像素,高 600 像素的舞台,在舞台上绘制一个红色的圆并添加交互事件(点击圆,圆就跳到舞台中间)。

第6章　多媒体项目的开发流程

多媒体技术广泛应用于出版、教育、咨询、导游、娱乐、演示等领域。多媒体应用项目的开发是一项全新的、技术性很强的工作，与传统的计算机应用程序开发方法不同，它是计算机软件开发同艺术创意相结合的崭新方法，也是多媒体开发人员正在研究与探索的课题。

一个多媒体作品通常包含大量的媒体数据信息，一个典型的多媒体应用项目有大量可快速查询索引的正文、图形、图像信息，还有音频、视频图像等需要大量存储空间的数据文件。许多媒体数据文件都必须提前采集并汇总起来，例如，图像、视频、语音等数据，要通过数据采集和转换处理，将摄影师、动画设计者或专业设计者的作品变成程序设计人员可使用的格式，即使文本也要选择最好的接收方式，例如，采用 ASCⅡ格式就比用 Word 中的正文信息格式更好接收。这种把媒体数据组织、转换成可用格式的过程被称为数据准备。

多媒体应用项目制作一般要经过项目的需求分析、组成制作机构、结构设计、脚本编写及脚本分析、采集和制作多媒体素材、产品制作和测试等几个环节，如图 6-1 所示，最后才能完成一个多媒体应用项目的制作。

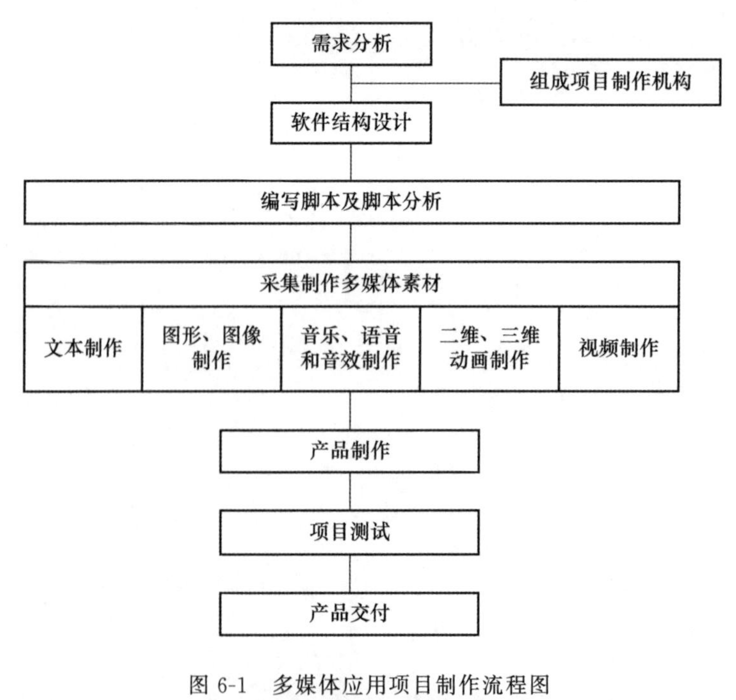

图 6-1　多媒体应用项目制作流程图

本章主要的学习内容包括：
- ➢ 了解多媒体项目开发流程。
- ➢ 理解并掌握文字脚本和制作脚本的编写。
- ➢ 理解多媒体项目的用户界面设计原则及设计要点。
- ➢ 了解多媒体项目中各类素材的采集途径和制作方式。

6.1 需求分析

多媒体应用项目需求分析的研究对象是用户对项目的要求。一方面，必须全面理解用户的各项要求，但又不能全盘接受；另一方面，要准确地描述用户接受的需求，只有经过确切描述的项目需求才能成为项目开发的基础。

项目需求的目标是深入描述应用项目的功能和性能，确定项目设计的约束、项目同其他系统元素的接口细节，定义项目的其他有效性需求。

需求分析阶段要有信息提供方、信息需求方和多媒体项目制作方共同参加。通过反复讨论协商，对多媒体应用项目的表现主题、内容、规模、查询方式、设计风格等有深入细致的分析，并尽可能地详尽描述，进而完成“需求分析报告”。

1. 问题识别

首先，需要确定用户对项目的综合要求，即对项目的需求，并提出这些需求实现的条件，以及应达到的标准。这些需求包括功能、性能、硬件和软件环境、可靠性、作品题材（按题材的形式可分为科技型、娱乐型或商业型等类型；按题材的内容可分为图书出版、教育、演示、查询等类型）、用户界面、资源利用、成本消耗与开发进度、用户人群、用户应用水平等。

此外，还需要注意其他非功能性的需求，如开发模式、质量控制标准、验收标准以及可维护性方面的需求。

2. 分析与综合

需求分析员必须从信息流和信息结构出发，逐步细化多媒体项目的所有功能，找出项目各元素之间的联系、接口特性和设计限制，判断是否存在不合理的需求，是否有用户尚未提出的潜在性要求。

3. 原型开发

在多媒体作品开发的初始阶段，人们对项目的需求认识往往不够清晰，因而作品开发难以一次成功，进行再开发往往在所难免。因此，可以先做试验开发，其目标只是探索可行性，将作品需求清晰化，然后在此基础上制作较为满意的多媒体作品。通常，把第一次得到的试验性产品称为原型。

4. 编制需求分析文档

已经确定的需求应当得到清晰、准确的描述，通常把描述需求的文档称为项目需求说明书。

项目需求说明书的框架如下。

(1) 引言

多媒体项目参考文献；项目的整体描述、项目的约束条件。

(2) 素材和数据描述

素材内容描述;信息的表达方式;数据的传递和操作控制的流程。

(3) 功能描述

项目功能划分及各项功能的描述,包括多媒体应用项目处理的说明、处理的限制或局限、性能需求、结构图和设计的约束、项目控制的描述和说明。

(4) 用户的行为描述

系统的状态;触发的事件和系统响应。

(5) 验收的标准

性能范围;测试种类;期望应用项目对事件的响应和特殊考虑。

(6) 参考书目

(7) 附录

5. 需求分析评审

为了对需求阶段工作进行审查,应该对项目功能的正确性和项目需求说明书的一致性、完备性、正确性、清晰性以及其他需求给予评价。

一般地,评审结果包括一些修改意见,待修改完成后再经评审通过,才可以进入下一阶段。

6.2 组成项目制作机构

多媒体应用项目是计算机多媒体技术与艺术创作相结合的产物,项目的制作需要结合多方面的人才,如计算机美工、软件人员、文字编辑、外语翻译、音乐家等。通过这些人才的协同合作,才可能开发出实用友好、界面美观、逻辑严谨、语言文字流畅、引人入胜的多媒体应用项目。

根据需求分析阶段确定的项目规模、内容构成等需求,即可正式组成项目制作机构,有些制作人员可能只需参加其中若干阶段或若干部分的工作。

组成项目制作机构实际上并不是项目制作的一个阶段,但是在多媒体应用项目(特别是中大型项目)的制作过程中,能否有效地组织和协调参与制作的人员,将直接影响应用项目的开发周期和最终产品的质量。

多媒体技术的应用已进入许多专业领域,因此制作一部多媒体产品,尤其是大型的多媒体产品,所需要的技术和人员,同拍摄一部大型影视剧不相上下。那么一支多媒体专业制作队伍应如何组建?如何按职责、部门分工?一般来说,一个多媒体制作中心或专业制作公司,可以分成管理和生产两个部门,管理部负责制作过程中的诸项管理工作,生产部即为多媒体的制作部门。如图 6-2 所示给出了多媒体制作专业队伍按功能划分的组织结构图,横线以上部分是管理机构,横线以下为生产机构。

6.2.1 管理机构

1. 人员素质与要求

管理机构的人员素质与要求如下。

① 组织管理能力,管理科学与技巧。

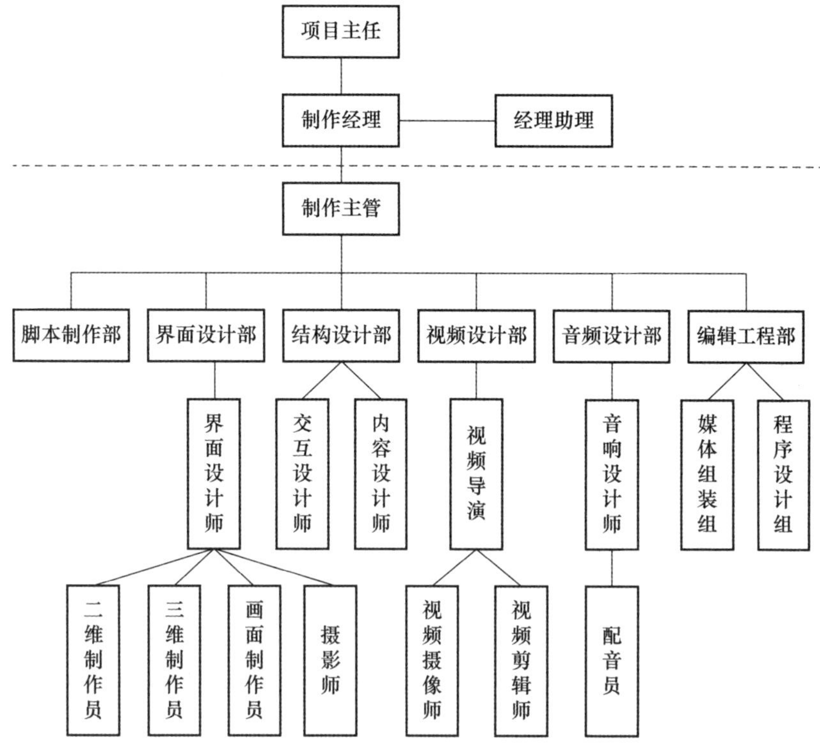

图 6-2 多媒体制作专业队伍的组织机构图

② 与同事能够有效、和谐地沟通与协调。

③ 媒体制作的基本知识。

2. 主要成员及职责

(1) 项目主任

作为多媒体项目开发的决策领导，主管整个制作过程，筹划制作资金来源，可以同时管理几个多媒体应用项目的制作。

(2) 制作经理

其职责是团结全体制作人员，实现脚本到多媒体应用项目的再创作，制定制作流程，规划时间表并控制预算。作为项目制作负责人，也关系到具体安排人事与任务，详细了解各制作环节的进度，直至圆满完成多媒体应用项目的制作。

(3) 经理助理

其职责是协助制作经理规划整个制作过程，掌握制作的日、周和月进度，协调并明确每一成员按时完成各自负责的工作，负责对外公关联络、资料查询等工作。

6.2.2 生产机构

1. 人员素质与要求

生产机构的人员素质与要求如下。

① 具有创意和结构化能力，能完美表达项目的内容。

② 具有丰富的想象力和创造力。

③ 具有多媒体制作的专业技术。

2. 主要成员及职责

1）制作主管(编导)

决定项目整体视听印象和表达方式;确保项目的表达方式具有最佳吸引力;负有人员领导责任、产品质量监督责任和圆满完成最终产品的责任。

2）脚本制作部

脚本策划人员负责编写脚本,以清晰、简明的文字来表达项目的主题与内容,制定设计方案和分类模块。具有良好的倾听和综合组织能力,从编写文字脚本开始多媒体制作。注意多媒体的可交互性,充分利用各种视听媒介,使脚本更为完美。

3）界面设计部

(1) 界面设计师

决定项目的整体外貌,包括颜色、字体以及每个屏幕中需要的图形元素;负责设计导航项目的形式,指出多媒体信息以何种方式在屏幕何处呈现;负责保证版面风格的一致性。

(2) 画面制作员

对图像的截取、输入、数字化,并按照画面要求进行裁剪。

画面设计制作不仅要注意界面外观与架构,还需要注意界面层次背景、文字字体或影像细节设计,这项工作费时最大。

(3) 三维制作员

负责制作项目所需的3D动画和虚拟现实等内容,包括模型、效果图、相关布景、摄像机路径的设计和制作。

(4) 二维制作员

负责制作项目所需的二维动画,如Flash动画、网页动画及各种特效。

(5) 摄影师

根据需要摄制照片及采集合适的影像素材。图像素材的采集,一种是数字化素材直接输入计算机,另一种可使用扫描仪将图片或底片扫描后输入计算机。

4）视频设计部

(1) 视频导演

其职责包括熟悉剧本;编写分镜头;拟定录制方案;指挥视频录制和编辑。需要对团队各个成员提出具体的任务和技术要求。

(2) 视频摄像师/视频剪辑师

理解并实施视频导演的录制方案,摄录或获取满足项目要求的视频素材,需要掌握数字视频剪辑技术——将动画、视频画面加载到多媒体应用项目中,能够利用数字化技术实现最佳的视频播出效果。

5）音频制作部

(1) 音响设计师

应具备专业的水准以选择合适的音乐或特殊音响效果,使多媒体应用项目更生动、更有价值。

(2) 配音员

对项目所需的信息或操作进行配音。不同的项目,依其性质,可能需要使用不同的语言、语音的配音员或AI配音。

6）结构设计部

(1) 交互设计人员

详细研究脚本,从使用者角度出发,注重系统交互性、友好性、易学易用。使项目内容分类化、流程化并保持连贯性,设计的应用项目应具备全部、完善的覆盖每种可能的前后操作路径。

(2) 内容设计人员

确保所表现的全部信息都已涵盖在设计之中,根据主题的难易、简繁,决定每个子项目应该包含的内容及其详细程度,这对教育应用项目尤其重要。

7) 编辑工程部

根据预先规划好的流程图,将已制作好的图、文、声、像、动画等媒体文件利用编程手段或现成制作工具,按序加以整合成为最终的多媒体应用项目。这阶段的工作难点就是做到图文声像等媒体的完全同步,是技术复杂程度较高的工作。

以上是对一部完整的多媒体应用项目在制作过程中所需的人员和职责所做的概括描述,而实际工作中,常常因内容和制作单位的规模等具体情况而有所增删。例如,当没有视频内容时,视频制作部门便可撤销。又如,在制作一个中小型应用项目时,一个人可同时兼任数项工作,甚至三五个人的制作小组也未必不能完成大中型项目,关键在于组织管理、人员的配合、人员的素质与制作经验等。

不同多媒体应用项目的制作过程及要求上有许多差异,这需要在把握基本的制作原理及过程的前提下,寻求最佳方案,以实现最高效率、最低消耗和最佳产品。

6.3 项目结构设计

设计多媒体应用项目的体系结构首先应该确定项目类型,所谓确定类型就是确定项目的要求,即是图书出版型、教育或培训型,还是演示、查询型等,这对项目结构设计有很大影响。

① 图书出版型。将多媒体技术与光盘相结合,使用 CD-ROM 作为产品介质,充分利用图、文、声等多种媒体来表现主题,并应根据人们的思维及阅读习惯具备跳转、检索和导航等一般图书不具备的功能。

② 教育或培训型。在传统 CAI(计算机辅助教育)的基础上扩展了多媒体的表现功能,主要强调交互能力。CAI 项目的特点是图文并茂、具备动画功能、富有知识性和趣味性,一般使用开发工具来制作。

③ 演示型。演示型通常需要图形图像、语音、背景音乐、文字、数字电影以及动画等共同产生作用。演示系统可以产生分支结构,具有循环演示功能。高级的演示系统一般应具备全屏幕动态视频的表现功能。

④ 查询型。查询型具有查找功能,需要定位、比较、计算,由此产生数据传输,一般需要与数据库相连,将多媒体信息作为特殊字段处理。

项目结构设计是应用项目设计的关键阶段。首先完成项目的整体设计、信息类型划分、内容定义、层次结构关联及最终表现方式等,完成整个项目的总体设计框图,在此基础上拟写多媒体项目的文字脚本和制作脚本。

1. 问题思考

对项目进行全面的分析,可组织一切与项目结构设计相关的因素,并将所有相关信息以画草图、详列构思等方式表示出来,然后从各种不同角度来分析问题,以期获得各种不同的结论。

问题的独立思考可以采用思维导图法,问题的集体思考可以采用头脑风暴法。

(1) 思维导图

思维导图运用图文并重的技巧,把各级主题的关系用相互隶属与相关的层级图表现出来,思维导图充分运用左右脑的机能,利用记忆、阅读、思维的规律,在思考的问题上实现科学与艺术、逻辑与想象之间平衡。

思维导图是有效表达发散性思维的图形思维工具。通过思维导图,可以获得问题的各种可能关系,从而为解决问题提供多种创新方案。如图 6-3 所示是设计师进行创意思考时徒手绘制的思维导图。

将手绘的思维导图的关系总结归纳后,使用软件绘制的思维导图可以提交小组讨论,如图 6-4 所示,在阅读和讨论思维导图的解决路径过程中发现更多的可能性。

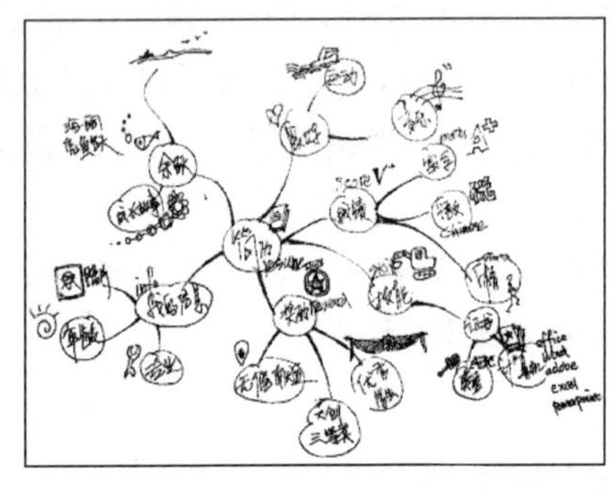

图 6-3　设计师的思维导图

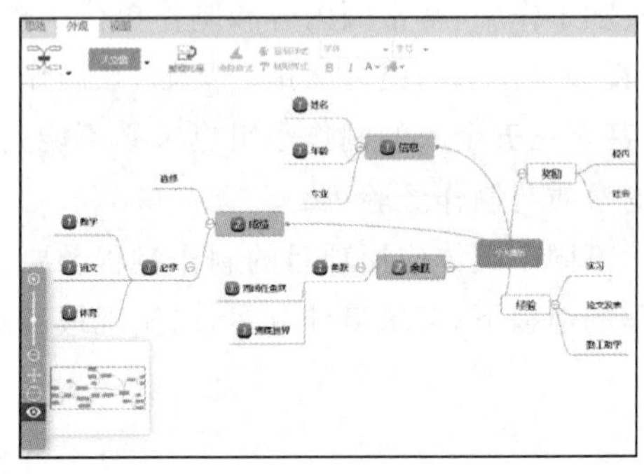

图 6-4　小组讨论的思维导图

(2) 头脑风暴

头脑风暴法又称智力激励法,是 1953 年正式发表的一种激发性思维的方法。这是一种无限制的自由联想和讨论,更是一种集体的创造性思考问题和探讨解决方案的方法,其目的在于产生新观念或激发创新设想。

头脑风暴的特点是让参会者敞开思想,使各种设想在相互碰撞中激起创造性风暴。可分为直接头脑风暴和质疑头脑风暴法,前者是在专家群体决策的基础上尽可能激发创造性,产生尽可能多的可行的方法,后者则是对前者提出的设想、方案逐一质疑,发现其可行性的方法。

2. 解决策略

实现一个应用项目设计,应从多方面考虑,可采用多种策略找出解决方法。常用的策略有如下几种。

- 分层法:将特大系统划分为若干子系统,每个子系统再分下级系统,层层划分,构成树结构的层次系统。
- 系统划分:自顶向下逐步细化划分系统,从底至上逐个解决问题。
- 分段法:将整个问题分成几段,分别处理,最后集成。
- 核心扩展:把系统最核心部分确定后,从该处入手扩展到各有关部分,直到全部解决。如设计一个超媒体结构的教学软件,核心是超媒体结构的生成,必须先解决这一问题,才可能扩展到各相关部分。

当处理的问题都在我们所能认识的范围之内时,问题就容易得到处理,但若追求完善或创新,则要采用更多方法,如发挥一组成员的智慧,相互启发和触发灵感,进行创意;也可分析类似的应用设计,在对其评价中得到教训或启发以解决问题,并从相关因素中推出解决问题的方法。例如,从人(Who)、事(What)、时(When)、地(Where)、物(Which)关系寻找答案;从最原始状态考虑,然后进一步核查,对各种可能的方案进行评定。

3. 评估方案

评估的目的在于确认各种可能的方案是否真正使问题得到解决,因此必须将方案与用户需求互相对照并列出功能,并让最终用户判断这些方案的正确性。

4. 确定最佳方案

在对各种方案进行评定时,应让最终用户来判断这些方案的可行性,并在方案中找出或整合有创意的、可行的方案。这里要强调创意新颖,但也要强调可行性。因为有的设计方案可能很有创意,但可行性不高,难以实现。从众多的分析方案中找到一个可行性高且最有价值的方案后,再次征求用户意见确定。

6.4 脚本编写

在需求说明文档审查通过的情况下,才开始编写脚本。

脚本对于多媒体产品制作人员来说是一张蓝图,为多媒体应用项目的制作提供直接的依据,它也是开发人员与用户沟通的有效工具。它在某种程度上和电影剧本很相似,最终应该细化为"分镜头"剧本,包括版面设计、图文比例、显示方式、交互方式、音乐的表现、视频的选择与控制等。脚本不仅要描述所有可见活动,规划各内容的显示顺序和步骤,并且还要陈述其间环环相扣的流程以及每一步骤的详细内容。对于有解说的多媒体作品,脚本要给出台词。脚本设计既要考虑整个项目的完整性和连贯性,又要注意每一个片段的完整性和独立性,还要善于利用声、光、画、影的组合来达到更佳效果,使项目具有更高的集成性和交互性。

脚本的编写是一项创作活动,对最终多媒体产品的成功起决定性的作用。对脚本作者来说至少有两个方面的要求:首先,需要较高的创意才能,只有多媒体的艺术风格与其主题相适应、能够营造美观和谐的动态视觉环境的作品才是一个成功的作品;其次,是对多媒体计算机的表现能力有深刻的理解。另外,脚本作者还应对制作主题、用户的需求等有很好的理解。在这些前提下,脚本作者才可能编写出优秀的多媒体应用项目的脚本。一个好的脚本可以大大减少多媒体项目后续制作阶段的工作量。

脚本包括文字脚本和制作脚本。文字脚本是按照多媒体展示过程的先后顺序,描述每一个演示环节的内容及其呈现方式,其主要目的是规划多媒体项目中模块的组织结构和细化模块内容,使项目开发者对项目的总体框架有一个明确的认识,并将展示的内容清晰化。文字脚本除了要表达清楚演示内容之外,还需要对展示目标、展示策略、交互活动、表现方式和项目的总体结构有明确的表述。文字脚本不能作为多媒体项目制作的直接依据,因为还应考虑所呈现的各种媒体信息内容的位置、大小、显示特点和交互要求,所以需要将文字脚本改写成制作脚本。制作脚本应包含多媒体应用项目的结构说明、知识单元的分析、屏幕的设计、链接关系的描述等。

一些小型的多媒体应用项目往往采用"敏捷开发"模式,如开发网站、小程序、APP等。一般采用原型设计的方式进行需求确认、效果确认和交互确认,能够达到低开销、快递增、紧协作和高效率的效果,不再编写完整的文字脚本和制作脚本。

常用的原型开发工具有 Axure RP、Sketch、Adobe XD 等。这些原型开发工具提供了功能组件、开发模板、效果模拟、交互模式应用等工具或功能,无论线框原型、低保真或高保真原型的开发都表现出效率高、效果佳等特点。

6.4.1 文字脚本

一般情况下，文字脚本需要由内容提供方和内容制作单位共同完成。文字脚本至少包括以下内容。

① 使用对象与使用方式的说明。阐明项目的使用对象、功能与特点、适用范围与使用方式、系统的需求等。

② 展示内容与目标的描述。阐明项目的组织结构以及组成项目结构的模块，列出所有模块的演示内容及其显示方式，并详细介绍演示的目标和要求。

③ 项目的总体结构。根据用户需求，确定项目的总体结构，划分项目的基本组成模块，并确定各模块间的链接与导航关系。

④ 模块单元的内部结构。表述一个模块单元的内部结构和展示的内容，它是文字脚本设计的主体，一般都由多张有关联的文字卡片组成，每个卡片一般都包含有序号、编写者、编写日期、版本号、具体的展示内容、展示模式、采用的媒体类型及其规范、信息的呈现方式、交互活动和模块间交叉引用、相关内容的详细说明等内容。简化的脚本卡片样本如图 6-5、图 6-6 所示。

<table>
<tr><td colspan="4">多媒体项目的结构图</td><td>编号</td><td></td></tr>
<tr><td colspan="6"></td></tr>
<tr><td>说明：描述模块间的联系、引用说明及其编号。</td><td>设计者</td><td></td><td>时间</td><td colspan="2"></td></tr>
</table>

图 6-5　文字脚本卡片格式 1

<table>
<tr><td>模块编号</td><td></td><td>功能描述</td><td colspan="2"></td><td>设计者</td><td></td></tr>
<tr><td colspan="3">模块展示内容</td><td>交互事件</td><td>媒体编号</td><td>关键字</td><td>展示方式</td></tr>
<tr><td colspan="3"></td><td></td><td></td><td></td><td></td></tr>
<tr><td colspan="3"></td><td></td><td></td><td></td><td></td></tr>
<tr><td colspan="7">说明：交互事件指媒体是否存在或存在何种交互；媒体编号是媒体库的统一编号；关键字是检索媒体的关键字；展示方式是指媒体的展示次序。</td></tr>
</table>

图 6-6　文字脚本卡片格式 2

文字脚本主要传递的是信息的内容、结构及人机交互活动的描述，但为了让信息充分、有效地展示，必须考虑详细的信息呈现方案，还要考虑信息处理过程中的各种编程方法和技巧，这就需要编写制作脚本。

制作脚本的设计是根据文字脚本的信息规划，调动所有的设计人员，包括程序设计、编剧、导演、美工、配乐等人员都应互相沟通，充分发挥各自的想象力和创造思维能力，设计全部场景、画面、音乐效果以及动作或动画的细节。

6.4.2 制作脚本

制作脚本一般采用卡片形式，通常与项目原型配合使用。

1. 制作脚本的内容

(1) 多媒体项目的结构说明

根据项目的结构流程图,结合项目在实际应用中的具体情况,对整个项目的主要框架及其功能进行详细说明。

(2) 功能模块的分析

功能模块是项目的组成部分,项目的功能实现通过模块来完成。功能模块的划分有两条准则:一是考虑模块内容的属性,可按照内容展示、数据采集、数据处理等内容分类;二是考虑模块内容之间的逻辑关系,如因果关系的内容应尽量划分为不同的模块。

模块的内容呈现由若干页面(屏幕)来完成,页面数的确定可以参考文字脚本中与该模块相对应的卡片数,并确定各页之间的关系。

(3) 界面设计

用户与多媒体应用项目的交互通过用户界面(UI)完成,界面是人与机器之间传递和交换信息的媒介。因此,界面设计是计算机科学与心理学、设计艺术学、认知科学和人机工程学的交叉研究领域。用户界面设计是针对应用项目的人机交互、操作逻辑、界面美观的整体设计。

界面设计一般包括界面布局设计、版面显示设计、颜色搭配设计、文字形象设计和修饰美化设计等。不同的多媒体应用项目,展示的内容特色各异,使用对象也有所不同。因此,界面设计应在满足布局合理、整洁美观、生动形象、操作方便的基本要求下,能够体现项目独有的特色和艺术美感。

(4) 链接关系的描述

页面之间关系通过超媒体链接来实现。在制作脚本中,可以从"进入方式"和"键出方式"两方面来描述页面之间的跳转联系。

(5) 制作脚本卡片

多媒体项目的展示是将一页一页的内容呈现给用户并进行交互。每一页的设计与制作方式,应该有相应的说明,制作脚本卡片可以用来描述每一页的内容和要求,作为项目制作的直接依据。

在卡片部分描述信息的内容、类型、来源及处理要求;详细地说明各种信息显示的逻辑关系(先显示什么内容,后显示什么内容);后来的内容显示时,先前的内容是否还保留;操作信息的作用等,如图 6-7 所示。

<table>
<tr><td>项目名称:</td><td colspan="2">模块名:</td><td>模块编号:</td><td>制作者:</td></tr>
<tr><td>模块界面</td><td>设计者:</td><td colspan="3" rowspan="2">进入方式:
由______通过______(交互方式);
由______通过______(交互方式);

键出方式:
通过______(交互方式)进入______;
通过______(交互方式)进入______;
通过______(交互方式)进入______;</td></tr>
<tr><td colspan="2"></td></tr>
<tr><td colspan="2">展示方式说明:信息的处理要求等</td><td colspan="3" rowspan="2">模块说明:约束条件、模块内部结构及数据流、交互事件等。</td></tr>
<tr><td colspan="2">完成时间:</td></tr>
</table>

图 6-7 制作脚本卡片的格式

2. 项目原型

项目原型(Prototype)即把项目主要功能和接口通过快速开发制作为“样机”,以可视化的形式展现给用户(可与需求分析说明书同时提交给用户),及时征求用户意见,从而准确无误地确定用户需求。

同时,原型也可用于征求内部意见,作为分析和设计的接口之一,有利于沟通。特别是原型中用户认可部分,如项目结构、反馈形式、界面设计、色彩基调等可以明确化、规范化,可作为制作脚本的一部分。

6.5 界面设计

多媒体项目界面的设计是技术和艺术的高度结合,也是实现多媒体项目的重点和难点之一。在界面设计的目标中,方便使用、提示明确等体现了界面交互的设计原则,增加吸引力、富有美感体现了界面艺术的设计原则。

6.5.1 媒体最佳组合原则

成功的多媒体界面不仅向用户提供丰富的媒体,而且应在相关理论指导下,处理好各种媒体间的关系。恰当选用媒体组合,会使多媒体项目的吸引力大大增强。要做到这一点,可以从以下两方面考虑。

1. 媒体的功能

没有任何一种媒体在所有场合都是最优的,每种媒体都有其各自擅长的应用范围,各种媒体功能参考如下。

- 文本:在表现概念和叙事时可用。
- 图形:擅长表达对象轮廓及蕴含大量数值数据的趋向性信息,在空间信息方面有较大优势。
- 图像:常用于表现丰富色彩的真实景象。
- 动画:可用来突出整个事物,特别适于表现静态图形无法表现的动作信息。
- 视频影像:适于表现其他媒体所难以表现的来自真实生活的事件和情景。
- 语音:能使对话信息突出,特别是在与影像、动画结合时能传递大量的信息。
- 姿态与动作:在与别的媒体结合时具有较强的信息引导能力,可以在相关信息之间建立起时间、空间以及逻辑上的联系。

2. 媒体的组合

脚本设计可根据内容需要组织各种媒体,其中要特别注意媒体间的结合与区别,可遵循如下几条应用原则。

① 人们在问题求解过程的不同阶段对信息媒体有不同需要。一般在最初的探索阶段采用能提供具体信息的媒体如语音、图像等,而在最后的分析阶段多采用描述抽象概念的文本媒体。而一些直观的信息(图形等)介于两者之间,适于综合阶段。

② 媒体种类对空间信息的传递并没有明显的影响,各种媒体各有所长。

③ 媒体结合是多媒体设计中需要研究的新课题。媒体之间可以互相支持,也会互相干扰。多种媒体应密切相关,紧扣一个表现主题,而不应把不相关的媒体内容拼凑在一起。

6.5.2 UI 交互设计

多媒体应用项目制作目标就是采用合适的交互方式展示媒体资讯和采集数据。

用户界面设计不仅要考虑到项目功能，而且更多地要考虑和规划信息空间结构、媒体的时间性，即不是如何提供多媒体信息，而是在什么情况下采用何种媒体及其集成，以提供最优组合的交互处理手段，并优化显示质量。

1. 交互设计流程

(1) 确认目标用户

在 UI 交互设计之前，需求分析阶段会确定项目的目标用户，获取最终用户和直接用户的需求。

用户交互要考虑到目标用户的不同而构造不同的交互机制。例如，对于操作熟练的用户和对于计算机入门用户的设计重点就不同。

(2) 采集目标用户的习惯交互方式

不同类型的目标用户有不同的交互习惯，这种习惯的交互方式包括现实的交互流程和方式、常用软件工具的交互流程和方式。尽可能通过调研分析确定用户期望的交互效果，并通过流程确认。

(3) 提示和引导用户

人机交互过程需要为用户提示交互结果和反馈信息，引导用户进行下一步操作。

(4) 一致性原则

一致性原则可以让用户更快使用交互，同时消除用户的操作困惑。对于开发者而言，一致的交互组件能够被预定义和复用，达到节省构建交互的时间和提升开发效率的效果。

一致性原则主要包括以下几个方面。

- 设计目标一致：不同组成部分之间的交互设计目标需要一致。
- 元素视觉一致：采用一致风格的外观，对于保持用户焦点，改进交互效果有很大帮助。
- 交互行为一致：在交互模型中，同类型元素的交互行为和交互方式需要保持一致，例如，同品牌的手机触摸操作保持一致。

2. UI 交互类型

目前有多种 UI 交互类型，各有不同的特点和性能。交互类型的选择一方面要从用户特征出发，决定人机交互应提供的支持级别和复杂程度，选择一个或多个合适的交互类型；另一方面要匹配界面任务和项目需要，对交互形式进行分类。目前，主要的人机交互类型如图 6-8 所示。

交互类型	使用对象	优点	缺点
问答型	会话系统	初学者容易使用	复杂度被严格限制，使用速度慢
菜单型	初学者	易学易用	使用速度慢，效率不高
图标型	各类使用者	易学易用，编程实现较容易	占据屏幕空间大，抽象概念的描述能力差
表格型	各类使用者	使用速度快、易学易用	仅适合数据输入
屏幕型	触摸屏使用者	手势识别，使用便捷	需要相应的硬件和软件支持，功能较为单一
命令语言型	能够使用复杂命令的熟练用户	功能强、灵活	用户需要有系统功能的某些知识，学习和使用困难
自然语言型	特定使用者	自然交流，无需学习	使用范围有限，难以编程实现，语音识别困难，易出现二义性

图 6-8 人机交互类型

6.5.3 UI 艺术设计

提升多媒体应用项目的可观赏性、艺术性是 UI 设计的要旨。成功的多媒体界面不仅依赖于按钮、图片和声音，还依赖于比图片和声音更深入的因素——艺术的感受。因此，如何利用自然原则转换为界面设计的艺术原则成为人们探索和创新的焦点。用户界面的设计制作过程中常用艺术原则，它的作用是将不同的元素进行编排，并使之成为一个艺术整体。就目前多媒体项目而言，这些元素主要分为两类：一类是控制元素，包括菜单、按钮、图标以及各种产生交互的热区和热字；另一类是内容元素，它包括图片、声音、动画以及文字等。

界面设计中常用的艺术原则有对比原则、协调原则、平衡原则和趣味原则，如图 6-9 所示。所有设计原则的归纳和运用都是为了提供更好的用户体验。

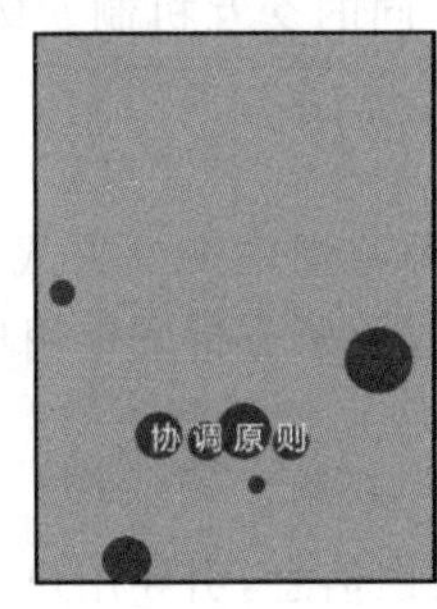

图 6-9 常用的四个设计原则

1. 对比原则

两事物的相互比较为“对比”，通过“对比”，双方各自的特征更加鲜明，使画面效果更突出、更富有表现力。对于界面设计而言，通过“对比”可以在界面中形成趣味中心，或者主题从背景突出。通过强调双方的差异所产生的变化和效果，可获得富有魅力的构图形式。在界面设计中，“对比”的类型主要有以下几种。

(1) 大小对比

大小关系是界面布局中最受重视的一项。一个界面有许多区域，包括文字区、图像区、控制区等，它们之间的大小关系决定了用户对项目的最基本的印象。“大小”的差别小，给人的感觉较温和；“大小”差别大，给人的感觉较鲜明，而且具有震撼力。例如，可以通过将重要的菜单选项设计得大一些，来突出它的地位。

(2) 明暗对比

阴与阳、正与反、昼与夜等的对比可以使人感觉到强烈的明暗关系。明暗是色感中最基本的要素，利用这一对比可以通过将界面的背景设计得暗一些、把重要的菜单或图形设计得亮一些，来突出它的地位。

(3) 粗细对比

字体或线条越粗，则越富有刚性、沉重；若越纤细，则意味着越柔弱、轻巧。细字如果增多，粗字就应该减少，这样的搭配看起来比较明快。重要的信息用粗体大字，甚至立体形式表现在界面上，就会使用户产生一种气魄感。而比较柔情的界面，则选择纤细的斜体方式。

(4) 曲直对比

曲线富有柔和感、缓和感，直线则富有坚硬感、锐利感，自然界中的线条皆由这两者协调搭配而成。如果要加深用户对曲线的感受，就用一些直线来对比，少量的直线会使曲线更引人注目。

（5）水平垂直对比

水平线给人稳定和平静的感受，垂直线正好和水平线相反，表示向上伸展的活动力，具有坚韧和理智的意向，使界面显得冷静而又鲜明。如果不合理的强调垂直性，界面就会变得冷漠、坚硬，使人难以接近。将垂直线和水平线做对比处理，可以使两者表现更生动，不但使界面产生紧凑感，还能避免冷漠坚硬的情况产生。

（6）质感对比

界面设计中，质感是很重要的形象要素，如松弛感、平滑感、凸凹感等。界面上的元素之间，可以采用质感的方式加强对比。例如，粗糙岩石为背景，光滑明亮按钮与其对比，有灵动、紧张和活力之感。

（7）动静对比

扩散或流动的形状即为动，静止不变的形状即为静。动态部分包括动态的画面和事物的发展过程，静态部分则常指界面上的按钮、文字说明等。动态部分占界面的大部分，静态部分面积小一些，在周边留出适当的空白以强调各自的独立性。这样的安排比较能吸引用户，便于表现主题。尽管静态部分只占小面积，却有很强的存在感。

人类对运动物体敏感的天性反映在使用多媒体应用项目中是动态物体在静态画面中有很强的吸引力。另外，动转为静、静转为动的过程比持续的动或静更有吸引力。

（8）色彩对比

色彩对比有很多种，如红和绿、黑和白、纯色和灰色等，它们的对比天然地体现为对抗、刺激和活泼。

在色彩对比的基础上，再设置为大小对比等形式，将会强调或减弱色彩的视觉感受。

（9）多重对比

将上述各种对比方法，如曲线与直线、垂直与水平、锐角与钝角等，交叉或混合使用，进行组合搭配，就可以制作出富有变化的界面。

注意：以一种对比为主要形式，其他的对比形式弱化、局部化。

2. 协调原则

顾名思义，协调原则是相对于对比原则而言的。所谓协调，就是将界面上的各种元素之间的关系进行统一处理，合理搭配，使之构成和谐统一的整体。对于艺术，协调被认为是使人愉快的“美”的要素之一。协调包括同一界面中各种元素的协调，也包括不同界面之间的各种元素的协调，主要有以下四个方面。

（1）主从协调

界面设计和舞台设计有类似的地方，主角和配角的关系是其中一个方面。当主角和配角的关系很明确时，用户便会关注主要信息，心理也会安定下来。在界面上明确表示出主从关系是很正统的界面构成方法，如果两者的关系模糊（如标题文字和背景使用同一颜色），便会令人无可适从。相反，主角过强就会失去动感，变成庸俗界面，所以主从关系是界面设计需要考虑的基本因素。

（2）动静协调

UI 或 UX 设计中，通常需要动态元素和静态元素的配合。单纯的静态画面比较单调乏味，画面长时间没有更新或变化，容易产生体验疲劳。但静态元素表现稳定，易于理解和使用。

动态元素往往会成为视觉注视点，但大量、杂乱的动态元素，则让用户目不暇接，不能静心操控。

比较好的用户体验是：动态效果导入静态画面；用户操作期间，静态元素为主，动态元素为辅；交互的元素采用静动转换效果，例如，按钮一般作为静态元素存在。单击按钮，按钮下沉或变色的动态效果，就会让界面有灵动性和吸引力。

(3) 色彩协调

色彩协调是指颜色组合和谐的调色理论。色彩协调一般表现同一色系，如草原上存在不同的绿色，但可加入少量其他颜色，可以传递出在平静、沉闷、安稳的空间折射出活力的感受，就如草原上悦目的各色小花。

(4) 统一与协调

如果过分强调对比关系，空间预留太多造型要素，最容易使画面产生混乱。要协调这种现象，最好加上一些共同的造型要素，使画面产生共同风格，具有整体统一和协调的感觉。反复使用同形或同色的物体，可使界面产生协调感，若把同色或同形的事物配置在一起，便能产生连续感，两者相互配合使用，便能创造出统一协调的效果。

3. 平衡原则

界面是否平衡是非常重要的，例如，一个介绍音乐的界面上，将一把小提琴放在界面的右边，看起来似乎要倒向左边，但在界面的左边，设计者安排了粗体的标题和文字，恰好起到了支撑作用，使人感觉非常平稳。这就是平衡带来的视觉效果。

达到平衡的一种方法是将界面在高度上三等分，画面的中轴落在下三分之一划分线上，这样可保持空间上的平衡。

平衡并不是对称，对称是指左右或上下内容相同，如两扇推门及门前的两个石狮子。我国的古典艺术中，大多讲究对称原则，应用对称使用户产生庄重威严感，但缺少活泼感。在界面设计上，一般不提倡对称原则，现代造型艺术也朝着非对称方向发展。当然，在画面需要表达传统风格时，对称仍是较好的表现手段。

4. 趣味原则

趣味原则是一种让版面生动有趣的界面设计模式。如果界面的元素或内容不多，就要靠制造趣味获取关注，这也是在构思中调动了艺术手段所起的作用。趣味性可采用隐喻、多义、比拟、寓言、幽默和抒情等表现手法来获得，运用形象、直观、生动的图形是提高趣味性的有效手段。

5. 用户体验

用户体验(User Experience，UE)是指用户在使用一个产品或系统之前、使用期间和使用之后的全部感受，包括情感、信仰、喜好、认知印象、生理和心理反应、行为和成就等各个方面。影响用户体验的三个因素包括系统、用户和使用环境，良好、规范的界面运用有助于提升用户体验。

(1) 比例

黄金分割点(0.618)也称黄金比例，是界面设计中非常有效的一种方法。在设计物体的长度、高度及其形式位置时，如能参照黄金比例来处理，就可以产生特有的稳定和美感。

(2) 强调

在单一风格的界面中，加入适当的变化，就会产生强调效果。强调可打破界面的单调感，使界面显得有朝气。例如，界面皆为文字编排，看起来索然无味，如果加上插图，就如一颗石子丢进平静的水里，产生一波一波的涟漪。

(3) 凝聚与扩散

观看界面时，注意力总会特别集中到事物的中心部分，这就构成了视觉的凝聚。一般而言，凝聚型给人视觉感受是强烈的吸引力和向心力，这正是许多人采用凝聚型布局的原因，但容易流于平凡。而离心型的布局，也称为扩散型，具有现代感。

(4) 形态的意向

由于计算机屏幕的限制，一般的编排方式总是以四边形为标准形，其他各种形式都属于它的变形。四角皆成直角，给人以规律、严肃的感觉。其他的变形则呈现出形形色色的感觉，例如，锐角三角形有锐利、鲜明感；近于圆的形状有动感和柔弱感。相同的曲线也可以表述不同的情感，例如，用仪器画出的圆，有硬质感，而徒手画出来的就有柔和的圆形曲线之美。

(5) 变化率

在界面设计中，必须根据内容决定标题的大小。标题和正文大小的比率就是变化率。变化率越大，界面越活泼；变化率越小，界面格调越高。依照这种尺度来衡量，就很容易判断界面的效果。标题与正文字体大小决定后，还要考虑双方的比例关系。

(6) 导向

依眼睛所视或物体所指方向，使界面产生一种引导路线，称为导向。设计者在设计界面时，常利用导向使整体画面更引人注目。一般来说，用户的眼光会不知不觉锁定在移动的物体上，即使物体是在屏幕的角落，画面的移动和转场都会让目光跟着它移动。了解这一点，设计者就可以有意识地将用户的目光导向到希望用户注意的信息对象上。在考虑导向时，切记一个镜头的结束应当引导出下一个镜头的开始。

建立导向的最简单方法是直接画上一支箭头，指向希望用户关切的地方。

(7) 空白区

速度很快的说话方式适合体育新闻的播报，但不适合做节目主持，原因是每句话中的空白量太少。界面设计的空白区域的留量很重要，不能在一个界面上放置太多的信息对象，以至界面拥挤不堪。没有空白区就没有界面的美，空白的多少对界面的印象有决定性作用。空白部分多，就会使格调提高并且稳定界面，空白较少，会使人产生活泼的感觉。设计信息量很丰富的界面时，用较多的空白就不太合适。

(8) 屏幕上的文字

为了视觉的舒适感，呈现在计算机屏幕上最小并清晰的中文字型应为 16×16 点阵字型的仿宋体，为了适应人们横向阅读中文的习惯，一行最多不超过 35 字。

手机移动端的文字有一定的限制，Android 的英文字体为 Roboto 字体，中文字体为思源黑体，iOS 的英文字体为 San Francisco，中文字体为苹方。

一般正文文字大小采用 26 px ，标题为 30 px。行距一般设为文字高度的一半。

6.5.4 UI 设计要点

UI 设计是指对应用项目的人机交互、操作逻辑、界面美观的整体设计。好的 UI 设计不仅是让应用项目变得有个性、有品位，还要让项目的操作变得舒适简单、自由，充分体现项目的定位和特点。

1. 界面元素一致

界面上对应的功能一目了然,学习曲线平缓,能够自然地上手使用。

(1) 文本字体

保持字体及颜色一致,避免一套主题出现多个字体;不可修改的字段,统一用灰色文字显示。

(2) 数据对齐

保持页面内元素对齐方式一致,如无特殊情况应避免同一页面出现多种数据对齐方式。

让文本、图片、按钮在界面上保持对齐,相似或相关内容合理靠近,让用户更容易理解界面信息。

(3) 表单录入

在包含必填与选填的页面中,必须在必填项旁边给出醒目标识(*)。

各类型数据输入需限制文本类型,并做格式校验,如电话号码输入只允许输入数字、邮箱地址需要包含"@"等,在用户输入有误时给出明确提示。不能输入的表单呈灰色。

(4) 鼠标操控

鼠标光标 碰到按钮、链接时自动切换到手形光标。

移动端尽量采用专门为触摸和手势设计的界面元素,可以使应用程序的交互更加轻松自然。

(5) 功能描述一致

避免同一功能描述使用多个词汇,如"编辑"和"修改"、"新增"和"增加"、"删除"和"清除"混用等。

(6) 语义明确

页面元素使用一致的标记、标准缩写和颜色,显示信息的含义应该非常明确,用户不必再参考其他信息源。

2. 资讯易于阅读

(1) 文字长度

设计和规划合适的文本长度,以增加阅读的流畅性。

(2) 空间和对比度

保障用户的观看体验、文本阅读轻松、内容可辨易识,长段文本的字距可设为文字宽度的25%,行距可设为文字高度的50%。

(3) 对齐方式

大段的文本使用横排,尽量采用左对齐。

(4) 移动端设计要点

移动端的文本尺寸不得小于11磅,这样才能确保在常规距离下,无需缩放就可以清晰地阅读。不要让文字出现重叠的状况。适当地增加行高和行距,提高文字的易读性。

移动端需要为所有图片资源提供高分辨率的版本(@2x),那些未达到@2x的图像在Retina屏幕(视网膜屏)上会出现模糊的情形。

3. 界面布局合理

在进行UI设计时需要充分考虑布局的合理化问题,遵循用户从上而下、从自左向右的浏览和操作习惯,避免常用业务功能按键排列过于分散,以造成用户鼠标移动距离过长的弊端。多做"减法"运算,将不常用的功能区块隐藏,以保持界面的简洁,使用户专注于主要业务操作流程,有利于提高多媒体应用项目的易用性及可用性。

(1) 菜单

保持菜单简洁性及分类的准确性,避免子菜单深度超过三层。

(2) 按钮

“确认”按钮放在界面左侧,“取消”或“关闭”按钮放在右侧。

(3) 排版

正文保持至少 20 像素的屏幕边距。

(4) 数据

字符型数据保持左对齐,数值型右对齐,统一显示小数位位数。

(5) 滚动条

页面布局应避免出现横向滚动条。

(6) 页面导航

尽量使用“面包屑”导航(可以追溯来路的层次级导航方式),让用户随时可以返回前一页面。移动端的界面提供“后退”按钮。

(7) 信息提示

信息提示窗口应位于当前页面的居中位置,并适当弱化背景层以减少信息干扰,让用户把注意力集中在当前的信息提示窗口。

(8) 移动端设计要点

移动端设计可触控的控件时,尺寸不得小于 44×44 px,只有这样才能确保触摸的精度和命中率。

移动端界面的布局倾向单手操作。创建屏幕布局的时候,应该适配移动设备屏幕。用户应该一次看清主要内容,而无需缩放或水平滚动。

4. 用户操作高效

(1) 查询检索类页面

在查询条件输入框内按 Enter 键应该自动触发查询操作。

(2) 提示窗口

在进行一些不可逆或者删除操作时应该有信息提示,并让用户确认操作,必要时应该把操作造成的后果也告诉用户。

信息提示窗口的“确认”和“取消”按钮需要分别映射键盘按键 Enter 键和 Esc 键。

(3) 鼠标操作

避免使用鼠标双击动作,否则不仅会增加用户操作难度,还可能会引起用户误会,认为功能点击无效。

(4) 表单录入

表单录入时需要把输入焦点定位到第一个输入项。用户通过 Tab 键可以在输入框或操作按钮间切换,并注意 Tab 的操作应该遵循从左向右、从上而下的顺序。

(5) 移动端设计要点

移动端的操作尽量通过手势完成所有的功能,避免调用键盘。数据输入的操作,应该自动调用输入窗口和退出窗口。

5. 系统响应合理

系统响应时间应该适中,响应时间过长,用户就会感到不安和沮丧,响应时间过短也会影响到用户的操作节奏，也可能导致错误。因此在系统响应时间上可以遵循如下原则。

① 响应时间 2～5 s，窗口显示处理信息提示，避免用户误认为没响应而重复操作。

② 响应时间 5 s 以上，显示处理窗口或显示进度条。

③ 一个长时间的处理完成时应给予“完成”警告信息。

6.6 素材的采集及制作

本阶段是完成多媒体项目中所需要的全部原始素材的收集及加工制作的任务。建立多媒体项目的关键内容之一是项目中众多类型数据的管理，包括文本、图像、声音、动画和视频文件等，对于应用项目制作者来说，多媒体数据的引入是一个挑战。

在多媒体项目中，不同类型的数据文件的收集方法和所需的软硬件环境是不同的。对于文本文件，一般是通过文字处理软件录入并编辑的，要考虑的问题是中文还是外文以及使用已有文本文件时的数据文件格式转换等；对于声音文件，一般是通过声音卡录制，然后进行相应的编辑；对于图形、图像文件，可采用计算机绘制、调用已有的资料素材、视频卡采集或扫描等方式得到；对于动画文件，可采用二维或三维的专门动画制作软件来制作，或用具备动画制作功能的多媒体制作工具来完成。

根据项目的结构及各页面的设计，进行多媒体素材的全面收集、精良制作和规范管理是项目制作的基础。

6.6.1 文本素材

文本数据是最常用的基本媒体，它们的获取方法比较简单，但如何提高获取效率、方便用户是人们不断探索的问题。随着现代化技术的高速发展，会不断出现一些新的方法。目前常用的获取方法主要有以下几种。

(1) 键盘输入

这是最自然、最易掌握的普遍采用的方法。英文输入方法比较简单，中文输入方法较为复杂。流行的中文输入法有微软拼音和五笔字型等。

(2) OCR 扫描识别

这是利用计算机的外部设备——光电扫描仪甚至可以用手机，先将印刷体的文本扫描或拍摄为图像，再通过光学字符识别 OCR(Optical Character Recognition)系统进行文字的识别，从文字的图像中提取文本内容。目前印刷体的 OCR 识别率可达 99.5%以上。

常用的 OCR 软件有文通 OCR、汉王 OCR、百度 OCR、灵云 OCR 等。

(3) 手写输入

手写输入是利用手写板或者直接使用鼠标以手写方式通过软件进行识别完成文字录入，经过 AI 训练的手写文本识别率可高达 99%以上。

(4) 语音输入

用户利用语音输入设备(各式麦克风)，在 PC 机上通过正常的中文普通话发音，实现文字的输入，语音输入文本的识别率可高达 98%。常用的语音输入软件有讯飞语音识别、百度语音、搜狗语音，还有 IBM 的 ViaVoice。

一般利用记事本、Word 等文字处理工具输入文本，并存成 TXT、DOC 文件格式等。

6.6.2 图形素材

图形与静止图像是两个不同的概念，图形的基本单位是图元，静止图像的基本单位是像素点。两者的不同不会影响它们在屏幕上的最终呈现，只是使用者利用它们作为交互对象时就会产生完全不同的效果，静止图像会作为一个整体受控于使用者，而图形对象则以图元为对象，分为若干部分受控于使用者。因此，在多媒体项目中使用图形可以产生不规则的控制区域，并对看似一个整体的各个部分进行控制，从而产生各种有趣的效果。图形的产生主要通过以下途径实现。

① 调用矢量图形光盘库的图形资料或从互联网下载。

② 图形制作工具，如 CorelDRAW、AutoCAD、Animate、Illustrator、3D MAX 二维/三维的图形绘制、编辑工具等。

③ 多媒体制作工具中都提供了图形绘制工具，如 ToolBook、Director、Animate 等，适合快速地在多媒体应用项目中制作图形对象。

④ 图形图像转换工具，如 Adobe Streamline、Photoshop、Animate、CorelDRAW 等，它们具有将静止图像转换成图形文件的功能。

⑤ 程序设计语言，任何一种程序设计语言，如 JavaScript、ActionScript、Visual Basic、C、C++、Java 等都提供绘制图元的语句，如画线、圆、填充和颜色控制等。

6.6.3 静止图像素材

静止图像的准备主要包括静止图像的采集、制作与处理，静止图像的制作可通过以下途径实现。

① 图像制作工具，如 Photoshop、Painter 等软件可以制作一些静止图像，它们都提供了丰富的绘图工具，使用非常方便。在图像制作工具中，有一类专门用于制作一些比较小的图像，如图标(Icon)制作等工具软件，在图像制作中使用也比较有效。

② 专业图形制作工具，如 CorelDRAW、Illustrator、AutoCAD、3D MAX 等。在使用它们进行图形制作时是以图元为对象对图形进行处理的，但在最终输出时，可将所制作的图形转化为静止图像，尤其是 3D MAX 软件，可以在其制作环境内制作出立体感、质感非常强的静止图像。

③ 扫描仪扫描图像，可以通过扫描仪输入自己所需的图片，方法简便，是静止图像制作的重要途径。

④ 数码照相机，数码照相机直接产生数字化图像，在色彩、清晰度等方面都可达到专业级水平，因此，这种方法是产生高质量图像的重要途径。

⑤ 从图像素材库(如 Corel 公司的 PhotoCD)中调用或从互联网网站(免费或收费)下载合适的图像。

⑥ 视频捕获工具抓取单帧图像，利用视频播放器或视频编辑软件可以从视频中抓取单帧图像，但由于视频图像本身已经被压缩过，因此图像在色彩、清晰度方面都相对较差。

⑦ 屏幕捕捉软件，如 Screenpresso 截屏软件，甚至 Word、腾讯 QQ 都可以捕捉当前屏幕上显示的内容，操作简单、使用方便，屏幕捕捉图像的色彩与清晰度都能满足多媒体制作的

需求。

静止图像的处理主要利用一些图像处理软件来完成，如 Adobe Photoshop 等，静止图像处理的主要内容涉及以下几个方面。

- 图像的调整：如调整亮度、对比度、色彩平衡、色相、图像尺寸的大小、画布尺寸的大小、分辨率、色彩模式等。
- 图像的修饰：如擦除一些缺陷和修改一些细节，使图像看上去更完美。
- 图像的艺术处理：利用软件提供的各种滤镜，实现不同的艺术效果或对图像实现变形处理等。
- 图像合成：把两幅或多幅图像的部分像素合并成单一的图像，或在图像中进行剪切和粘贴来修改图像内容。

6.6.4 动画素材

动画适宜表现教学过程中比较抽象的知识内容。动画素材的准备一般通过以下途径实现。

① 利用专门的动画制作工具来实现，如二维动画制作工具 Adobe Character Animator、Animate CC 等；三维动画制作工具 Ulead COOL 3D 立体字动画制作软件、3D MAX 等。利用上述工具可以较容易地制作出形象、生动、逼真的二维和三维动画，其表现效果非常好。利用工具软件制作动画的效率比较高，尤其是适合表现复杂的动画效果，缺点是在动画播放过程中，对其控制能力较弱。

② 利用多媒体制作工具提供的动画制作功能，如 Animate CC、Director 等，它们提供的动画功能非常丰富且容易实现。

③ 利用程序设计语言，如 CreateJS 实现动画比较直接方便，可以让屏幕对象或利用绘图语句绘制的图形产生动画效果。复杂的动画都要借助一定的算法，程序设计动画的优点是控制比较灵活，可以完全根据自己的设计来实现，缺点是要耗费大量的时间设计和编写代码，开发效率不高。

还可以用屏幕抓取软件如 Camtasia Studio、Adobe Captivate、SnagIt、HyperCam 等来记录屏幕的动态显示及鼠标操作，以获得动画素材，但此方法对计算机的硬件配置要求很高，否则只能用降低帧速或缩小抓取范围等办法来弥补。

6.6.5 声音素材

声音可以增强画面的表现效果，多媒体作品的声音包括话音、音乐、效果声等。可以通过以下途径实现声音的采集和制作。

① 利用一些软件光盘中提供的声音文件，在一些声卡产品的配套光盘中往往也提供许多 WAV 或 MIDI 格式的声音文件供用户使用。

② 通过计算机中的声卡，利用 SoundForge、GoldWave、Cool Edit 或 Windows 自带的“Windows 录音机”从麦克风中采集语音生成 WAV 文件，如制作教育课件中的解说语音就可采用这种方法。

③ 通过计算机中声卡的 MIDI 接口，从带 MIDI 输出的乐器中采集音乐，形成 MIDI 文件，还可以用连接在计算机上的 MIDI 键盘制作音乐，形成 MIDI 文件。

④ 使用专门的软件抓取 CD 或 VCD 光盘中的音乐,生成声源素材,再利用声音编辑软件对声源素材进行剪辑、合成,最终生成所需的声音文件。

声音文件除 WAV 和 MIDI 格式外,还有如 MP3、VQF 等其他高压缩比的格式,可以采用软件对各种声音文件进行格式的转换。之后利用 SoundForge、GoldWave 和 Adobe Audition 等声音编辑软件,对已数字化的声音进行编辑,如删除、剪切、混声、淡入淡出、放大缩小等,并输出为合适的音频格式。

6.6.6 视频素材

视频内容表现的是真实的场景、人物,又是完全活动的,图声并茂,因此具有很强的表现力与感染力。随着科技的进步,数码相机、手机、监控摄像头等都可以拍摄 DVD 标清甚至 4K 高清分辨率的视频。因此,在多媒体作品的视频素材准备中,视频来源广泛。

视频素材的采集途径主要有以下几种。

(1) 数码设备拍摄

数码摄像机、数码相机或手机拍摄的数字视频,可以直接在计算机中存储和编辑。

(2) 互联网网站

可以从互联网上的专业视频素材网站中购买商用授权或免费使用的素材。

(3) 视频影片

可以从 VCD 或 DVD 中截取视频片断应用于多媒体作品中,但要注意商用时存在的版权纠纷。

目前比较流行的制作视频素材的软件包括 Adobe Premiere Pro CC 和 Final Cut Pro,Premiere 可提供近百种的特技处理功能,如淡入淡出、翻转、变焦、镜像、模糊、波纹、球面、负片、水平和垂直移动等效果,并可配音或叠加文字和图像。

Premiere 支持的视频格式,主要有 AVI、MP4、WMV、MPEG 等,系统中安装了 QuickTime 播放器后,还支持 MOV 格式。

6.6.7 素材网站

通过百度等搜索引擎可以找到很多素材,这些素材都来自互联网上的网站,有收费、共享和免费三种类型的素材网站。使用网络素材时,要注意知识产权保护,需要遵循相关法律法规。

一般地,个人可以将网络素材用于学习,但将素材用于商业作品(包装、海报、网页、企业内部展示等)、公开发布或作品交流都将存在侵权风险,需要取得相应授权。

下面介绍一些常用的素材网站。

1. 免费类

免费素材类网站中的素材大部分是可以免费商用,一般都遵循 CC0 协议,即表示作者已将该作品献给公有领域,并已放弃世界上所有版权法范围内的作者对该作品的所有权以及所有法律允许范围内的相关邻接权。但是 CC0 协议一般不包含肖像图片的肖像权。

(1) 沙沙野(www.ssyer.com)

国内少有的提供免费高质量图片、视频、创意图形和设计作品素材下载的网站,大多数素材是原创共享,素材自由版权可商用。

(2) Pexels(www.pexels.com)

提供自由版权、免费商用的摄影、图片和视频素材,支持繁体中文查询搜索。

(3) Unsplash(www. unsplash. com)

提供各种类别的摄影图片素材,自由版权可商用。

(4) Pixabay(www. pixabay. com)

提供上百万自由版权、可商用、无需署名的摄影和视频素材,支持中文查询搜索。

(5) StockSnap(www. stocksnap. io)

提供 30 多个类别的高清摄影图片,检索快捷准确。其中部分素材有版权要求。

2. 共享类

共享素材的来源是网上收集和网友提供,素材网站并不拥有此类图片的版权。此类素材一般可以用于学习,但不能商用。使用该类素材时注意查看版权信息。

(1) 昵图网(service. nipic. com)

素材内容主要是摄影、设计、多媒体等数字文件。

(2) 千图网(www. 58pic. com)

提供摄影、矢量图、设计源文件、视频素材、音乐素材等热门主流素材下载服务。提供商用授权服务,还提供有限的免费商用素材。

(3) 素材中国(www. sccnn. com)

素材内容包括 PSD(Photoshop 源文件)素材、矢量素材、网页素材、动画素材及 Photoshop 笔刷等。

3. 收费类

收费素材网站的收费标准和方式各不相同,有按素材类别、素材质量、素材数量、使用年限等收费形式,素材一般需要付费才能获得商用授权。

(1) 全景网(www. quanjing. com)

提供海量的签约授权正版图片、高清视频资源,素材类别有创意作品、设计、视频、音乐、VR(虚拟现实)等。

(2) 红动网(www. redocn. com)

素材内容包括矢量素材、3D 素材、卡通、图案、摄影、视频、字体和模板等多种类型。

(3) 视觉中国(www. vcg. com)

签约供稿人达 40 万,提供的素材包括摄影、图片、视频、音乐、图标、模板、字体和插图等。

(4) 站酷(www. zcool. com. cn)

提供矢量素材、图标素材、高清图片、原创作品、视频、音乐等内容,其中有部分素材是共享素材。

(5) 包图网(www. ibaotu. com)

提供正版商用的摄影、视频、音乐、音效、设计源文件等多类别的素材。

(6) VJ 师(www. vjshi. com)

主要提供原创版权的视频、视频模板等素材。其中部分素材是共享素材。

6.6.8 素材管理

对已编辑好的素材进行系统地管理,需要规范命名、根据其属性归类并指定检索关键字,及时将素材纳入素材数据库,以便在需要时更新和调用,而且在将来开发其他多媒体作品还可以调出使用或二次编辑。

多媒体作品有时需要图片就有成千上万张,若不及时登记和规范命名,很容易导致素材之间的混淆、重复甚至遗漏,给以后的工作带来不便。

素材的规范命名、及时归档和统一管理,可使得项目开发时很容易通过程序模块动态调用,能够有效地提高开发效率。

6.7 项目制作

在确定了项目应具有的内容、结构、特性、界面及用户使用方法之后,利用准备好的各种素材,开始产品的制作,即制作多媒体应用项目。

多媒体项目的信息内容呈现主要通过两种途径实现:一种是利用多媒体程序设计语言,如VB、VC、Delphi 等;另一种是利用多媒体著作工具,常用的多媒体著作工具主要有 Animate CC、Director、ToolBook 等。一般来讲,程序设计语言适宜编制大型、系统性项目,并由专业程序设计人员实现,而多媒体著作工具适宜非程序设计人员的群体。但两者又是相通的,以 Animate CC 为例。使用 Animate CC 开发多媒体应用可有两个层次:第一个层次是适用于普通用户的基本制作方式,主要使用 Animate CC 提供的动画功能及代码片段,无须编程即可发布具有基本交互(跳转、链接、定时、鼠标事件、触屏事件、视频播放、调用摄像头等)的多媒体应用;第二个层次的高级开发人员可以使用 JavaScript 语言进行开发,最大限度地发挥它强大的功能,为 Animate CC 应用提供无限的功能延伸。

多媒体应用项目制作是一项综合性的系统工程,它不仅包括项目设计的各种技术和技巧,如图形制作、图像处理、原型设计、超媒体链接及面向对象设计等,它还必须兼有影视制作技术,如文字编辑、美术编辑、音乐编辑、场景及角色设计等,甚至涉及各应用领域的知识处理、人工智能等多方面的技术。

6.8 项目测试

项目测试的目的是尽可能多地发现应用项目中的错误和缺陷,这是多媒体应用项目制作的最后环节,要请有关领域的专家和用户对最终产品进行验证。针对存在的缺陷,进行必要的调整,甚至修正,并对最终产品进行功能和性能两个方面的测试,存在的问题要立即修改,直到产品符合客户的需求。

6.8.1 测试基本过程

项目测试是一个复杂的过程,一个规范化的项目测试过程通常须包括以下基本的测试活动。

① 拟定测试计划。

② 编制测试大纲。

③ 设计和生成测试用例。

④ 实施测试。

⑤ 生成问题报告。

⑥ 对整个测试过程进行有效的管理。

实际上,项目测试过程与整个项目开发过程基本上是平行进行的。

测试计划早在需求分析阶段即应开始制定,其他相关工作包括测试大纲的制定、测试数据的生成、测试工具的选择等也应在测试阶段之前进行。充分的准备工作可以有效地克服测试的盲目性,缩短测试周期,提高测试效率,并且起到测试文档与开发文档互查的作用。

此外,项目测试的实施阶段是由一系列的测试周期(Test Cycle)组成的。在每个测试周期中,测试工程师将依据预先编制好的测试大纲和准备好的测试用例,对被测项目进行完整的测试。测试与纠错通常是反复交替进行的,当使用专业测试人员时,测试与纠错甚至是平行进行的,从而压缩总的开发时间。更重要的是,由于专业测试人员丰富的测试经验、所采用的系统化测试方法、全时的投入,特别是独立于开发人员的思维,使得他们能够更有效地发现许多单靠开发人员很难发现的错误和问题。

测试大纲是项目测试的依据,它明确、详尽地规定了在测试中针对项目的每一项功能或特性所必须完成的基本测试项目和测试完成的标准。无论是自动测试还是手动测试,都必须满足测试大纲的要求。

6.8.2 测试主要步骤

项目测试的主要步骤有单元测试、集成测试、确认测试和系统测试。

- 单元测试(模块测试):模块的功能和算法测试,主要在实现阶段完成。
- 集成测试(组装测试):模块间的接口和通信测试。
- 确认测试:以需求规格说明书为依据,对项目的功能、性能等进行测试。
- 系统测试:软件与硬件和其他相关因素的测试。

6.8.3 测试原则

在项目测试中,一般遵循以下这些测试原则。

① 确定预期输出结果是测试用例必不可少的一部分。

② 开发人员应避免测试自己的项目,项目开发机构不应测试自己的项目。

③ 彻底检查每个测试结果。

④ 对非法的和非预期的输入数据也要像合法的和预期的输入数据一样编写相应的测试用例。

⑤ 既要检查程序是否做了应该做的事,还要看程序是否做了不该做的事。

⑥ 除非该项目废止,不要扔掉测试用例。

⑦ 一般来说,程序中的大量错误仅与少量的程序模块有关。

6.9 交　付

交付的多媒体项目应当满足需求分析说明书中各项精确定义的功能、性能需求,以及没有提出的隐形需求,并且符合文档化的开发标准。

将完成的多媒体项目呈交给客户时,他们也许会将项目安装在许多不同的计算机或设备上,这就需要准备好相应文件,以使客户能很容易地进行平台转换。一般要提供安装程序和恰当的安装说明书,安装说明书很重要,用户通过安装说明书就会清楚操作步骤。安装说明书必须包括目标平台的限制、需要的软件和硬件支持、联系方式等,这样用户就很容易并能自动在他们的计算机上安装多媒体项目。

项目交付之后,有时在运行阶段由于某些原因需要对项目进行修改,这些原因包括潜在缺陷、运行环境变更或需增加功能,这种修改被称为后期维护,其工作流程如下。

① 确认维护要求和维护类型。

② 如果是功能错误或性能缺陷,则从评价错误的严重性开始工作。

③ 如果是环境变更或需扩充功能、改善性能等要求,则先确定申请维护的优先次序。

④ 虽然维护的类型不同,但都要进行同样的技术工作:修改需求说明、修改项目结构、评审、脚本编写、源代码修改、单元测试、集成测试、确认测试、项目测试等。

⑤ 维护评价。

思考与练习

一、选择题

1. 文字脚本不包含的内容是(　　)。

A. 演示内容描述　　B. 软件总体结构

C. 模块内部结构　　D. 界面设计

2. 制作脚本不包含的内容是(　　)。

A. 模块分析　　B. 链接关系

C. 使用方式说明　　D. 交互设计

3. 用户界面的设计原则中最常用的是(　　)。

A. 对比原则　　B. 协调原则

C. 平衡原则　　D. 趣味原则

4. 思维导图是表达(　　)的有效图形工具。

A. 创造性思维　　B. 辩证思维

C. 聚敛思维　　D. 逆向思维

5. 图像素材的获取方法不可行的是(　　)。

A. 使用屏幕捕捉软件　　B. 数码照相机拍摄

C. 使用 OCR 识别工具　　D. 图像制作软件

6. 制作多媒体项目时,可以免费使用 CC0 协议授权的素材。以下关于 CC0 协议的说法错误的是(　　)。

A. 可复制、可修改、可传播　　B. 可用于商业用途

C. 无须征得作者同意　　D. 目前无中文版本

二、练习题

1. 为更好地传播和宣传某单位的风采,现需要设计某单位的 HTML5 Canvas 多媒体展示页面,至少包括页面封面、单位简介、人才培养三个页面。

2. 拟写某单位的 HTML5 Canvas 多媒体展示项目的文字脚本和制作脚本。

第7章 制作 HTML5 多媒体项目

开发一个多媒体应用项目(包括演示系统、教学课件、网站、APP、小程序等)实际上是一个软件工程问题,开发之前必须有一个详细的规划,例如,根据需求调查确定项目的范畴及内容、设计项目的基本形态等。一般流程是需求分析、规划设计(系统规划、功能规划、界面设计等)、素材采集与加工、项目集成、测试、发布和评价。

在就业求职、介绍自己时,常常要用到个人简历,传统的个人简历由很多页纸组成,分成几个部分,从多个方面介绍自己,并且只能利用文字和图像进行陈述。而计算机多媒体软件能够结合多种类型媒体素材,最大限度利用了计算机的媒体播放能力和人机交互功能,有着表现力强、阅读方便、传播快捷、存储安全、携带便利等特点,所以利用多媒体技术制作个人简历是一种个性化的表现(或表达)形式。

但一般的电子简历,需要特定的播放平台,如 Flash 简历需要 Flash Player,而 Flash 生成的 swf 已经被 Adobe 放弃了,跨平台的 HTML5 逐渐成为多媒体展示的主流。

一般 HTML5 开发流程,都是交互动画设计师完成动画的原型设计,然后交付给制作部门,使用 JavaScript 高度还原动画实现效果,这种方式项目开发效率比较低、成本较高,对设计师和初学者而言难度较大。Adobe 发行的 Animate CC 是开发 HTML5 动画的高效工具,不需要编写 JavaScript 代码就可以完成高品质的动画效果,无缝导出 HTML5 Canvas 动画,因此非常适合用来做移动端的一些 HTML5 动画,还可以通过 JavaScript 为动画添加交互性效果。

本章主要的学习内容包括:

- 理解并实践多媒体项目的制作流程。
- 综合运用 Animate CC 的工具制作 HTML5 Canvas 项目内容。
- 熟练掌握 Animate CC 常用“代码片断”的使用。
- 理解并掌握测试环境的安装和设置。
- 熟练掌握 HTML5 Canvas 的发布设置和发布测试。

本章要完成的作品:基于 HTML5 Canvas 的“个人简历”多媒体项目。以“余跃的个人简历”应用项目为例实践多媒体项目开发的一般流程,利用 Photoshop CC、Animate CC、Premiere PRO CC 制作的图像、动画、视频素材,在 Animate CC 平台上制作基于 HTML5 Canvas 的电子版个人简历。

7.1 制作流程

7.1.1 需求分析

多媒体项目一般是针对特定的应用领域进行开发的，因此需求分析的任务是确定用户的具体要求、设计目标和开发要求，在此基础上，分析并寻求解决相关问题的策略和方案。

“个人简历”项目的需求及应答样本如表 7-1 所示。

表 7-1 “个人简历”项目的需求及应答

需求问题	问题应答	解决方案
项目目标	简洁地展示个人风采	项目内容主要包括个人情况和成绩两部分
UI 特点	风格活泼轻松	运用界面设计规则和色彩搭配原则进行设计
用户定位	同学、老师等	拓展完善之后，将来可用于就业求职
项目素材	避免直接使用下载的素材	原创、加工为主
运行平台	手机移动端 微信 APP	通过 Web 服务器发布 HTML5 网页；将链接地址生成二维码；移动端扫描二维码，展示 HTML5 Canvas 效果
交互要求	具备页面跳转的交互能力	通过按钮完成交互
性能要求	浏览顺畅、界面自适应	通过 Animate CC 设置及 JavaScript 代码进行优化
开发时限	一周左右	根据需要实际情况，自行安排
开发能力	软硬件具备；独立开发	在 Animate CC 平台上制作开发
开发预算	无	后期根据需要自行补充
更新升级维护	无	后期根据需要自行安排

7.1.2 框架结构

多媒体的个人简历同传统简历一样，分解为多个部分，以页面的形式呈现，一般需要一个封面，紧接着是首页的主要内容，包括姓名、年龄、照片等基本情况，第二页是主要的学习成绩，包括数学、语文成绩等。在此基础上，根据实际需要，增加更多的内容，如增加个人爱好页面、页面导览功能栏跳转等。

个人简历的框架如图 7-1 所示。

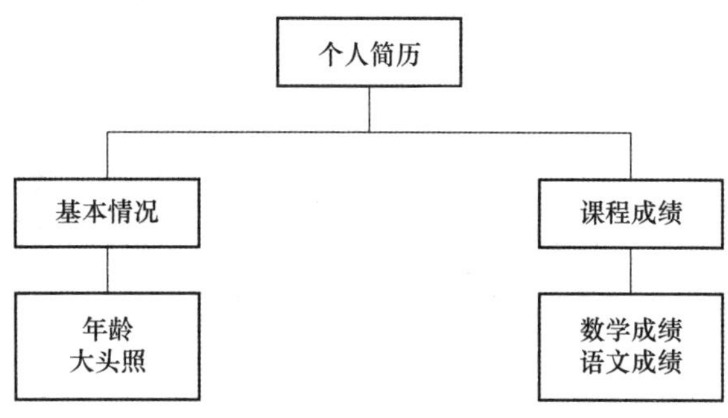

图 7-1 个人简历的框架

7.1.3 脚本设计

多媒体项目的脚本应该能体现项目的系统结构和功能,并作为开发项目直接依据的一种形式。通常多媒体项目的脚本应包含系统结构说明、模块分析、界面设计、链接关系的描述和制作脚本等。

1. 系统结构说明

根据个人简历的结构流程图,并考虑程序在实际应用中的具体情况,可以建立系统结构并加以说明,它反映了整个多媒体项目的主要框架及其展示功能。

2. 模块分析

模块是构成多媒体项目的主要部分。这里的模块是指“基本情况”“课程成绩”等。

不同的模块在界面设计和链接关系上有很大的区别。如“课程成绩”可能内容较多需要翻页,而“基本情况”界面设计可以轻松活泼,并可插入相关的电影动画等素材。

模块的划分有两条准则:一是考虑模块的属性即按照内容分类,不同类型的表述内容应划分为不同的模块单元;二是考虑模块内容之间的逻辑关系,如“获奖情况”可能与“课程成绩”有内在联系,需要链接。

模块内容的呈现是由若干个页面来完成的,页面数的确定可以参考文字脚本中与该模块相对应的卡片数,并确定各页面之间的关系。

3. 界面设计

基于 HTML5 的 UI 设计一般包括屏幕版面设计、显示方式设计、颜色搭配设计、文字形象设计和修饰美化设计等。“个人简历”多媒体应用项目运用 UI 设计的交互原则和 UI 艺术设计原则,设计有活力、有创意的界面效果。

① 利用文案给 UI 赋予人格和情感。UI 中的文案和文字往往是有助于传递个人设计风格的,也可以通过文案去营造或强化一个企业或产品的品牌价值。

② 利用强调和导向原则,引导用户的关注。

③ 版面风格的一致性是信息最小量原则的表现,一致性的视觉表示和功能表现会增强应用系统可用性和易学性,用户会感觉到安全可靠并提升对应用系统的信任度。

④ 在媒体最佳组合原则的指导下,紧扣表现主题,将多种类型媒体有机整合。

⑤ UI 交互类型采用适合初学者及符合移动端触摸屏特点的菜单型、图标型、屏幕型等。

⑥ UI 设计采用开放式的艺术原则,包括对比原则(大小、轻重、曲直、颜色等多重对比)、协调原则(色彩、主从等原则)、平衡原则和趣味原则(强调、导向和形态意向等原则)的综合运用。

UI 设计效果如图 7-2 所示。

开始页面

信息页面

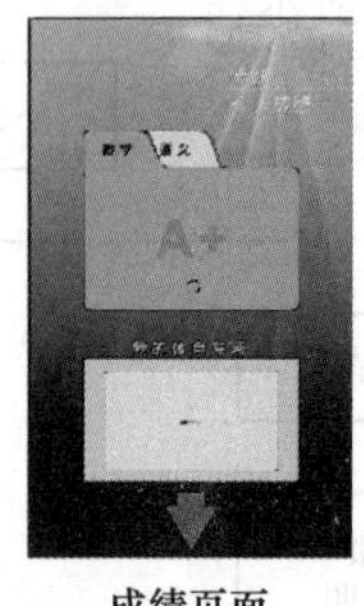

成绩页面

结束页面

图 7-2 UI 页面设计效果

4. 链接关系的描述

模块内部以及模块之间的信息节点，都是以按钮超链接的方式产生联系，“个人简历”页面间的链接关系如图 7-3 所示。

在制作脚本中，可以从“进入方式”和“键出方式”两个方面来描述节点间或页面间的联系。

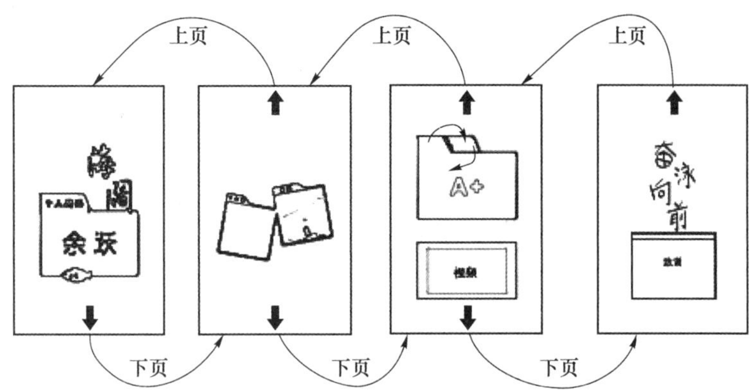

图 7-3 页面间的链接关系

5. 制作脚本卡片

制作脚本卡片可以用来描述每一页面的内容和要求，作为多媒体项目制作的直接依据。其中成绩页面的制作脚本如图 7-4 所示。

项目名称:余跃的个人简历	模块名:成绩页面	模块编号:03	制作者:XX
模块界面	设计者:XX	进入方式	
信息页 结束页 打开数学成绩 打开语文成绩 信息页 结束页		由 信息页 通过 按钮 进入 由 结束页 通过 按钮 进入	
		键出方式	
		通过 按钮 进入 信息页 通过 按钮 进入 结束页	
展示方式说明		制作说明	
(1)按钮长宽至少 90 像素； (2)视频默认停止播放； (3)数学和语文成绩都需要动画展示； (4)数学成绩卡片在上层； (5)页面版式按“微信小程序”设计规范完成。		(1)剪辑元件嵌套层次尽量少； (2)文字转为 PNG 位图； (3)有条件可增加触屏事件换页。	
完成时间:0.5 个课时			

图 7-4 “成绩页面”的制作脚本

另外,多媒体脚本设计应做到以下几点。

① 规划出各项内容显示的顺序。

② 描述演示期间的分支路径和衔接的流程。

③ 兼顾系统的完整性和连贯性。

④ 既要考虑到整体结构,又要善于运用声音、文字、图像、电影动画等的多重组合达到最佳效果。

⑤ 注意交互性和目标性。

⑥ 根据不同的应用系统运用相关的领域知识和指导理论。

7.2 项目制作准备

应用项目的制作主要是按文字脚本、制作脚本的内容进行,如有需要调整之处,需与导演协商。

7.2.1 准备素材

根据脚本的要求准备所需要的素材,包括文字、图片、声音、动画、视频、案例等。通过多媒体项目的结构设计和脚本编写,可明确素材的规格、数量、种类和具体内容,便于进行批量制作,可大大降低开发成本和缩短开发时间。

1. 采集素材

采集素材的途径有网络免费素材或收费素材、素材光盘检索、通过扫描仪扫描图片等,通常也把准备好的音频和视频素材,通过声卡和视频采集卡,转换为计算机可识别的数据文件。有时需要使用制作软件直接制作媒体素材,如按钮、图片背景、MIDI 音乐等。

本书采用的素材及源文件均可在资源网站下载,部分素材源自开源的商用授权,另外源自付费的商用授权,所有素材文件均降低总像素并标注素材源网站,可自行前往相应网站下载高清素材用于学习。

采集的素材因为颜色、内容、品质、大小、格式等原因,不一定能够直接使用,而需要通过相应的编辑软件进行调整、合成。

2. 组织规范素材

制作好素材后,需要对素材进行属性标注,标注的内容主要有编号、来源、素材类型、数据量、分辨率或采样率、风格、应用范围等。

所有素材文件的规范都需适配开发平台和应用终端,不同的开发平台有其应用规范。

- iOS 设计规范:iOS 9 设计规范参考《iOS 9 设计规范 中文版》(www.tuyiyi.com/v/45421.html)。
- 安卓设计规范:安卓手机设计规范参考《Android 设计尺寸规范》(uiiiuiii.com/screen/android.htm)。
- 微信端页面设计:微信移动端页面设计规范参考官方文档《移动端页面设计规范》(tgideas.qq.com/doc/frontend/spec/m/design.html)。

准备制作之前需要按照相应规范创建和转换相应的素材。

(1) 文本素材

文本素材全部采用记事本存储,文件格式为 TXT 格式。

(2) 字体素材

字体素材尽量采用无版权可商用的字体。

安卓平台可采用思源黑体,思源黑体是一款由 Adobe 公司和 Google 公司共同开发的字体,同一种字体包含多种型号。思源黑体支持中文简体、繁体(正体)、日文、韩文等 7 种字体,并且该字体开源免费,被广大用户广泛应用于各个领域。

iOS 平台可采用苹果的“苹方”字体,英文为 PingFang SC,是苹果在 iOS 9 和 Mac OS X El Capitan 操作系统的默认字体,随着 APP 及 UI 设计的流行,苹方字体也就成了 UI 设计师必备的字体包。

以上字体可以在字魂网(izihun. com)下载,字魂网有多种免费、收费字体供选择使用。

(3) 图像素材

图像素材的使用,首先需确认图像颜色模式为 RGB 或灰度,彩色图像格式为 JPG,有透明效果的图像格式为 PNG,也可以使用 PSD 分层应用,图像分辨率为 72 ppi(Pixels Per Inch,ppi),图像大小刚好合适为好,如背景图像为 750×1 206 像素。

在使用图片时,如果 256 色可以表现出所需色彩的,就不要使用 16 位或 16 位以上的真彩色,这样会使程序文件变得很大。

屏幕的显示精度为 72 ppi 或 96 ppi,没有必要使用分辨率超过 100 ppi 的图片。

(4) 矢量素材

矢量素材一般以图形文件的形式进行组织或使用,图形文件的格式为 AI 或 SVG 格式。由于移动端的性能和效率限制,尽量使用简单的图形,复杂的图形需要变换为 PNG 格式的图像。

(5) 动画素材

动画包括二维动画和三维动画。目前 Animate CC 尚不能很好地支持三维动画,HTML5 Canvas 中 WebGL 三维动画也不太普及。

“个人简历”的动画均由 Animate CC 制作的 FLA 动画,由于移动端的性能限制,FLA 动画不能太复杂,尽量少用构造复杂的元件、遮罩动画、滤镜动画。

(6) 音频素材

声音素材的文件格式使用 WAV、MP3 或 OGG 格式,在 Animate CC 中 OGG 格式的声音不能直接导入,需要通过组件载入使用。

对于声音素材,采样的频率和量化的精度直接影响声音的数据量。对于语音而言,一般使用 22.05 kHz 采样率,16 位量化。若使用 44.1 kHz,在效果上没有明显提高,却大大增加了数据量。

(7) 视频素材

视频素材的编码比特率(码率)同视频效果及尺寸有关,小视频无需超过 200 Kbps。

视频文件格式为 MP4、OGV 或 WebM 格式,图像部分采用 H. 264 编码,声音部分采用 ACC 或 MP3 编码。

如果视频素材编码格式不为 Animate CC 所接受,则可通过“格式工厂”等软件进行转换。

(8) js 库文件

JavaScript 库文件都以 js 作为扩展名。常用的 js 库文件包括 JQuery. js(下载地址

jquery. com/download/)、Createjs. js(下载地址 createjs. com),可以下载在本地机再调用。

本项目采用外部链接方式调用 Createjs,由 Animate CC 发布动画时自动添加链接。

(9) 素材准备情况

个人简历的素材准备情况如图 7-5 所示,本章的素材可从出版社资源站点下载。

页面		开始页	信息页	成绩页	结束页
页面效果					
已有素材	文本	标题文本	标题	标题	致谢文本
	图形	姓名卡片	大头照卡片、年龄卡片	数学卡片、语文卡片	无
	图像	气泡、页面背景	页面背景	页面背景	标题、页面背景
	动画	游动的鱼	大头照、朝阳	无	无
	视频	无	无	体育专项视频	无
	音乐	背景音乐			
还需完成	动画	卡片、气泡	两张信息卡片	两张成绩卡片	标题、致谢词
	组件	视频的播放控件			
	交互	跳转按钮			

图 7-5　素材准备情况

7.2.2　选择分辨率

由于手机型号众多,屏幕大小不一,最好是针对不同屏幕尺寸设计不同页面效果,但这样需要大量的人力与时间,开发效率低而且维护成本太高。

图 7-6　微信布局

一般设计的 HTML5 页面都以主流移动端屏幕为主,通过屏幕尺寸自适应技术适配新型号和老型号的各种移动端,本文 HTML5 页面尺寸采用 iPhone 6/7/8 的尺寸(750×1 334),可以较好地适配 iPhone 和 Android 大多数机型。

“个人简历”的 HTML5 页面主要基于微信 APP 浏览器运行,iPhone 6/7/8 的页面设计尺寸按照微信布局(见图 7-6)设定。

“个人简历”的设计尺寸用 750×1 206 的画布作图,这个尺寸兼顾了美观性、经济性。美观性是指以这个尺寸做出来的应用,在其他分辨率的移动端中显示比较合适,观看比较清晰;经济性是指此分辨率下导出的图片尺寸适中,内存消耗不会过高,安装包也不会过大。

微信移动端页面设计规范参考:tgideas. qq. com/doc/frontend/spec/m/design. html。

7.2.3 安装测试环境

安装测试环境

开发的多媒体项目如 APP、小程序、网页或 HTML5 Canvas 等,在本地 PC 端可以通过浏览器测试,但如需真实的手机测试项目,则可将文件传至网络服务器(可能需要租赁虚拟主机),手机移动端通过网页地址访问网络服务器上的内容,但这种方式代价较高,对于临时项目而言,没有太大必要。

比较简便、高性价比的手机移动端的测试方式是在本地 PC 端安装 Web 服务器,通过内网穿透软件(如神卓互联、Natapp、花生壳等)与微信等 APP 进行数据交换,进行多媒体应用项目的测试。

Animate CC 开发的 HTML5 Canvas 的测试业务流程如图 7-7 所示。也可以用 Json-server+Nginx+OpenSSL+微信小程序官方开发工具等开源工具架设开发项目的测试服务器。

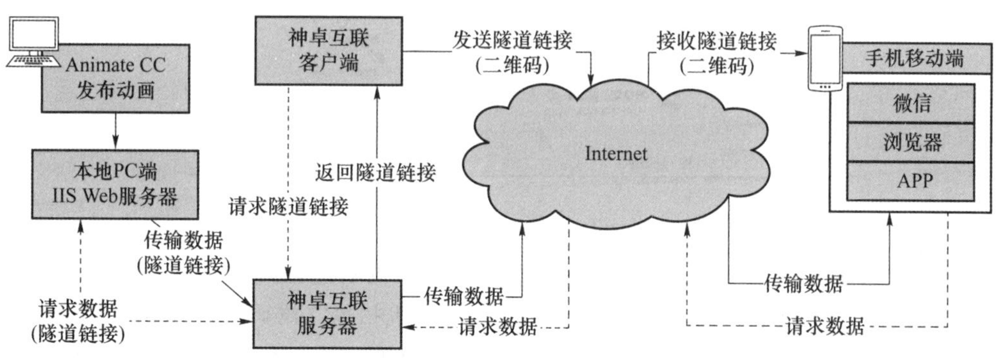

图 7-7 HTML5 Canvas 的测试业务流程

1. 选用浏览器

现行的浏览器都支持 HTML5,常用的浏览器都支持移动设备的模拟,如 Windows 上的 Google Chrome、Mozilla Firefox、Opera、Microsoft Edge 和 Internet Explorer,也都支持响应式页面设计——Responsive Web design,一种智能、弹性化的页面布局模式,HTML 页面会根据不同的浏览器自动调整页面元素。

(1) Google Chrome

Google Chrome 浏览器通过按 Ctrl+Shift+I 组合键或 F12 功能键,调出开发者工具,可以选择和模拟各种移动终端的显示效果。

(2) Mozilla Firefox

Mozilla Firefox 浏览器通过按 Ctrl+Shift+M 组合键可调出开发者工具,进行终端模拟测试。如果使用插件模拟手机和操作系统,显示效果会更好,例如,User Agent Switcher 扩展插件是一个很强大的插件,能够通过设置 user-agent 代理,来模拟手机浏览器、计算机的不同浏览器以及操作系统,是前端开发中常用的调试插件之一。

(3) Opera

Opera 浏览器通过按 Ctrl+Shift+M 组合键激活加载网页的设备工具栏,选择要模拟的移动设备进行测试。

(4) Microsoft Edge 和 Internet Explorer

Microsoft Edge 和 Internet Explorer 浏览器都可以通过按 Ctrl＋Shift＋I 组合键或 F12 功能键，调出开发者工具，但主要是模拟 Microsoft 的终端设备。

本文采用 Mozilla Firefox 浏览器模拟不同的移动端展示效果。

2. 启用二维码组件

如图 7-7 所示，可以直接传送地址或转换为二维码再转发到移动端，使用真实手机测试项目。本文使用 Mozilla Firefox 浏览器的二维码组件，该二维码组件的启用操作步骤如图 7-8 所示。

① 打开 Mozilla Firefox 浏览器。

② 按 Ctrl＋Shift＋A 组合键，打开附加组件管理器。

③ 在附加组件管理器标签页中选择“扩展”面板，如图 7-8 中①所指示，找到“附加组件管理器”，如图 7-8 中②所指示，勾选上“启用地址栏二维码”即可，如图 7-8 中③所指示。

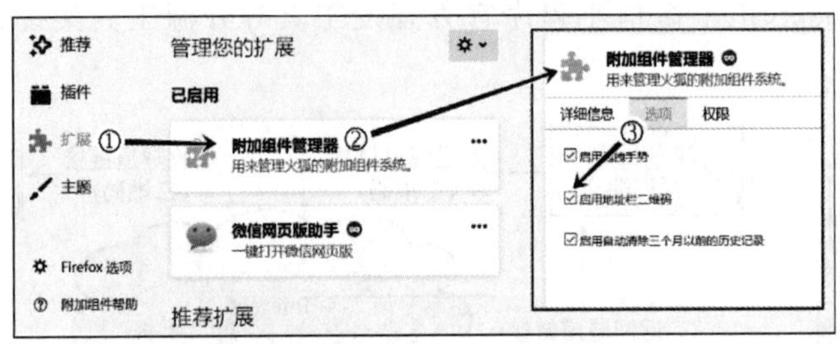

图 7-8　Mozilla Firefox 浏览器添加二维码组件

完成以上步骤后会在 Mozilla Firefox 浏览器地址栏的右边，出现一个二维码图标，单击它就会弹出当前网页地址的二维码，如图 7-9 所示，用手机扫描二维码，就可以在手机上浏览网页了。当然，该网页须是已经发布在网络 Web 服务器上的，因为手机不能链接本地机的网页地址。

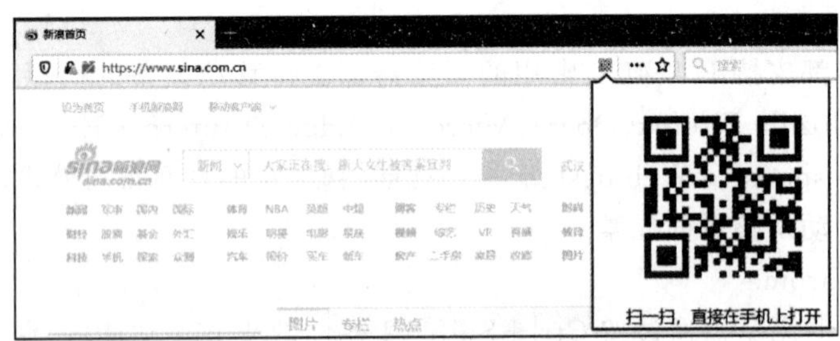

图 7-9　网页的二维码

如果 Mozilla Firefox 浏览器没有组件管理器插件，则可以手动安装，插件地址为 http://mozilla.com.cn/forum.php? mod＝viewthread&tid＝343905。也可使用其他的二维码插件或在线二维码生成工具，如草料二维码、联图网和 QR Code Generator 等。

3. 安装 Web 服务器

由于浏览器安全机制的限制，在浏览器打开的 HTML 网页禁止跨资源共享(Cross Origin Resource Sharing，CORS)，JavaScript 代码不能在本地执行，必须通过服务器环境运行。另外，如果在手机移动端测试 HTML5 网页，也需要架设 Web 服务器来接收移动端的申请，然后发送 HTML5 网页的内容。

Windows 操作系统下的 Web 服务器可以选择互联网信息服务（Internet Information Server，IIS），IIS 是一种 Web 服务组件，其中包括 Web 服务器、FTP 服务器、NNTP 服务器和 SMTP 服务器，分别用于网页浏览、文件传输、新闻服务和邮件发送。

（1）创建首页

在合适的位置建立一个文件夹（如 H:\html5root）作为 Web 服务的物理路径，之后要发布的文件都放在这个目录中。在目录中建立一个 html 文件作为网站首页。

① 执行任务栏的“开始＞Windows 附件＞记事本”。

② 使用英文输入法输入“Hello，HTML5！”，如图 7-10 中①所指示，因为这不是严格的网页文件，输入中文文本，可能会显示乱码。

③ 执行菜单栏中的“文件＞保存”，在弹出的“另存为”对话框中，将文件保存到 H 盘的 html5root 文件夹中（可根据实际情况保存到其他位置），命名为“index. html”，如图 7-10 中②、③、④所指示。

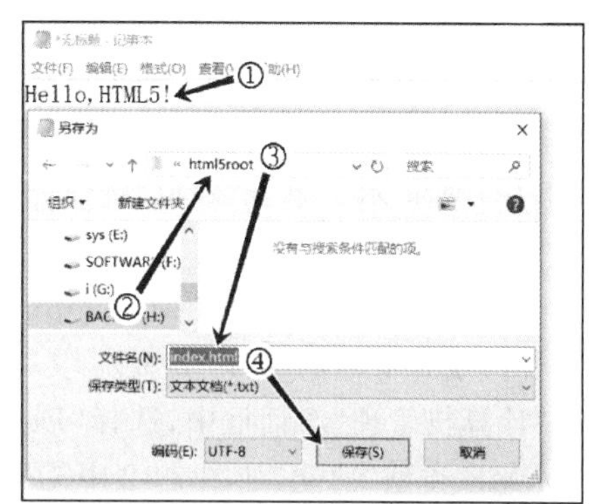

图 7-10　创建 index. html 文件

注意：文件扩展名为“html”，而不是 TXT 格式。

（2）安装 IIS 组件

Windows 10 系统默认不安装 IIS 服务组件。安装 IIS 服务组件的步骤如下。

① 执行任务栏中的“开始＞所有应用＞Windows 系统＞控制面板”，也可以搜索“控制面板”然后直接打开。

② 在“控制面板”对话框里打开“程序与功能”。

③ 在“程序与功能”对话框里单击“启用或关闭 Windows 功能”。

在“Windows 功能”对话框里选中“Internet Information Services”，在“Internet Information Services”功能展开选择框里根据需要选择相应功能即可，如图 7-11 中①、②所指示。

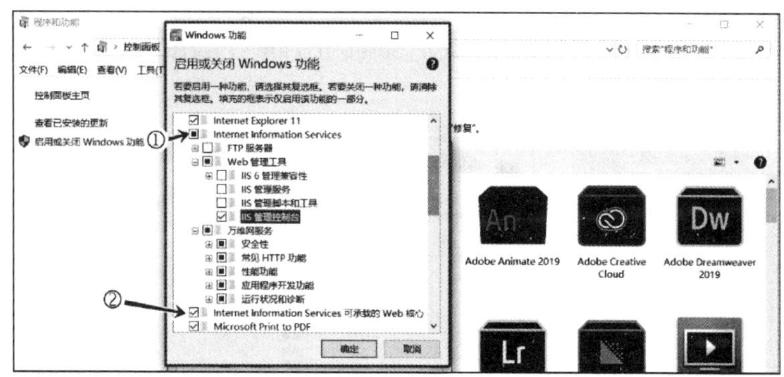

图 7-11　安装 IIS 组件

④ 单击“确定”按钮进行安装。

⑤ Windows 开始下载并安装程序，直到出现“Windows 已完成请求的更改”，单击重启计算机。

(3) 配置 IIS

配置 IIS 指定网站内容的物理路径。

① 右击任务栏的“开始”或桌面的“计算机”，在弹出的菜单栏中选择“计算机管理”或“管理”。

② 在“计算机管理”对话框左侧的“服务和应用程序”下选择“Internet Information Services”，如图 7-12 中①所指示，在中间“连接”栏中选择“主机>网站>Default Web Site”，如图 7-12 中②所指示，选择右侧“基本设置”，如图 7-12 中③所指示。

③ 在“基本设置”对话框中，指定物理路径为之前设定的文件夹“h:\html5root”，如图 7-12 中④所指示。单击“确定”按钮完成物理路径设置。

(4) 配置 MIME

有时 IIS 不能识别和播放 MP4 格式的视频，那就需要添加 MP4 的 MIME(用一种应用程序来打开特定扩展名的文件)类型。

在“计算机管理”对话框中，选择“Default Web Site”网站，如图 7-12 中②所指示，在右侧选择“MIME 类型”功能，如图 7-12 中⑤所指示。

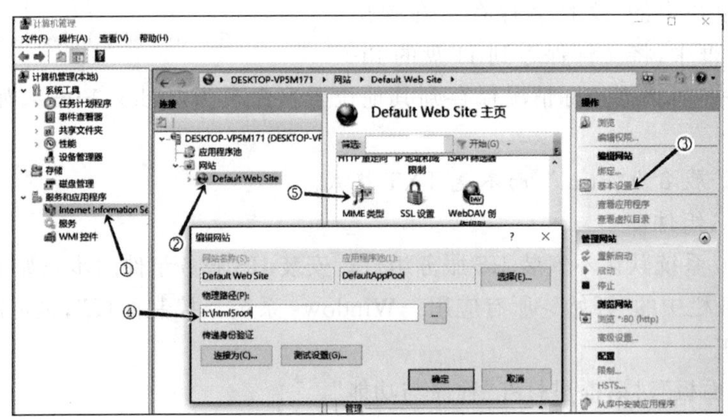

图 7-12　设置 IIS 的物理路径

① 双击打开“MIME 类型”，在右侧“操作”栏，单击“添加…”按钮，如图 7-13 中①所指示。

② 在“添加 MIME 类型”对话中，文件扩展名输入“. mp4”，注意有个“. ”，如图 7-13 中②所指示。在“MIME 类型”中输入“application/octet-stream”，如图 7-13 中③所指示。

③ 单击“确定”按钮完成设置。

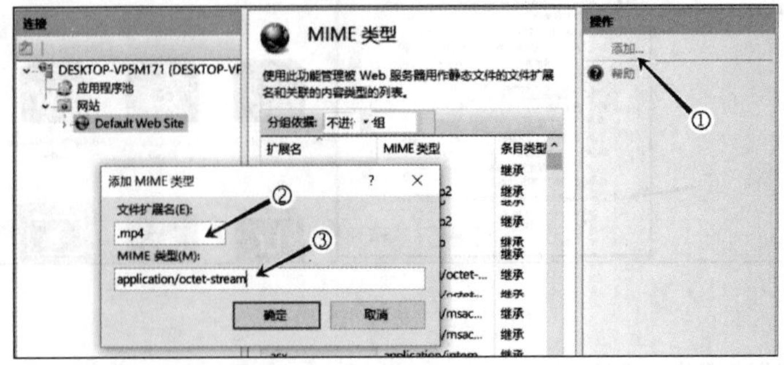

图 7-13　设置 MIME 类型

设置完毕，在浏览器地址栏中输入“127. 0. 0. 1”或“localhost”，将会打开内容为“Hello，HTML5!”的网页 index. html，如图 7-14 所示，意味着 Web 服务器设置成功了。

图 7-14　显示网站首页 index. html 文件

4. 安装隧道客户端

如图 7-7 业务流程图所示，如果手机移动端需要访问本地内容，需要用到内网访问的隧道技术，可以选择安装 Natapp 客户端、小米球、花生壳、神卓互联或网云穿等软件，这些软件大都可以免费试用。一般地，免费版客户端每次启动所分配的服务器地址各不相同，需要频繁复制、粘贴服务器地址，工作效率低，带宽、连接数、免费时长等都受限制，速度相当慢，不过对于小型、实验型项目，临时性使用网络隧道不失为一个较好的选择。

本文采用的是神卓互联内网穿透软件，神卓互联客户端的安装非常简单，详细操作可参考“快速上手指南”，系列指南地址：www. shenzhuohl. com/get-started. html。

一般的操作步骤如下。

① 打开 www. shenzhuohl. com 神卓官网。

② 选择“免费注册”，按提示完成用户注册。

③ 在下载页面 www. shenzhuohl. com/download. html 中，选择并下载系统适合的软件版本。

④ 解压下载的压缩文件，执行安装程序 Shenzhuo_setup_6. 0. 4. exe，按提示完成“神卓互联”客户端的安装。

⑤ 运行“神卓互联”程序。输入用户名、密码，登录客户端后如图 7-15 所示。

⑥ 首先需要建立一个隧道映射，单击“添加”按钮，如图 7-15 中①所指示，进入添加隧道映射窗口。

⑦ 在添加隧道映射窗口，输入应用名称“余跃的个人简历”，如图 7-16 中①所指示。输入内网主机地址为 127. 0. 0. 1，网络端口为 80，如图 7-16 中②所指示。其他参数保持默认设置即可，单击“保存”按钮完成设置。单击“后退”按钮←，如图 7-16 中③所指示，返回程序主界面。

⑧ 现已建立一个隧道映射，如图 7-17 中①所指示。单击“复制”按钮，如图 7-17 中②所指示，复制服务器隧道地址。

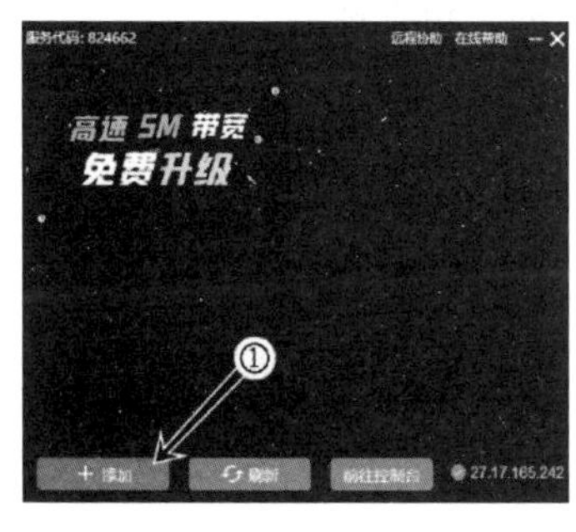

图 7-15　神卓互联主界面

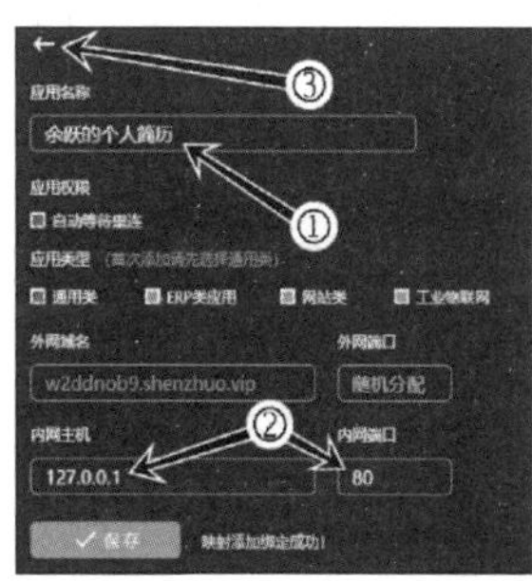

图 7-16　添加隧道映射

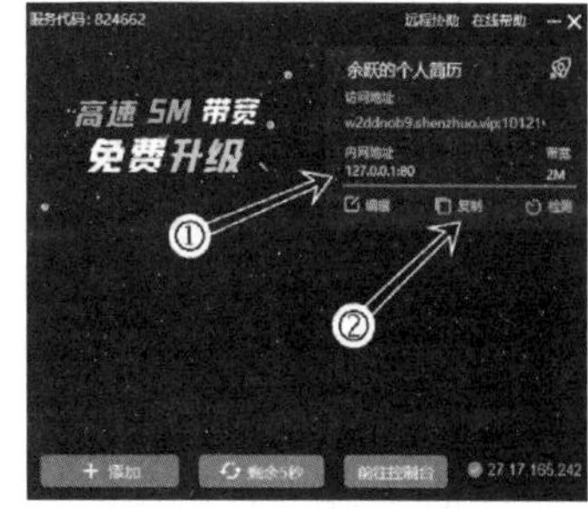

图 7-17　复制隧道链接

⑨ 运行浏览器软件，地址栏输入 127. 0. 0. 1，可查看 index. html 的网页内容。

⑩ 选择并删除“127.0.0.1”,按 Ctrl+V 组合键粘贴所复制的服务器隧道地址,如图 7-18 中①所指示,也就是将“127.0.0.1”替换成“服务器隧道地址”,按 Enter 键确认。

⑪ 单击地址栏右侧的“生成当前地址二维码”图标,如图 7-18 中②所指示。可用手机的 APP 扫描弹出的二维码,如图 7-18 中③所指示,即可在手机上观看网页了。

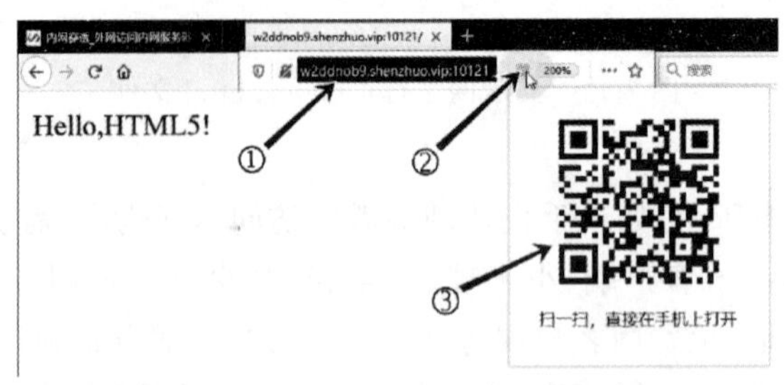

图 7-18　隧道地址转为二维码

注意:神卓互联内网穿透软件的免费体验时间为 3 天,如果需要频繁进行免费的项目测试,建议使用小米球(ngrok. ciqiuwl. cn)或 Natapp(natapp. cn)。

7.3　制作 HTML5 项目

前期通过 Photoshop CC、Animate CC、Premiere Pro CC 等软件完成大部分的素材制作。本节将按文字脚本、制作脚本将准备好的素材进行整合、制作和发布,另外还包括①补充需要的素材,如首页卡片、按钮等;②修改设计不合理的地方,如元素大小、位置等;③根据制作脚本制作交互动作;④发布为 HTML5 Canvas。

制作 HTML5 Canvas 的元件和动画时要注意以下几点。

① 尽量用传统补间动画。

② 元件可以嵌套其他元件,但不要嵌套太多层。

③ 矢量图形不能太复杂,否则需要转为图像,或设置 Animate CC 进行自动转换。

④ 引导线动画按路径调整方向的支持是有限的,不能太复杂。

⑤ 可以使用模糊、发光、投影等滤镜效果,但有些设置不能使用,如挖空等。另外,滤镜的使用会影响播放的顺畅度。

⑥ 移动端和 PC 端的屏幕像素定义不同,移动端 UI 设计需参考相应规范。

制作 HTML5 的交互事件要注意以下几点。

① 元件不能重名。图片名和元件名也不能相同。

② 需要被操控的对象都必须是元件,在舞台上的实例都需要命名,不能重名。

③ Animate CC 与 JavaScript 中的“this”指代不同,需要进行重定义或绑定。

④ Animate CC 输出 HTML5 的帧编号从 0 开始而不是从 1 开始。运用 gotoAndStop() 和 gotoAndPlay()等跳转函数时要注意。

⑤ Animate CC 默认屏蔽触屏事件。

7.3.1 制作简历页面

个人简历在移动端的表现主要是以页面的形式,在不同的页面之间进行切换,达到传达资讯的目的。

1. 创建页面文件夹

创建开始页元件

(1) 创建“开始页元件”

① 打开素材文件夹的“游动的鱼.fla”。

② 执行菜单栏中的“文件>另存为…”,另存到文件夹“html5root”之中,命名为“余跃的个人简历.fla”。

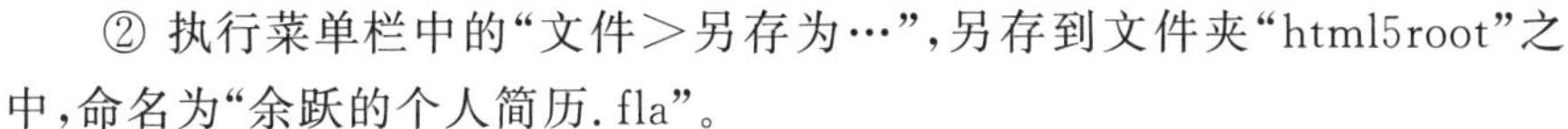

③ 执行菜单栏中的“视图>缩放比率>显示全部”,或按 Ctrl+3 组合键,可以最大化显示舞台内容。

④ 在时间轴上,单击“新建图层”按钮 ,如图 7-19 中①所指示,新建图层,命名为“页面背景”,如图 7-19 中②所指示。

⑤ 执行菜单栏中的“文件>导入>导入到舞台…”,在“导入…”对话框中,选择“页面背景.jpg”素材。单击“确定”按钮完成文件的导入。

“页面背景”图像的尺寸和舞台尺寸一样都是 750×1 206,将图像对齐至舞台中间。

由于背景图像在最上层,遮住了下层的内容,需要将该图层调整到最底层。

⑥ 在时间轴中,按住“页面背景”图层拖放到最底层。

注意:不要拖放到被引导的“鱼”图层下面。“页面背景”图层、“引导线_鱼”图层两者的图标必须对齐,如图 7-20 中①所指示。

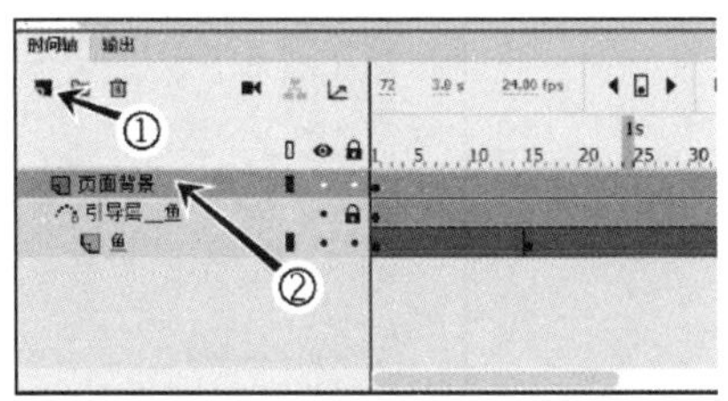

图 7-19 新建“页面背景”图层

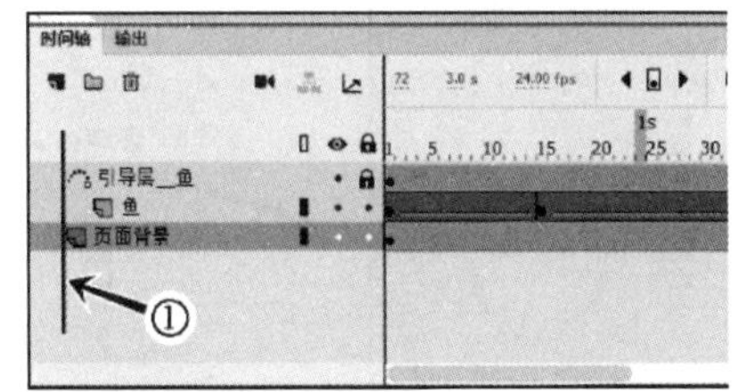

图 7-20 移动“页面背景”图层

⑦ 执行菜单栏中的“编辑>时间轴>选择所有帧”,或按 Ctrl+Alt+A 组合键。

⑧ 执行菜单栏中的“编辑>时间轴>剪切帧”。

⑨ 执行菜单栏中的“插入>新建元件”,在“新建元件”对话框中,输入元件名称“开始页元件”,元件类型为“影片剪辑”,单击“确定”按钮新建一个空白的元件,如图 7-21 中①所指示。

确认当前处于“开始页元件”的编辑窗口。

⑩ 光标单击选择第一帧,执行菜单栏中的“编辑>时间轴>粘贴帧”,或按 Ctrl+Alt+V 组合键,在时间轴上粘贴三个图层及其动画帧。

(2) 创建元件文件夹

① 按 Ctrl+L 组合键打开元件库面板。单击面板下方“新建文件夹”按钮 ,如图 7-21 中②所指示,输入名称“简历的开始页”,如图 7-21 中③所指示。

② 除了“页面背景.jpg”和“简历的开始页”文件夹,选择其他元件,如图 7-21 中④所指示,

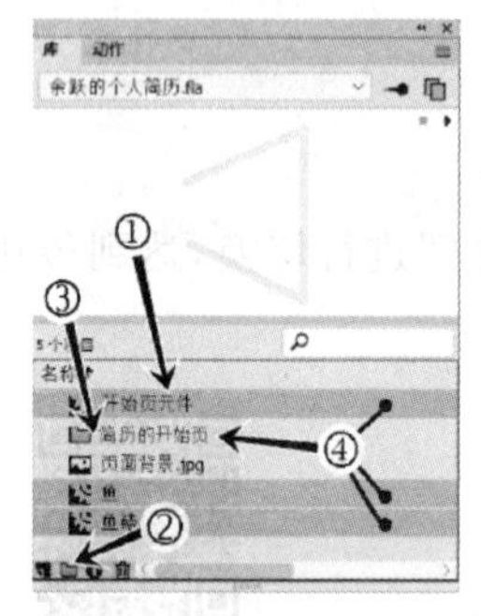

图 7-21 创建文件夹

拖放到“简历的开始页”的元件文件夹中。

由于其他页面也需要用“页面背景.jpg”图像，所以不放入“简历的开始页”文件夹中。

③ 接着分别单击面板下方“新建文件夹”按钮，创建“简历的信息页”、“简历的成绩页”和“简历的结束页”三个文件夹。

（3）导入外部库的元件

将第 3 章创建的“卡片.fla”文件中的卡片元件复制到相应的文件夹。

① 执行“文件＞导入＞打开外部库”，选择打开素材文件夹中的“卡片.fla”的元件库，如图 7-22 中①所指示。

② 将外部库的“姓名卡片”元件拖放到“简历的开始页”文件夹中，如图 7-22 中②所指示，完成元件的复制。

复制元件时，元件中的各种元素都会被一起复制，例如，元件中的图片、视频或其他元件等。

③ 同上操作，将“数学成绩卡片”和“语文成绩卡片”复制到“简历的成绩页”文件夹。将“大头照卡片”和“年龄卡片”复制到“简历的信息页”文件夹。

④ 复制完毕，关闭“卡片.fla”外部库。

最后“余跃的个人简历.fla”面板中的文件结构如图 7-23 所示。

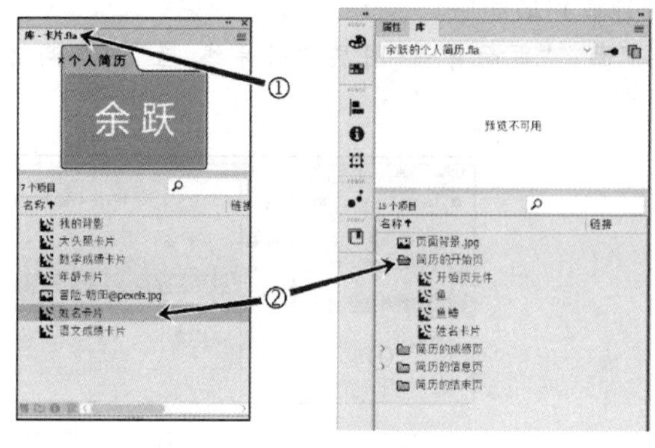

图 7-22 复制元件到其他文件夹

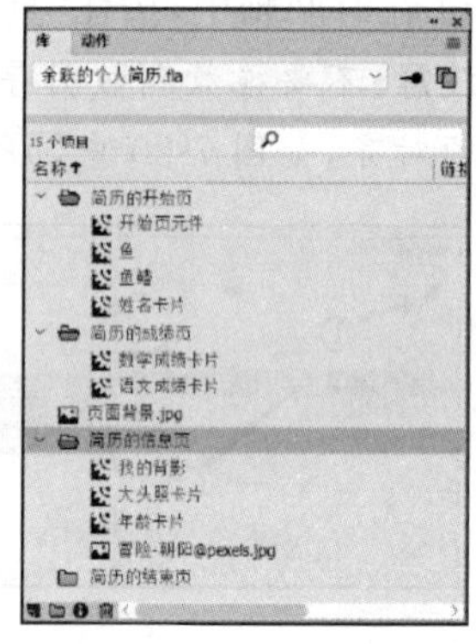

图 7-23 复制元件后的库文件

2. 整理主时间轴

准备在“场景 1”主时间轴中插入和组织各个页面元件，因此需要对时间轴上的图层和帧做些清理。

① 单击窗口编辑卡的“场景 1” 场景 1 开始页 或按 Ctrl＋E 组合键回到“场景 1”编辑窗口。

② 在时间轴的面板上方，单击“新建图层”按钮，如图 7-24 中①所指示，新建图层，命名为“个人简历”，如图 7-24 中②所指示。

③ 保留第 1 帧，删除其他不需要的帧。具体操作是：选择“个人简历”图层第 2 帧，如图 7-24 中③所指示；按住 Shift 键，再选择“页面背景”图层最末帧，如图 7-24 中④所指示；执行菜单栏中的“编辑＞时间轴＞删除帧”，或按 Shift＋F5 组合键，删除多余的帧。

④ 分别选择时间轴上的“鱼”图层、“引导线_鱼”图层、“页面背景”图层，单击“删除图层”

按钮 ，删除三个图层，只是保留“个人简历”图层，如图 7-25 中①所指示。

⑤ 单击工作区空白处，在属性面板舞台处设置背景颜色为“0B8ECB”(青蓝色)。

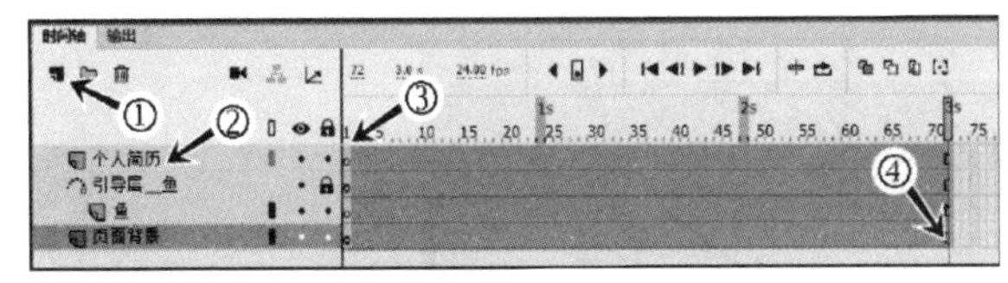

图 7-24　新建图层和选择帧

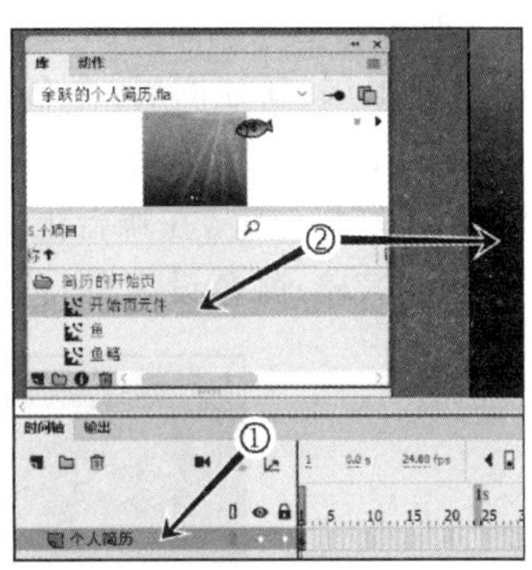

图 7-25　元件放入舞台

3. 制作“开始页元件”

“开始页元件”的内容主要包括页面背景、姓名卡片、鱼的动画、气泡的动画、标题、跳转按钮等。

(1) 插入“开始页元件”

“开始页元件”的内容在 HTML5 中出现最早，需要放在第一个关键帧。

① 按 Ctrl+L 组合键打开库面板，将“简历的开始页”文件夹中的“开始页元件”拖放到舞台上，如图 7-25 中②所指示。

② 执行菜单栏中的“窗口>对齐”，打开对齐面板，打开“与舞台对齐”，执行左边对齐和下边对齐，将页面背景对齐舞台。

③ 按 Ctrl+Enter 组合键在浏览器中预览“余跃的个人简历”，因为主时间轴只有一帧，HTML5 Canvas 就停在该帧，循环播放该帧的内容。

如果在浏览器中显示动画不完整，执行菜单栏中的“文件>发布设置”，确认打开“使得可响应”，选择“按高度”，打开“缩放以填充可见区域”，选择“适合视图”。单击“确定”按钮完成设置。

(2) 完善“开始页元件”

除了已经存在的“鱼”之外，在“开始页元件”中还需要添加的元素包括“姓名卡片”、气泡、标题、“跳转”按钮等，其中气泡的素材已经在第 2 章制作完成，需要导入。“按钮”及其事件的制作将在后面章节介绍。

① 双击舞台上的“开始页元件”的实例，进入该元件的编辑窗口。

② 单击“页面背景”图层，单击“新建图层”按钮 ，在“背景图层”之上新建图层，命名为“姓名卡片”，如图 7-26 中①所指示。将其他图层锁定。

注意：图层锁定后，舞台的对象不能操作，但图层的帧却可以操作，如帧的选择、移动、复制、删除等。

③ 在库面板中，将“简历的开始页”文件夹中的“姓名卡片”拖放到舞台中间，调整位置如图 7-26 中②所指示，大致在鱼的上方。

④ 在最上层新建图层，命名为“气泡”，如图 7-26 中③所指示。锁定其他图层。

⑤ 执行菜单栏中的“文件>导入>导入到舞台…”，将“气泡”素材导入。

⑥ 库面板中，将“气泡.png”素材拖入“简历的开始页”文件夹中。

⑦ 在舞台上，选择气泡，按 F8 功能键，将气泡转为元件，命名为“气泡”，如图 7-26 中④所指示。选择“简历的开始页”文件夹作为“气泡”元件的存放位置，如图 7-26 中⑤所指示。

将气泡实例拖放到鱼嘴附近，如图 7-26 中⑥所指示。

⑧ 在最上层，新建图层，命名为“标题”，如图 7-26 中⑦所指示。锁定其他图层。

个人简历的标题为“海阔”，寓意是“海阔任鱼跃”，表达了余跃同学的雄心壮志和拼搏精神。

⑨ 使用文本工具，在舞台上分别输入“海”“阔”，在属性面板中，将字体改为“行楷”；字体大小设为“200”磅；颜色设为“白色”。

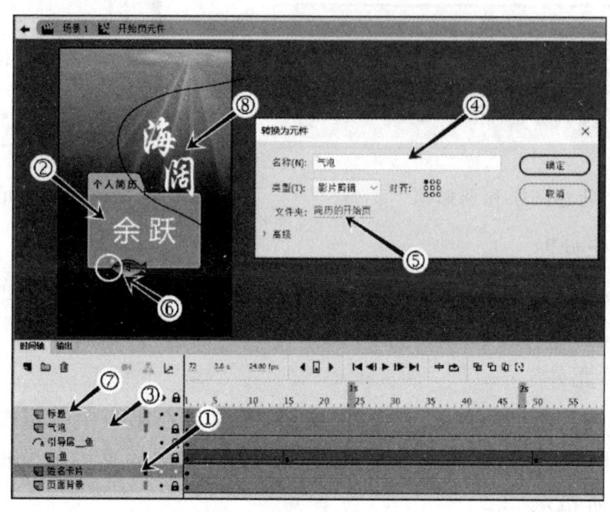

图 7-26 编辑“开始页元件”

将两个文字分别放在合适的位置，因为“姓名卡片”的重心偏左，文字需要稍微偏右，以营造页面平衡效果，效果如图 7-26 中⑧所指示。

4. 制作“开始页元件”的动画

“开始页元件”中动画的内容有①“游动的鱼”(在第 3 章已经完成)；②“姓名卡片”旋转落下的传统补间；③“气泡”逐渐冒出的传统补间。读者也可以根据页面需要，自行设计和制作更多的动画。

(1) 制作“姓名卡片”动画

“姓名卡片”动画效果为由透明逐渐转为不透明、由小变大，同时围绕中心点旋转着落下。

① 解锁“姓名卡片”图层，锁定其他图层。

② 选择工具面板中的变形工具，将舞台上的“姓名卡片”实例的中心点移动到卡标中间，如图 7-27 中①所指示。

实例的中心点，是实例旋转、缩放的参考点，就好像该处钉了根钉子，会绕着钉子旋转。改变中心点之后，再复制实例的中心点都将发生变化。

由于“姓名卡片”出现的时间点较迟，因此需要将其动画开始帧后移。

③ 按住“姓名卡片”图层的第 1 帧拖到第 40 帧位置，如图 7-27 中②所指示。单击第 60 帧，按 F6 功能键，设置关键帧。

④ 选择前一个关键帧(第 40 帧)。选择“姓名卡片”实例，执行菜单栏中的“窗口＞变形”，在调出的变形面板中，输入旋转角度“－50”(逆时针旋转 50°)，长度和宽度比例均为“40%”，如图 7-27 中③、④所指示。

⑤ 保持选择“姓名卡片”实例。在实例属性面板中的“色彩效果”栏中选择“Alpha”，“Alpha”透明度设为“0%”，即全透明，如图 7-27 中⑤所指示。

⑥ 确认选择了关键帧(第 40 帧)。执行菜单栏中的“插入＞创建传统补间”，在两关键帧(第 40 帧、第 60 帧)之间生成补间动画。

⑦ 在帧属性面板中的“补间”栏中，选择“Class Ease＞Ease Out＞Bounce”(双击应用)，如图 7-27 中⑥、⑦、⑧所指示。Bounce 缓动是弹跳效果。

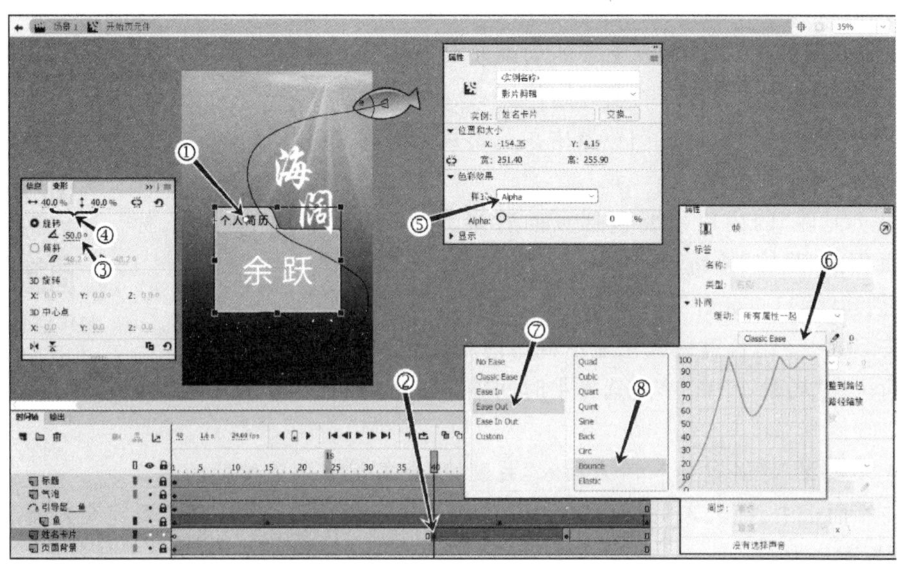

图 7-27 制作“开始页元件”的动画

按 Enter 键，可以预览到“姓名卡片”逐渐出现、旋转落下的弹跳动画效果。

(2) 制作“气泡”动画

“气泡”的动画效果是小气泡逐渐变大，从水底加速升起。

① 解锁“气泡”图层，锁定其他图层。

② 在“气泡”图层的第 72 帧(3 s 处)，按 F6 功能键，设置关键帧。将舞台上的气泡实例拖到页面上部，效果如图 7-28 中①所指示，设定气泡的最后位置。

③ 选择第 1 关键帧。选择舞台上的气泡实例，执行菜单栏中的“窗口＞变形”，在变形面板中，将气泡实例的长度和宽度比例都设为“10%”，效果如图 7-28 中②所指示，这是气泡的初始大小。

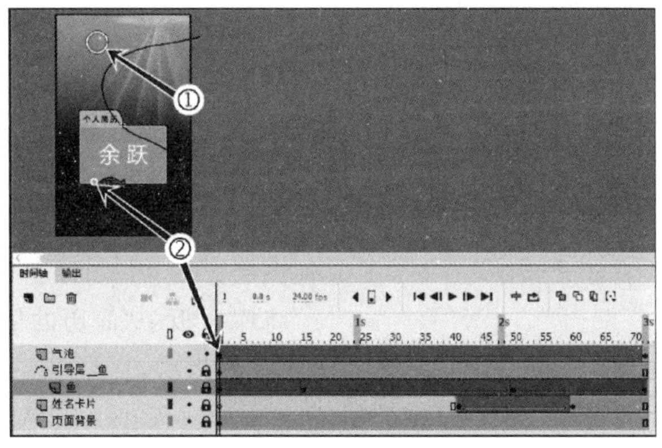

图 7-28 制作气泡实例的动画

④ 执行菜单栏中的“插入>创建传统补间”，在两关键帧之间生成补间动画。

⑤ 在属性面板中，将缓动值设为“100”，表示动画速度为“由快到慢”的效果。

(3) 设置“标题”的出场

标题“海阔”不需要动画，动画太多影响播放的顺畅度，但标题“海阔”不需要太早出现，可以将关键帧后移。

① 锁定其他图层，解锁“标题”图层。

② 按住“标题”图层的第 1 帧，移动到第 55 帧。

如果需要，也可以制作标题文字的动画效果。

至此，完成“开始页元件”的动画制作。

按 Ctrl+Enter 组合键在浏览器中预览影片。保存文件。

5. 制作“信息页元件”

制作信息页元件

“信息页元件”的内容主要包括页面背景、大头照卡片、年龄卡片、标题、前后页面的“跳转”按钮。

(1) 创建“信息页元件”

① 按 Ctrl+3 组合键最大化显示舞台内容。

② 确认在“场景 1”中，单击选择主时间轴第 2 帧，执行菜单栏中的“插入>时间轴>空白关键帧”。

注意：不要插入“关键帧”，因为插入“关键帧”会复制前一关键帧的内容。

③ 在库面板中，拖放入“页面背景.jpg”，并放置于舞台正中间（一定要完全对齐），可以使用对齐面板对齐舞台。

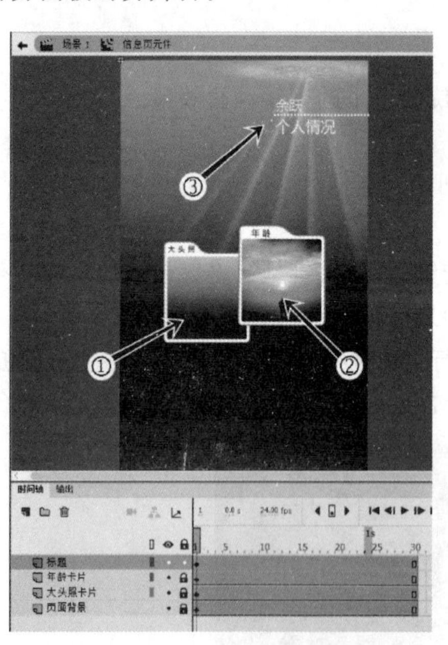

图 7-29　制作“信息页元件”

④ 选择舞台上的“页面背景.jpg”，按 F8 功能键，在“转换为元件”对话框，将元件命名为“信息页元件”，放入文件夹“简历的信息页”。

(2) 编辑“信息页元件”

① 双击舞台上的“信息页元件”实例，进入其编辑窗口。

② 将“图层一”名称改为“页面背景”。

③ 在 30 帧位置单击，按 F5 功能键插入静态帧。

④ 在其上新建图层，命名为“大头照卡片”，锁定其他图层。

将库面板中“简历的信息页”文件夹中的“大头照卡片”拖放入舞台，放置于合适位置，如图 7-29 中①所指示。

⑤ 再新建一图层，命名为“年龄卡片”，锁定其他图层。

将库面板中“简历的信息页”文件夹中的“年龄卡片”拖放入舞台，放置于合适位置，如图 7-29 中②所指示。

⑥ 新建图层，名为“标题”。锁定其他图层。

使用文本工具 T 输入文字“余跃”；字体设为“微软雅黑”；大小设为“40”磅；颜色设为

“66FFFF”(青色)。

在“余跃”下方,另外输入文字“个人情况”;字体设为“微软雅黑”;大小设为“46”磅;颜色设为“FFFFFF”(白色)。

使用线条工具 ⁄ ,在两段文字之间画一根水平线,笔触粗细设为“7”像素;线型设为“点状线”;线条颜色设为“66FFFF”(青色)。

三者左边对齐,并放置于页面右上方——光线入射之处,起到“注视点”的作用,位置如图 7-29 中③所指示。

6. 制作“信息页元件”的动画

“信息页元件”的动画有两个:大头照卡片旋转落下的传统补间;年龄卡片旋转落下的传统补间。两个动画的形式和制作方法都类似。

(1) 制作“大头照卡片”的动画

① 解锁“大头照卡片”图层,锁定其他图层。

② 选择工具面板中的变形工具,将舞台上的“大头照卡片”实例的中心点移动到卡标中间。

③ 在“大头照卡片”图层的第 15 帧,按 F6 功能键,设置关键帧。选择舞台上的“大头照卡片”,在变形面板中,将实例旋转设为“10”,即顺时针旋转 10°。

④ 选择第 1 关键帧,通过变形面板,将“大头照卡片”旋转设为“-45”,即逆时针旋转 45°;长度和宽度均设为“50%”。

⑤ 执行菜单栏中的“插入>创建传统补间”。

⑥ 在属性面板中的“补间”栏中,选择“Class Ease>Ease Out>Bounce”,双击 Bounce 应用到补间。

(2) 制作“年龄卡片”的动画

① 解锁“年龄卡片”图层,锁定其他图层。

② 按住第 1 帧,拖动到第 15 帧,即卡片从第 15 帧开始出现。

③ 将“年龄卡片”实例的中心点移动到卡标中间。

④ 在“年龄卡片”图层的第 30 帧,按 F6 功能键,设置关键帧。在变形面板中,将舞台上的“年龄卡片”实例旋转设为“-10”,即逆时针旋转 10°。

⑤ 选择第 15 关键帧,将 “年龄卡片”逆时针旋转 45°;长度和宽度均设为“50%”。

⑥ 在两关键帧创建“传统补间”,补间缓动也选择 Bounce。

按 Enter 键可以预览时间轴上的动画效果。

返回主场景,按 Ctrl+Enter 组合键在浏览器中预览时会不断闪烁,因为“场景 1”的主时间轴有两帧,Animate 轮流播放两帧的结果。可以临时删除第 1 帧,然后在浏览器中预览影片效果。

7. 制作“成绩页元件”

“成绩页元件”的内容主要包括页面背景、数学卡片、语文卡片、体育专项视频、标题、前后页面“跳转”按钮。

(1) 创建“成绩页元件”

“成绩页元件”和“信息页元件”的结构一样,因此可以复制“信息页元件”之后做一些调整。

制作成绩页元件

按 Ctrl+L 组合键打开元件库面板，右击“信息页元件”，在弹出菜单中选择“直接复制…”，直接复制为“成绩页元件”，选择放入“简历的成绩页”文件夹。

(2) 编辑“成绩页元件”

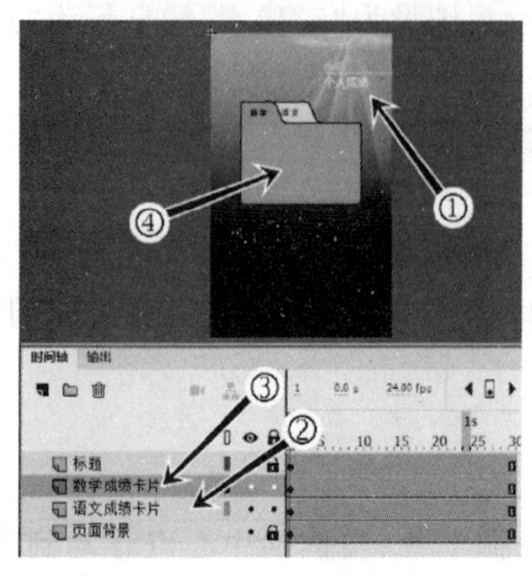

图 7-30 添加成绩卡片

① 双击“简历的成绩页”文件夹中的“成绩页元件”，进入该元件的编辑窗口。

② 按 Ctrl+3 组合键最大化显示舞台内容。

③ 删除“大头照卡片”图层、“年龄卡片”图层。

④ 在标题图层，将“个人情况”改为“个人成绩”，如图 7-30 中①所指示。

⑤ 锁定所有图层。

⑥ 分别新建两个图层：“语文成绩卡片”图层、“数学成绩卡片”图层。其中，“数学成绩卡片”图层在上方，如图 7-30 中②、③所指示。分别从元件库中拖入“语文成绩卡片”“数学成绩卡片”放到两个图层中。

⑦ 通过“对齐”面板，将两个卡片对齐，效果如图 7-30 中④所指示。

⑧ 保留第 1 帧，删除所有图层的其他帧。

注意：将两卡片放置于页面的偏上位置，因为下方要插入视频。

① 在最上面新建“视频”图层，锁定其他图层，如图 7-31 中①所指示。

② 使用矩形工具▭，在页面下方绘制一个矩形，将其宽度设为“496”像素(和成绩卡片的宽度一样)；高度设为“274”像素；填充色设为“FFCC00”(黄色)；边框设为“无”，矩形和成绩卡片居中对齐，位置如图 7-31 中②所指示，不能太靠页面下方，因为页面下方会添加“跳转”按钮。

③ 使用文本工具 T 在矩形上方输入“我的体育专项”；文字大小设为“35”磅；字体设为“白色”；字距设为“10.0”；位于矩形中间，效果如图 7-31 中③所指示。

④ 执行菜单栏中的“窗口>组件”，在组件面板中选择“视频>video”，拖放到页面，如图 7-31 中④所指示。

⑤ 选择舞台的视频组件，在属性面板中，单击“显示参数”，如图 7-31 中⑤所指示，在弹出的“组件参数”对话框中单击“视频源选择”按钮，如图 7-31 中⑥所指示，在弹出的“内容路径”对话框中选择需要插入的视频——视频素材文件夹中的“我的体育专项.mp4”，如图 7-31 中⑦所指示，单击“确定”按钮完成设置。

同时，在“组件参数”对话框中关闭自动播放；打开“控制”功能；关闭“已静音”；打开“循环”播放；打开“预加载”，视频加载结束再播放。

⑥ 将视频组件和黄色矩形居中对齐，最终效果如图 7-31 中⑧所指示。在库面板中，将“video 组件”放入“简历的成绩页”文件夹。

下面将“成绩页元件”插入“场景 1”主时间轴中。

① 按 Ctrl+E 组合键跳转至“场景 1”，按 Ctrl+3 组合键最大化显示舞台内容。

② 选择时间轴第 3 帧，插入空白关键帧。

③ 拖动“简历的成绩页”文件夹中的“成绩页元件”到舞台上。与舞台完全对齐。

按 Ctrl+S 组合键保存文件。暂时还不能在浏览器中预览。

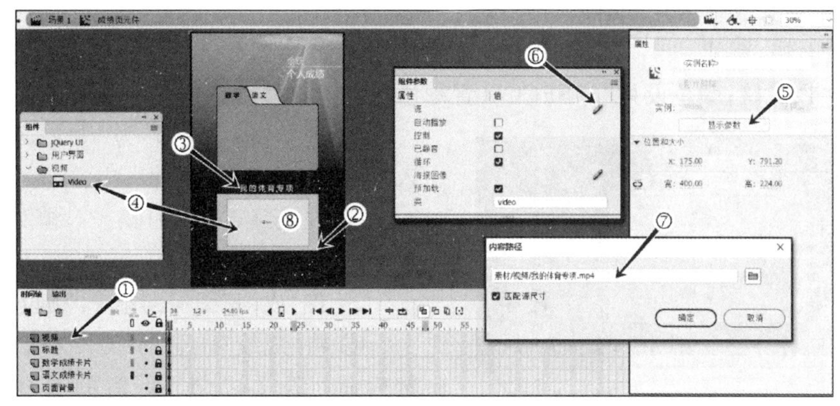

图 7-31 添加视频组件

8. 制作“成绩页元件”的动画

“成绩页元件”的动画是数学成绩“A＋”循环缩放的传统补间和语文成绩“优”循环缩放的传统补间。

(1) 制作“数学成绩”动画

① 按 Ctrl＋L 组合键打开元件库面板。双击“数学成绩卡片”元件，打开该卡片的编辑窗口。

② 在“卡片背景”图层上新建一个图层，命名为“成绩”，如图 7-32 中①所指示。锁定其他图层。

③ 使用文本工具 T，在卡片背景区域中输入“A＋”，字体设为“Arial”；大小设为“120”磅；样式设为“Bold”（加粗）；颜色设为“FF6600”(橙色)，将文本移动到卡片的中间位置，如图 7-32 中②所指示的文本特意加黑边以便于印刷。

④ 使用选择工具选择文本，按 F8 功能键转为元件，命名为“数学成绩”，文件夹选择“简历的成绩页”，单击“确定”按钮完成转换。

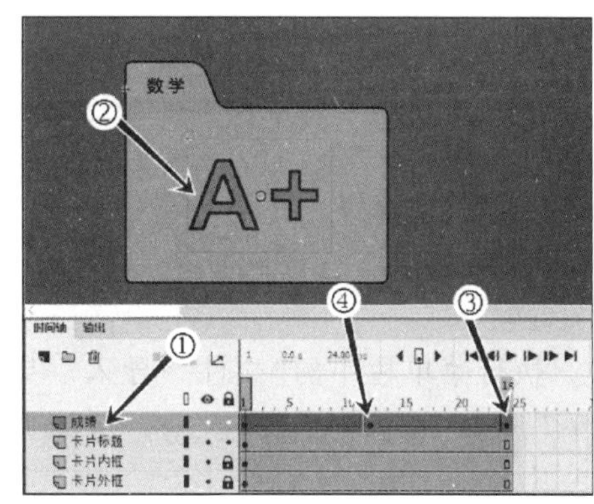

图 7-32 “A＋”的动画制作

⑤ 在所有图层的第 24 帧(1 s)处，分别按 F5 功能键，插入静态帧。

⑥ 在“成绩”图层的第 24 帧，按 F6 功能键，设为关键帧，如图 7-32 中③所指示。

⑦ 在“成绩”图层的第 12 帧位置设置关键帧，如图 7-32 中④所指示。将“数学成绩”实例的长宽比例设为“150%”。

⑧ 选择“成绩”图层，执行菜单栏的“插入>创建传统补间”。

⑨ 选择第 1 个关键帧，在属性面板中将缓动设为“100”速度由快到慢，选择第 2 个关键帧(第 12 帧)，将缓动设为“－100”，速度由慢到快。

按 Enter 键预览动画效果，而影片中的效果是成绩“A＋”的动画将循环反复。

(2) 制作“语文成绩”动画

语文成绩为“优”，其动画效果同“A＋”类似，只是文字字体、颜色不同，缓动的方向相反。

① 双击“语文成绩卡片”元件，打开该卡片的编辑窗口。

② 在最上层，新建一个“成绩”图层，锁定其他图层。输入文字为“优”，字体为“微软雅黑”；大小为“120”磅；颜色设为“66FFCC”(青绿色)，将文本移动到卡片的中间位置。

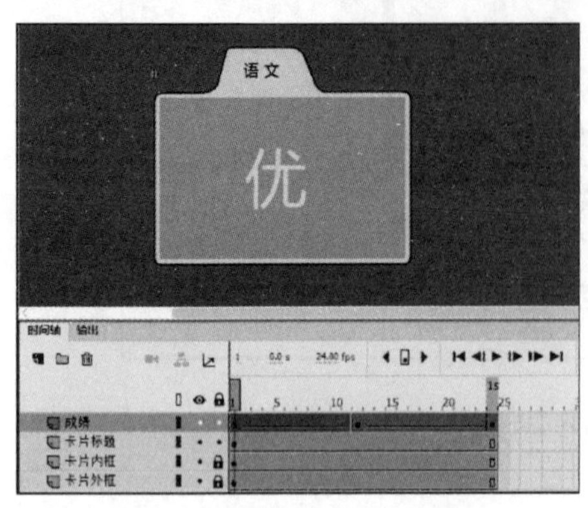

图 7-33 “优”的动画效果

③ 选择文本“优”转为“语文成绩”元件，放入“简历的成绩页”文件夹中。

④ 在所有图层的第 24 帧处都插入静态帧。

⑤ 将“成绩”图层的第 24 帧设为关键帧。

⑥ 将“成绩”图层的第 12 帧设为关键帧，然后将“语文成绩”实例的长宽比例设为“150%”。

⑦ “成绩”图层创建“传统补间”动画。在第 1 个关键帧设置缓动为“－100”，第 2 个关键帧(第 12 帧)设置缓动为“100”。

最后效果如图 7-33 所示，按 Ctrl＋S 组合键保存文件。

按 Ctrl＋Enter 组合键在浏览器中不能正常预览影片效果，可以临时删除场景 1 的前两个关键帧以测试影片效果。7.3.2 节将介绍使用代码控制影片的播放。

9. 制作“结束页元件”

制作结束页元件

“结束页元件”的内容主要包括页面背景、广告语、致谢词、“页面跳转”按钮等。

(1) 创建“结束页元件”

① 单击“场景 1”主时间轴第 4 帧，执行菜单栏中的“插入＞时间轴＞空白关键帧”。

② 执行菜单栏中的“文件＞导入＞导入到舞台…”，选择“奋泳向前-背景.jpg”导入并对齐舞台。

在库面板中，拖放“奋泳向前-背景.jpg”到“简历的结束页”文件夹中。

③ 选择舞台上的“奋泳向前-背景.jpg”，按 F8 功能键，在“转换为元件”对话框，将元件命名为“结束页元件”，放入文件夹“简历的结束页”中。

(2) 编辑“结束页元件”

① 双击舞台上的“结束页元件”实例，进入其编辑窗口。

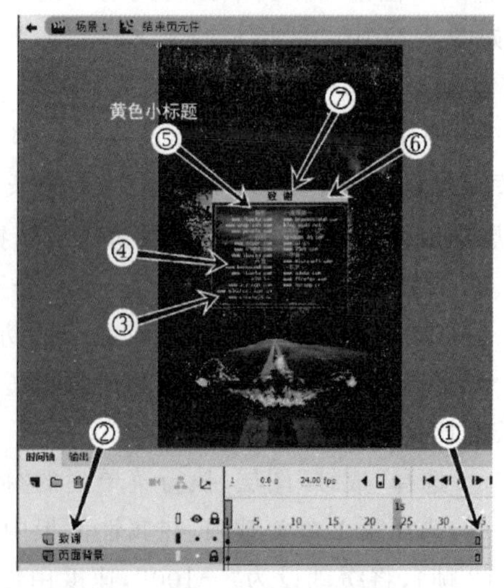

图 7-34 “致谢”元件的内容

② 将“图层一”改名为“页面背景”。在 35 帧位置，按 F5 功能键插入静态帧，如图 7-34 中①所指示。

③ 在其上新建图层，命名为“致谢”，如图 7-34 中②所指示。锁定其他图层。

④ 使用矩形工具 ，绘制一个矩形，其宽度为“420”像素；高度为“300”像素；边框设为“无”；填充色设为“000000”(黑色)；Alpha 透明度设为“35%”，放置于页面中间位置，位置如图 7-34 中③所指示。

⑤ 选择文本工具 T，在矩形中粘贴“致谢”文本(在“第 7 章”的素材文件夹中)，字体选择“黑体”；大小设为“18”磅；文字间距为“0”；颜色设为“FFFFFF”(白色)；文本内容比较长可以分成两列放置，效果如图 7-34 中④所指示。

将每项标题的颜色设为“FFCC00”(黄色)，如图 7-34 中⑤所指示。

⑥ 再绘制一个矩形，作为“致谢”的标题栏，将其宽度设为“420”像素；高度设为“35”像素；填充色设为“FFCC00”(黄色)；Alpha 为“100%”(不透明)，放置于半透明矩形之上，并居中，位置如图 7-34 中⑥所指示。

⑦ 输入文字“致 谢”，字体为“黑体”；大小为“32”磅；颜色设为“000000”(黑色)，置于“致谢”标题栏中间，效果如图 7-34 中⑦所指示。

⑧ 单击关键帧，全选“致谢”图层的内容。按 F8 功能键转为元件，命名为“致谢”，放入“简历的结束页”文件夹中。

⑨ 选择页面中的“致谢”实例，在属性面板中设定坐标：x 为“165”；y 为“520”，也就是位于页面的中间偏下。

(3) 制作“广告语”元件

① 在最上层，新建图层，命名为“广告语”，如图 7-35 中①所指示。锁定其他图层。

② 执行菜单栏中的“文件＞导入＞导入到舞台…”，选择“奋泳向前-广告语.png”导入，放置于页面上方的合适位置，效果如图 7-35 中②所指示。

在库面板中，将“奋泳向前-广告语.png”放入“简历的结束语”文件夹。

③ 选择页面的“奋泳向前-广告语.png”，转为元件，命名为“广告语”，放入“简历的结束页”文件夹中。

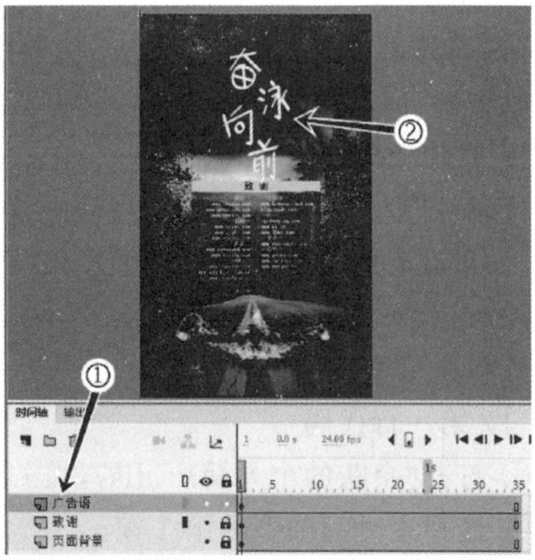

图 7-35　广告语

10. 制作“结束页元件”的动画

“结束页元件”的动画包括“广告语”实例从上至下的传统补间和“致谢”实例从下而上、逐渐不透明的传统补间。

(1) 制作“广告语”动画

① 在所有图层的第 35 帧都插入静态帧。

② 将“广告语”图层的第 20 帧设为关键帧。

③ 选择第 1 帧，再选择页面中的“广告语”实例，在属性面板中设置 y 坐标为“－400”，也就是将实例移动到页面外面。

④ 关键帧间设定为“传统补间”动画。在属性面板中，将缓动设为“100”，实例将减速移动。

(2) 制作“致谢”动画

① 解锁“致谢”图层，锁定其他图层。

② 将第 1 关键帧移动到第 15 帧，在第 35 帧(最末帧)设置关键帧。

③ 选择第 1 个关键帧(第 15 帧),选择页面的“致谢”实例,在属性面板中设置 y 坐标为“700”;色彩效果选择 Alpha,Alpha 设为“0”(全透明)。

④ 关键帧间设定为“传统补间”动画,在属性面板中,将缓动设为“100”。

按 Enter 键可预览当前时间轴上的动画。但按 Ctrl+Enter 组合键测试影片,却不能在浏览器中正常显示,7.3.2 节将介绍解决方案及使用代码控制影片。

按 Ctrl+S 组合键保存文档。

7.3.2 创建交互功能

在 Animate CC 中通过 CreateJS(CreateJS 的介绍见第 5 章)制作动画和添加交互性,使用 CreateJS 模块工具开发 HTML5 Canvas 的应用比较便捷。

为使得设计师、动画师、艺术家等非编程人员能够轻松制作交互的 HTML5 动画,Animate 提供了便利的 CreateJS 应用工具——代码片断。通过“代码片断”面板,按照提示就可插入必要的代码,因而快速开发 HTML5 Canvas 交互式应用,几乎不需要具备 JavaScript 方面的知识或编程知识。

“代码片断”都是最常用的几个代码,只需要运用这些代码就可以实现大多数的 HTML5 Canvas 项目的互动功能。同时,使用 Animate 附带的代码片断也是开始学习 JavaScript 或 ActionScript 3.0 的一种较好的方式,通过查看片段中的代码并遵循片段说明,便可以开始了解代码结构、词汇和使用方法。

1. 添加代码片断

添加代码片断

代码一般写在“关键帧”中,当动画播放到该关键帧时,就会启动代码。因此,如果在时间轴的第 1 关键帧添加“停止”的代码,动画将在该帧停止。

注意:如果时间轴的帧停止播放,但实例的动画还会继续播放,除非专门写代码控制该实例。

(1) 第一行代码

① 打开“余跃的个人简历.fla”,按 Ctrl+3 组合键全部显示。

② 选择主时间轴上的第 1 帧。

③ 执行菜单栏的“窗口>代码片断”,在“代码片断”窗口中选择“HTML5 Canvas>时间轴导航”,双击其中的“在此帧处停止”,如图 7-36 中①所指示。

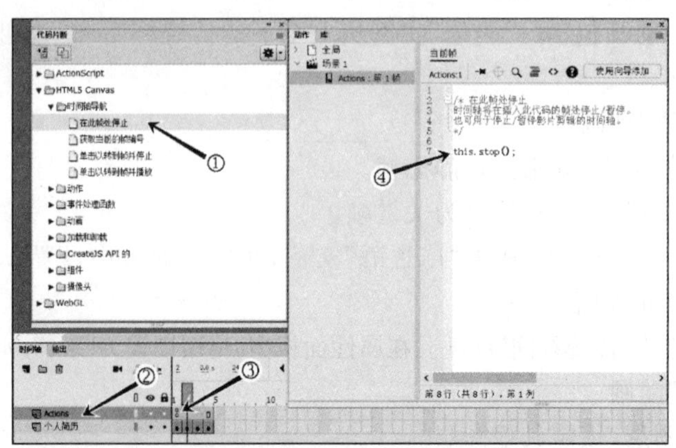

图 7-36 插入代码片断

Animate CC 中添加“代码片断”操作的结果如下。

- 新建图层：时间轴上自动新建一个“actions”图层，如图 7-36 中②所指示。
- 插入“空白关键帧”：该图层的相应帧处插入一个“空白关键帧”。空白关键帧中写有代码，有代码的关键帧图标上有个字母 a ，如图 7-36 中③所指示。
- 弹出动作面板。
- 代码块：动作面板中就是刚插入的代码块，如图 7-36 中④所指示。

其中的“this”是指主时间轴。

其中/ * …… * /是块注释，也可以用“//”进行行注释，注释内容可以删除，不影响运行。

注意：本多媒体项目是发布为 HTML5 Canvas，所以“代码片断”中只能使用“HTML5 Canvas”类型。

按 Ctrl＋Enter 组合键在浏览器中测试影片，有时浏览器无反应，主要原因有两种：启用了“高级图层”功能以及 js 库没有正确引用。

- 高级图层：Animate CC 2019 提供了“高级图层”功能：通过不同的图层设置摄像头以创建视差效果，在动画中创建不同图层的远近感，在游戏中常用到这个功能。

但启用“高级图层”功能，会对代码的运行有所影响，因此不使用摄像机视差功能的情况下，可以取消“高级图层”功能。

执行菜单栏中的“修改＞文档”，在弹出的“文档设置”中取消“使用高级图层”模式，如图 7-37 中①所指示。

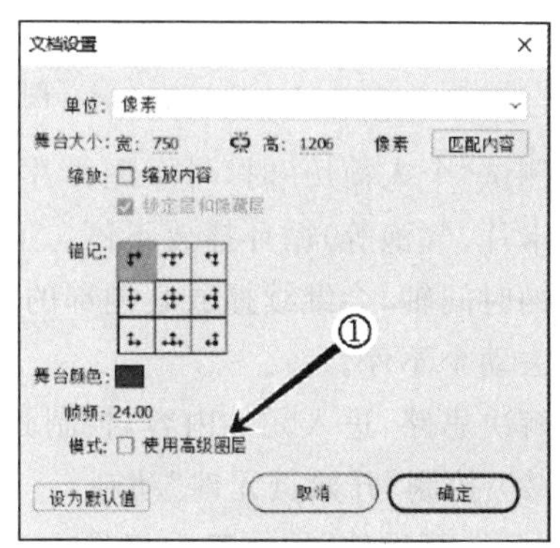

图 7-37 取消“使用高级图层”

- 引用 js 库：为了网络信息安全，部分 https 类型的地址会被阻止。

按 F12 功能键调出浏览器的控制台，发现错误提示“jQuery. js 未定义”(Uncaught ReferenceError：jQuery is not defined)，如图 7-38 中①、②所指示，其原因是“余跃的个人简历. js”引用了一个无效的 jQuery. js 库链接。

图 7-38 Firefox 控制台的错误提示

解决思路包括三种：第一种是删除视频内容，因为视频组件需要用到 jQuery. js；第二种是修改发布后的网页文件，重新引用一个可靠的 js 库；第三种是在 Animate 中，以全局的方式引用 js 库。

第二种解决思路的缺点是：每次影片测试或发布都需要手动更改 js 库引用源。

第三种解决思路比较高效，其操作步骤如下。

① 执行菜单栏中的“窗口＞动作”，打开“动作”面板。

② 执行动作面板的“全局>包含”，如图 7-39 中①所指示。

③ 单击“添加全局脚本”按钮 **+**，在弹出菜单中选择“从 URL 添加…”，如图 7-39 中②所指示。

④ 输入可靠的 js 库引用源地址，如百度压缩版 http://libs. baidu. com/jquery/2. 1. 4/jquery. min. js ，如图 7-39 中③所指示。

⑤ 重新测试或发布即可引用新的 js 库。

注意：添加全局脚本时，如果 js 库在本地，则选择“添加文件…”。

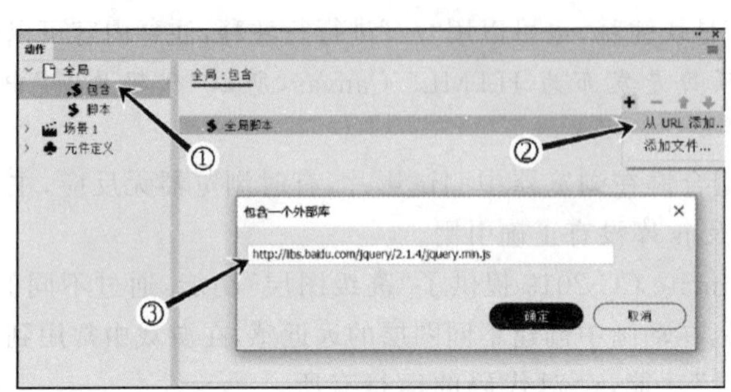

图 7-39　全局引用外部 js 库

测试“个人简历”时，可发现影片停在第 1 帧（简历的开始页），但“开始页元件”中的动画（鱼、卡片、气泡等）循环播放不停。这是因为主时间轴虽然停止播放，但是舞台上的元件都有独立的时间轴，会继续播放其内部的动画，类似于火车到站停下了，但车厢中的乘客却可以走来走去动个不停。

解决思路：进入元件内容，控制其内部的时间轴。

(2) 控制“开始页元件”动画

“开始页元件”的交互内容是让动画在特定帧停止播放。

① 双击舞台的“开始页元件”，进入该元件编辑窗口。

② 选择最末帧（第 72 帧），执行菜单栏的“窗口>代码片断”，在“代码片断”窗口中选择“HTML5 Canvas>时间轴导航”，双击其中的“在此帧处停止”，Animate CC 自动创建了“Action”图层，并在最末帧添加“停止”代码“this. stop()；”。

按 Ctrl+Enter 组合键在浏览器中预览，个人简历停在第 1 帧，同时“开始页元件”中的动画不再循环播放。

预览影片可以发现整个画面同时停止，感觉比较生硬，可以考虑让气泡不断冒出。

解决思路：让气泡动画的时间轴独立于“开始页元件”的时间轴，将“上升的气泡”的动画过程创建为一个元件。

解决步骤如下。

① 单击“气泡”图层的名称，选择“气泡”图层的所有帧，右击帧，在弹出菜单中选择“剪切帧”。

注意：不能按 Ctrl+X 组合键剪切帧，因为这样只会剪切一个关键帧。

② 执行菜单栏中的“插入>新建元件”，命名为“上升的气泡”（不能命名为“气泡”，因为已经有“气泡”这个元件了），存放的文件夹选择“简历的开始页”。单击“确定”按钮完成元件的创建。

③ 右击第 1 帧，在弹出菜单中选择“粘贴帧”，就可将气泡的动画粘贴到本元件的时间轴中。

按 Ctrl＋3 组合键全部显示。按 Enter 键可预览时间轴的动画效果。

④ 双击库面板中的“开始页元件”，打开该元件的编辑窗口。

⑤ 解锁“气泡”图层，锁定其他图层。将“简历的开始页”文件夹中的“上升的气泡”元件拖入舞台，放在鱼嘴的附近位置，因此就会有小鱼在吐气泡的效果。如果需要，可以将鱼嘴做成“开合“动画。

“开始页元件”中的内容做了修改，舞台上的实例也自动更新。

按 Ctrl＋Enter 组合键测试影片，可发现动画效果达到要求——动画停止，气泡不停冒出。

(3) 控制“信息页元件”动画

“信息页元件”的交互内容和方法与“开始页元件”类似。

先对“信息页元件”的效果进行测试。

① 按 Ctrl＋E 组合键跳转到“场景 1”。

② 选择“Action”图层的第 1 帧(有代码的帧)，拖放到第 2 帧。效果是动画不再停在第 1 帧，而是在第 2 帧(信息页)停止。

按 Ctrl＋Enter 组合键在浏览器中预览，可发现信息页内容不断循环播放，须停止循环播放。

③ 双击舞台的“信息页元件”，进入该元件编辑窗口。

④ 选择最末帧(第 30 帧)，在“代码片断”双击“在此帧处停止”。同样地，自动创建了“Action”图层，并在最末帧添加“停止”代码。

按 Ctrl＋Enter 组合键在浏览器中测试，信息页的两个卡片的动画停止了，但卡片中的动画却循环播放不断。

大头照动画不需要循环播放，“年龄卡片”中的日出画面应该平滑地循环播放。

解决思路：“大头照卡片”的时间轴插入“停止”代码。“年龄卡片”动画做成前后帧能够无缝衔接，产生自然的循环播放效果。

解决步骤如下。

① 双击库面板中“简历的信息页”文件夹中的“年龄卡片”，打开编辑窗口。

② 选择三个图层的第 50 帧，按 F5 功能键，都设置静态帧。

③ 右击“日出图片”的第 1 关键帧，选择“复制帧”。右击第 50 帧，选择“粘贴帧”。因此，最后帧和开始帧内容一样，可产生无跳帧的循环播放。

按 Ctrl＋Enter 组合键在浏览器中预览，“年龄卡片”的动画循环效果基本达到要求。

④ 双击库面板中“简历的信息页”文件夹中的“大头照卡片”，打开编辑窗口。

⑤ 在最末帧，加入“在此帧处停止”的代码片断。

按 Ctrl＋Enter 组合键在浏览器中预览，大头照动画没有循环播放，但动画结束太快，这是因为“大头照的逐帧动画”和“卡片的旋转动画”同时进行，卡片停止旋转时，大头照动画也差不多结束了。

解决思路：动画停止后，让“大头照卡片”的动画再播放一遍。

解决步骤如下。

① 双击库面板的“信息页元件”，进入该元件编辑窗口。

② 解锁“大头照卡片”图层，锁定其他图层。

③ 选择末帧（第 30 帧），如图 7-40 中①所指示，选择页面中的“大头照卡片”实例，如图 7-40 中②所指示，在属性面板中，将“实例名称”命名为“myPhoto”，注意大小写，如图 7-40 中③所示。

④ 保持选择页面中的“大头照卡片”实例，双击“代码片断＞HTML5 Canvas＞动作＞播放影片剪辑”，如图 7-40 中④所指示，此时弹出的动作面板中会添加相应的代码“this. myPhoto. play()；”，如图 7-40 中⑤所指示。

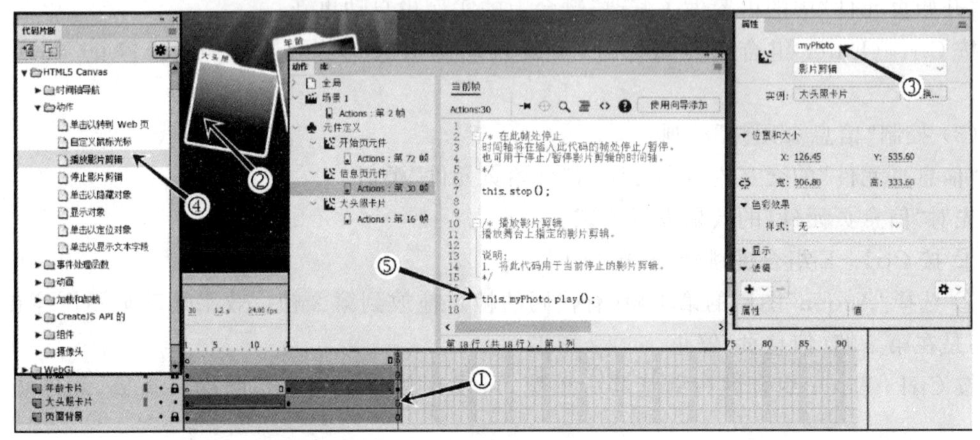

图 7-40　控制影片剪辑的播放

注意：如果实例没有命名或者没有选择实例，则不能成功添加代码片断。

按 Ctrl＋Enter 组合键在浏览器中预览影片相应的效果。

（4）控制“成绩页元件”动画

首先对“成绩页元件”的效果进行测试。

① 按 Ctrl＋E 组合键跳转到“场景 1”。

② 选择“Action”图层的第 2 帧（有代码的帧），拖放到第 3 帧。动画将播放到第 3 帧（成绩页）停止。

按 Ctrl＋Enter 组合键在浏览器中测试影片，数学卡片总在最上方。

“成绩页元件”的交互内容是：“数学成绩卡片”和“语文成绩卡片”存在重叠关系，光标单击“数学成绩卡片”或“语文成绩卡片”，则交换两者的上下层级。

解决思路有两种：第一种是创建两个关键帧，分别将卡片设置为不同的层级，如第一个关键帧，数学卡片在上方；第二个关键帧，语文卡片在上面。鼠标单击卡片，跳转至相应的关键帧。第二种是获取两个卡片的层级编号，鼠标单击卡片，两个卡片交换层级编号。

本文采用第二种解决思路完成“成绩页元件”交互，具体步骤如下。

① 双击舞台的“成绩页元件”，进入该元件编辑窗口。确认时间轴只有一帧，如图 7-41 所示，或者在第 1 帧加上代码“this. stop()；”，以确保动画停在第 1 帧。

② 分别解锁“语文成绩卡片”和“数学成绩卡片”图层。

③ 选择舞台上的“语文成绩卡片”实例，在属性面板中命名为“chineseCard”，如图 7-41 中①所指示。选择舞台上的“数学成绩卡片”实例，在属性面板中命名为“mathsCard”。

④ 选择舞台上的“语文成绩卡片”实例（chineseCard），双击“代码片断＞HTML5 Canvas

>事件处理函数>Mouse Click 事件”，如图 7-41 中②所指示。

动作面板中的代码都有注释，写明相应的功能、使用方法和注意事项。为方便识别，将函数名“fl_MouseClickHandler_1;”（见图 7-41 中③）改为“swapCard”，删除函数体中的内容，如图 7-41 中④所指示，书写语句“this. swapChildren(this. mathsCard，this. chineseCard)；”。

⑤ 同样地，选择“数学成绩卡片”实例，添加“Mouse Click 事件”，函数名也改为“swap Card”。“语文成绩卡片”和“数学成绩卡片”的单击事件都调用同一个函数。

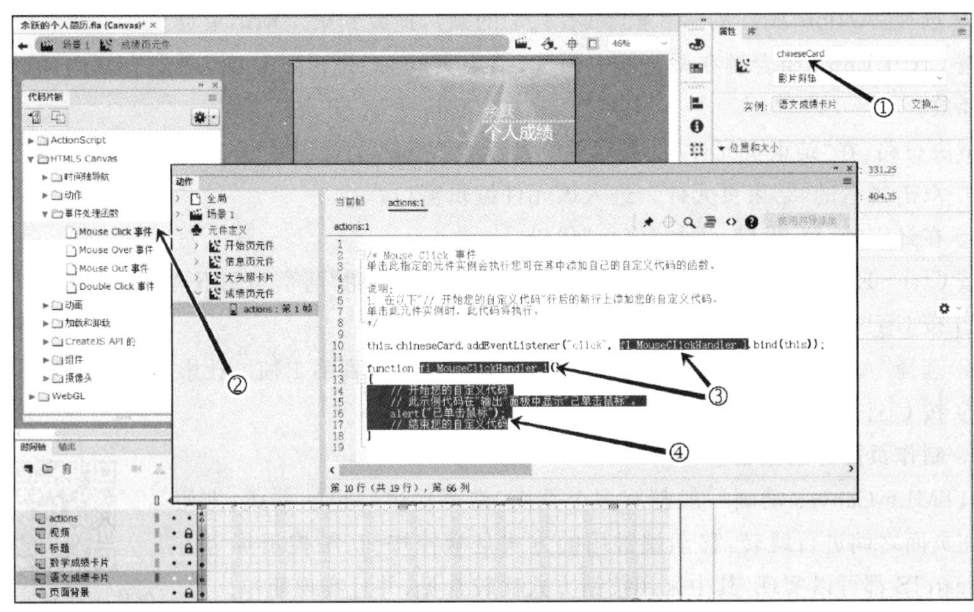

图 7-41 添加鼠标单击事件，实现实例层级交换

更改后的最终代码如下。

```
    /* 以下是注释
    ①this 为当前时间轴，但 Animate 和 JavaScript 的“this”指向不同，因此 Animate CC 用
bind()进行调用，让 this 指向原来的对象。
    ②按钮、元件等也可以用中文命名，不过项目中还是尽量用英文字母。
    ③addEventListener 的作用是时刻监听卡片有没有被点击("click")。也可以监听其他
事件，如双击、键盘按键等。
    ④如果监听到“卡片”被单击，就执行“swapCard()”这个函数。
    这段注释结束 */

    this.mathsCard.addEventListener("click", swapCard.bind(this));
    this.chineseCard.addEventListener("click", swapCard.bind(this));

    function swapCard()                                    //定义 swapCard 函数
    {
      this.swapChildren(this.mathsCard,this.chineseCard);  //交换两个卡片的层级
    }
```

更多的 JavaScript、CreateJS 的知识可参考第 5 章的内容。

按 Ctrl+Enter 组合键在浏览器中预览影片，完成交互效果：单击卡片，交换卡片的叠放层级。

(5) 控制“结束页元件”动画

“结束页元件”交互内容是让动画在特定帧停止播放。

① 按 Ctrl+E 组合键跳转到“场景 1”。

② 选择“Action”图层的第 3 帧 (有代码的帧)，拖放到第 4 帧结束页。

按 Ctrl+Enter 组合键在浏览器中预览，结束页的“广告语”“致谢”两个实例的动画一直循环播放。

解决思路：在“结束页元件”的最后关键帧设置“停止”的代码片断。

① 双击舞台的“结束页元件”，进入该元件编辑窗口。

② 在最末帧(第 35 帧)添加“停止”代码。

按 Ctrl+Enter 组合键在浏览器中预览，“广告语”“致谢”两个实例不再循环播放。

③ 按 Ctrl+E 组合键跳转到“场景 1”主时间轴。

④ 选择“Action”图层的第 4 帧 (有代码的帧)，拖放到第 1 帧。让影片停止在第 1 帧。

⑤ 按 Ctrl+S 组合键保存文件。

2. 制作页面导航按钮

制作页面导航交互

HTML5 Canvas 动画一般都有多个页面，需要提供一定的方式，方便用户在页面之间进行跳转，移动端常用的方式是触控按钮、触控滑屏等方式，CreateJS 都可以实现，其中采用按钮方式比较常见，并且实现简单。

打开“余跃的个人简历.fla”，按 Ctrl+3 组合键全部显示舞台内容。

(1) 创建“下页按钮”

① 在“个人简历”图层上新建图层，命名为“下页按钮”。锁定其他图层。

② 选择“星形工具” ，单击属性面板的“工具设置”的“选项”，如图 7-42 中①所指示。在弹出的“工具设置”对话框中，样式选择“多边形”；边数为“3”；顶点大小为“0”，设置如图 7-42 中②所指示。

③ 在舞台上，按 Shift 键，绘制一个垂直向下的等边三角形。

④ 三角形的边框颜色设为“无” ；填充颜色设为“0066FF”(蓝色)；透明度 Alpha 为“50%”，半透明效果的按钮可以较好地和不同的背景融合；宽度设为“120”像素；高度设为“100”像素。

注意：按钮不能太小，至少需要 80×80 像素。

⑤ 使用“矩形工具” ，采用同样的设置，绘制一个矩形。宽度设为“65”像素，高度设为“30”像素。

⑥ 选择“三角形”和“矩形”，居中对齐，然后将两个对接成一个箭头，放置于页面下方居中，结果如图 7-42 中③所指示。

⑦ 选择箭头，按 F8 功能键将其转为元件“下页按钮”。

⑧ 在属性面板中将“下页按钮”实例名设为“nextPage_btn”。

⑨ 在“下页按钮”图层的最末帧(第 4 帧)插入空白关键帧，如图 7-42 中④所指示，因为最后的页面不需要往下翻了，所以就不需要“下页按钮”。

(2) 创建“上页按钮”

① 在“下页按钮”图层上新建图层,命名为“上页按钮”,如图 7-42 中⑤所指示。锁定其他图层。

② 从库面板中拖放“下页按钮”到舞台。

③ 执行菜单栏中的“修改＞分离”,将该实例分离打散成一个普通图形,就不再是实例,也不能命名和操控。

④ 执行菜单栏中的“修改＞变形＞垂直翻转”,将箭头方向变换朝上。

⑤ 在属性面板中将填充色改为“白色”;Alpha 值设为“50%”(半透明效果)。

⑥ 选择该图形,转为元件,命名为“上页按钮”。

⑦ 在属性面板中将“上页按钮”实例名设为“lastPage_btn”。

⑧ 将其放置页面上方居中,如图 7-42 中⑥所指示。

在“上页按钮”图层,按住第 1 关键帧拖放到第 2 帧,第 1 帧为空白关键帧,如图 7-42 中⑦所指示,因为第 1 帧不需要“上页按钮”。

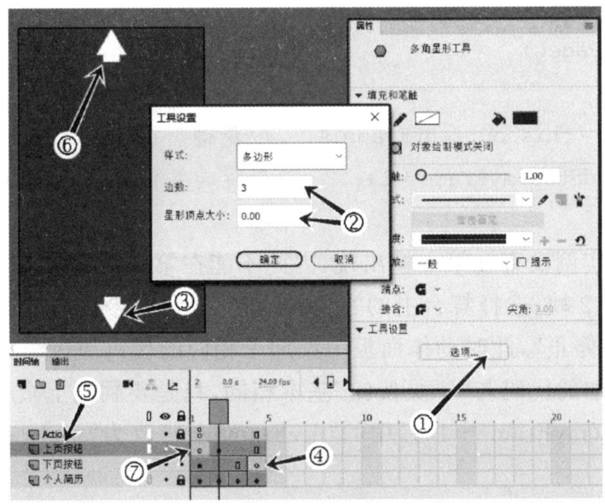

图 7-42 创建跳转按钮

3. 制作页面导航交互

“页面导航”按钮有“上页按钮”和“下页按钮”两种。本项目的按钮交互功能比较单一:“切换到下一页”或“切换到上一页”。

① 选择时间轴第 1 帧,选择舞台上的“下页按钮”实例,双击代码片断中的“HTML5 Canvas＞时间轴导航＞单击以转到帧并停止”,此时动作面板中添加了相应的代码块,修改函数名及函数体之后的代码如下。

```
this.stop();
//如果监听到 nextPage_btn 被单击,则执行 goNextPage 函数
this.nextPage_btn.addEventListener("click", goNextPage.bind(this));

//定义 goNextPage 函数
function goNextPage()
```

```
{
    var myFrame = this.currentFrame;                  //获得当前所在的帧
    this.gotoAndStop(myFrame + 1);                    //跳转并停止在:当前帧的下一帧
}
```

由于在 Animate CC 中,click 事件的函数会回调重复执行,因此需要加个判断语句“if(){}”,“判断”按钮是否有监听事件,如果有监听事件就不再监听。

完善后的代码块如下。

```
this.stop();
//判断 nextPage_btn 按钮是否有 click 监听事件
//如果没有 click 监听事件,就监听 nextPage_btn 按钮
if(! this.nextPage_btn.hasEventListener("click")){
  this.nextPage_btn.addEventListener("click", goNextPage.bind(this));
}

function goNextPage()
{
    var myFrame = this.currentFrame;     //获得当前所在的帧
    this.gotoAndStop(myFrame + 1);       //跳转并停止在:当前帧的下一帧
}
```

由于“上页按钮”实例没有在第 1 帧出现,因此不能在第 1 帧添加该实例的控制代码。

② 选择时间轴第 2 帧,选择舞台上的“上页按钮”实例,双击代码片断中的“HTML5 Canvas>单击以转到帧并停止”,此时动作面板中添加了相应的代码块。

“上页按钮”要添加的代码与“下页按钮”基本相同,只是要翻到上页,所以不同之处是需要将“this.gotoAndStop(myFrame+1);”中的“myFrame+1”改为“myFrame-1”,最终的代码块如下。

```
this.stop();

if(!this.lastPage_btn.hasEventListener("click")){
  this.lastPage_btn.addEventListener("click", goLastPage.bind(this));
}

function goLastPage()
{
    var myFrame = this.currentFrame;
    this.gotoAndStop(myFrame - 1);        //跳转并停止在:当前帧的上一帧
}
```

按 Ctrl+Enter 组合键预览影片。保存文件。

注意:成绩页面中的“数学卡片”按钮和“语文卡片”按钮的执行代码中,也添加监听事件判断语句“if(! this.按钮.hasEventListener("click")){ };”以避免按钮事件重复执行。

4. 设置背景音乐

背景音乐是动画中不可或缺的一个重要组成元素，是动画的润滑剂与推进器。

① 在主时间轴中新建图层，命名为“背景音乐”，拖放到最底层。

② 执行菜单栏中的“文件>导入>导入到舞台…”，在素材文件夹中选择背景音乐“pianomoment@bensound.mp3”，单击“打开”按钮即可导入。

按 Ctrl+Enter 组合键预览影片，就可欣赏到有背景音乐的完整动画。但往回翻页时，背景音乐会再次播放，并且是重复叠加播放。此时可以编写代码实现“如果音乐在播放，就不再播放同一个音乐”。此时用 CreateJS 调用音乐，需要设置音乐的链接名。

③ 删除时间轴的“音乐背景”图层。因为准备用代码调入背景音乐，所以就不需要这个图层。

④ 在元件库面板，双击“pianomoment@bensound.mp3”元件后面的链接，输入链接名为“bgMusic”，如图 7-43 中①所示。

⑤ 选择 Action 图层的第 1 帧，按 F9 功能键，在动作面板中添加代码块。

```
var myMusic;                          //定义变量 myMusic
if(this.myMusic = = null){            //如果 myMusic 为空，表示没有音乐播放
  //播放链接名为“bgMusic”的音乐
  this.myMusic = createjs.Sound.play("bgMusic");
}
```

添加代码后的动作面板如图 7-43 中②所示。

⑥ 按 Ctrl+Enter 组合键在浏览器中预览影片。

⑦ 按 Ctrl+S 组合键保存文件。

图 7-43 添加背景音乐

7.4 发布 HTML5 Canvas

发布 HTML5 Canvas

Animate CC 可以将动画转换成 HTML5 Canvas，将复杂的动画内容发布到 HTML5。

7.4.1　输出的文件

发布 HTML5 Canvas 的输出包含以下文件。

(1) HTML 文件

包含 Canvas 元素中所有形状、对象及舞台的定义。在将 Animate 转换为包含交互元素的 HTML5 和相应的 JavaScript 文件时，它也调用 CreateJS 命名空间。

(2) JavaScript 文件

js 文件包含动画所有交互元素的专用定义和代码。在 js 文件中还定义了所有补间类型的代码。

7.4.2　发布设置

通过“发布设置”对话框完成参数的设置。

① 执行菜单栏中的“文件>发布设置”，弹出的“发布设置”对话框如图 7-44 所示。

② 确认选择“JavaScript/HTML”，如图 7-44 中①所指示。

③ 选择发布文件的存储位置及文件名，如图 7-44 中②所指示。

④ 关闭“包括隐藏图层”，以免发布不必要的图层，增大发布文件的容量，如图 7-44 中③所指示。

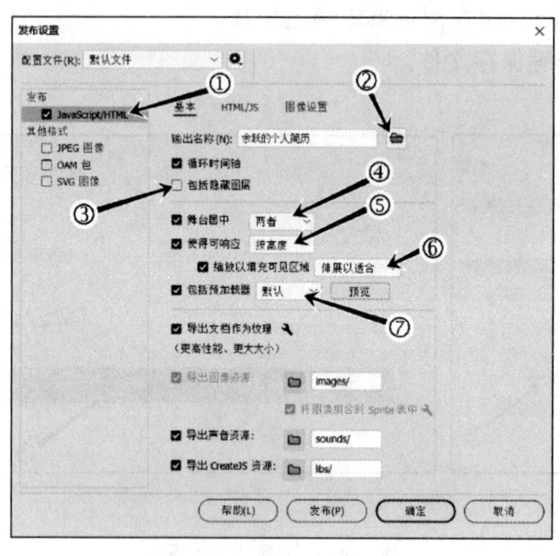

图 7-44　“发布设置”对话框

⑤ 舞台居中项选择“垂直”，可使影片在屏幕上下居中，如图 7-44 中④所指示。

⑥ 打开“使得可响应”，选择“按高度”，如图 7-44 中⑤所指示。

由于手机的型号尺寸很多，动画无法做到所有手机的完美匹配，通过“使得可响应”的设定，动画将自动适应所有的 HTML5 播放器(手机或浏览器)高度，根据不同的比例因子调整所发布动画的大小。

⑦ 打开“缩放以填充可见区域”，选择“伸展以适合”，如图 7-44 中⑦所指示，输出的动画

会自动拉伸，不带边框地覆盖整个屏幕区域，全屏模式下拉伸动画将充满整个屏幕空间。

如果在桌面浏览器中播放，比较适合选择“适合视图”，动画保持长宽比的同时全屏显示。

⑧ 打开“包括预加载器”，如图 7-44 中⑦所指示，使用“默认加载器”或者自定义 GIF 动画作为加载器。

“预加载器”就是动画加载的“进度条”，采用 GIF 动画边播放边加载资源，资源加载之后，预加载器即隐藏而显示真正的动画。

其他参数按默认设置即可。

⑨ 按“发布”按钮，就可按对话框设置参数发布动画，发布的文件有“余跃的个人简历. html”“余跃的个人简历. js”“images”“videos”“sounds”“components”等图像、视频、声音、组件的文件夹，需要将这些文件全部传输到服务器。

⑩ 单击“确定”按钮保存设置，退出发布设置。

每次执行“测试影片”，都会按设置参数发布动画，所有文件会自动更新。

7.4.3 优化动画设置

AnimateCC 提供一些方式优化输出的 HTML5 Canvas 性能和增强动画效果。

① “发布设置”中的“导出文档作为纹理”选项将矢量图转为位图，较好地提升影片的运行效果。

② “发布设置”中的“图像设置”选项将位图导出为 Sprite 表。可以将 Sprite 表看作一张大图，可以包含很多小图。Sprite 表可以提高对位图的处理效率。

③ 可以不启用“发布设置”中的“包括隐藏图层”选项，输出的 HTML5 Canvas 将不包括隐藏层。

④ 不输出所有未使用的资源(如声音和位图)和未使用帧的所有资源(默认)。

⑤ 支持 HiDPI 兼容的 HTML5 Canvas 输出。HiDPI 是指较小尺寸下却拥有较高分辨率的显示设备，Apple 将其称作“视网膜屏”。

7.5 测试和发布项目

多媒体应用项目测试的测试点主要包括安全测试、UI 测试(导航测试、图形测试)、内容测试、功能测试、性能测试、兼容测试、用户体验测试、硬件环境测试、接口测试和客户端数据库测试。

本项目测试主要是针对开发需求的功能性测试、多浏览器(PC 端和移动端)的兼容性测试以及 UI 设计中的页面导航、图形效果的测试。

7.5.1 本地测试

本地 PC 端通过 Google Chrome V78、Mozilla Firefox V70、Microsoft Edge 和 Internet Explorer 11 测试 HTML5 Canvas 应用效果。

1. 通过 Animate CC 测试

在 Animate CC 中按 Ctrl+Enter 组合键，在 Mozilla Firefox 浏览器中预览测试，UI 设计界面内容及展示、交互功能操作皆正常。

2. 直接运行 html 文件

分别使用 Chrome、Firefox、Microsoft Edge 和 Internet Explorer 调入"余跃的个人简历.html"。

① Microsoft Edge 和 Internet Explorer11 可以打开网页、正常显示网页和交互操作。

② Chrome、Firefox 都不能进行交互操作及播放背景音乐，其原因是网页受到跨域 CORS 限制，CreateJS 代码不能在本地执行，必须通过服务器环境运行。

3. 通过 Web 服务器测试

在 7.2 节已经介绍了 Web 服务器安装的步骤，所有的网页文件都放置于 Web 服务器的物理文件夹根目录中。本地 Web 服务器 IP 地址默认为是 127.0.0.1。

(1) 浏览器测试

在四个浏览器中，分别在浏览器地址栏输入"127.0.0.1\余跃的个人简历.html"。

经测试显示正常，UI 设计界面内容及展示、交互功能操作皆正常。

(2) 模拟手机测试

按 F12 或按 Ctrl+Shift+M 组合键，各浏览器分别进入"开发者模式"，模拟各种手机或其他移动设备观看和使用的效果，效果如图 7-45 所示，从左到右分别是 Google Chrome、Microsoft Edge、Internet Explorer 和 Mozilla Firefox 模拟手机(iPhone 6/7/8)播放简历的效果。

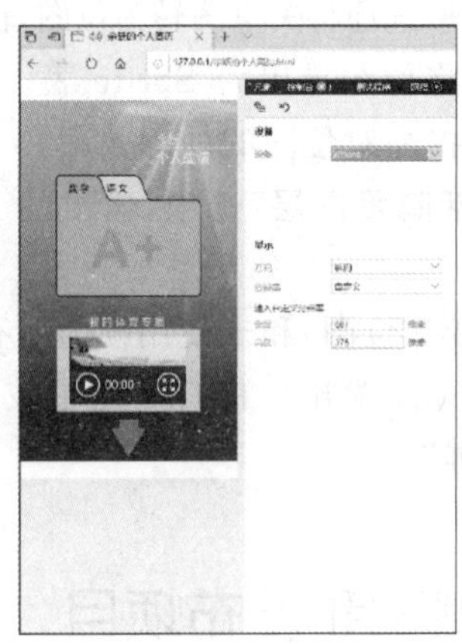

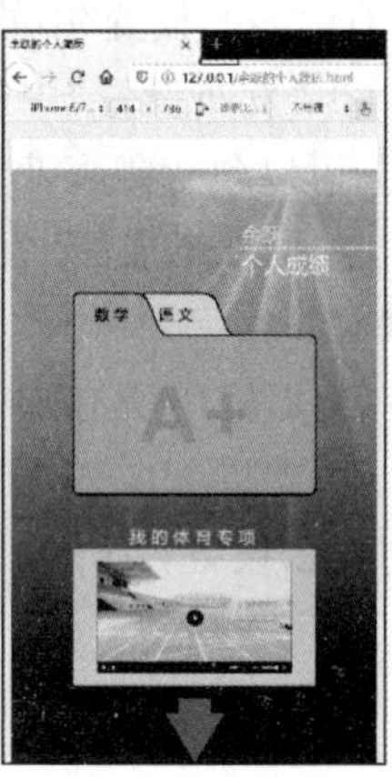

图 7-45　四种浏览器测试效果

演示过程正常，UI 设计界面内容及展示、交互功能操作皆正常，但背景音乐存在"循环播放的问题"：背景音乐时长只有 110 s，只是播放一遍，没有循环。网页浏览时间超过 2 分钟就无背景音乐。

解决思路：在"createjs. Sound. play("bgMusic");"中，添加循环属性 loop，loop 的值为"-1"代表音乐无限循环。

具体步骤如下。

① 在"余跃的个人简历.fla"文档中。

② 选择 Action 图层的第 1 帧，按 F9 功能键，调出动作面板。

③ 将"createjs. Sound. play("bgMusic")"语句改为

```
//循环播放"bgMusic"背景音乐，loop：-1 代表无限循环
createjs.Sound.play("bgMusic",{loop：-1})；
```

④ 执行菜单栏中的"文件>发布"，所有的 HTML5 动画文件都自动更新。

⑤ 在浏览器端,按 F5 功能键刷新网页,即可浏览最新的“个人简历”效果。

7.5.2 移动端测试

多媒体应用项目最终都需要在实体平台上展示,实体设备的测试是必不可少的。本多媒体项目的运行平台定位于移动端,是按照 iPhone 6/7/8 的规格进行开发的,最终在 iPhone 和安卓手机上测试。

1. 运行隧道客户端

在 7.3 节已经介绍了“神卓互联”客户端的下载、安装和配置。

① 运行“神卓互联”客户端。

② 单击“复制”按钮,复制隧道地址到剪贴板,如图 7-46 中①所指示。

③ 在浏览器地址栏中,选择并删除“127.0.0.1”,如图 7-46 中②所指示,按 Ctrl+V 组合键粘贴地址,即将本地 Web 服务器地址“127.0.0.1”替换成隧道地址。

④ 按 Enter 键可通过隧道映射地址在浏览器中浏览“余跃的个人简历”。

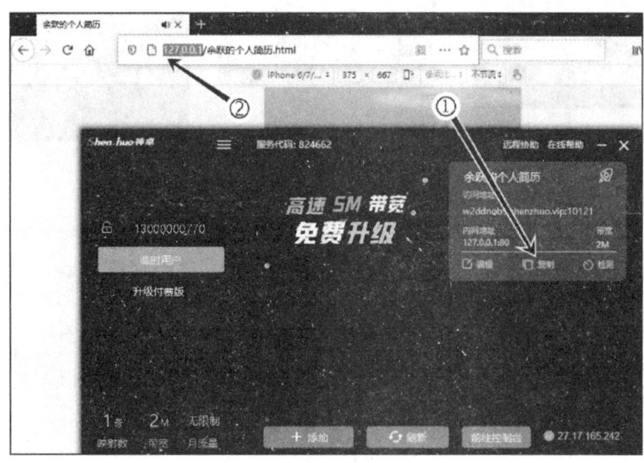

图 7-46 输入隧道地址

2. 生成二维码

Mozilla Firefox 浏览器的二维码组件的安装已经在 7.3 节介绍,也可以选择使用其他浏览器或在线的二维码生成工具。

单击地址栏右侧的二维码图标,如图 7-47 中①所指示,显示完整的地址二维码。

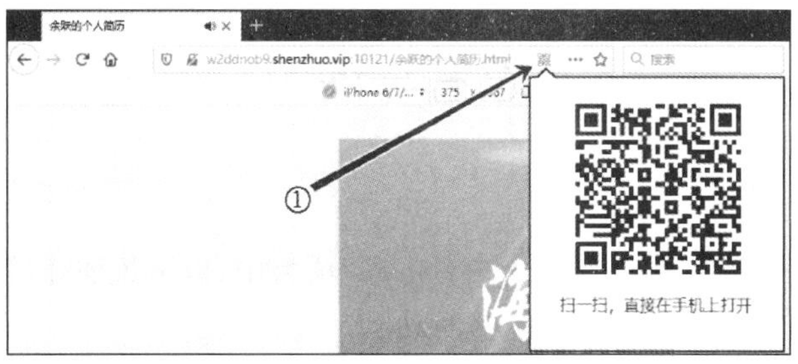

图 7-47 隧道地址的二维码

3. 手机端测试

用手机扫描弹出的二维码，即可在手机上测试项目，测试效果如图 7-48 所示。

经安卓手机、iPhone 手机测试，项目内容显示正常，UI 设计界面内容清晰悦目，动画展示流畅，页面导航、按钮交互功能操作顺畅，整体效果达到项目设计的预期目标。

由于使用免费的隧道，在带宽、访问并发数、存储容量等方面性能较差，项目演示时，数据载入较慢，有时需要多次刷新。另外，手机性能对动画的流畅性有较大的影响。

图 7-48　华为 p9、华为 p30、iphone 8 的测试效果

7.5.3　发布项目

本多媒体应用项目结构简单、内容较少，主要是通过完成本项目以学习多媒体开发的相关技术，因此项目测试过程就是项目发布过程，也是项目的完成之时。

测试阶段由于是本地 Web 服务器通过免费隧道发布，数据传输慢。如果需要正式提交“个人简历”给招聘单位或相关人士观看，就需要租用隧道、虚拟空间或者服务器，把所有项目文件夹（html 文件、js 文件，以及 images、videos、sounds、components 等文件夹）上传到服务器，再生成永久的二维码，发布到朋友圈、微博、论坛、网站、数字电视或电子邮件等渠道和媒体，以较好地达到展示、宣传和推广自我的目的。

思考与练习

一、选择题

1. 在利用 Animate CC 制作 HTML5 Canvas 项目中，以下说法正确的是（　　）。

A. 尽量使用“补间动画”代替“传统补间动画”

B. 多用矢量图形少用位图

C. 动画中少用滤镜效果

D. 元件嵌套层次没有限制

2. 设计移动端 APP 的按钮,最佳尺寸应该选择(　　)。

A. 18×18 像素　　B. 34×34 像素

C. 50×50 像素　　D. 72×72 像素

3. 测试 HTML5 Canvas 项目,需要搭建 Web 服务器的原因是(　　)。

A. 动画播放速度更快　　B. 浏览器不支持跨域

C. 页面显示效果清晰　　D. 可以模拟移动端效果

4. 安装"神卓互联"客户端的作用是(　　)。

A. 建立访问内网的隧道　　B. 方便生成二维码

C. 增强 Web 服务器性能　　D. 实施浏览器的安全策略

5. 关于 addEventListener 使用正确的是(　　)。

A. this.a.addEventListener("click", 开始动画);

B. this.a.addEventListener(开始动画,"click");

C. this.a.addEventListener("click", gotoMin());

D. this.a.addEventListener("mouseDown", gotoMin);

6. 关于项目发布说法正确的是(　　)。

A. 页面自适应不包括客户端的自适应

B. 使用到的 js 库将自动保存到 libs 目录下

C. sprite 表的作用是增加资源加载次数

D. 可以使用自定义的加载动图

二、练习题

1. 为"余跃的个人简历"的 HTML5 Canvas 项目增加一个"获奖证书"页面。

2. 运用 Animate CC 制作并发布第 6 章所设计的某单位 HTML5 Canvas 多媒体展示页面。

参考文献

[1] 钟玉琢. 多媒体技术基础及应用[M]. 3 版. 北京:清华大学出版社,2012.

[2] 陈萍. 多媒体技术与应用[M]. 北京:中国铁道出版社,2017.

[3] 林福宗. 多媒体技术基础[M]. 4 版. 北京:清华大学出版社,2017.

[4] 李春雨. 多媒体技术及应用[M]. 2 版. 北京:清华大学出版社,2018.

[5] 杨东慧,殷爱华,高璐. 多媒体技术与应用项目教程[M]. 北京:航空工业出版社, 2018.

[6] 华天印象. Photoshop CC APP UI 设计从入门到精通[M]. 北京:人民邮电出版社,2016.

[7] 水木居士. Photoshop CC 移动 UI 图标设计实用教程[M]. 北京:人民邮电出版社,2018.

[8] 赵一丽,衷文,封绪荣. Animate CC 中文全彩铂金版动画设计案例教程[M]. 北京:中国青年出版社,2018.

[9] 陈. Adobe Animate CC 2018 经典教程[M]. 罗骥,译. 北京:人民邮电出版社,2019.

[10] 文杰书院. Premiere CC 视频编辑入门与应用[M]. 北京:清华大学出版社,2017.

[11] Hawkes R. HTML5 Canvas 基础教程[M]. 周广新,曾少宁,盛海艳,译. 北京:人民邮电出版社,2012.

[12] 曲德森,郑真,田甜. UI 设计[M]. 武汉:华中科技大学出版社,2017.

[13] Adobe. Adobe Photoshop 用户指南[EB/OL]. [2019-12-01]. https://helpx. adobe. com/cn/photoshop/user-guide. html.

[14] Adobe. Adobe Premiere Pro 用户指南[EB/OL]. [2019-12-01]. https://helpx. adobe. com/cn/premiere-pro/user-guide. html.

[15] Adobe. Adobe Animate 用户指南[EB/OL]. [2020-03-01]. https://helpx. adobe. com/cn/animate/user-guide. html.

[16] W3School. JavaScript 参考手册[EB/OL]. [2020-05-15]. https://www. w3school. com. cn/js/index. asp.

[17] W3School. HTML5 教程[EB/OL]. [2020-05-15]. https://www. w3school. com. cn/html5/index. asp.

[18] W3School. HTML 教程[EB/OL]. [2020-05-15]. https://www. w3school. com. cn/html/html_jianjie. asp.

[19] W3School. HTML5 Canvas 介绍[EB/OL]. [2020-05-15]. https://www. w3school. com. cn/html5/html_5_canvas. asp.

[20] Greatels 中文网. CreateJS 中文教程[EB/OL]. [2020-05-15]. http://www. createjs. cc.

[21] 图翼网. iOS 9 设计规范[EB/OL]. [2019-12-01]. http://www. tuyiyie. com/v/45426. html.

[22] 优优数程网. Android 设计尺寸规范[EB/OL]. [2019-12-10]. https://uiiiuiii. com/screen/android. htm.

[23] 腾讯. 微信移动端页面设计规范[EB/OL]. [2019-12-01]. https://tgideas. qq. com/doc/frontend/spec/m/design. html.

[24] 神卓网络. 神卓互联客户端快速上手系列指南[EB/OL]. [2020-06-01]. https://www. shenzhuohl. com/get-started. html.